EDITION SEL-STIFTUNG

Herausgegeben von Gerhard Zeidler

Heinz Zemanek

Das geistige Umfeld der Informationstechnik

Mit 63 Abbildungen

Springer-Verlag

Berlin Heidelberg New York
London Paris Tokyo
Hong Kong Barcelona
Budapest

Prof. Dr. Heinz Zemanek
Postfach 251
A-1011 Wien

ISBN-13: 978-3-540-54359-6   e-ISBN-13: 978-3-642-76828-6
DOI: 10.1007/978-3-642-76828-6

Die Deutsche Bibliothek – CIP-Einheitsaufnahme
Zemanek, Heinz: Das geistige Umfeld der Informationstechnik/
Heinz Zemanek. – Berlin; Heidelberg; New York; London; Paris;
Tokyo; Hong Kong; Barcelona; Budapest: Springer, 1992
(Edition SEL-Stiftung)
ISBN 3-540-54359-7

Datenkonvertierung: Elsner & Behrens GmbH, Oftersheim
45/3140-543210 – Gedruckt auf säurefreiem Papier

Geleitwort

Unsere Zeit kann keine Universalgenies Leibnizscher Prägung mehr hervorbringen – Heinz Zemanek würde uns diese Einsicht gewiß beiläufig auf einer Papierserviette nachrechnen. Denn rein statistisch gesehen verdoppeln die weltweit verflochtenen wissenschaftlichen Disziplinen schon nahezu im Jahrzehntetakt unser Wissen, ein Tempo, dem unser menschlicher Geist nicht gewachsen zu sein scheint. Heinz Zemanek würde diese Überlegung aber wohl deswegen als müßig betrachten, weil sein Begriff von Wissen keine Explosion zuläßt: Das Rüstzeug abendländischen Weltwissens scheint ihm eher einen viel zu geruhsamen Zuwachs („Die Leut' lernen nix dazu") aufzuweisen als eine exponentiell ins Unübersichtliche wachsende Größe darzustellen.

Ob Zemanek nun mit seiner charmanten Frau beim Symphoniekonzert die Partitur mit dem Finger nachverfolgt, ob er ein Software-Listing mit den Worten kommentiert, es handle sich wohl mehr um eine künstlerische als eine effektive Arbeit, oder ob er Dorfbewohner in Südspanien tagelang nach einer abassidisch überlieferten Grotte suchen läßt, immer ist es sein universeller Geist, der bei anderen kreative Unruhe stiftet.

Es mag paradox erscheinen, wenn man den großen Computerpionier Heinz Zemanek zugleich als den großen Unruhestifter bezeichnet. Aber er hat es eben trotz aller Universalität verstanden, bei seinem Leisten zu bleiben. Er ist der wissenschaftlichen und wirtschaftlichen Alltagspraxis noch derart verbunden, daß er die Einsicht, daß in der Computerentwicklung zwischen seinem „Mailüfterl" von 1954 und einem Superrechner von 1990 nur ein Bruchteil einer Ewigkeit vergangen ist, spielend auf die Praxisebene projiziert: Diese Ewigkeit muß aus vielen harten Realisierungsschritten und -terminen zusammengesetzt sein. Zemanek weiß nicht nur, wovon er redet, wenn er Fehlentwicklungen des „Computer-Kastens" beschreibt, er weiß auch, wem er es sagen muß.

Heinz Zemanek, den notorischen Wiener, muß man selbst erleben, am besten bei einem Abendessen, das er mühelos zum Seminar umfunktioniert. Dieses Buch möge dazu beitragen, ihn allen an der informationstechnischen Entwicklung Interessierten wenigstens in schriftlicher Form nahezubringen, weil selbst er, der Vielgereiste, nicht überall persönlich herumkommen kann.

Gerhard Zeidler

Vorwort

Die Aufgaben von Mathematik, Rechenmaschine und Informationstechnik haben etwas gemeinsam: die Wirklichkeit auf formale Begriffe abzubilden, und dann Vorgänge auf Papier, Mechanik und Elektronik ablaufen zu lassen, zu speichern und zu übertragen. Die abstrakten Ergebnisse werden dann wieder im Leben und für das Leben angewendet.

Die Aufmerksamkeit des Fachmanns ist auf künstliche Gebilde gerichtet, mit denen er Aufgaben zu lösen hofft: In sie wird alle Kraft gesteckt. Der Student wird auf sie fokussiert. Es entsteht eine Formalwelt – nicht völlig isoliert vom Rest der Welt, aber doch auf die nähere technische Umgebung ausgerichtet, auf Mechanik und Schaltung (Hardware), auf Formel und Programm (Software). Die Lehre geht nur selten über dieses künstliche Universum hinaus.

Der Benutzer – und damit die allgemeine Vorstellung – wird mitgezogen von dieser Ausrichtung, die zugleich Einengung ist. Die Welt erscheint als Ansammlung konstruierter Gegenstände, die Natur als Konstrukteur. Wälder und Wiesen sind ohnehin schon auf die Parkanlage reduziert. Es braucht nur eine unauffällige – häufig unbewußte – Verallgemeinerung, um die Welt überhaupt und ausschließlich als formales Schema zu sehen, als Maschine, bestehend aus Maschinen. Nur obskure Leute und Dinge gehören dieser anscheinend perfekt ordentlichen Welt nicht an: eigenbrötlerische Sonderlinge zum Beispiel oder die Erdstrahlen.

Die Wahrheit ist anders, schon weil jeder einzelne, vom Professor bis zum Mechaniker, vom Erfinder bis zum Benutzer, das reine Gegenteil eines Formalismus ist, seinen Geist mitbringt und anwendet. Auch die allereinfachsten Leute haben Geist, aber alle Arten von Leuten können sich geistlos verhalten. Jeder einzelne wird von Gedanken motiviert, jedes System hat sein geistiges Umfeld. Und natürlich hat die Informationstechnik, die in diesem Buch behandelt wird, ihr geistiges Umfeld, das ebenso mitbeteiligt ist wie die Formalismen, besonders auch an der Wahl, Gestaltung und Anwendung der Formalismen.

Was wird unter Informationstechnik verstanden? Jenes Miteinander von Informationsverarbeitung und Nachrichtentechnik, Computer- und Übertragungstechnik, das in den letzten Jahren geradezu von selbst entstanden ist, weil eine Seite die andere hervorbringt, braucht und anwendet.

Es können immer umfassendere Dienste angeboten werden, die – zunächst
als technischer Traum, und dann immer mehr als Realität – jedem Bürger, jeder
Institution und Unternehmung die freie (aber natürlich nicht kostenfreie)
Benutzung breitester Kanäle für die Übertragung und Verarbeitung von Schrift,
Ton und Bild sowie aller anderen Information gestatten. Diese Dienste
ergreifen und überfluten die Welt. In alle Gebrauchsgegenstände kann der
Mikrocomputer eindringen, und alle lassen sich zu riesigen Netzen zusam-
menschließen, weltweit wie das Telephon.

Mehr als in jeder anderen Technik macht sich hier der Geist bemerkbar,
denn Information ist Form mit Bedeutung, und Bedeutung eröffnet sich nur
dem Geist, kann nur durch den Geist erkannt und eingeordnet werden. Die
vielen automatischen Abläufe täuschen: Alles hat seine Ursache, nichts
organisiert sich von selbst. Es muß Geist dahinterstecken.

Das geistige Umfeld der Informationstechnik ein wenig abzutasten, ohne auf
Vollständigkeit erpicht zu sein, ist daher eine lohnende Anstrengung. Man kann
an vielen Stellen, auf vielen Ebenen ansetzen. Dieses Buch ist die Folge einer
Einladung, im Rahmen des SEL-Stiftungskollegs an der Universität Stuttgart
im Studienjahr 1988/89 zehn Vorlesungen zu diesem Thema zu halten: Es ist die
schriftliche Version der gehaltenen Vorlesungen. Dabei wurde ein mittlerer Weg
angestrebt: nicht zu sehr an die Technik gebunden, aber auch nicht zu sehr im
rein geistigen Raum verloren.

Dem Kuratorium der SEL-Stiftung und insbesondere seinem Vorsitzenden
und Herausgeber dieser Reihe, Herrn Professor Dr. G. Zeidler, danke ich für
die Unterstützung bei der Realisierung dieses Buches; durch die Aufnahme in
die Edition SEL-Stiftung und das Geleitwort fühle ich mich geehrt.

Die Einladung zu den zehn Vorlesungen verdanke ich meinen alten
Freunden, den Herren Professoren Dr. W. Kaiser und Dr. G. Kohn. Herrn D.
Klumpp, dem Geschäftsführer der SEL-Stiftung, und Herrn Dr. H. Wössner,
Springer-Verlag, danke ich für die tatkräftige Hilfe bei der Umwandlung in das
Buch.

Wien, im September 1991   Heinz Zemanek

Inhaltsverzeichnis

Technische und philosophische Grundlagen

Die erste Vorlesung stellt die Informationstechnik an Hand einiger Begriffe dar, durch sieben Definitionen des Computers, je eine Definition der Informationsübertragungstechnik und der Informationsverarbeitungstechnik und schließlich durch zehn Definitionen der Information.

Die Informationstechnik ist ein junges Feld. Trotzdem gibt es bereits einen Computer-Philosophen, Ludwig Wittgenstein, der zwar meines Wissens keinen Kontakt zur Entwicklung des ersten Computers mit gemeinsamem Speicher für Daten und Programme hatte (obwohl an seiner Universität – in Cambridge – eine solche stattfand), der aber mit seinem Tractatus logico-philosophicus das Gedankengerüst der Informationsverarbeitung vorwegnahm: die Beschreibung der Welt in der Bit-Form von Protokollsätzen. Später arbeitete Wittgenstein in seinen Philosophischen Untersuchungen die Abhängigkeit des Formalen von dem Sprachspiel heraus, in dem es betrieben wird.

Der Computer ist das vorläufige Schlußkapitel einer dreihundert Jahre langen Entwicklung von Naturwissenschaft und Technik, deren Erfolge auf der formalen Notation beruhen, auf der Präzisierung der verbalen Beschreibung durch eine Welt mathematischer Formeln, von der Elektronik in vorher ungeahnte Effektivität gebracht. Da in dieser Präzisierung jeder Schritt eine Verbesserung bringt, erscheint der Fortschritt durch sie garantiert. Man kann ihn nicht leugnen und wir alle haben enorme Vorteile von ihm. Er ist ein objektives Phänomen mit Wirkungen auf allen Gebieten des Lebens.

Die Menschheit geht in dieser Sicht einen Weg vom Wort – von der Prosa, von der Naturbeschreibung – zur beherrschenden und machtgebenden Formel. Aber dieser Weg ist nicht eine Einbahn. Der Mensch entwickelt sich in umgekehrter Richtung, und das sollte zu denken geben. Er wird als Formel geboren, in der Urzelle, die bei der Zeugung geschaffen wird, ausgedrückt durch die Genkette. Sie ist eine Formel im genetischen Code, der mit seinen vier Informationsmolekülen sogar ein Binärcode ist, ein biologisches Äquivalent zu einem Lochstreifen mit zwei Löchern oder mit sechs, denn je drei Positionen bilden ein Elementarzeichen des Codes. Am Anfang ist also das Wort, auch beim Menschen, und es ist eine Art Computerwort, ein formales Wort, aus dem sich der Aufbau des Körpers steuert.

Derartige Erkenntnisse sollten uns mit Ehrfurcht erfüllen und nicht mit der Selbsttäuschung, wir hätten alles verstanden und der Mensch sei als „selbstorganisierendes Wesen" in unser naturwissenschaftliches Weltbild befriedigend und vollständig eingefüllt. Tatsächlich werden das Wirken und die Rolle des menschlichen Geistes von dieser Einfügung nicht begriffen, und nicht einmal die Biologie erscheint – bei aller Einbettung in die allgemeine Naturgesetzlichkeit – rational erfaßt. Ich habe einen kalifornischen Nobelpreisträger der Biologie – Professor Glaser – sagen gehört, daß in der Biologie ein Rätsel nach dem andern entdeckt und durch ein Wunder erklärt wird. Er sagte das in Zusammenhang mit dem genetischen Code, als er schilderte, wie sich dieses Informationssystem gegen Störungen schützt. Denn es kann ja schon passieren, daß dieser biologische Lochstreifen einen Riß bekommt – und ohne Reparatur hätte das arge Folgen. Da gibt es aber tatsächlich Servicemoleküle, die in der Suppe schwimmen und sich bei einem Riß sofort ans Ausbessern machen. Da der Code genügend Redundanz aufweist, ist das auch fehlerfrei möglich – im Normalfall jedenfalls. Der typische Evolutionstheoretiker, der ausdrücklich oder stillschweigend vorschlägt, daß wir die Evolution der Arten bis zum Menschen herauf verstünden, müßte sich zwei Gegenfragen stellen. Erstens: Verstehen wir die automatische Produktion? Und zweitens: Wie sind der genetische Code und das Produktionsverfahren entstanden? Denn der Lochstreifen mit dem Code wird nicht in eine Werkzeugmaschine gesteckt, sondern der Körper wächst aus der Keimzelle ohne Äquivalent einer Produktionsstrecke. Wie der Code und der Reproduktionsmechanismus entstehen konnten, ist ein Rätsel, und wir warten auf die Entdeckung des Wunders, mit dem die Entstehung erklärt werden wird.

Mit dem Wachstum *allein* entsteht noch kein Mensch. Denn nur in der ersten Zeit ist das Baby ein wartungsbedürftiger Automat. Eines Tages gibt es den Eltern einen Blick, an dem sie erkennen, daß da nicht ein Automat in der Wiege liegt, sondern ein Mensch mit Geist. Und dieser Geist entwickelt sich mit dem Wort. Was als nachahmende Übungen in der Grammatik beginnt, entwickelt sich zu dem Instrument, mit dem sich der Geist manifestiert und in dem er lebt: zur Sprache. Aus der Formel wird ein Mensch, dessen Seele sich im Wort äußert, gewiß mit sehr verschiedenartiger Ausdruckskraft. Aber zu Zeiten ist auch der sprachlich unbeholfenen Mensch zu treffenden Äußerungen fähig, die man nicht als Produkte automatischer Zeichenverarbeitung abtun kann.

Während also der Mensch sich von der Formel zum Wort entwickelt, gehen Naturwissenschaft und Technik den umgekehrten Weg vom Wort zur Formel, und wir erleben eine ungeheure Verformelung aller Lebensbereiche. Vielleicht hatte es bisher wenig Bedeutung, vielleicht haben wir es bisher nicht genügend beachtet. Allmählich aber wird die Gegensätzlichkeit von Leben und Technik unübersehbar, irritierend und Schaden bringend. Und der Computer, wie bei vielen anderen Themen auch, macht die Zusammenhänge plastisch und verschärft den Zustand, aber er bietet sich zugleich auch als Überbrückungs- und Abhilfemittel an. Dies wird nicht das Hauptthema des Buches sein, aber es wird an vielen Stellen aufblitzen, und ich empfehle es Ihrer besonderen

Beachtung. Hingegen ist der dargelegte Hauptgedanke

Informationstechnik zwischen Wort und Formel

eine Art roter Faden des Buches – er wäre daher auch als Titel geeignet.

Informationstechnik

Unter Informationstechnik wird hier das Fachgebiet verstanden, das die Schaltungen und Programme der Nachrichten- und der Computertechnik umschließt und weit in die Anwendungen hinüberreicht. Es ist ein Gebiet, das immer noch in jeder Hinsicht wächst, und ein Gebiet, dessen Untergebiete immer inniger ineinanderwachsen.

Es kann hier aber nicht um die Darstellung der mathematischen und technischen Inhalte gehen. Nur was ich für das Verständnis für nötig erachte, soll in einzelnen Fällen global und ohne große Anforderung an Vorkenntnisse erklärt werden. Ganz ohne Vorkenntnisse steht dieser Welt der allgemeinen Benützung des Computers (und teils: der Unterjochung durch den Computer) ja niemand mehr gegenüber.

Vielmehr richtet sich der Blick auf das geistige Umfeld und seine Beziehung zur Informationstechnik – ein vielfältiges und buntes Thema, das sich in zehn Vorlesungen nicht ausschöpfen läßt. Auch weit mehr Vorlesungen könnten natürlich keine Vollständigkeit erreichen. Auf Vollständigkeit kommt es aber nicht an.

Gezeigt werden soll, daß die Informationstechnik mit dem menschlichen Geist enger verbunden ist als jede andere Technik. Das folgt schon aus dem Wesen der Information.

Über die Definition

Fast alle zehn Vorlesungen beginnen mit einer Vorstellung von Begriffen, die in ihnen vorkommen; diese Vorstellung soll zu einer gemeinsamen Ausgangsbasis verhelfen. Ich sage *Vorstellung,* und nicht *Definition.* Das ist nicht zufällig. Über die Definition möchte ich ein klärendes Wort einschieben. Im Bereich von Naturwissenschaft und Technik gibt es zahlreiche Begriffe, die scharf definiert werden können und sollen. Vor allem sind das jene, die aus der Auffächerung in immer speziellere Gebiete resultieren – und das ist sicher die Mehrzahl. Handelt es sich aber um die höchsten Oberbegriffe oder kommt man den Konzepten des täglichen Lebens näher – und bei den Hauptbegriffen um Information und Computer ist das der Fall –, dann wirken scharfe Definitionen einengend und behindernd, weil sie weder den Umfang noch das Wesen des Begriffs einzufangen vermögen. Um aber dem schließlich nicht unberechtigten Wunsch nach

Begriffsbestimmung entgegenzukommen, habe ich ein einfaches Verfahren gewählt: Ich gebe mehrere Definitionen. Dann kann eine einzelne davon nicht tierisch ernst genommen werden, und die Freiheit für weitere Definitionen ist gewahrt.

Sieben Definitionen des Computers

Das zentrale Gebilde unseres Themas ist der Computer. Er läßt sich auf mehrere Arten definieren, und alle sind recht präzis. Schließlich ist der Computer ein *formales* Gebilde.

Definition 1
Der Computer ist ein Addierwerk mit speicherndem Drumherum.

Das ist auch eine historische Definition, denn so entstand der Computer: Man überlegte sich, wie man einen Addierer bauen könnte, der rascher arbeitet als die Mechanik der Tischrechenmaschine und dem man die Zahlenwerte automatisch zuführen kann, was Speicherzellen und und ein Befehlswerk voraussetzt. Damit hat man im übrigen auch die sogenannte John-von-Neumann-Architektur, die nicht etwas Willkürliches ist, wie die Leute häufig unterstellen, die andersgeartete Architekturen vorschlagen oder versuchen, sondern die selbstverständliche Lösung. Die Unterschiede liegen nur in der Ausarbeitung des Grundsätzlichen. Es ist noch ein langer Weg, bis wirklich ganz neue Architekturen erreicht werden können. Diese Definition legalisiert Namen wie Rechenmaschine oder kurz Rechner – aber diese Struktur kann viel mehr als rechnen, und das ist wahrscheinlich der tiefe Grund, warum sich das Fremdwort Computer durchgesetzt hat.

Definition 2
Der Computer ist eine programmgesteuerte logische Zeichenersetzungsmaschine.

Diese Definition erscheint vielleicht ein wenig unanschaulich, aber sie trifft den Kern. Der Computer verwandelt Zeichenketten nach fest definierten logischen Regeln in andere Zeichenketten, kurze Ketten in lange und lange Ketten in kurze. Damit erscheint der Rechner auf den Textverarbeiter, die Rechenmaschine auf die Textverarbeitungsmaschine erweitert.

Wenn wir bei der Geschichte der Informationstechnik unter anderem von der Volkszählung ausgehen werden, wird offenbar werden, daß schon am Beginn der Entwicklung die Textverarbeitung das Ziel war, denn ein Loch der Hollerith-Lochkarte stand für einen Volkszählungsbegriff wie Muttersprache oder Beruf. Und es wurde bloß gezählt; ein Addierwerk war damals nicht nötig; Hollerith fügte es erst viel später hinzu.

Definition 3
Der Computer ist eine elektronische Datenbank mit allen Fertigkeiten der
Buchhaltung.

Karteien, Dateien und Kontoführungen, aber auch Inventare und Personal-
stände sind von Beginn an bedeutende und erfolgreiche Anwendungen der
Lochkarte und des Computers gewesen. All diese Gebiete beruhen auf einer
Formalisierung, die zugleich mit der Mathematik entstand und doch einen
eigenen Weg nahm. Zwar können die meisten Verarbeitungsvorgänge mit
algebraischen Formeln dargestellt werden, aber die Theorie und erst recht die
Praxis der Buchhaltung kommt auch heute noch mit sehr wenig Algebra aus.
Wenn wir von Formeln reden, müssen sie nicht immer nur algebraische Form
haben. Und das leitet über zur nächsten Definition.

Definition 4
Der Computer ist eine aus Halbleitern gestaltete Formel, die von Formeln
(der Software) animiert wird.

Das ist eine sehr ernst zu nehmende Definition, denn die streng logische
Struktur des Computers kann nicht nur theoretisch als Formel hingeschrieben
werden, die formalen Systembeschreibungssprachen können das wirklich bis
zum letzten Bit. Allerdings wäre der volle Wortlaut der Formel so umfangreich,
daß kaum jemand etwas davon hätte.

Animiert, in Aktion gesetzt, wird der Computer durch seine Betriebs- und
Anwendungsprogramme, die selbstverständlich auch nichts anderes sind als
komplexe, dynamische Formeln.

Mit dem Stichwort *Zwischen Wort und Formel* ist am Beginn dieser Vorlesung auf die Verformelung unserer Welt hingewiesen worden, die vom Computer ins Unermeßliche gesteigert wird – es lohnt sich immer wieder, darüber
nachzudenken. Der Computer ist aber auch als Abhilfe versprochen worden. In
der Tat kann der Computer in seiner extremen Verformelung zur Milderung
und Abhilfe eingesetzt werden – wenn man sich die Mühe macht: Man kann ihn
vieles im Wort zeigen machen, man kann mit seiner Hilfe viele Formeln
unsichtbar werden lassen. Es ließe sich eine Kultur entwickeln, das Wort mit
Computerhilfe zu pflegen und die Wortkultur wieder zurückzuholen. Das ist
mehr als eine unrealistische Hoffnung. Gerade an dieser Frage kann man sich
überlegen, daß man üble Folgen der Technik nicht durch Technikfeindlichkeit
bekämpfen kann, sondern nur durch bessere und besser verstandene Technik.

Definition 5
Der Computer ist ein Netzwerk, in dem Information über kurze und lange
Strecken übertragen wird.

Man kann ihn daher sowohl zu einem elektronischen Postsystem ausbauen wie
zu einer elektronischen Bank. Das Geld ist ja längst von einem Wertgegenstand,

vom Goldstück zum Beispiel, zu einer Information darüber geworden, zu einer Banknote oder zu einem Kontostand. Heute laufen in jeder Mikrosekunde Millionen von Dollars oder DM über Computerverbindungsleitungen, und ein Börsenkrach kann durch ungeschickt programmierte Computer hervorgerufen werden, was kürzlich tatsächlich der Fall war. Man merkt die Bedeutung des Computers für das Geld und die Anlagen allein schon daran, daß man überhaupt nur mehr computerproduzierte Information über die Kontenstände bekommt.

Daß der Computer der Nachrichtenübertragungstechnik dient, ist selbstverständlich. Zum Beispiel verwandeln sich die Telephonvermittlungen in immer Computer-ähnlichere Systeme. Die Post ist überhaupt ein gigantisches Transportsystem für Dinge (Briefe, Pakete), Geld und Information aller Art. Sie sammelt, befördert und verteilt, und sie setzt dazu, wieder mit steigender Computerhilfe, immer elegantere Gebührensysteme ein. Der Computer vermag die Dienste zu integrieren, Schrift, Ton und Bild in gemeinsame Kanäle zu bringen. Seine Netzwerke verwandeln sich allmählich in globale elektronische Thurn- und Taxis-Dienste, und diese werden auf eine neue Art dort einspringen, wo die heutige Post ihre Dienste verringern muß, wie z. B. bei der verschwundenen täglichen Mehrfachzustellung der Briefpost. Ganz neuartige Lösungen sind möglich – man braucht dazu Phantasie, Mikrocomputer und Initiative.

Definition 6
Der Computer ist eine Weiterführung des Buchdrucks und stellt auch eine automatische Druckerei, einen automatischen Verlag und ein automatisches Schriftenversandhaus dar.

Beim Computer begann das Drucken ganz harmlos, mit Fernschreibern oder Zifferndruckern. Seit der Laserdrucker erreicht ist, hat der Computer aber Eigenschaften, um den Buchdruck völlig in seine Gewalt zu bekommen. Der Buchdruck hat eine Revolution bereits hinter sich, nämlich die Umstellung vom Bleisatz auf den Lichtsatz, und in der zweiten ist er begriffen: in der Erfassung aller Vorgänge von der Manuskriptherstellung bis zum Versand des Druckwerks durch den Computer. Das ist bei anderen Produkten auch mehr oder weniger im Gang, aber beim Buchdruck entwickelt sich der Computer auf seinem ureigenen Gebiet: auf dem Gebiet der Information.

Man hat etwas voreilig das papierlose Zeitalter versprochen und dabei nicht bedacht, daß Medien einander nicht auslöschen, sondern ergänzen. Die Zeitung bringt das Rundfunkprogramm und der Rundfunk einen Pressespiegel.

Das Prinzip lautet, daß die dynamische Information in den Computer gehört, und zwar auf dem letzten Stand – das ist der Stand der vorletzten Mikrosekunde. Stabile Information hingegen gehört in das Druckwerk, wo man sie sicher zitieren kann und niemand die Information verändert, während man umblättert. Ein Buch kann auf den Boden fallen, aber es stürzt nicht ab. In

Zukunft mag dazu anderes zu sagen sein, aber ich erwarte, daß man sich auch
dann ein Buch ins Bett mitnimmt und nicht einen Bildschirm.

Definition 7
Der Computer ist ein Steuergerät für Prozesse aller Art.

Diese Definition stimmt natürlich für Rechen- und Textverarbeitungsprozesse,
aber die Erweiterung des Computers auf ein industrielles Prozeßsteuerungsge-
rät ist mit künstlichen Sinnesorganen und künstlichen Effektoren längst
realisiert. Anwendungen etwa bei Walzstraßen oder in der chemischen Industrie
sind klassische Fälle, und der Verkehr ist ein weiteres Beispiel.

Der Computer ist nicht nur selbst ein Automat, er vermag andere Anlagen
zu Automaten zu machen, indem er ihre Steuerung übernimmt, und das beginnt
beim Computer selbst: bei seiner Herstellung. Denn seine mikrominiaturisier-
ten Chips könnten mit der Hand überhaupt nicht hergestellt werden. Der
computerunterstützte Entwurf beginnt ebenfalls beim Chip, aber beides hat
weite Teile der Industrie erfaßt und wird immer wichtiger, auch wenn
gelegentlich Bremsungen zu verzeichnen sind. Es gehört eben nicht nur ein
grüner Tisch oder ein Computerarbeitsplatz zu dieser Entwicklung, sondern
auch ein gerütteltes Maß an Erfahrung, und diese wird nur mit menschlicher
Geschwindigkeit erworben und nicht mit elektronischer.

Hier muß dem Leser der Name *Roboter* einfallen; er kommt von Karel
Čapeks Theaterstück „W. U. R." (Werstands Universal Robots) aus den zwanzi-
ger Jahren [2]. Die fortgeschrittenste Form der industriellen Automatisierung
wird *Robotik* genannt. Wir werden auf diese Anwendungsform des Computers
noch zurückkommen. Hier sei nur die Allgemeinbemerkung vorausgeschickt,
daß es nicht um die Nachahmung und Nachbildung des Menschen gehen kann,
wie es die Bühnenfiguren suggerieren, sondern um die reine Funktion. Wenn
also ein Roboter wie ein Roboter aussieht, repräsentiert er meistens einen
Denkfehler, eine Fehlkonstruktion. Es kommt nicht darauf an, die menschliche
Figur zu imitieren, sondern es geht darum, geschlossene Prozesse in den Griff zu
bekommen. Wie der Automat dann aussieht, ist nicht wichtig.

Machen wir uns gleich an einem speziellen Prozeß, nämlich am Kochvorgang, klar, daß die Computerisierung eine Veränderung der Prozesse, fast
möchte ich sagen: aller Prozesse, zur Folge hat, auf die man sehr achten muß.
Denn beim Computer liegen Rezept und Kochvorgang viel enger nebeneinander als in der Küche, es bedarf keines Kochs: Das Rezept führt automatisch zur
fertigen Mahlzeit, was in der klassischen Küche reichlich ungenießbare Folgen
hätte. Auf das automatisch ausgeführte Rezept kommen wir bei der letzten
Definition der *Information* zurück.

Eine Variante der Definition als Zeichenersetzungsmaschine ist das Verständnis des Computers als syntaktische Sprachmaschine: Es geht ausschließlich um Gesetzmäßigkeiten zwischen Zeichen. Die Wirkung dieser Zeichen ist

entweder durch Mechanik, Elektronik oder Programmierlogik bestimmt, oder sie entzieht sich der Fertigkeit des Computers. Wo immer dies der Fall ist – sei es grundsätzlich oder nur durch die Unvollendetheit unserer Bemühungen –, bedarf es der menschlichen Ergänzung, der Zusammenarbeit Mensch-Maschine oder der Überwachung der Bedeutungen und Wirkungen außerhalb des Systems durch den Menschen. Dies wird eines der Leitmotive der Vortragsreihe sein, denn die außerordentlichen syntaktischen Fähigkeiten des Computers verleiten ganz natürlich zu ihrer Überschätzung, und das ist die Haupt-Gefahrenseite dieses wundervollen Instruments.

Definition der Übertragung

Die Übertragung der Information über Raum und Zeit war die klassische Aufgabe der Nachrichtentechnik. Im Fall der räumlichen Übertragung spricht man von Übertragungskanälen und im Fall der zeitlichen Übertragung von Informationsspeicherung. Leitungen und Funkverbindungen, Film, Platte und Tonband haben eine gemeinsame Aufgabenstellung, und diese ist auch fast schon die Definition der Informationsübertragung: die Information unverdorben über Raum und Zeit zu befördern, sie bei der Übertragung zu konservieren, was niemals vollständig gelingen kann, aber doch bis zu hoher Qualität. Nehmen wir Telegraphie und Telephonie als bekannte Beispiele her, dann wird ein wichtiger Unterschied deutlich, der erst vom allgemeinen Übergang auf die Computertechnik aufgehoben wird: Digital- und Analogverfahren.

Beim Telegraphenzeichen – zum Beispiel beim Morsezeichen – kommt es nur darauf an, daß am Empfangsort Punkte, Striche und Zwischenräume klar unterschieden werden können. Eingedrungene Störungen der Form, kleine Welligkeit oder überlagertes Rauschen wird von jedem Relais mühelos entfernt, vollständig und folgenlos. Beim Telephonklang hingegen kann kein technisches Element einen Zischlaut von einer ähnlich klingenden Störung unterscheiden, und die kleinen Störsignale eines Abschnitts addieren sich über die Gesamtübertragungsstrecke auf; am Ende kann das Gespräch im Rauschen untergehen. In diesem Sinn ist der Computer ein Telegraphengerät; es kommt nur darauf an, daß das Ja und Nein der Bits ungestört erhalten bleibt; kleine Welligkeit oder überlagertes Rauschen wird von jeder Regenerationsschaltung mühelos entfernt, vollständig und folgenlos. Mit den modernen Techniken der Abtastung und Quantifizierung können nun auch analoge Signale wie Mikrophonströme in digitale verwandelt werden, etwa mit Hilfe der Puls-Code-Modulation. Dann aber können sie nicht nur vom Computer verarbeitet und in seinen Speichern untergebracht werden, sondern sie bekommen in der digitalen Form auch die gleiche Störresistenz.

In der heutigen Informationstechnik gehen Übertragung und Verarbeitung ineinander über, die eine benützt die andere.

Definition
Die Übertragungstechnik hat den Transport von Informationssignalen über Raum und Zeit zur Aufgabe, durch Kanäle und durch Speicher, wobei diese Signale so wenig wie möglich deformiert werden sollen.

Definition der Verarbeitung

Am leichtesten läßt sich die Verarbeitung definieren, die im Computer stattfindet, und hier kommen wir auch mit einer einzigen Definition aus.

Definition
Die Verarbeitung im Computer besteht aus dem Ablauf von Befehlsschritten, die wohldefiniert sind.

Ein Befehl besteht grundsätzlich aus der Angabe der Befehlsart und der Adresse, die bei der Ausführung benutzt werden soll. Es können auch mehrere Befehlsarten und mehrere Adressen in einen Befehl kombiniert sein, das ändert nichts Grundsätzliches.

Bei Verwendung einer Programmiersprache nähert sich der Text, je nach Art und Niveau, entweder der klassischen Algebra oder der natürlichen Sprache, und der Computer übernimmt alle Arten der Routinearbeit. Wie immer die Computerbenützung an der Oberfläche aussieht: man darf nie vergessen, daß auf der untersten Ebene klare Befehlsschritte und nichts als klare Befehlsschritte stattfinden. Das ist perfekte Logik, und die Tatsache, daß eine Verarbeitung auf einem Computer stattgefunden hat, garantiert, daß es eine logische Verarbeitung war. Etwas anderes kann der Computer nicht. Das ist sicher nicht die Art, wie der Geist funktioniert. Von perfekter Logik kann bei den Neuronen nicht die Rede sein, und der Geist ist nicht ein Programm mit Subroutinen, sondern erfaßt den Sinn auf eine Weise, die wir noch nicht verstehen und wahrscheinlich nie ganz verstehen werden. Darauf kommt die achte Vorlesung zurück.

Wir wenden uns nun dem unergründlichen und daher leicht unheimlichen Phänomen *Information* [1] zu. Man achte auf die Vielfalt der Dinge, die in den folgenden zehn Definitionen aufkommt. Information ist etwas ganz anderes als eine physikalische Größe mit einer verbindlichen Meßmethode und einer verbindlichen Maßeinheit. Information läßt sich nicht auf Axiome zurückführen. Information gehört überhaupt nicht zu den Dingen, die sich mit dem Galilei-Prinzip des Beobachtens und Experimentierens, Messens und Systematisierens erfassen lassen. Messungen kann man nur an den Trägern der Information vornehmen, an den Zeichen, an den Buchstaben und Wörtern, an den Lauten oder Bewegungen – die eigentliche Information kommt durch kein Meßverfahren in den Griff. Sie schwebt wie eine Wolke über den Zeichen. Information ist ein trans-galileisches Phänomen. Daher ist auch der Physiker so wenig zuständig für die Informationsseite der Informationstechnik wie der Mathematiker, Logiker oder klassische Ingenieur. Es ist der Informatiker, der auf dem Wege ist, dafür zuständig zu werden.

Zehn Definitionen der Information

Gegenstand der Verarbeitung durch den Computer ist die *Information*. Und das ist auch schon ihre erste Definition.

> Definition 1
> Information ist der Gegenstand, der vom Computer verarbeitet wird.

Das ist eine Scheindefinition. Denn die wirkliche Frage lautet ja: Was ist es denn, was der Computer verarbeitet?

Nehmen Sie ein einfaches klassisches Eisenbahnsignal, einst noch Semaphor genannt. Es ist Träger eines Atoms der Information, nämlich des Bits der Entscheidung zwischen Anhalten und freie Fahrt. Aber wieviel Kontext ist erforderlich, um seine Wirkung sinnvoll zu machen. Nur an einem Gleis hat es Sinn, mitten im Atlantik wäre es zwecklos. Es sollte auch nur ein Gleis sein, für das das Signal da ist. Wie oft müssen Sie bei einem Verkehrszeichen im Straßenverkehr den Kontext überlegen, um den Anwendungsbereich seiner Information zu erkennen? Übrigens muß das Signal auch befestigt sein – könnte es sich frei bewegen, z. B. um 180° drehen, wäre es ein enormes Gefahrenmoment. Der Ableser muß die Zuordnung kennen, den Rahmen wie auch die geltenden Konventionen. Nicht alle Nationen drücken ja und nein durch die gleichen Kopfbewegungen aus. Daß rot halt und grün frei heißt, muß man wissen und erkennen, für Farbenblinde muß oben und unten zugeordnet sein.

Dieses praktische Beispiel eines einzelnen Bits sollte Ihnen zeigen, was ich unter der Wolke verstehe, die mit den Zeichen verbunden ist, welches Bündel an Bedeutung mit jedem von ihnen reisen kann, selbst mit einem einzelnen Bit. Das Bild der Wolke war in der Barockzeit für den Geist beliebt, und es ist recht geeignet: Die Wolke ist schwer beschreibbar und zeitlich veränderlich. Ein Informatiker sollte niemals so tun, als wäre Information von der Festigkeit, Klarheit und Verläßlichkeit der abstrakten oder elektronischen Logik. Er selbst ist der erste, der damit nicht Schritt halten könnte. Eine solche Sicherheit hat nichts von dem, was er tut. Seine eigenen Produkte würden Zeugnis geben gegen ihn.

Damit sollte auch klar sein, warum Information kein verläßlich definierbares Phänomen ist. Übrigens werde ich sie je nach Kontext Phänomen oder

Gegenstand nennen, Gegenstand im übertragenen Sinn natürlich, so wie ein Unterrichtsgegenstand. Und nun kann ich mich der Reihe der Definitionen der Information zuwenden, die ich gleich als Einführung in die Themen der Reihe verwenden werde. Jede dieser Definitionen vermittelt Teilwahrheiten, aber eben nur Teilwahrheiten, und Teilwahrheiten werden leicht zur Lüge. Erst alle zehn Definitionen zusammengenommen geben einen Zugang zur Idee der Information, die dieser Reihe zugrundeliegt.

Definition 2
Information ist, was das Wort Information ausdrückt.

Der Kern ist die *Form,* aber die Vorsilbe *in* weist auf den Inhalt der Form hin, auf die Bedeutung der Form. Information ist Form als Bedeutungsträger.

Erziehung und Ausbildung (französisch: la formation) sind systematische Formierung; in diesem Sinn wurde das Wort Information verstanden, ehe die Technik davon Besitz ergriff. Man sollte an dieser Bedeutung schon festhalten, man sollte sie betonen und kultivieren, denn wer etwas mitteilt, auch wenn er dies über den Computer tut, hat mit Formierung und daher mit Ausbildung zu tun. Tatsächlich prägt der Computer mit seiner Information den Menschen, der sie erhält, und das bedeutet eine Verantwortung des Informatikers, die er nicht aus dem Blick verlieren darf.

Definition 3
Information ist das Produkt, das uns unsere Sinnesorgane liefern.

Diese Definition appelliert an unsere Erfahrung, sie erinnert an die Quelle, aus der wir alles schöpfen, was sich auf die Struktur aufbaut, die wir bei unserer Geburt mitbringen. Der Körper ist ein Vorbild für die Technik, auch der Informationsverarbeitung – in einem fortgeschrittenen Zustand.

Definition 4
Information ist der Gegenstand, den die Sprache ausdrückt.

Alle Formen der Sprache, also etwa auch die Körpersprache, führen Information. Soweit wir fähig sind, unsere Sinneseindrücke in Sprache auszudrücken, ist diese Definition mit der vorhergehenden identisch, aber es ist wohl evident, daß sich manche Eindrücke nur schwer oder gar nicht in Worte umsetzen lassen.

Die Sprache liefert das kombinatorische Modell für die Informationsverarbeitung. Sie hat einen wohldefinierten Satz von Lauten und ihre Schriftform einen wohldefinierten Satz von Buchstaben, Alphabet genannt – ungefähr von der Zahl der Tasten, mit deren Hilfe wir heute schreiben. Was immer sprachlich ausdrückbar ist – ein beeindruckend großer Bereich, wenn man es sich überlegt –, läßt sich mit diesem Zeichensatz ausdrücken. Der Computer folgt also mit seiner Zeichendarstellung einer Jahrhunderte alten Methodik, und diese Atomistik erscheint höchst natürlich. Allerdings werden wir in der entsprechenden Vorlesung den Geisteswissenschaften vorwerfen müssen, daß sie der frühen Tradition sauberer Formalisierung nicht gefolgt sind. Ob die Umlaute oder gar das scharfe S (ß) zum Alphabet gehören, ist eine offene Frage, und diese hat ihre technischen Konsequenzen: Unsere Umlaute setzen sich beim Computer nur schwer durch. Auch beim Herstellungsprozeß dieses Buches haben diese Zeichen zusätzliche Mühe gemacht.

Unsere Sprache hat aber auch eine wohldefinierte Menge von Wörtern, aus denen die Sätze gebildet werden. Dazu braucht man Satzzeichen, bei denen aber wie bei den Umlauten keine offizielle Liste existiert, von Sonderzeichen gar nicht zu reden.

Das Wort ist in der Sprache wie im Computer eine Einheit besonderer Art. Seine Rechtschreibung ist leidlich genormt, seine Bedeutung aber ist nur in Trivialfällen auslotbar, und selbst dort steht es uns frei, spontan neue Bedeutungen mit einem Wort zu verbinden. Sogar Zahlen können mit komplexen Begriffen assoziiert werden. So steht 747 für ein Großflugzeug und 4711 für eine Kölner Adresse, die sich mit dem Geruchssinn assoziiert und – höchst naheliegend – sich auch als Symbol für die Computeradresse etabliert hat, genau wie 0815 für den Befehl. Sprache ist ein unermeßliches Universum.

Im 19. Jahrhundert begann die wissenschaftliche Untersuchung der Sprache. Unter dem Einfluß der Verhaltensforschung und der philosophischen Richtung des Positivismus wurde eine Theorie geschaffen, die *Semiotik* [3] genannt wird. Wir werden ihr eine Vorlesung widmen, umso mehr, als sie für formale wie für natürliche Sprachen gilt und daher auch für die Informationsverarbeitung volle Bedeutung hat. Hier sei nur vorweggenommen, daß sie in die Felder *Syntax, Semantik* und *Pragmatik* unterteilt wird, die natürlich auch Ebenen der Information sind. Die Korrektheit der Syntax sollte sich prüfen lassen, während die Richtigkeit der Semantik der Verifikation bedarf. Die Pragmatik ist das Umfeld von Syntax und Semantik, zugleich aber auch Beginn und Ende jeder Sprachbetrachtung.

Definition 5
Information ist der Gegenstand, der über die Kanäle der Nachrichtentechnik läuft.

Am Beginn hat sich die Schwachstromtechnik, wie sie anfangs genannt wurde, nicht viel um die Natur dessen gekümmert, was sie übertrug. Das Telegraphenalphabet und die Schallschwingung genügten für die Entwicklung von Telegraphie und Telephonie. Die Nachrichtentechnik ist gleichzeitig wichtiges Umfeld der Informationsverarbeitung und gewichtiger Kunde – immer mehr Funktionen treiben in die Computerisierung, und man könnte zum Beispiel das Welttelephonnetz mit sehr guten Gründen als den umfangreichsten Computer der Erde bezeichnen. Wir werden diese Zusammenhänge nur kurz streifen können.

Das Ziel der Übertragungstechnik ist die ungestörte Wiedergabe im Empfänger, die getreue Übertragung. Aber Nachrichtenkanäle sind nicht perfekt, sie mischen Störungen in das Signal. Rauschen, unerwünschte Fremdsignale, Nachhall und Echo, vielerlei Art von Deformationen verändern oft das gesendete Signal so arg, daß man es als Wunder bezeichnen muß, daß es vom menschlichen Empfänger noch verstanden und sogar genossen wird (Musik etwa). Die statistische Betrachtung der Kanalstörungen führte zur Informationstheorie, und diese verlangt eine klare Warnung in unserem Zusammenhang. Denn sie ist, entgegen der Meinung vieler, die nicht tiefer in sie eingedrungen sind, keine Theorie der Information. Anfangs hieß sie auch nicht Informationstheorie; Shannon, ihr Begründer, nannte sie *A Theory of Communication* [4], und schon das war zu viel, denn es handelt sich bloß um eine Theorie der Zeichenübertragung. Sie sagt nicht viel mehr aus, als wie viele Zeichen sich im Prinzip über einen statistisch gestörten Kanal mit begrenzter Sicherheit übertragen lassen. Nicht einmal wie man das macht, gehört zu ihrem Geschäft, dieses ist viel mehr Aufgabe der Codierungstheorie. Daher ist die Anwendung der Informationstheorie in der Informationsverarbeitung auf wenige Spezialfragen beschränkt. Aber aus der Informationstheorie stammt ein Begriffspaar, das für Allgemeinüberlegungen äußerst nützlich ist, nämlich *Information* und *Redundanz*. Information in diesem Sinn ist der überraschende Anteil, während die Redundanz den nicht-neuen Anteil bezeichnet, was man schon weiß oder voraussagen könnte, die unnötige Information, die Weitschweifigkeit. Damit erscheint das Wort *Information* mit zwei Begriffen belegt, nämlich mit dem Begriff der Gesamtinformation und mit dem Begriff der um die Redundanz verminderten Gesamtinformation, der informierenden Information. Redundanz ist das wichtigste Mittel gegen die Störung, aber dann muß es nützliche, wohlüberlegte Redundanz sein. Die natürliche Sprache hat einen überraschend hohen Anteil an Redundanz, nämlich um 75% [5]. Das läßt sich leicht zeigen, indem man einen unbekannten Text zu erraten versucht. Errät man den nächsten Buchstaben, ist er redundant; errät man ihn nicht, dann bedeutet er Information und man muß sie bekommen, man muß dem Rater den Buchstaben angeben. Im Mittel errät man bei diesem Versuch drei von vier Buchstaben. Sachgerechte Organisation der Redundanz ist ein entscheidendes Werkzeug der Informationstechnik.

Geben wir gleich ein Beispiel für Redundanz, der wir im automatisierten Leben heute begegnen, nämlich Telephon- und Kontonummern. Da die Erdbevölkerung unter 10 Milliarden liegt, müßte man weltweit mit 10 Dezimalen auskommen. Die Fernwahl nach Nordamerika verlangt 13 Dezimalen, Bankleitzahl und Kontonummer ergeben 14 bis 18 Dezimalen, allein für Deutschland. Zwar ist ein Teil des eingeführten Aufwands sinnvolle Redundanz einer Systematik, aber es bleibt ein merklicher Rest an ärgerlicher Redundanz; am ärgerlichsten sind daran wohl die führenden Nullen, die man den Formularausfüllern zumutet.

Der Computer kann selbst als Informationskanal angesehen werden, allerdings als ein sehr komplizierter, und außerdem ist er auf das Gegenteil der getreuen Übertragung ausgerichtet, auf die Verwandlung der Angaben in das Resultat. Dabei ist evident, daß er als Kanal zwar von ungeheurer Verläßlichkeit, aber keineswegs perfekt ist. Allein die Endlichkeit der Stellenzahl muß bei umfangreichen numerischen Rechnungen zu einem Störeffekt führen, der dem Rauschen verwandt ist. Noch schlimmer ist die Informationsverschmutzung.

Definition 6
Information ist der Gegenstand, der in Karteien, Dateien und Protokollen aufgezeichnet ist.

Bei dieser Definition kommen der offizielle und der regulative Aspekt der Information zum Vorschein. Man muß hier an Information denken, die von einer zuständigen Person oder von einem autorisierten Gremium festgelegt wird. Insbesondere sind amtliche Eintragungen und Dokumente in dieser Kategorie, und das ist eine Information, die man besser nicht ignoriert. Die Linie über Empfehlung und Normblatt bis zum Gesetz kommt hier ins Spiel, aber auch schon Haus- oder Firmenordnungen, Amts- und Vereinsregeln, Satzungen aller Art. Hier kann die Flexibilität des Computers zur argen Schwierigkeit werden. Ist das, was augenblicklich im Speicher steht, wirklich die gültige Form? Wie hält man den historischen Ablauf fest? Wir werden bei einer späteren Diskussion der Redundanz darauf zurückkommen: Die Administration der Kopien ist überall wichtig, von der Theorie der Rekursivität bis zur privaten Ablage.

Protokollierte Information hat zwar nicht die Kraft eines stets gültigen Naturgesetzes, aber sie hat trotzdem große Wirkung auf den Ablauf der Wirklichkeit. Der Informatiker muß immer daran denken, daß er auch dort, wo es vielleicht gar nicht geplant ist, etwas hervorbringt, das später zur Norm werden kann, einfach weil existierende Programme und Daten die Wirkung eines Protokolls haben können. Solange es um reine Information geht, kommt sie in das Gehirn und in die Hände eines ausführenden Menschen. Sobald aber der Computer auf künstliche Effektoren wirkt, sobald er ausführende Organe steuert, ohne daß ein Mensch dazwischengeschaltet ist, kommt dabei eine weitere Eigenschaft der Information zum Tragen, die durch die letzte Definition der Information behandelt wird.

Merkwürdigerweise bildet das Protokoll eine Brücke zur Philosophie der Informationsverarbeitung. Sie begann mit einem Protokoll, und sie versuchte es mit einem System von Protokollsätzen. Das ist aber eine längere Geschichte, die hier den Rahmen sprengen würde. Die Philosophie soll einen besonderen

Schwerpunkt dieses Vortrags bilden und überdies im letzten Vortrag erst abgeschlossen werden. Einstweilen genügt diese Andeutung.

Definition 7
Information ist der Gegenstand, den man in Büchern, auf Platten, Filmen und Magnetbändern und aus Computerspeichern kauft.

Hier wird der kommerzielle Aspekt deutlich; er darf nicht vernachlässigt werden, denn, ob man will oder nicht: Die wirtschaftlichen Bedingungen und Gesetzmäßigkeit sind für einen technischen Gegenstand sehr bestimmend. Was für den technischen Gegenstand gilt, daß nämlich die Massenproduktion die Individualität einschränkt, dafür aber den Preis mitunter entscheidend herabzusetzen vermag, das stimmt auch für Information. Sie ist durch den Computer zur Ware geworden. Das galt zwar für ein Buch oder für ein Tonband auch schon, aber mit dem Computer wird die Information an sich zum Handelsobjekt, man kann mit ihr Geld verdienen und verlieren, man kann ein Unternehmen auf den Umgang mit Information aufbauen.

Das beginnt mit der Software, die ja reine Information ist, und mit Datensammlungen aller Art. Hält man sich vor Augen, daß es mit dem Schutz derartiger Information nicht zum Besten steht – ich komme darauf bei der nächsten Definition zurück –, dann sieht man eine Schwierigkeit der Informationsverarbeitung vor sich, die noch viel Mühe machen wird.

Eines ist sicher: Der Besitz von Information wird niemals wieder dasselbe sein wie vor dem Computer-Zeitalter. Das Gesetz versucht zwar, das Eigentum, zum Beispiel das Patent oder das Copyright, auf die herkömmliche Weise zu schützen, aber auf lange Sicht muß das Gesetz, das nicht anders sein kann als pragmatisch, unhaltbare Prinzipien aufgeben. Wie der Endzustand sein wird, kann heute niemand sagen, aber Änderungen werden sicher kommen. Damit befaßt sich – ein wenig – die Vorlesung über Computer und Recht.

Vielleicht ist hier auch der Platz, ein anderes Thema anzumerken: der Computer als Entschuldigung. Wie oft hört man den Satz *Wir bedauern dies, aber wir haben jetzt einen Computer*. Das kann zutreffen. Man bekommt keine Annehmlichkeit ohne einschränkende Nachteile. Es kann aber auch eine Ausrede sein, und der Computer ist überhaupt nicht die Ursache. Das gehört zu den sozialen Wirkungen der Informationstechnik.

Definition 8
Information ist der Gegenstand, der vom Geheimdienst, vom Intelligence Service, gesammelt wird.

Diese Variante der Information bringt in Erinnerung, daß nicht jede Information öffentlich ist. Der ursprüngliche mathematische Hintergrund hatte die Auffassung nahegelegt, daß alle Daten, die durch den Computer gehen, so öffentlich sind wie die Einmaleinstafel. Natürlich hätten die Anwendungen in

Volkszählung oder Buchhaltung vorsichtigere Beurteilung gebraucht, dort aber waren Praktiker am Werk, die zuerst lieber arbeiteten als zu reden. Sie hätten sofort einwerfen können, daß der einzelne wie die Institution des Informationsschutzes bedürfen. Besonders die Medien sehen es heute als ihre Pflicht an, jedes Bit, das sie erwischen, schon aus diesem Grund als ein öffentliches betrachten zu dürfen, und sie nehmen dabei weder Syntax noch Semantik ernst, sie kennen keinen Korrektheitsbeweis, und ihre Verifikation wird oft durch den Gewinn an der Sensation überrollt.

So wird dann der Datenschutz zur Gegen- und Überreaktion, die den vernünftigen Gebrauch der Information behindert und den Benützer in Angst versetzt, selbst bei Trivialdaten. Wir werden darauf in der Vorlesung über *Computer und Recht* zu sprechen kommen.

Ein Teil der Befürchtungen ist nicht unbegründet. Die Realität des menschlichen Charakters führt zur Notwendigkeit des Zaunes, des sichernden Einsperrens. Nun scheint es äußerst schwierig zu sein, abstrakte Absperrungen zu errichten. Ein geschickter Programmierer kann um sie herumprogrammieren. Am sichersten ist der nicht vernetzte, nur mit selbstgeschriebenen Programmen betriebene Computer, der in einem durch Schloß und Schlüssel versperrten und elektromagnetisch abgeschirmten Raum steht. Auch diese Frage und die mit ihr verbundenen Gefahren werden in der Rechtsvorlesung diskutiert werden.

Übrigens bedarf Information nicht nur des Schutzes. Sie kann, das macht dieser Zusammenhang deutlich, auch Waffe sein.

Der *Intelligence Service* bietet eine sprachliche Brücke zur *Artificial Intelligence.* Sie zeigt primär, daß die Wortbedeutungen im Englischen und im Deutschen nicht gleich sind. Einen Geheimdienst könnte man nicht Intelligenzdienst nennen, obwohl er äußerst intelligente Mitarbeiter braucht. Was also im Englischen eine legitime, wenn auch nicht treffsichere Wortwahl war, geht im Deutschen auf jeden Fall schief. Und es ist nützlich, eine Variante der Definition 8 anzumerken:

Definition 8A
Information ist der Gegenstand, mit dem sich die Künstliche Intelligenz auseinandersetzt.

Damit setzt sich die achte Vorlesung der Reihe auseinander, denn auch in Großbritannien und Amerika verstehen manche Überoptimisten das Wort *Intelligence* als Intelligenz. Ausgerechnet ein Philosoph (von der Universität Philadelphia) wünscht sich den Ausdruck *Synthetische Intelligenz* statt *Künstliche Intelligenz*, weil, wie er meint, *künstlich* für ein Surrogat steht, *synthetisch* aber – wie beim Diamanten – den gleichen Gegenstand meint, lediglich auf anderem Wege hergestellt.

Das Arbeitsgebiet der Künstlichen Intelligenz – wir werden sie wie üblich mit KI abkürzen – ist völlig in Ordnung, und ein ungeheuer wichtiges Feld noch dazu; das kann man gar nicht oft genug betonen. Aber umso wichtiger ist die Klärung der Begriffe.

Das Umfeld des Computers ist aufregend; er hat eben doch etwas von einem Elektronengehirn in sich. Kann der Computer denken? Das ist eine Frage, die von Beginn an gestellt und von vielen Pionieren, von kompetenten und nicht kompetenten Verfassern beantwortet wurde. Seit John von Neumanns Buch *Der Computer und das Gehirn* [6] und seit Turings berühmt gewordenem Aufsatz *Computing Machinery and Intelligence* [7] gibt es eine Flut einschlägiger Arbeiten. Auch das gehört zu unserem Thema und wird behandelt werden.

Definition 9
Information ist ein Gegenstand, den man braucht, um eine Arbeit ordentlich auszuführen, um einen Beruf sachgemäß auszuüben.

Von dieser Definition kann man ebenso wichtige Varianten produzieren, von denen ich vier anführen möchte:

Definition 9A: Information macht den Experten zum Experten.
Definition 9B: Information ist Wissen.
Definition 9C: Information ist der Gegenstand der Erziehung.
Definition 9D: Information ist der Gegenstand, den Medien und Reklame verteilen.

Ihnen ist gemeinsam, daß sie alle zu eng sind, eine Enge, die sich auf unbewußten Wegen breit macht. Sie führt zum Beispiel zur Vorstellung von der Schule – auch der Universität – als Informationstankstelle, noch dazu zum Nulltarif. Ausbildung und Erziehung sind im Computerzeitalter noch viel wichtiger als früher, und es ist nicht sicher, daß unsere Schulen den Anforderungen gewachsen sind.

Jeder wird sofort und mit Recht an Expertensysteme denken, die ein ganz besonders wichtiges und aktuelles Anwendungsfeld des Computers bilden. Man muß hier nur auch die Grenzen sehen, die Grenzen des Computers und die Grenzen des Experten. Als selbsttätige Abhakliste ist der Computer in seiner Verläßlichkeit besonders in unserer immer komplizierter werdenden Welt eine bald unersetzliche Hilfe. Aber das Computersystem hat keinen Verstand. Ohne Zusammenarbeit Mensch-Maschine zieht hier eine Gefahr herauf, die man gar nicht überschätzen kann. Dieses Thema wird in der Vorlesung über *Artificial Intelligence* weiter behandelt werden.

Daß Unterricht auch Informationsweitergabe (und Einübung) ist, hat sehr früh zu Versuchen mit Lehrprogrammen geführt, und diese Möglichkeit war schon aktueller als heute – es haben sich zu viele Schwierigkeiten und Nachteile ergeben. Die volle Breite dieser Problematik kann in dieser Reihe gar nicht ausgeschöpft werden – der Ärger begann etwa in Amerika bereits mit Studienplänen, die von sehr sachkundigen Gremien ausgearbeitet und publiziert wurden. Ich lasse die angeführten Varianten auf Sie wirken. Und auf das umfassendere Erziehungs- und Ausbildungsproblem werde ich öfter zu sprechen kommen.

Definition 10
Information ist der Inhalt von Computerprogrammen.

Hier wird die ausführende Information deutlich: Ein Programm sagt nicht nur, was geschehen soll, es kann auf dem entsprechenden Automaten die Ausführung steuern. Wir sind zurückgekehrt zum Rezept, zum Koch-freien Kochrezept, und wir könnten das Bild weiterführen bis zur Revolutionär-freien Revolution, durch ein Programm automatisch herbeigeführt.

Wir müssen uns an dieser Stelle zuerst die Äquivalenz von Daten und Programmen vor Augen halten – beides ist Information und kann der Verarbeitung unterworfen werden. Äquivalenzen sind wichtige Erkenntnisse und bringen wissenschaftlichen wie technischen Fortschritt. Professor K. Ganzhorn, Ehrendoktor dieser Universität (Stuttgart), hat auf die Bedeutung der Äquivalenzen besonders hingewiesen [8].

Weil ein Programm nicht nur Zeichenersetzung steuern kann, sondern auch Vorgänge der realen Welt, wenn man den Computer mit Sensoren und Effektoren ausrüstet, wird auf diesem Wege gespeicherte Information zum potentiellen Gegenstand, zum produzierten Objekt, zum potentiellen Ablauf irgendwelcher (vorbereiteter) Ereignisse. Nur ein gedankliches Bild dazu: Der Bibliothekar einer gespeicherten Programmbibliothek könnte dafür verantwortlich werden, daß ein Programm aus seiner Bibliothek herausgeholt, an eine beliebige Stelle des Globus transportiert und dort für den gefährlichsten Unfug verwendet wird. Noch könnte das kaum passieren, aber das Szenario dafür ist aufgebaut.

Es gibt bereits eine Computer-Philosophie

Ich habe es schon angedeutet: Trotz seiner Jugend ist der Computer bereits heute mit einer Philosophie zu verknüpfen, die zwar unabhängig von ihm entstanden ist, die man aber trotzdem mit guten Gründen als Computerphilosophie bezeichnen darf. Es geht um das Lebenswerk des österreichischen Ingenieurs und Philosophen Ludwig Wittgenstein (1889–1951). Sie wird als Klammer um diese Reihe verwendet werden, und dazu ist sie gut geeignet, denn sie besteht aus zwei verwandten, aber doch sehr verschiedenen Teilen. Man redet dementsprechend auch von Wittgenstein I – in das Feld des logischen Positivismus und des Wiener Kreises gehörend – und von Wittgenstein II – am ehesten der Schule der englischen Sprachphilosophie zugehörig. Heute werde ich mich vorwiegend mit der Philosophie I beschäftigen und die Philosophie II nur anklingen lassen. Die Übertragung der Relation zwischen I und II auf den Computer und sein Umfeld wird dann das Hauptthema des Abschlußvortrages sein.

Als Einführung möchte ich zwei Geschichten erzählen – fast kann man von Anekdoten sprechen –, die aus der Lebensgeschichte Wittgensteins [9] übernommen sind. Sie geben nämlich, ob sie nun historisch wahr sind oder nicht, den Kern der beiden Philosophien wieder. Sie behandeln den Anstoß für die beiden Hauptwerke, für den *Tractatus logico-philosophicus* [10] und für die *Philosophischen Untersuchungen* [11].

Der finnische Logiker G.H. von Wright [9] schildert, wie die Idee der *Sprache als Bild der Realität* Wittgenstein zuflog. Von Wright war lange mit Wittgenstein beisammen und kennt diese erste Geschichte daher unmittelbar von ihm; er meint übrigens, daß diese Idee mit der Einleitung zu den *Prinzipien der Mechanik* von Heinrich Hertz Verbindung haben könnte, einem Werk, das Wittgenstein kannte und sehr schätzte.

Im Herbst 1914, während seiner Militärzeit an der Ostfront, las Wittgenstein in einer Zeitschrift von einem Prozeß in Paris über einen Autounfall. Dort wurde dem Gericht ein Modell des Unfalls präsentiert, der als *Proposition,* als Vorschlag für die Beschreibung der Sachlage diente. Das erscheint sinnvoll, weil eine Entsprechung zwischen den Teilen des Modells – Miniaturstraße, Miniaturautos und Miniaturleute – und den reellen Dingen – der Straße, den Autos und den Leuten – besteht. Diese Entsprechung brachte Wittgenstein auf die Vorstellung, daß die wissenschaftliche sprachliche Beschreibung ein Modell oder – wie er sagte – ein *Bild* der Realität ist, kraft einer ähnlichen Entsprechung zwischen den Elementen der Beschreibung und den Elementen der Welt. Die logische Kombination der Sätze, die Struktur der Teile der Beschreibung bildet eine mögliche logische Kombination der Wirklichkeit ab. Ob sie in dieser Wirklichkeit zutrifft, muß geprüft werden; wenn sie zutrifft, gehört sie zum System der Naturwissenschaft, wenn sie nicht zutrifft, bedarf es einer Verbesserung der vorangehenden Sätze, denn die Logik stimmt auf jeden Fall.

Alle Tätigkeit der Wissenschaft, ob Naturwissenschaft oder Philosophie, erscheint als Aufnahme eines umfassenden Protokolls der Realität. Das Protokoll soll knapp und klar sein, alles erfassen, was dazugehört und ihm offiziellen Charakter geben. Wittgenstein drückt es nicht so aus, aber in unserer Betrachtungsweise geht es um einen sorgfältigen Informationsverarbeitungsvorgang.

Die Hauptaufgabe ist die Übereinstimmung mit der Wirklichkeit. Wittgenstein macht sich daran, die Systematik einer Protokollaufnahme herauszuarbeiten, die ein logisch und faktisch korrektes Bild der Welt ergeben soll, eigentlich ein Modell der Welt. Denn Wittgenstein streitet bereits beim *Tractatus* nicht ab, daß das Bild nur das erfaßt, was erfaßt werden kann, also Modellcharakter hat, während es Dinge gibt, die außerhalb des Protokolls liegen – wie beim Unfall.

Er spricht auch sehr oft davon, daß sich etwas zeigt. Das ist eine Brücke zum Prinzip des *„Siehe!"* in der altindischen Denkweise, wo der Anschauung der Vorrang vor der langatmigen Erklärung gegeben wird. Wir werden in der Vorlesung über al Chwarizmi auf Schopenhauer zu sprechen kommen, der der Mathematik seit Euklid vorwirft, den Studierenden mit Argumenten in die Ecke zu drängen, statt ihm die Anschauung zu vermitteln. Er zieht den Beweis für den pythagoräischen Lehrsatz als Beispiel heran, und wir werden zeigen, daß dieses Beispiel noch viel treffender ist, als Schopenhauer wußte.

Man muß sich dazu vor Augen halten, welche Auffassungen damals in der Wissenschaft vorherrschten; Wittgenstein hatte in Deutschland und in England studiert und kannte sie recht gut.

Es war der Höhepunkt des logisch-naturwissenschaftlichen Optimismus und der Höhepunkt vermeintlicher atomistischer Klarheit. Die Methode, auf allen Gebieten die letzten, nicht weiter teilbaren Bausteine zu finden und die Gesetzmäßigkeiten zu sammeln, die zwischen ihnen bestehen, schien zum restlosen Begreifen der Welt zu führen. In Physik und Chemie waren es die Atome, die zweitausend Jahre nach den Alten Griechen endlich als Realität etabliert waren, und die Quanten der Energie, deren Merkwürdigkeiten und Unheimlichkeiten sich bei weiterer Untersuchung schließlich auflösen müßten. In der Psychologie waren es die Elementarereignisse im Sinn des Assoziationismus, die mit den Gesetzen der Assoziation all unsere Erfahrung und unser Wissen aufbauen. Und bei Bertrand Russell hatte Wittgenstein das Atom der Mathematik, das Bit, wie wir heute sagen, und seine Macht kennengelernt, der Mathematik solide Grundlagen zu verschaffen (in dem Standardwerk *Principia Mathematica* von Russell und Whitehead). Die kompliziertesten Zusammenhänge der Mathematik sind darin auf strengste Weise definiert, und damit ist unendliche Sauberkeit der Begriffe und Prozesse erreicht. Wieder machte Wittgensteins Geist den Schritt zu maximaler Allgemeinheit, nämlich das atomistische Denken auf die Philosophie, auf das gesamte Denken auszudehnen, alle Tatsachen dieser Methode zu unterwerfen und damit ein vollständiges Bild der Welt zu erreichen. Ein wirklich grandioser Ansatz, der sich freilich nicht mit der Kleinarbeit der effektiven Bildherstellung abgibt – das ist schließlich Aufgabe der Einzelwissenschaften. Die Philosophie legt die Methodik fest, und der Rest ist Routine. So war es jedenfalls gedacht.

Wittgensteins Atom ist der Elementarsatz, der wahr ist oder nicht. Er hütete sich zwar, auch nur ein ernstes Beispiel voll auszuarbeiten, aber er machte klar, daß man an einen Satz wie den folgenden denken muß: *Am Montag, den 18. Oktober 1988 um 12h mittags MEZ hatte es am Bahnhofplatz in Stuttgart 15°C.* Natürlich gibt es hier räumliche, zeitliche und meßtechnische Feinheiten, die große Mühe machen können, aber im Prinzip schienen sie bewältigbar.

Und nun, sagt Wittgenstein, braucht man bloß derartige Elementarsätze zu sammeln, sie nach den Gesetzen der Logik, der Physik usw. zu verknüpfen und von Zeit zu Zeit die gezogenen Schlüsse an der Realität abzuprüfen, zu verifizieren. Erweisen sich die logischen Ableitungen als faktisch wahr, dann kommen sie in die Sammlung, erweisen sie sich als falsch, muß an den Voraussetzungen etwas falsch sein; man kehrt einige Schritte zurück, korrigiert und modifiziert, bis das Protokoll eben die Wirklichkeit richtig wiedergibt.

Es entstand ein Buch von 207 Seiten [10] mit den sieben Hauptsätzen

1. Die Welt ist alles, was der Fall ist.
2. Was der Fall ist, die Tatsache, ist das Bestehen von Sachverhalten.
3. Das logische Bild der Tatsachen ist der Gedanke.
4. Der Gedanke ist der sinnvolle Satz.
5. Der Satz ist eine Wahrheitsfunktion der Elementarsätze.
6. Die allgemeine Form der Wahrheitsfunktion ist: $[\bar{p}, \bar{\xi}, N(\bar{\xi})]$.
7. Wovon man nicht sprechen kann, darüber muß man schweigen.

Zu jedem dieser Sätze gibt es weitere Ausführungen, mit Hilfe einer Dezimalklassifikation gegliedert.

Mit dem Tractatus betrachtete Wittgenstein die Philosophie für abgeschlossen: Was sagbar ist, war gesagt. Daher verstand er auch den Tractatus nicht nur als *Traktat,* als Lehre, sondern auch als *Verhandlung,* als Gerichtsverhandlung, bei der die Metaphysik zum Tode verurteilt wurde. Die Arbeit war getan. Wittgenstein verläßt die Philosophie und wird Volksschullehrer.

Daß er und warum er wieder zur Philosophie zurückkehrt und die Vorstellung von ihrem endgültigen Abschluß aufgibt, wird im letzten Vortrag dieser Reihe behandelt werden. Hier soll nur mittels der zweiten Geschichte angedeutet werden, welche Bewandtnis es mit der Sinnesänderung von I auf II hat und was daraus für die Informationstechnik folgt.

Die zweite Geschichte spielt in England. Wittgenstein ist bereits zur Universität und zur Philosophie zurückgekehrt, und das bedeutet wohl, daß seine Zweifel schon vor dieser Geschichte begonnen haben müssen. Mit dem nun geschilderten Ereignis aber ergibt sich die Klarheit, der Kern der Änderung.

Wittgenstein fährt mit einem aus Italien stammenden Kollegen, mit dem Wirtschaftstheoretiker P. Sraffa, in der Eisenbahn, und er trägt in seiner intensiven Art, für Sraffa wahrscheinlich zum 49. Mal, dem immer ärgerlicher werdenden Ökonomen die Thesen des Tractacus vor, bis Sraffa die Geduld reißt und er den Wortschwall mit einer Geste unterbricht, die aus Neapel stammt, einer Geste der Ablehnung und des Widerwillens. *Und was ist das logische Abbild dieser Geste,* fragt er Wittgenstein, *ist sie ein Elementarsatz, ein Atom der Kommunikation?* Und Wittgenstein erkennt die Unvollkommenheit seiner Argumentation, die Transzendenz der Geste, ihre Abhängigkeit vom Kontext im weitesten Sinn. Das Prinzip der Philosophie Wittgenstein II wird lauten: *Die Bedeutung eines Wortes hängt vom Sprachspiel ab, in welchem es verwendet wird.* Keine Rede mehr vom Elementarsatz, der einfach wahr oder falsch ist. Das macht natürlich die Mechanik des Tractatus weder falsch noch unnötig; es setzt sie lediglich in einen Kontext – das aber ist der springende, der urtiefe Punkt: Man kommt nicht ohne Umfeld aus.

Fassen wir zusammen: Das Gebäude des *Tractatus* ist eine Synthese der Theorie der Wahrheitsfunktionen mit der Idee, daß die Sprache ein Bild, ein Modell der Wirklichkeit ist. Vergleichen wir diese Synthese mit der Wirksamkeit des Computers, dann erkennen wir, daß es sich beim Computer um die gleiche Synthese handelt: Hardware und Software sind eine Realisation der Theorie der Wahrheitsfunktionen, und die Anwendung verlangt ein Bild, ein Modell jener Wirklichkeit, auf die der Computer angewendet werden soll. Aus diesem einfachen, aber durchschlagenden Grund erscheint Wittgensteins Philosophie als Computerphilosophie, und seine Wendung vom *Tractatus* zu den *Philosophischen Untersuchungen* gibt ein philosophisches Kriterium für die Position des Computers: Es genügt nicht, daß der Computer alle Bits logisch richtig behandelt – es kommt auch auf den Kontext an – viel kritischer, als wir zu denken geneigt sind. Der Sinn eines Programms hängt von dem „Computer-Spiel" ab, in welchem es verwendet wird, und Computerfachleute wie Computerbenützer tun gut daran, sich über das Spiel Klarheit zu verschaffen. Der Computer liefert nur dann Sinnvolles, wenn das technische und geistige Umfeld der Verwendung überlegt und bei der Verwendung bewußt ist. Auf diese Spannung zwischen Formalität und Realität ist die Vorlesungsreihe ausgerichtet; sie wird uns immer wieder und auf vielerlei Weise beschäftigen. Und die Abschlußvorlesung, die schließende Klammer, wird das hier ausgespannte philosophische Problem wieder aufnehmen und besonders die menschliche Seite der Informationstechnik und ihrer allgemeinen Benützung zusammenfassen.

Abschlußgedanken zur ersten Vorlesung

Wenn man sich diese Reihe von Definitionen vor Augen hält und die angedeuteten philosophischen Aspekte des Computers, dann erkennt man, was für ein faszinierender Gegenstand die Information ist, was für ein hochmenschlicher Gegenstand. Dazu kommt weiter, daß jede Information mit jeder Information Relation aufnehmen kann, ja im Grunde Relation bereits besitzt. Es ist ein kombinatorisches Universum, und die Kombinatorik schlägt die Astronomie mit Leichtigkeit, was die Größe der Zahlen anbelangt.

Der Computer reicht stets in sein Umfeld hinüber, er hängt von seinem Umfeld ab und strahlt auf viele Weisen in sein Umfeld hinein. Wir werden in dieser Reihe die Vielfalt der Fragen kaum anreißen können, aber auch eine Auswahl erfüllt den Zweck – nämlich die Transzendenz jener Elektronik deutlich zu machen, die wir Computer nennen, und dafür Hellhörigkeit und Empfindlichkeit wachzurufen. Dazu muß man mir keineswegs in allen Punkten zustimmen; im Gegenteil: erst aus dem Widerspruch kommt der Fortschritt, erst aus der Vielfalt der Meinungen wird ein Gegenstand plastisch. Vielleicht werde ich ein bißchen mühsam sein, einfach weil es mit dem Zuhören oder Lesen nicht getan ist, weil diese Gedankenwelt weitere Verarbeitung, persönliche Informationsverarbeitung verlangen wird. Aber dazu anzuregen, ist ein akademischer Lehrer ja da, und – das läßt sich nicht ändern – ich bin auch ein unheilbarer Dozent.

Literatur

[1] H. Zemanek: Information – ein Begriff mit vielseitiger Bedeutung. In: 20. Tagung der Arbeitsgemeinschaft der Spezialbibliotheken in Stuttgart (F. Oesterlein, Hrsg.) Leverkusen 1985, 32–56
H. Zemanek: Information und Ingenieurwissenschaften. In: Der Informationsbegriff in Technik und Wissenschaft. Festschrift zum 65. Geburtstag von Karl Ganzhorn (O.G. Folberth, C. Hackl, Hrsg.) Fachberichte und Referate, Band 18, R. Oldenbourg, München 1986, 17–52
H. Zemanek: Must we do everything we can do? Sense and Nonsense in Information Processing. In: A Quarter Century of IFIP (H. Zemanek, Ed.) Proceedings of the 25th Anniversary Celebration of IFIP. North-Holland, Amsterdam 1986, 187–199

[2] K. Čapek: W.U.R. (Otto Pick, Übers.) Orbis Verlag, Prag und Leipzig 1922

[3] C.S. Peirce: Collected Papers. Harvard University Press, Cambridge MA, 1931–35
C. Morris: Foundations of the Theory of Signs. International Encyclopedia of Unified Science, Vol. 1, No. 2, University of Chicago Press, Chicago 1938
C. Morris: Signs, Language and Behavior. Braziller, New York 1955
H. Zemanek: Philosophie der Informationsverarbeitung. Nachr. Techn. Z. *26* (1973) 384–389

[4] C.E. Shannon: A Mathematical Theory of Communication. Bell System Techn. J. *28* (1948) 379–428, 623–656
C.E. Shannon, W. Weaver: A Mathematical Theory of Communication. University of Illinois Press, Urbana IL 1949

[5] C.E. Shannon: Prediction and Entropy of Printed English. Bell System Techn. J. *30* (1951) 50–64

[6] J. von Neumann: The Computer and the Brain. Yale University Press, New Haven CT 1958, XIV+82 S.
Deutsch (H. Gumin, Übers.): Die Rechenmaschine und das Gehirn. R. Oldenbourg, München 1960, 80 S.

[7] A.M. Turing: Computing Machinery and Intelligence. Mind *59* (1950) 433–460, nachgedruckt (mit dem Titel) Can Machines Think? In: The World of Mathematics (J.R. Newman, Ed.) Simon & Schuster, New York 1956, Vol. IV, 2099–2123

[8] K. Ganzhorn: Information als Element der Technik. IBM Nachrichten *29* (1979) H. 247, 10
K. Ganzhorn et al.: Datenverarbeitungssysteme. Aufbau und Arbeitsweise. Springer-Verlag, Berlin 1981, XVI + 305 S.

[9] N. Malcolm: Ludwig Wittgenstein – A Memoir. Oxford Univ. Press, London 1958, deutsch: Ludwig Wittgenstein – Ein Erinnerungsbuch. R. Oldenbourg Verlag, München 1961, 126–128
G.H. von Wright: Wittgenstein. Basil Blackwell, Oxford 1982, 218 S.

[10] L. Wittgenstein: Tractatus Logico-Philosophicus. Routledge & Kegan Paul, London 1922, 6. Aufl. 1955, 207 S., deutsch: Suhrkamp Taschenbücher 12, Frankfurt 1966, 114 S.

[11] L. Wittgenstein: Philosophische Untersuchungen. Suhrkamp Taschenbücher 14, Frankfurt 1971, 268 S.

Geschichte der Informationsverarbeitung

Die einführenden Begriffe sind Geschichte, Zeit und Kalender. Es wird ein perspektivisches Schema verwendet, eine logarithmische Zeitskala, die der höheren Bedeutung und genaueren Kenntnis jüngst vergangener Zeit gegenüber der länger zurückliegenden Rechnung trägt und damit eine bessere Übersicht über die Entwicklungen gibt.

Der Computer ist nicht vom Himmel gefallen, sondern wurzelt in einer Vielfalt von Vorarbeiten, die nur plötzlich zur Zusammenwirkung kamen. Und dann begann eine atemberaubende Entwicklung, einzigartig in der Geschichte der Technik.

Warum Geschichte?

Unmittelbar nach dem Einführungsvortrag wenden wir uns der Geschichte der Informationsverarbeitung zu, und das hat seinen guten Grund. Die Geschichte eines Gegenstandes oder einer Institution ist nämlich nicht bloß Umfeld, sondern sie gehört völlig dazu. Denn jedes Objekt und jede Institution trägt ihre Geschichte und deren Folgen mit sich herum. Was immer man beginnt, wo immer man eintritt, womit immer man enger zusammenarbeitet – man ist gut beraten, die Geschichte davon zu studieren, denn dann wird man das Verständliche besser und vom Unverständlichen immerhin einiges verstehen können.

Einleitung: Geschichte und Zeit

Wieder beginnen wir mit der Klärung einiger Begriffe. Was ist Geschichte? Das ist eine ganz schwierige Frage. Man hat den Historiker als *nach rückwärts gerichteten Propheten* bezeichnet. Das ist übertrieben, sagt aber etwas über die subjektive Interpretation aus, der kein Historiker entgehen kann. Es wäre ja auch unsinnig, Geschichte zu betreiben, ohne zu fragen, was jetzt *wichtig* ist, und diese Frage hat weder eine objektive noch eine zeitunabhängige Antwort. Geschichte muß ständig neu geschrieben werden.

Natürlich bin ich kein Historiker – so wie ich kein Philosoph bin –, sondern ein Ingenieur, der philosophische Ausblicke und historische Perspektiven und Fakten sammelt. Ich könnte hier in eine Metadiskussion über das Wesen der Geschichtsschreibung und die Berechtigung, Dringlichkeit und den Ergänzungsbedarf meiner historischen Tätigkeit eintreten, will die Zeit aber lieber für die Geschichte selbst verwenden und es mit der Warnung bewenden lassen, daß das Gesagte zwar sorgfältig ermittelt und wichtig ist, aber bei weitem nicht endgültig. In der Gegenwart muß Geschichte auch von Ingenieuren geschrieben werden.

Sicher hat Geschichte mit Zeit zu tun, und was Zeit ist, erweist sich als noch viel schwierigere Frage als die nach dem Wesen der Geschichte. Wir erleben die Zeit, wir bekommen sie angesagt und von der Informationsmaschine Uhr angezeigt, wir messen sie recht genau und wir richten uns nach ihr, im kleinen und im großen. Aber was sie wirklich ist, läßt sich kaum sagen. Kämen wir dem Wesen der Zeit auf die Spur, dürften wir mit einem erheblichen Fortschritt in Einsicht und Wissen rechnen. Nur ein knappe Nebenbemerkung dazu: Hat die Uhr dazu geführt, daß wir so wenig Zeit haben?

In der Informationstechnik tritt die Zeit als Arbeitsdimension in drei verschiedenen Größenordnungen auf:

(1) als Dauer der Arbeitsschritte von der Picosekunde bis zur Millisekunde
(2) als Dauer der Informationsspeicherung von der Picosekunde bis zum Jahr
(3) als Dauer historischer Perioden vom Tag bis zum Jahrtausend.

Für den Ablauf der Arbeitsschritte gehen wir von der Nanosekunde aus und machen uns bewußt, daß eine Nanosekunde ein Lichtfuß ist, denn in einer Nanosekunde kommt das Licht nur 30 cm weit. Das wird leicht zu wenig und erweist sich als Antrieb zur Mikrominiaturisierung. Schon in einer schnellen Röhrenmaschine hätte man bei der Rückführung des Übertrags über die Gestellbreite merklich Zeit verloren und mußte daher die Gestelle U-förmig anordnen, damit der Übertrag auf kurzer Entfernung zurücklaufen konnte. Die Picosekundentechnik verlangt extreme Kleinheit, und an der Femtosekundentechnik beginnt die Verkleinerung zu scheitern, weil so feine Drähte nur mehr eine unsichere Atomanordnung bedeuten.

In der Speichertechnik versuchen wir, die Information verläßlich über die erforderlichen Zeitspannen zu bringen, und wenn man um die dauernde Energieversorgung herumkommen will, stellt sich ein hoher Wert der Permeabilität als optimal heraus – deswegen hat die magnetische Speicherung so viel Beachtung und Anwendung gefunden.

In der Geschichte tritt die Zeit in Tagen und Jahren auf, und tatsächlich ist der Tag die natürliche Grundeinheit der Zeit. Von ihm geht der Weg über eine Unterteilung in 86400 Teile zur Sekunde – die natürlich erst Sinn hatte, als man verläßliche Sekundentaktgeber wie Pendel oder Unruhe bauen konnte, die über viele Tage hinweg regelmäßigen Gang erlauben. (Obgleich man die Möglichkeiten der Wasseruhr nicht unterschätzen darf – aber das führt zu weit.) Der Tag ist auch die Grundeinheit für Kalender und Geschichte – an ihm treffen sich daher Mikrosekunden und Jahrtausende. Der helle Tag vom Sonnenaufgang bis zum Untergang ist ein eindeutiges Phänomen und wäre leicht zu zählen, aber für menschliche Altersangaben und andere längere Perioden ist er nicht recht handlich. Da eignet sich das Jahr, etwa von einem Frühling bis zum nächsten, weit besser. Beide haben den Nachteil, daß sie keine markanten Anfangspunkte haben. Und der Anfangspunkt ist für jede Zählung fundamental, ob es um eine Stoppuhr geht oder um unsere Zeitrechnung.

Es gibt einen markanten Zeitpunkt für die Kalenderordnung, und das ist die Erscheinung der ersten, schmalen Mondsichel nach dem Neumond, das Neulicht. Davon kommt im übrigen auch das Wort Kalender, nämlich vom griechischen $\varkappa\alpha\lambda\varepsilon\iota\nu$, ausrufen: Sobald zwei verläßliche Zeugen das Neulicht beobachtet hatten, wurde ursprünglich der Monatsbeginn ausgerufen. Auf den mittleren Mondmonat kommen wir gleich zurück. Die Woche ist offenbar von einem Viertel davon, von der Mondphase abgeleitet, aber auf sieben ganze Tage abgerundet. Der langfristige Gleichlauf von Sonnen- und Mondkalender ist ein Jahrtausende altes Problem der Kalendergestalter.

Teilt man die Zeit vom Sonnenaufgang bis zum Untergang in 12 Teile, dann entstehen Stunden verschiedenartiger Länge, und das war nur in sehr alten Zeiten akzeptabel. Eines Tages wurde die Einteilung in 2 mal 12 Stunden fest – mit dem Nachteil, daß der Stundenzeiger die 360° des Zifferblattes zweimal durchläuft, was die Angloamerikaner durch *a.m.* und *p.m.* unterscheiden. Die 24-Stunden-Zählung ist ordentlicher, dafür paßt sie nicht zum üblichen Zifferblatt. In Digitalanzeigen kann man sie leicht verwenden.

Der Kalender

Für längere Zeiten ist der Tag nicht praktisch, obwohl man mit sauberer Tageszählung höhere Klarheit erreichen kann als mit ungleichen Monaten und Jahren. Schon al Chorezmi, der Namensgeber des Algorithmus, von dem wir in der nächsten Vorlesung mehr berichten werden, hat im 9. Jahrhundert die Auflösung von Kalenderproblemen in Tage empfohlen. Ernst genommen hat dies erst der Renaissance-Gelehrte Julius Cäsar Scaliger; er schlug die Zählung der Jahre ab 4713 v. Chr. vor (in dieser Zählung ist 1990 das Jahr 6703; damit fällt die Unterscheidung vor und nach Christus für so gut wie alle historischen Daten weg) und die Zählung der Tage ab dem 1. Januar dieses Jahres (mit 0 beginnend), so daß der 1. Januar 1990 der Julianische Tag 2447893 ist. Es gibt kaum eine bessere Methode, das Datum festzulegen; im Geophysikalischen Jahr hat man diese Zählung – auch für die Raumfahrt – modifiziert auf 5 Dezimalen (und einen Tag weniger: 47892). Leider wird diese Zählung, die auch für die Umrechnung zwischen verschiedenen Kalendern oder für den Computer sehr nützlich wäre (man kann den Tag dezimal unterteilen, 6h früh ist 0,25 und 12h mittag 0,5; 0,8 ist 19h20 – mit beliebig vielen Dezimalen natürlich) nur selten verwendet, sie ist auch recht unbekannt.

Wir kommen zur Grundlage des Kalenderproblems. Es sind zwei unrunde Zahlen, die dieses Problem stellen. Der für den Kalender zuständige mittlere Mondmonat hat *29,53059 d*, und das für den Kalender maßgebliche mittlere Jahr hat *365,22420 d*. Schon die Babylonier zum Beispiel wußten, daß 19 Jahre ziemlich genau so lang sind wie 235 Monate:

235 Monate	19 Jahre
$120 \times 30 + 115 \times 29 = 6935 + 19/4$ d[1]	$19 \times 365,25 = 6939,75$ d
$235 \times 29,53059 = 6939.68865$ d	$19 \times 365,2422 = 6939,6018$ d

In späterer Zeit standardisierten sie danach auf 7 Schaltmonate in 19 Jahren, eine Standardisierung, die mit den *30-Tage-Sprüngen* im Epaktenmechanismus des Gregorianischen Kalenders verpackt ist. Auch der Grieche Meton kannte diese Periode; nach ihm heißt sie Metonische Periode.

Himmelskörper sind nun einmal nicht zur Ganzzahligkeit verpflichtet, einen Kalender kann man aber nur mit ganzen Tagen machen. Je genauer man sein will, umso mehr Umstände, umso mehr Ausnahmen muß man machen. Die alten Ägypter zum Beispiel zogen die perfekte Ordnung vor, die entsteht, wenn jedes Jahr ausnahmslos 365 Tage hat. Ihr Jahr wanderte daher in 1461 Jahren durch die Jahreszeiten, die in Ägypten ohnehin nicht so viel Bedeutung haben wir bei uns. Und in einem Menschenleben von 80 Jahren macht die Wanderung nur 20 Tage aus – das empfand man nicht als störend. Die Fachleute wußten schon, daß ein genauer Kalender anders aussehen müßte, aber sie respektierten die Tradition. Und der (griechische) König Ptolemäos III. Euergetes, der den Kalender im Jahre 238 v. Chr. ändern wollte, scheiterte. Als Julius Cäsar kurz vor seinem Tod den römischen Kalender in Ordnung brachte, übernahm er von seinem ägyptischen Berater die Idee eines Schalttages alle vier Jahre, und zunächst schien alles in Ordnung. Aber in 1280 Jahren macht der Fehler doch eine Verspätung des Frühlings um 10 Tage aus, und nach mehreren nicht geglückten Ansätzen brachte die Gregorianische Reform endgültige Ordnung. In Rom übersprang man 1583 zehn Tage, und von da an wurden in 400 Jahren drei Schalttage ausgelassen. Damit sank die Zahl der Schalttage in 10000 Jahren von 2500 auf 2425, aber das sind immer noch 3 Schalttage zu viel. Diese lassen sich mit den Werkzeugen des Gregorianischen Kalenders ohne Schwierigkeiten beseitigen, man muß sich nur einigen – etwa in den nächsten 1600 Jahren, es ist nicht ganz so dringend. Am besten wäre ein ausgelassener Schalttag zunächst alle acht 400-Jahr-Perioden des Gregorianischen Kalenders (weil diese Perioden eine durch 7 teilbare Zahl von Tagen haben und damit die Wochentage wiederholen).

---

[1] 19 Jahre können in 114 Monate zu 30 und 114 Monate zu 29 Tagen eingeteilt werden; dazu kommen 6 Schaltmonate zu 30 und ein Schaltmonat zu 29 Tagen. Die 19/4 Tage sind die Schalttage der Julianischen Ordnung. 6935 + 19/4 ist ebenfalls 6939,75.

Über unseren Kalender und über etliche andere, die es gab und gibt, könnte ich eine Vorlesung halten; wenn man sich in die Geschichte begibt, sollte man besser etwas davon verstehen. Das habe ich gemerkt und ein Kalenderbuch [1] geschrieben. Für die historische Übersicht heute genügt es sicher, das Jahr recht allgemein zu betrachten. Und eine kurze Überlegung zeigt, daß unsere Kenntnisse historischer Tatsachen so etwas wie perspektivischen Charakter haben: Je weiter zurück von der Gegenwart, umso schütterer, aber auch umso unwichtiger sind unsere Kenntnisse pro Jahrzehnt. Ich habe daher eine logarithmische Zeitskala gewählt.

Geschichte – Perspektive der Zeit

Ich begann mit einer logarithmischen Zehnerskala, die vom Urknall vor 10 Milliarden Jahren in zehn Schritten auf unsere Zeit führt, und 1985 erwies sich als gut geeignet. Das war aber nicht fein genug; ich führte noch eine Unterteilung ein und wählte Schritte von 2, 3 und 5 Jahrhunderten, Jahrzehnten, Jahren usw.:

10000	v. Chr.	Mittlere Steinzeit
5000	v. Chr.	Alte Ägypter
1125	v. Chr.	Alte Griechen und Römer
875		Mittelalter
1375		Neuzeit
1675		Renaissance und Barock
1875		Aufklärung und Gründerzeit
1925		Elektrotechnik
1955		Elektronik und Computer
1975		Chip und Mikrocomputer
1980		Heimcomputer

oder, als Zeitdiagramm, in Form von Bild 2.1.

Die Weiterführung wäre

1983, 1 JAN 1985, 1 JUL 1985, 18 SEP 1985, 1 JAN 1986

> Antike Mathematik
    > Arabische Mathematik
        > Europäische Mathematik
            > Formale Mathematik
                > Elektrotechnik
                    > Computer
                        > Mikrocomputer

1125 v. Chr.   875   1375   1675   1875   1925   1955   1975   1980   1983   1985

Bild 2.1. Geschichte des Computers. Logarithmische Darstellung historischer Abläufe: lange Vergangenes enger als die nähere Vergangenheit

Logarithmische Skalen sind grundsätzlich nach oben und unten unendlich weit; aber hier braucht man nicht über den Urknall hinauszugehen, und die Fortsetzung über den 1 JAN 1986 hat zwar unendlich viele Schritte, endet aber – ein Analogon zum Wettlauf zwischen Achilles und der Schildkröte – am 10 FEB 1986 um 13h 20min genau. Dieser Zeitpunkt ist völlig ohne Bedeutung, nur eine Folge des Ansatzes, aber ich fand den Effekt bemerkenswert. Und dann bedachte ich, daß zum Urknall eine ähnliche Reihe in umgekehrter Richtung führt. Wie bei der Annäherung an den absoluten Nullpunkt der Temperatur ist nämlich auch hier die logarithmische Betrachtung sinnvoll, weil sowohl die Mühe der Annäherung wie auch die damit verbundene Komplikation für jede Zehnerpotenz, grob gesprochen, gleich ist und das Ziel nie erreicht werden kann. So gesehen ist nun der Urknall so wie der absolute Nullpunkt nur in unendlich vielen Schritten erreichbar, also unerreichbar – ebenfalls bemerkenswert. Damit aber genug der Zeit-Gedankenexperimente. Gehen wir zur Geschichte der Mathematik und der Informationstechnik über, zu der wir ja hin wollten, und tun wir es in der logarithmischen Perspektive:

10000	v. Chr.	Urzeit des Rechnens
5000	v. Chr.	Pythagoräischer Lehrsatz
1125	v. Chr.	Mathematik – z. B. Euklid
875		Gerbert, Leonardo von Pisa
1375		Arabische Mathematik nach Europa
1675		Schickard, Pascal, Leibniz: Mechanik
1875		Hollerith: Lochkarten für Volkszählung
1925		Comrie: Lochkarten für wissenschaftliche Berechnungen
1955		Zuse, ENIAC, EDSAC, EDVAC
1975		Mikrocomputer
1980		Personal Computer

Das ist ein sehr rohes Gerüst, aber es gibt einen guten Überblick. Es ist auf die Hardware gerichtet – versuchen wir es auch mit der Software:

10000	v. Chr.	Urzeit des Rechnens
5000	v. Chr.	Dezimalsystem von den Fingern
1125	v. Chr.	60er-System von Geometrie und Astronomie
875		Begriff und dann Name Algorithmus
1375		Arabische Mathematik nach Europa
1675		Formale Notation
1875		Metamathematik: Frege
1925		Schaltalgebra
1955		Plankalkül, Programmiersprachen
1975		Formale Definition, Strukturierte Programmierung
1980		Menü-Programmierung, Fenstertechnik

Jede Kunst, und daher auch die Rechenkunst, hängt von der Technik ab, die ihr zur Verfügung steht. Von den Fingern war nur ein kleiner Schritt zu Rechensteinen – den *calculi* – und diese wieder bewährten sich besser, wenn sie befestigt waren. So kam man auf den Abakus, den schon die Alten Römer kannten. Ob ihn die Chinesen schon vorher kannten oder ob sie ihn aus Europa bekamen, läßt sich nicht mit Sicherheit feststellen.

Der Computer ist aber nicht nur Rechenmaschine, sondern auch Automat, und Automaten sind so alt wie die Technik überhaupt. Man denke an die Mausefalle und ihre Vorgänger, die Wildfallen. An den Automaten wird auch die Spannung zwischen Phantasie und Wirklichkeit deutlich, die den Ingenieur antreibt. Homer beschreibt Roboter, und seitdem sind sie aus der Literaturgeschichte nicht mehr wegzudenken, von Tausendundeiner Nacht bis zu Karel Čapek und Metropolis. Auch in die Musik reichen sie hinüber; das darf man auch erwarten, denn die Musik ist die Kunst, die eine formale Notation, eine Programmiersprache verwendet: die Notenschrift. Sie auf der Stiftwalze zur automatischen Musikerzeugung zu verwenden, war naheliegend und brachte auch besondere Reize. Haydn, Mozart und Beethoven haben für Flötenorgeln komponiert, und im Musikautomaten bewährte sich die Lochkarte lange, ehe sie in die Weberei und die Statistik eindrang. Vielleicht sieht man den Bezug all dieser Dinge auf den Computer nicht beim ersten Hinsehen, aber ihr Einfluß war ganz wesentlich. Die mechanische Rechenmaschine war nur eine der vielen Wurzeln, aus denen der Computer entsprang.

Daß es ein Tübinger Theologe und Philosoph war, der 1623 die erste, noch nicht voll automatische, aber grundsätzlich gut verwendbare Rechenmaschine ersann, und daß es wieder ein Tübinger Philosophieprofessor war, Baron von Freytag Löringhoff, der sie aus der Vergessenheit zurückholte, ist alles andere als Lokalgeschichte und heute auch in Amerika voll anerkannt. Die Konstruktionen von Pascal und Leibniz sind allgemein bekannt – die Jahreszahlen sind 1642 und 1672 – aber noch war die Mechanik nicht ganz Herr der Sache, erst 1727 baute Antonius Braun eine Vierspezies-Maschine, die wirklich verläßlich war. Hundert Jahre später ist der Tischrechner dabei, industrielles Serienprodukt zu werden, und bis zum Ende des 19. Jahrhunderts stehen bei Kaufleuten und Technikern unzählige solche Geräte in Verwendung. Der Motorantrieb erleichtert die Handhabung, aber noch muß man mit der Hand eingeben und mit den Augen ablesen, die Geräte sind noch nicht Teile eines Systems. Der Höhepunkt wird zu dem Zeitpunkt erreicht, wo die Ära des mechanischen Rechners zu Ende geht, 1948 mit der Curta des Wiener Mechanikers Kurt Herzstark, die eine stattliche und schwere Tischrechenmaschine auf einen handlichen Zylinder reduziert, wie eine kleine Kaffeemühle, die der Förster im Wald mit einer Hand halten und mit der zweiten bedienen kann, um seine Holzbestände zu errechnen.

Bei Uhr und Rechenmaschine wandelt sich die Technik in wenigen Jahren – die Feinmechanik wird zur Elektronik, die eine Industrie schrumpft fast auf Bedeutungslosigkeit, die andere blüht auf und überschwemmt die Welt mit ihren Produkten.

Zeigen wir die Geschichte der mechanischen Rechner in einer Übersicht:

John Napier, Edinburgh (1550–1617)	1617
Wilhelm Schickard (1592–1635)	1623
Blaise Pascal (1623–1662)	1642
Gottfried Wilhelm Leibniz (1646–1716)	1672
Jakob Leupold, Leipzig (1674–1727)	
Antonius Braun, Wien (1685/86–1727)	
Rechenmaschine, Technisches Museum Wien	1727
Rechenmaschine, Deutsches Museum München	
Philipp Matthäus Hahn, Kornwestheim (1739–1790)	
11stellig	1770
14stellig	1778
Charles Xavier Thomas, Colmar (1785–1870)	
Fabrikation in Paris, 1500 Maschinen	
Charles Babbage (1791–1871)	
Difference Engine	1823–1842
Analytical Engine	1833–1871
P. George Scheutz, Schweden (1785–1873)	
Edvard Scheutz	
Differenzenmaschine	1853
Percy Ludgate, Dublin (1883–1922)	
Rechenmaschine	1909
Baldwin, USA, 1872	
Arthur Burghardt, Glashütte in Sachsen (1857–1918)	
Fabrikationsbeginn	1878
Burroughs	
verschiedene Modelle	ab 1884
Willgodt T. Odhner, St. Petersburg (1845–1905)	
Fertigung	ab 1886
Brunsviga 1892, Olympia	
Christel Hamann, Friedenau (1870–1948)	
Proportionalhebel	1905
Schaltklinken	1925
Gauß 1900 – Berolina 1905 – Mercedes 1909	
Euklid	1908/1928
Kurt Herzstark, Wien	
Curta	1948

Grundsätzlich müßten moderne Rechnerstrukturen keineswegs in elektrischer oder elektronischer Technik ausgeführt werden. Babbage wollte seine Analytische Maschine mit Dampf betreiben, und im Züricher IBM-Laboratorium hat man Fernschreiber mit einer Flüssigkeitslogik gebaut. Es ist die Geschwindigkeit, welche die Elektronik zum überlegenen Sieger macht, ganz besonders, wenn sich sozusagen reine Energie mit reiner Information paart. Denn dann entsteht eine Schwerelosigkeit, deren Schnelligkeit nicht übertroffen werden kann. Aus diesem Grund ist die Geschichte des Computers so eng mit der Geschichte der Elektrotechnik gekoppelt. Zuerst boten sich Energie- und Nachrichtenübertragungstechnik an. Man muß an das Morsesystem denken und an den ersten international genormten, druckenden Telegraphen, den Hughes-Apparat. Und die Erfindung des Relais durch Wheatstone brachte ein logisches Universalinstrument in die Technik, das sowohl im Hollerithsystem entscheidend war als auch zu den ersten Rechenautomaten führte. Hier verlangt die Geschichte aber einen Abstecher in die Weberei. Zwar hat sie keine formale Programmiersprache hervorgebracht wie die Musik, aber die Weberei ist eine Binärkunst, denn zwei kreuzende Fäden bilden ein Bit, eine Entscheidung zwischen dem einen Faden darüber oder dem andern.

Weberei und Lochkarte

Wie bei Schickard gibt es auch hier einen Anfang in unseren Landen, die Bröselmaschine, die man im Museum von Haslach an der Dreiländerecke Bayern, Böhmen und Oberösterreich sehen kann. Die Basis ist eine Leinenschleife, auf der Holzklötzchen aufgeleimt sind, die die Webentscheidungen steuern. Die Erfindung mag auf das Ende des 17. Jahrhunderts zurückgehen.

Im 18. Jahrhundert setzt die französische Entwicklung ein. Es gibt einige Vorläufer; die Schlüsselfigur jedoch ist ein Automatenbauer, der 1736 mit zwei Musikautomaten, besonders aber mit seiner künstlichen Ente Aufsehen erregt hatte: Jacques de Vaucanson (1705-1855) aus Grenoble. Zwar werden seine von Papierlochstreifen gesteuerten Webautomaten nicht zum Erfolg, aber sie sind die Voraussetzung für Jean-Marie Jacquard (1780–1850), der 1809 mit seiner Konstruktion den Grund für eine Industrie legt, deren Produkte bis heute erfolgreich arbeiten.

Charles Babbage

Der Name Babbage ist heute allgemein bekannt, und wir haben ihn auch schon genannt. Babbage lebte von 1791 bis 1871 und war ein Nachfolger von Newton auf einem Lehrstuhl für Mathematik, hat aber in seiner ganzen Amtszeit keine Vorlesung gehalten. Seine Bemühungen um eine programmgesteuerte, universelle Rechenmaschine [2] sind zwar gescheitert, sie haben auch kaum Einfluß auf die Computerentwicklung genommen, aber er war ein origineller und beachtenswerter Mann. Er entwickelte zuerst eine Differenzenmaschine – eine große Klasse mathematischer Funktionen lassen sich auf Differenzen von Differenzen usw. zurückführen und daher aus Differenzen aufbauen; man braucht lediglich systematisch zu addieren. Noch zu Lebzeiten von Babbage haben die Brüder Scheutz aus Schweden nach seinen Ideen funktionierende Modelle gebaut (die dann z. B. in Amerika für astronomische Berechnungen eingesetzt wurden – hauptsächlich dachte man an die automatische Herstellung von Funktionstabellen); Babbage selber brachte es nicht bis zu einem einsatzfähigen Modell. Er faßte 1833 die Idee für ein universelles Gerät und kämpfte damit den Rest seines Lebens, ohne zu einem Erfolg zu kommen.

Man hat Babbage zu einer Symbolfigur des Computers gemacht, und das ist sicher nicht unberechtigt. Er war aber nicht erfolgreich, und sein Werk hatte auch bei jenen Computerpionieren, die davon wußten – viele waren das nicht – keinerlei Auswirkung.

Die Zählmaschine: Herman Hollerith

Die Jacquard-Maschine war das Vorbild für die Lochkartentechnik, für das Hollerithsystem, ursprünglich als Zählmaschine bezeichnet. Als die Arbeiten für die amerikanische Volkszählung alle vernünftigen Maße zu überschreiten drohten, setzte sich der Mechaniker Herman Hollerith, Sohn von Einwanderern aus der Karlsruher Gegend, hin und erfüllte seinem Chef den Wunsch, eine Jacquard-Maschine für die Statistik zu bekommen. Seine ersten Patente stammen von 1885 [3], und schon die Volkszählung von 1890 wird dem Hollerithsystem anvertraut, und zwar nicht nur die amerikanische mit ihren 62 Millionen Karten, sondern auch die österreichische des gleichen Jahres, mit immerhin 24 Millionen Karten, auch wenn es nur die cisleithanische Reichshälfte (ohne Ungarisches Königreich) war, die das Abenteuer riskierte. Und in Österreich wurde für diesen Zweck das erste Programmierpatent der Welt benützt und angemeldet – Programmieren mit Steckern und Kabeln, wie es dem technischen Betreuer der Wiener Hollerithmaschinen, dem aus Unterheimbach bei Heilbronn stammenden Otto Schäffler, seine Erfahrungen mit der Telephonvermittlung nahegelegt hatten [3]. Hollerith selbst wird erst zwanzig Jahre später auf diesen Gedanken zurückgreifen.

Ebenfalls Telephoningenieure kamen auf den Gedanken, ein Addierwerk statt aus rein mechanischen Teilen aus Relais aufzubauen und damit zu schnelleren Rechenmaschinen zu kommen. George R. Stibitz in den Bell-Laboratorien, Howard Aiken in Cambridge und ein Ungar namens Ladislaus Kozma in Antwerpen begannen in den dreißiger Jahren Rechenmaschinenentwicklungen. Ihnen voraus aber und mit beeindruckender Konsequenz arbeitete ein deutscher Bauingenieur an diesem Gedanken, nämlich Konrad Zuse [4]. Er hatte keine Firma und keine Universität hinter sich und extrem bescheidene Mittel; überdies machten ihm die zuständigen Stellen in Deutschland vor dem Krieg und im Krieg eher Schwierigkeiten, als daß sie ihn unterstützt hätten, wie es die Kriegslage verlangt hätte – aber das war ihnen nicht klar.

Weil er sich so viele Relais nicht leisten konnte, griff Zuse auch auf mechanische Bauteile für Logik und Speicher zurück; sein Denken war aber am Öffnen und Schließen von Relaiskontakten orientiert, und er hatte auch rechtzeitig die Aussagenlogik im Buch von Hilbert und Ackermann [8] studiert. Er war ein Praktiker auf solider theoretischer Basis. Sein Plankalkül, in der aufgezwungenen praktischen Untätigkeit um 1945 geschrieben, nimmt vieles von den späteren Programmiersprachen vorweg, übertrifft sie an Allgemeinheit, ohne indes eine leicht aus der Feder fließende Notation zu erreichen. Jedenfalls ist sein Modell Z3 – im Krieg zerbombt, aber rekonstruiert und heute im Deutschen Museum zu bewundern – die erste programmgesteuerte Relaisrechenmaschine. Und seine Z4, die er buchstäblich im letzten Augenblick aus dem brennenden Berlin in das Allgäu retten kann, wird dann zehn Jahre lang in Zürich und bei Basel der Wissenschaft und der praktischen Rechnung dienen. Seine Z11 wird zum Seriengerät für Optik und Geodäsie, und sie ist so verläßlich, daß nicht wenige Exemplare in Museen auch heute noch laufen. Zuse gründet eine Firma, die ZUSE KG, und geht auf Röhrenmaschinen über. Aber es kommt der Augenblick, in dem sich die Finanzen nicht verkraften lassen; er muß seine geliebte Firma verkaufen, und sie geht schließlich im Konzern geräuschlos unter. Immerhin aber ist Konrad Zuse als Pionier mit seinen Leistungen auf der ganzen Welt anerkannt, und in Amerika war diese Anerkennung nicht leicht zu erreichen.

Röhren

Es wären viele weitere Facetten und technische Einzelheiten zu berichten. Wir können nur hier und dort einen Faden aufgreifen, ihn ein bißchen verfolgen und dann zu einem andern Unterthema springen. Dem Relais folgt als Hauptbauteil die Röhre. Von dem Österreicher Robert von Lieben und dem Amerikaner Lee de Forest um 1905 erfunden, ist sie das erste trägheitslose Bauelement der Elektrotechnik, leitet sie die Elektronik ein. Das Abschreckende an ihr war die Vorstellung, Tausende von Röhren in seinem System arbeiten zu haben, denn mit weniger Röhren war so wenig etwas auszurichten wie mit weniger Relais. Röhren aber erzeugen mit ihrer Heizung so viel Wärme und verbrauchen so viel Energie, daß Tausende davon ein kleineres E-Werk beanspruchen müßten und arge Wärmeabfuhr-Probleme stellten. Es gehörte ungeheurer Mut dazu, sich in ein derartiges Abenteuer zu stürzen, und nicht nur Mut, es geht dabei ja auch um beträchtliche Werte, und es müssen die Voraussetzungen stimmen, oder das Fiasko ist unvermeidlich.

Die Geschichte des ersten Röhrenrechners, ENIAC genannt, ist demgemäß auch abenteuerlich und spannend, mit vielen, bis heute nachwirkenden Folgen. Die treibenden Ingenieure waren Eckert und Mauchly, der Schauplatz war die Moore School of Electronics in Philadelphia und der Besteller war die amerikanische Wehrmacht. Es gibt außerdem eine Vorgeschichte, die erst in den sechziger Jahren bei einem Patentprozeß ihr volles Gewicht bekam – laut Gerichtsurteil [5] gebührt die Priorität einem Sohn bulgarischer Einwanderer namens Vincent Atanasoff, der an der Universität von Iowa einen kleinen Röhrenrechner gebaut hatte [6]. Als Speicher verwendete er eine Trommel mit Kondensatoren, die jeweils ein Bit speicherten und im Betrieb ständig spannungskorrigiert wurden. Verlorene Spannung wurde nachgeladen, falsche Störspannungen wurden gelöscht. Es waren erstaunlich viele spätere Ideen in dieser Maschine vorweggenommen, und Mauchly mußte zugeben, daß er bei seinem Besuch von all dem gehört hatte. Die Fachwelt war natürlich nicht begeistert davon, daß ein Mann, der nach der Fertigstellung seines ersten Modells nicht nur Iowa, sondern auch das Computergebiet völlig verlassen hat, die Priorität vor jenen Ingenieur-Helden erhielt, die den Computer zu ihrem Lebensinhalt gemacht hatten und ihn bis zum Erfolg durchkämpften. Aber hier ergeben sich Erkenntnisse und sind Lehren zu ziehen.

Der Computer ist aus vielen Wurzeln entwickelt; er ist viel weniger eine radikale Erfindung als ein Konglomerat aus bekannten Teilen und Verfahren. Fast ist der Wille zum Erfolg (verbunden mit der rechten Abschätzung der erforderlichen Wege) wichtiger gewesen als die Erfindungskraft. Daher haben alle Pioniere Schwierigkeiten mit Patentansprüchen gehabt und erhielten weder ausreichenden Schutz für ihre Ideen noch den verdienten finanziellen Erfolg. Es gab außerdem führende Köpfe, die den Computer lieber patentfrei gesehen hätten, als Werkzeug der mathematischen Wissenschaften fern von Gewinn und Vermarktung. John von Neumann war der wichtigste Vertreter dieser Richtung, deren Spuren noch heute sichtbar werden; sie erklären einen Teil der Auseinandersetzungen in der Deutung des großen Patentprozesses.

Die Kurzzeit-Impulstechnik, mit welcher die elektronische Rechenmaschine begann, ist aus der Radartechnik übernommen, und Erfahrungen mit ihr waren eine gute Grundlage, um die damals unvorstellbare Bedeutung des Computers wenigstens erahnen zu können. Die meisten Schaltungen der Röhrenmaschinen haben irgendwelche Vorbilder in den Radargeräten am Ende des Zweiten Weltkriegs. Auch die Verwendung des Bildschirms kommt eher von dort als vom Fernsehen.

An dieser Stelle ist es angebracht, eine Übersicht über die wichtigsten Pioniercomputer der Relais- und Röhrentechnik zu geben (Bild 2.2). Man sieht

1875		Relais	(1837 erfunden)	
			Hollerith	Schäffler
			Zählmaschine	Kabelprogrammierungs-
	1900			patent
		Röhre		Principia Mathematica
	1915		Tractatus	
1925			IBM	
			Comrie	Schaltalgebra
			Relaismaschinen	Gödel, Turing
	1940		Zuse, Bell, Aiken	
			ASCC	
		Transistor	ENIAC, SSEC	Plankalkül
	1949		EDVAC, EDSAC	
			ZUSE KG	
			UNIVAC, FERRANTI	
1955			TRADIC, 701–705	Autocoder
			Mailüfterl, 2002	FORTRAN, ALGOL
		Chip	PDP-8, IBM/360	COBOL
	1965			
			INTEL	PL/I, ALGOL 68
				VDL
	1971	4004	Computerchip	
		8008		
		8080		
1975			Mikrocomputer ALTAIR	
	1977			
	1979			VISICALC
1980			Personal Computer	Menü-Programmierung

Bild 2.2. Geschichte der Informationsverarbeitung

gelegentlich Stammbäume (meist aus amerikanischer Sicht) – so weit will ich
nicht gehen, sondern ich bleibe bei meiner logarithmischen Zeitskala und deute
die Abhängigkeiten nur an (die wahren Zusammenhänge sind viel zu kompliziert für eine graphische Darstellung). Allerdings verfeinere ich die Zeitskala.

Die IBM – ein einmaliger und unnachahmlicher Erfolg

Wenn ich nun die Geschichte der Firma IBM herausgreife und kurz darstelle,
dann ist das nicht eine Unterschätzung der vielen anderen Firmen, die auf diesem Gebiet gearbeitet haben, sondern ein Tribut an die Einmaligkeit dieser
Unternehmung, die ihre Größe durch harte Arbeit erreicht und ein Beispiel
gegeben hat, von dem man unendlich viel lernen kann. Die berechtigte und noch
mehr die unberechtigte Kritik muß hinter die Leistung vieler Jahrzehnte
zurücktreten.

Hollerith gründete 1896 seine Firma *Tabulating Machine Corporation,* und 1911 verkaufte er sie an den Geschäftsmann Charles R. Flint, der drei Jahre später Thomas J. Watson sen. anstellte. Watson war vom Generaldirektor der *National Cash Register Corporation* ausgebildet worden, einem Mann namens Patterson, der damals Amerika mit Managern versorgte, in dem er sie, mehr durch Beispiel und Erfahrung als durch systematische Schulung, ausbildete und hinauswarf, sobald sie ihm zu Recht widersprachen. Von dort brachte Watson eine Reihe von Geschäftsprinzipien mit, die er zur Gestaltung seiner Firma anwandte und die teils bis heute das Bild der IBM bestimmen. Den Namen IBM führte Watson 1924 ein, als er sich an die Spitze der Firma hinaufgearbeitet hatte. Zu den Prinzipien gehörten die Sicherung der Territorien für die Verkäufer, die Vorgabe von Verkaufsquoten und die Belohnung des Erreichens der Quote durch Einladung zum 100%-Club, in dem das halbe Programm der weiteren Schulung und die andere Hälfte der Unterhaltung und dem Vergnügen diente. Einerseits wurden den Mitarbeitern Normen vorgegeben, andererseits wurde ihnen soziale Sicherheit geboten. Eine Atmosphäre der Leistung, aber auch gewisser Moral prägte die Arbeit der Firma und führte sie von Erfolg zu Erfolg. Reingewinn und Mitarbeiterzahl wuchsen exponentiell, und der Zweite Weltkrieg, für den Watson der Regierung in besonderer Weise Unterstützung anbot, unterbrach das Wachstum nicht, sondern brachte weitere Stärkung. Es war kein Monopol, das erreicht wurde, aber eine dominierende Position, die nicht nur der Konkurrenz zu schaffen machte, sondern auch die Regierung veranlaßte, im Jahre 1956 Anklage nach dem Anti-Trust-Gesetz zu erheben. Zwar konnte man der IBM keine Verstöße nachweisen, sie sah sich aber gezwungen, auf einen Consent Decree einzugehen, auf eine Abmachung mit der Regierung, die kein Schuldbekenntnis enthielt, die IBM aber zur Einhaltung einer Reihe von Punkten verpflichtete, zum Beispiel neben der Vermietung auch den Verkauf zu praktizieren, die Verpflichtung der Kunden aufzugeben, ausschließlich von der IBM gelieferte Lochkarten zu verwenden, und die Service-Unternehmung aus der Corporation herauszunehmen und als selbständige Firma zu führen. Tom Watson jun., der die Verhandlungen zum Abschluß brachte, hatte erkannt, daß die Zukunft nicht mehr bei der Lochkarte lag, sondern in der Elektronik. Die IBM verwandelte sich in eine Computerfirma. Waren die ersten Großgeräte – 701 bis 705 – auch noch den Konkurrenzprodukten unterlegen, so holte die IBM mächtig auf, und mit der Serie IBM/360 machte sie einen der gewaltigsten Vorwärtsschritte in der Geschichte der Technik. Eine Familie von Produkten, nach gemeinsamen architektonischen Grundsätzen entworfen, sollte den gesamten Bedarf, 360° des Benutzerkreises, abdecken. Die Serie wurde auch zum wirtschaftlichen Erfolg, und ihre Maschinensprache wirkt bis heute nach.

Die Firma IBM wuchs weiter, und wieder kam es zu Anklagen nach dem Anti-Trust-Gesetz, zuerst durch Konkurrenten und dann auch durch die Regierung, aber wieder konnte man der IBM keine Verstöße nachweisen.

Es ist zu früh, um auf die Produkte nach der Serie IBM/360 einzugehen, aber vielleicht ist ein Wort über den IBM PC am Platz. Wieder trat die IBM etwas später auf den Plan – erst 1981 – und wieder wirkte sie standardisierend. Über die frühen IBM PCs gibt es ein gemischtes Urteil. Jedenfalls aber wurden binnen zwei Jahren 800000 Geräte verkauft. Relativ ist freilich die Konkurrenz viel stärker geworden und von einem Dominieren des Marktes kann weder beim PC noch beim Super-Computer die Rede sein. Aber die Summe der Talente, die für IBM arbeiten, ist nach wie vor gigantisch.

Die Halbleitertechnik

Ein richtiger Glücksfall für die Informationstechnik war die Erfindung des Transistors, gerade im idealen Zeitpunkt für den Computer – und übrigens auch für meinen Lebensweg. Halbleiter-Effekte hatten den Anfang der Radiotechnik durch den Kristall-Detektor charakterisiert; ich erinnere mich noch sehr gut daran. Dann kamen die ersten Röhren – gerade umgekehrt wie beim Computer. Aber es gehörte schon besonderes Gespür dazu, hinter dem Gleichrichtereffekt auch die Verstärkungsmöglichkeit zu erkennen. Obwohl der Transistor das Ergebnis einer langen, aber sehr zielgerichteten Forschung war, dachten die drei Physiker der Bell-Laboratorien, William Shockley, John Bardeen und Walter Brattain, denen 1948 die Erfindung gelang, nicht im mindesten an die Computernützlichkeit ihrer Erfindung. Dennoch waren es die Bell-Laboratorien, die den ersten Transistor-Computer bauten, den TRADIC im Jahre 1955. Aber die ersten Transistoren waren nicht viel verläßlicher als die damaligen Röhren. Als ich 1957 von der Aiken-Computer-Tagung zurückkehrte, war mir schon ein bißchen bang, denn dort waren ganze Serien von Zweifeln an der Eignung des Transistors für den Computer laut geworden – und mein Mailüfterl-Projekt [7] war ganz auf ihn eingestellt. Aber zu meinem Glück behielt ich recht. Von den rund 3000 Transistoren, die wir damals Lötpunkt um Lötpunkt einbauten, sind nur drei oder vier kaputt gegangen, und alle fanden sich auf jenen Listen, die wir unsere lötenden Mitarbeiter zu führen gezwungen hatten. Es war nämlich unvermeidlich, daß man gelegentlich doch einem Transistor mit dem Lötkolben zu nahe kam, und auch wenn er überlebte, konnte man nicht wissen, ob er nicht doch einen langfristigen Schaden mitbekommen hatte.

Der nächste Markstein der Geschichte ist die integrierte Schaltung, für die sich der Halbleiter anbot. Waren es 1964 bei der IBM/360-Serie noch 4 Transistoren auf einem Chip, so wuchs deren Zahl fast mit der gleichen exponentiellen Geschwindigkeit wie die andern Computer-Parameter, nämlich mit einem Faktor 1000 alle 20 Jahre, und wir sind heute beim Megabyte-Chip. Das leitet über zur Geschichte des Heimcomputers, der kurz PC genannt wird.

Von der Hardware her gesehen, geht die Geschichte der Programmierung und der Software vom Maschinenbefehl aus: Denn die Schaltkreise tun, was der Maschinenbefehl sagt, und mit der Adresse oder den Adressen, die in ihm enthalten sind. Darüber kann man Schicht um Schicht der Software legen und Transformation über Transformation aufbauen. Die Kunst dabei ist nicht nur die Beherrschung der Programmierlogik, sondern auch das Behalten der Übersicht, und bei zu vielen Schichten wird das sehr problematisch. So wie wir in der natürlichen Sprache die Schachtelung kaum bis zur vierten Schicht meistern – der Normalverbraucher hat schon mit der doppelten Verneinung Schwierigkeiten –, so ist es kaum einem Programmierer möglich, vier Transformationen im reinen Geist zu durchschauen, erst recht, wenn es um sehr umfangreiche Systeme geht. Beim Message-Switching muß man sieben Ebenen normen – wir richten uns eine sehr komplizierte Welt ein. Bleiben wir aber beim historischen Ablauf der Software-Denkweise.

Software

Es begann mit der Übersetzung algebraischer Formeln in die Maschinensprache. Wie leicht schreibt man einen algebraischen Ausdruck hin und wie kompliziert werden Maschinenprogramm und Speicherplatz-Buchhaltung, wie fehleranfällig! Den Computer selbst als Programmierhilfe zu verwenden, lag schon in der Zeit der Relaismaschinen nahe, und Aiken baute 1949 ein *Codiergerät* für seine MARK III.

Zwei Pioniere der automatischen Formelübersetzung sind Grace Hopper und John Backus. Beide haben den Weg zu den Programmiersprachen weitergebahnt. Grace Hopper, schon zu Lebzeiten legendär, weiblicher Navy-Offizier und Kielfigur von Remington-Rand, begann sehr früh mit Codierungshilfen. Von ihr stammt das System MATHMATIC, das 1955 von FLOWMATIC abgelöst wurde, dem Ausgangspunkt aller Compilerkunst. Grace Hopper war dann Beraterin des CODASYL-Komitees für die Entwicklung von COBOL, an dem Jean Sammet führenden Anteil hatte.

John Backus begann mit einem Formelübersetzungssystem für die 701 und gehört zu den Vätern von FORTRAN und ALGOL. Die algorithmischen Sprachen setzten sich als Ziel, die algebraische Notation so zu erweitern, daß man Algorithmen ähnlich elegant anschreiben kann und doch den exakten Ablauf der Schritte im Griff behält. Genau besehen ist das aber eine üble Mischung von mathematischer Eleganz und Ingenieur-Pragmatik. Zum Beispiel muß die Schrittfolge einbezogen werden – das ergibt eine Schreibweise wie n := n + 1, die klar erkennen läßt, daß die Symmetrie der Algebra verlorengegangen ist. Rechts steht, was vorher war, und links das Symbol für den nachherigen Wert. So groß und nützlich der Fortschritt war, er hat den mathematischen Charakter der Programmzeilen korrumpiert, und John Backus arbeitet an einer Korrektur, an einer – wie er sie nennt – Nicht-John-von-Neumann-Programmierung, bei der die Programme wieder mathematische Objekte sind, auf die man Operatoren anwenden kann. Aber das ist nicht so einfach und John hat noch keine wirklich überzeugende Lösung gefunden. Wer weiß, ob es sie gibt.

ALGOL entstand aus der transatlantischen Zusammenarbeit von ACM und GAMM, war von Beginn an übernational und man ging ganz bewußt einen internationalen Weg. Der deutschsprachige Anteil war übrigens beträchtlich. Besonders erwähnt werden muß das Keller-Prinzip, das Verfahren, den Programmtext von links nach rechts abzuarbeiten, aber so lange zu „kellern", bis ein Teilausdruck, zum Beispiel ein Klammerinhalt, ausrechenbar geworden ist. Denn dieses Verfahren ist mit den Namen Friedrich L. Bauer und Klaus Samelson, mit der TU München verbunden. Mit der Weiterführung von ALGOL 60 zu ALGOL 68 und von FORTRAN und COBOL zu PL/I war der Höhepunkt der algorithmischen Sprachen erreicht. Wenn jemand die Hoffnung hatte – kaum jemand gibt es zu – daß mit guten algorithmischen Sprachen die Programmierprobleme gelöst sind, dann wurde er enttäuscht. Denn die formalsprachliche Fassung der Algorithmen erwies sich als harmlos im Vergleich zu den Organisationsproblemen. Die Betriebssysteme sind bis heute unsystematisch geblieben.

Enttäuscht wurde aber auch die Hoffnung auf eine gemeinsame Programmiersprache für die Welt der Informationstechnik, einheitlich wie die Notation der Algebra.

Über die Geschichte der wichtigsten Programmiersprachen fand 1982 in Amerika eine Tagung statt, genannt HOPL, das ist *History of Programming Languages*, wo man viele interessante Einzelheiten finden kann; man hat nämlich auch kritische Kommentare gesammelt und aufgenommen. Daß Auffassungsunterschiede zwischen USA und Europa bestehen, ist ja zu erwarten, und wenn der Band auch eher den amerikanischen Auffassungen entspricht, so geben die Kommentare doch Hinweise auf die europäischen Auffassungen.

Der Heimcomputer (PC genannt)

Der Personal Computer ist zwar eine Folge der Miniaturisierung und Verbilligung der Schaltkreise, aber nicht eine automatische. Es bedurfte einer revolutionären Bewegung, um ihn hervorzubringen, und er hat in der Folge auch prompt zu einer Subkultur der Informationstechnik geführt, mit alternativen Gremien, mit alternativen Zeitschriften und mit dem alternativen Recht, alle Fehler des Establishments in eigener Regie zu wiederholen. Auch dieser Effekt ist historisch zu verstehen.

Das exponentielle Wachstum der Parameter hat dazu geführt, daß Computer bei gleichem Preis und gleichem Volumen immer mehr Schaltkreise und damit immer mehr Leistungsfähigkeit bekamen. Da der einzelne, der kleine Benützer diese enorm gesteigerte Leistung noch weniger ausnützen konnte als die ohnehin schon viel zu gewaltige der frühen Computer, sah man einen einzigen Ausweg: den Anschluß vieler Teilnehmer an Riesensysteme mit dem Verfahren der Zeitscheibenverteilung, das einen für damalige Zeiten unerhörten Vorteil hatte: Man konnte den Lauf der Arbeiten unterbrechen und über den nächsten Schritt nachdenken, ohne Computerzeit zu vergeuden, denn indessen wurden die freien Zeitscheiben von anderen ausgenützt.

Das Modell für diese Lösung war das Project MAC am MIT. Auf einer IBM 7094 mit modifizierter Hardware lief für das ganze Institut zwischen 1961 und 1968 ein Zeitzuteilungsverfahren mit dem Namen CTSS (*Compatible Time-Sharing System*) und viele Professoren, Assistenten und Studenten hatten Arbeitsstationen. Das Projekt war ein Erfolg mit weitreichender Wirkung; es bewies den Wert des Zeitzuteilungsverfahrens für die Programmentwicklungsarbeit, und man erkannte den großen Einfluß, den die gemeinsame Benützung von Programmen und Daten auf die Produktivität und Kreativität hat. Andererseits verstärkte das Project MAC den Eindruck, daß die Zukunft bei den Großsystemen liegen würde, und bremste damit die Entwicklung zum Minicomputer.

Etwa zur gleichen Zeit, um 1960, beobachtete ein junger Ingenieur, Kenneth H. Olsen, den Aufbau der damals größten Mammutanlage SAGE, und er erkannte die technischen und organisatorischen Schwächen der Mammutstrukturen, des SAGE-Systems selbst wie auch seines Herstellers IBM. Es mochte damals für die meisten Ohren überheblich geklungen haben, wenn er versicherte, er könne derartiges viel eleganter und kleiner machen. Aber Olsen ahnte, daß die Zeit für Kleinsysteme reif geworden war, und er hatte die erforderlichen unkonventionellen Ideen. Es mußte bloß zur Gründung einer Firma kommen, die ihm Gelegenheit gab, seine Ideen in Wirklichkeit umzusetzen. Und diese Gelegenheit bot sich bei der Firma Digital Equipment Corporation (DEC, gegründet 1957), als ein Computer namens Programmed Data Processor Model 1 (oder PDP-1) in Entwicklung ging. Noch waren Mammutanlagen und Zeitscheibensysteme stärker; der Erfolg kam nicht gerade über Nacht. Aber 1963, mit der PDP-8, gelang der erste wirkliche Erfolg, eine Transistormaschine mit 12 bit Wortlänge und bloß 4000 Speicherplätzen für 18 000 $. Wissenschaftliche Laboratorien, die auch die notwendigen Programmierer hatten – denn unkonventionelle Maschinen stellen an die Programmierung mehr Ansprüche, als man zunächst denkt – kamen auf den Geschmack, und mit jeder möglich werdenden Preisreduktion der PDP-8 wurden neue Kundenkreise erschlossen. Der Firmenwert von DEC stieg in neun Jahren von 70000 $ auf 228 Millionen $. 1983 war DEC mit 78000 Angestellten und einem Umsatz von 4 Milliarden $ zu einer der größten Computerfirmen der Welt geworden. Das war jedoch bloß der erste Schritt. Viele Quellen mußten beisteuern, damit der Heimcomputer Wirklichkeit werden konnte.

Eine wichtige Quelle war die Firma Fairchild, die auch im Zusammenhang mit der Firma IBM von Bedeutung war. Aus ihrem Dunstkreis gingen später nicht weniger als 50 Herstellerfirmen für integrierte Schaltkreise hervor. Eine davon war die Firma INTEL, gegründet 1968 von ehemaligen Fairchild-Mitarbeitern. Diese Firma erhielt von einer mittlerweile längst eingegangenen japanischen Rechnerfirma den Auftrag, einen flexiblen Chip für einen programmierbaren Taschenrechner zu entwickeln, von einem 2000-Transistor-Chip ausgehend. INTEL beauftragte einen 20 Jahre alten Ingenieur namens Marcian E. Hoff mit dieser Entwicklung. Und ihm gelang es, einen Mikroprozessor zu entwickeln, der sich gut programmieren ließ. So kam man mit vier Chips aus:

- Mit dem Mikroprozessor (dem Rechenwerk),
- einem ROM-Chip (einem bloß ablesbaren Speicher für die Betriebsprogramme),
- einem RAM-Chip (einem Beliebig-Zugriff-Speicher für die Programme und Daten des Benutzers) und
- einem Chip für die Ein- und Ausgabe.

Damit hatte der Mikrocomputer die volle Flexibilität erreicht. INTEL legte in wenigen Jahren drei Mikroprozessor-Chips vor

1970	4004
1972	8008
1974	8080

(Die so häufig vorkommende Ziffer 8 ist von der Wortlänge, 8 bit, abgeleitet.) Der Chip 8080 brachte einen ungeheuren Erfolg und wurde zur Basis einer Unmenge von Produkten. Ende 1983 war INTEL eine Firma mit 21500 Angestellten und einem Umsatz von 1 Milliarde $. Der Mikroprozessor war somit vorhanden, aber für den Heimcomputer waren noch weitere Schritte erforderlich. Nun traten die Bastlerzeitschriften in Erscheinung.

Im Jahre 1974 propagierte die Zeitschrift Radio Electronics einen Hobby-Computer MARK 8 mit dem 8008 Chip, mit acht 256-bit RAM-Chips (jedoch ohne ROM – das wäre zu teuer gewesen) und einer recht primitiven Ein- und Ausgabe, fast bit-weise. Dieses Modell war kein Erfolg, aber es lenkte die Aufmerksamkeit besonders junger Benützer auf den Selbstbau-Computer. Der Erfolg kam mit dem nächsten Schritt.

In der Januar-Ausgabe 1975 einer ganz ähnlichen Zeitschrift, Popular Electronics, wurde ein noch besserer Computer für den Selbstbau vorgestellt, ALTAIR 8800 mit einem 8080-Mikroprozessor-Chip und einem Sensationspreis: fertig 850 $ und als Bausatz sogar nur 395 $. Tausende Bestellungen gingen ein. Der Entwurf stammte von einer Vier-Mann-Firma mit dem Namen MITS; einer der vier war der damals 28jährige Edward Roberts. Mit der ALTAIR-Entwicklung waren die vier in Schulden von 200000 $ geraten; aber Popular Electronics machte nicht nur einen Fanfarenstoß der Reklame, sie verfolgte die Unternehmung weiter. Trotz einer Reihe von Anfangsschwierigkeiten zog das Modell stark an.

Sonderkapitel der Geschichte

In einer einzigen Vorlesung kann man die Geschichte der Informationsverarbeitung nicht erschöpfend behandeln; im Studienjahr 1985/86 ist mir in München eine zweistündige Jahresvorlesung zu kurz geworden. Ich möchte hier aber einige Linien der Geschichte andeuten.

Da sind natürlich die technischen Sondergebiete, die zum Computer gehören, zum Beispiel die Ein- und Ausgabegeräte in all ihrer Vielfalt. Die Geschichte der Lochkartensysteme haben wir schon erwähnt: Sie waren Ein- und Ausgabe in den kommerziellen Anwendungen der Frühzeit. Auf der Universität hingegen lag der Fernschreiber näher, mit seinem 5-bit-Alphabet von brauchbarer Binärnatur, und die Industrie hatte ihn bereits für die nachrichtentechnischen Institute zur Verfügung gestellt, da konnte man nachbohren. Wichtig war natürlich auch das Magnetband und eine Geschichte der magnetischen Aufzeichnung von dem Dänen Poulsen über die Idee der hochfrequenten Aufzeichnung von Braunmühl und Weber (hier im heutigen Baden-Württemberg) bis zum Karussellspeicher der schwedischen Firma Facit (wo auf einer Scheibe von etwa 50 cm Durchmesser eine Reihe von Spulen mit Magnetbändern befestigt waren, die beim Schreiben und Ablesen schnell ab- und wieder aufgewickelt wurden und dabei über einen Schreib- und Lesekopf liefen). Und auch die Braunsche Röhre wurde in der näheren Umgebung von Stuttgart erfunden, von dem späteren Nobelpreisträger Ferdinand Braun, der in Straßburg arbeitete. Diese historischen Fakten findet man in den Werken über die Geschichte der Nachrichtentechnik. Weit schwieriger ist es, die Entwicklung der Drucker zusammenzusuchen, die an den Computern benutzt wurden. Dies würde aber den Rahmen vollends sprengen.

Ein Mittelding zwischen Hard- und Software ist die Schaltalgebra, eine formale Beschreibung der Schaltvorgänge, die sehr bald für die Schaltkreisvereinfachung größte Bedeutung erlangte, aber auch für die sachte Einführung der Ingenieure in die Aussagenlogik.

Die Logik der alten Griechen sah wenig nach Schaltalgebra aus, obwohl man sich leicht überzeugen kann, daß die beiden ohne klare Grenzen ineinander übergehen. Es war die logische Kombinatorik, welche die formale Logik vorbereitete, etwa in den Diagrammen des Raimundus Lullus aus dem 13. Jahrhundert. Leibniz hörte über die Jesuiten von der chinesischen Kombinatorik mit Begriffspaaren – symbolisiert durch unterbrochene oder durchgehende Striche (ein Begriff aus 8 wäre z. B. durch $\equiv\equiv$ dargestellt) – und das brachte Leibniz auf das Binärsystem (das aber schon einige Jahre vorher in Italien beschrieben worden war).

Die Formalisierung der Logik und damit Aussagenlogik und Schaltalgebra wurden durch George Boole (eine Veröffentlichung 1847, eine 1854 [8]) ausgelöst, der die Logik auf die Mathematik abbildete (also nicht ganz das schuf, was heute als Boolesche Algebra bezeichnet wird). Frege begann die Metamathematik und brauchte dazu einen Formalismus, der allmählich zur formalisierten Aussagenlogik wurde, wie er zum Beispiel in den Principia Mathematica von Whitehead und Russell angewendet erscheint. Wittgenstein hat in seinem Tractatus die Benützung von Wahrheitswerttabellen kultiviert und bekannt gemacht. Das klassische Lehrbuch, mit dem auch Konrad Zuse begann, war von Hilbert und Ackermann geschrieben [8].

Die enge Verknüpfung von Aussagenlogik und Schaltkreistechnik hatte der aus Wien stammende Physiker Ehrenfest schon im Jahre 1910 erkannt und in einer Besprechung eines Logikwerkes von L. Couturat ausgesprochen – ich habe mir die Originalarbeit verschafft: Es ist wirklich beeindruckend, wie klar Ehrenfest die Nützlichkeit der Aussagenlogik für die Beschreibung der Schaltvorgänge beim Telephon erkannt hat. Als die Japaner 1936 und Shannon, der Schöpfer der Informationstheorie, 1937 die Schaltalgebra in Gang zu setzen versuchten, gab es nur wenig Echo. Eine andere Wurzel war übrigens die Eisenbahnsignaltechnik (und sogar die Motorenwickeltechnik), aber das zeigt sich nur im Rückblick, einen direkten Einfluß gab es nicht. Erst Shannons zweite Arbeit von 1950 löste einen reißenden Strom der Beschäftigung aus, und die frühen Pioniere arbeiteten in der UdSSR, in Österreich und in England. 1958 hatten wir am Mailüfterl Minimierungsprogramme laufen. Aber bald löste die Chip-Technologie das Minimierungsproblem der Zahl der Transistoren ab durch das Problem, mit möglichst wenigen Kontakten am Chip durchzukommen.

In Wien lese ich alle zwei Jahre eine Art geographischer Geschichte, nämlich die Entwicklung der Informatik geordnet nach den Ländergruppen Nordamerika, Westeuropa, Sozialistische Länder, Japan und Entwicklungsländer. Der internationale Aspekt gehört nicht nur gewichtig zum Umfeld des Computers – niemand ist so provinziell wie ein provinzieller Informatiker –, sondern die Unterschiede der Auffassungen machen auch den Gegenstand weit plastischer, als wenn man bloß das lokale und US-amerikanische Umfeld kennt.

Die Geschichte der Institutionen, die sich mit der Informationsverarbeitung beschäftigen, von den nationalen Computergesellschaften bis zum internationalen Dachverband, der *International Federation for Information Processing (IFIP)*, setzt weitere Züge unseres Fachgebietes hinzu. Sie ist auch verbunden mit der Geschichte der Veranstaltungen – etwa mit den amerikanischen *National Computer Conferences (NCC)*, die nach einer Glanzzeit von 1951 bis 1986 in die roten Zahlen geraten sind und um deren Überleben gekämpft wird. Die IFIP hat weit über 100 Working Conference Proceedings herausgegeben. Der 12. IFIP-Kongreß fand im August 1989 in San Francisco statt; die Konferenz-Proceedings [9] allein spiegeln eine Geschichte der Informationstechnik wider. Eine Bibliographie der IFIP Literatur [10] umfaßt 600 Seiten und ist eine sehr nützliche Quelle für historische Betrachtungen.

Geschichte der Geschichte

Zum Abschluß möchte ich über die Geschichte der Geschichte der Informationsverarbeitung berichten, über die Gremien, die Veranstaltungen und die Literatur, die sich mit dieser Geschichte befassen.

Wissenschaftler, die in die Jahre kommen, wenden sich gern der Philosophie und der Geschichte zu, das ist ganz natürlich. Computer, die aus dem Dienst genommen werden, kommen auf ein Pendant zum Autofriedhof oder sie wandern ins Museum. Dort zeigt sich freilich, daß nichts so verstaubt ist wie ein verstaubter Computer. Erstens weil der Kontrast zwischen einem so modernen, lebendigen Gerät und einem toten Museumsobjekt besonders kraß ist, und zweitens, weil es gar nicht einfach ist, Computer und Computerteile so auszustellen, daß sie Verständnis und Interesse hervorrufen. Denn was in ihm geschieht, ist einem Computerbauteil nicht anzusehen, und Software läßt sich nicht einmal in einer Ausstellung attraktiv präsentieren. Was in Museen auf diesem Gebiet in den sechziger Jahren zu sehen war, wirkte geradezu abschreckend. Um so mehr war ich beeindruckt, als ich im Januar 1972 – eher einer alten Gewohnheit folgend als einem Ziele zustrebend – in das alte IBM-Hauptquartier in Manhattan, Madison 590, eintrat und dort etwas zu sehen bekam, das ich sofort als die Lösung des Problems erkannte. Es war immerhin von einer der bekanntesten einschlägigen Firmen Amerikas gemacht, von Eames & Eames [11]. Es wurde *The Computer Wall* genannt und war eine geschickte Mischung von Teilen, Bildern und Dokumenten, dreidimensional in einer Wand von etwa 50 cm Tiefe angeordnet und in Felder von je 10 Jahren eingeteilt, von 1890 bis 1950. Mein Entschluß stand fest: Eine europäisch-österreichische Version dieser Wand muß ich in Wien zustandebringen. Das ist leichter beschlossen als getan, denn junge, expandierende Industrien sind eher geschichtsfeindlich, und eine solche Wand kann man nicht billig herstellen. Aber das Glück war mir wieder einmal hold.

Im Jahre 1973 fand in Wien – ebenso wie 1892, zwei Jahre nach den ersten Hollerith-verarbeiteten Volkszählungen von 1890 – ein Kongreß des Internationalen Statistischen Instituts statt, und die IBM Österreich hatte ihm eine kleine Ausstellung versprochen. Der Initiator dieser Ausstellung ließ aber die IBM Österreich im Stich, und mein Vorschlag der Computer-Wand konnte als Rettungsengel inszeniert werden. Das war nur eine Vorform, aber das Material war beisammen, und am 2. April 1974 wurde im Wiener Technischen Museum eine Computerabteilung mit der Wand als Kernstück eröffnet [12]. Auch stellten wir eine Reiseversion her, die beim IFIP-Kongreß 1974 in Stockholm zum ersten Mal gezeigt wurde. Übrigens ist das Buch von Eames & Eames in Neuauflage erschienen, mit einer Text-Ergänzung von Brian Randell [11].

Seit 1974 ist einiges geschehen, und ich erwähne hier das am 14. November 1984 in Boston eröffnete Computermuseum [13] – das im September 1979 als DEC-Museum in Marlboro bei Boston begonnen hatte – und die im Mai 1988 eröffnete Computerabteilung des Deutschen Museums in München [14], an der ich an der Seite von Professor Bauer ein bißchen mitgearbeitet habe. Man kann sagen, daß heute eine vollständige Liste sehenswerter Computer-Museumsabteilungen schon recht lang wäre.

Ebenfalls im Jahre 1972 begann die Geschichte der Informationsverarbeitung, Gegenstand von Tagungsteilen und ganzen Tagungen zu werden, und zwar bei der ersten US-Japanischen Computertagung, bei der ihr am 5. Oktober 1972 ein Halbtag gewidmet war [15]. Aus diesem Anfang entwickelte sich die erste große internationale Geschichte-Tagung in Los Alamos im Juni 1976 [16]. Die Herausgabe des Tagungsbandes zog sich bis ins Jahr 1980 hin, weil ein Betreiber zugleich auch eine Zeitschrift in Gang setzen wollte, so daß ihm beides fast mißlang. 1979 wurde die Zeitschrift dann von der AFIPS (American Federation of Information Processing Societies) doch gegründet, und die *Annals of the History of Computing* [17] gestalteten im Jahre 1988 ein Sonderheft zum Abschluß des 10. Jahrgangs.

Der Alt-Österreicher Erwin Tomash legte einen beachtlichen Geldbetrag auf den Tisch, um in Amerika 1977 ein Institut für die Geschichte der Informationsverarbeitung, *Charles Babbage Institute* genannt, in Gang zu setzen. Seit 1980 ist es der Universität von Minnesota angegliedert. Nach meiner Meinung gehört es freilich nach Boston verlegt und mit dem dortigen Museum verknüpft.

Die AFIPS gründete nicht nur die Annals. Schon im Jahre 1967 wurde gemeinsam mit der *Smithsonian Institution* ein Projekt für die Geschichte begonnen, das vor allem Interviews mit Pionieren auf Band aufnahm (auch die IBM machte etliche derartige Ansätze), aber dann versandete das Unternehmen.

Die 1977 gegründete AFIPS-Kommission für die Geschichte hat wertvolle Arbeit geleistet, litt aber unter dem Niedergang der AFIPS und hat mit dem Jahresende 1990 wegen deren Auflösung ihre Tätigkeit eingestellt. In der IFIP war es mir gelungen – nach einer Reihe von Niederlagen zwischen 1972 und 1984 –, im Jahre 1985 eine Geschichte-Kommission zu starten; es ist mir aber nicht gelungen, aktive Mitglieder zu bekommen. Wir hofften, 1990 eine erste Arbeitstagung in Budapest organisieren zu können, die dann im Rahmen der Weltausstellung Budapest-Wien eine Fortsetzung finden sollte. Auch diese Hoffnung scheiterte am Mangel an Mitarbeit, und daher trat ich als Vorsitzender der Kommission zurück.

Die Literatur über die Geschichte der Informationsverarbeitung wächst ständig, und es gibt darunter auch schon eine Menge deutscher Bücher [18]. Eine Sammlung der wichtigsten Beiträge zur Entwicklung des Computers wurde von Brian Randell im Springer-Verlag herausgegeben [19]. Erwähnen möchte ich auch die Reprint Series des Charles-Babagge-Institutes, zuerst bei Tomash und dann bei MIT Press herausgekommen [20]; es sind bis jetzt 12 Bände schwer zugänglicher Bücher oder Beiträge fertig, und es werden wahrscheinlich noch 4 folgen. MIT Press gibt außerdem eine Reihe über die Geschichte heraus, in der zum Beispiel die Memoiren von Maurice Wilkes erschienen sind. Zuses Memoiren, *Der Computer – Mein Lebenswerk* [4], sind 1986 bei Springer neu aufgelegt worden.

Es ist ein Fehler, daß die Informatiker der Geschichte des Computers und der Informationstechnik so wenig Interesse entgegenbringen. Über die Zukunft kann man nur auf der Grundlage des Wissens von der Vergangenheit urteilen – auch in einer scheinbar so schnellebigen Zeit wie heute. In Wirklichkeit entwickeln sich Gedanken nur relativ langsam. Auseinandersetzung mit der Geschichte sollte daher weder eine Alterserscheinung sein noch als solche betrachtet werden. Sie gehört ebenso wie das richtig aufgezogene Museum zu den Bildungselementen jeder Technik, auch der Informationstechnik.

Literatur

[1] H. Zemanek: Kalender und Chronologie. Bekanntes und Unbekanntes aus der Kalenderwissenschaft. R. Oldenbourg Verlag, München, 4. Auflage 1987, 160 S.

[2] P. & E. Morrison: Charles Babbage and his Calculating Engines. Dover Publications, Inc., New York 1961, 400 S.

[3] H. Zemanek: Hollerith und Schäffler – Datenverarbeitung um 1890. Drei Nationen werden elektrisch gezählt. In: Elektrotechnik im Wandel der Zeit. Viertes VDE-Kolloquium 1986 in Nürnberg (H.A.Wessel, Hrsg.) VDE Verlag, Berlin 1986, 95–115

[4] K. Zuse: Der Computer – Mein Lebenswerk. Springer-Verlag, Berlin, 2. Aufl. 1986, 218 S.

[5] Honeywell Inc. versus Sperry Rand Corporation et al. US Patent Quarterly 180C19, decided 19 OCT 1973, p. 673–773

[6] A.R. & A.W. Burks: The First Electronic Computer – The Atanasoff Story. University of Michigan Press, Ann Arbor 1988, 387 S.

[7] H. Zemanek: „Mailüfterl", ein dezimaler Volltransistor-Rechenautomat. EuM 75 (1958) 453–463
N.S. Blachman: European Electronic Data Processing. Comm. ACM 2 (1959) No. 9, 14–18
H. Zemanek: „Mailüfterl" – Eine Retrospektive. Elektronische Rechenanlagen 25 (1983) 91–99

[8] G. Boole: The Mathematical Analysis of Logic Being an Essay Towards a Calculus of Deductive Reasoning. MacMillan, Barclay & MacMillan, London 1847, 82 S., Reprint Basil Blackwell, Oxford 1985, 82 S.
G. Boole: An investigation of the Laws of Thought. Reprint from 1854 by Dover Publications, New York 1958, 424 S.
N. Whitehead, B. Russell: Principia Mathematica. Cambridge University Press, 1913
D. Hilbert, W. Ackermann: Grundzüge der theoretischen Logik. Grundlagen der math. Wissenschaften Bd. XXVII, Springer-Verlag, Berlin 1928

[9] IFIP Proceedings Information Processing 1959, 1962–1989. North-Holland, Amsterdam.

[10] IFIP Bibliography 1960–1985. North-Holland, Amsterdam 1987, 605 S.

[11] Ch. Eames & R. Eames: A Computer Perspective. Harvard Univ Press, Cambridge MA 1973; 175 S., New Edition with Subtitle: Background to the Computer Age. Harvard University Press, Cambridge MA 1990, 175 S.

[12] R. Niederhuemer: Jahresübersicht über das Jahr 1974. Blätter für Technikgeschichte 36./37. Heft, 99–100, Springer-Verlag (in Kommission) Wien 1976
G. Chroust, H. Zemanek: 80 und mehr Jahre Computer – eine Ausstellungswand. Elektronische Rechenanlagen 25 (1983) 58–65

[13] E.A. Weiss: The Computer Museum Boston. Annals of the History of Computing 7 (1985) 258–266

[14] H. Zemanek: The New Department „Informatics and Automatics" at the Deutsches Museum in Munich. Annals of the History of Computing 10 (1989) 329–335

[15] First USA-Japan Computer Conference Oct 3–5, 1972, Tokyo. Session 21, History of Computers, 683–708, AFIPS, Montvale NJ 1972

[16] N. Metropolis et al. (Eds): A History of Computing in the 20th Century. Academic Press, New York 1980, 659 S.

[17] Special Issue: Tenth Anniversary Issue. Annals of the History of Computing 10 (1989) No. 4, 235–470

[18] W. de Beauclair: Rechnen mit Maschinen. Eine Bildgeschichte der Rechentechnik. Friedr. Vieweg & Sohn GmbH, Braunschweig 1968. 313 S.
K. Ganzhorn, W. Walter: Die geschichtliche Entwicklung der Datenverarbeitung. R. Oldenbourg, München 1975, 80 S.

E.P. Vorndran: Entwicklungsgeschichte des Computers. VDE Verlag, Berlin 1982, 164 S.
F. Gebhardt (Ed.): Skizzen aus den Anfängen der Datenverarbeitung. GMD Bericht Nr. 143, R. Oldenbourg Verlag, München 1983, 100 S.
H. Petzold: Rechnende Maschinen. Eine historische Untersuchung ihrer Herstellung und Anwendung vom Kaiserreich bis zur Bundesrepublik. Technikgeschichte in Einzeldarstellungen Band 41/1985 VDI-Verlag, Düsseldorf 1985, 579 S.

[19] B. Randell (Ed.): The Origins of Digital Computers. Selected Papers. Texts and Monographs in Computer Science, Springer-Verlag, Berlin, 3rd ed. 1982, XVI + 580 S.
[20] Reprint Series for the History of Computing. 14 Bände (M. Campbell-Kelly, Ed.-in-Chief). Ab 1982 Tomash Publishers, San Francisco, ab 1984 MIT Press, Cambridge MA

Al Chorezmi (783–850)

Der Namensgeber des Algorithmus

Aus 1001 Nacht kennen wir alle den Kalifen Harun al Raschid, der für das goldene Zeitalter von Bagdad steht. Sein Sohn al Mamun nahm einen Mathematiker in seine Dienste, dessen Name schließlich dem Algorithmus gegeben wurde: al Chorezmi, heute meist al Khowarizmi geschrieben.

Diese abstrakte Ehrung hat er, obwohl von der Geschichte der Mathematik sehr vernachlässigt, mehr als verdient. Wir verdanken ihm die Basis unserer Mathematik; auch das griechische Erbe kam über die Araber zu uns.

Der Inhalt dieses Kapitels gehört zur Frühgeschichte der Mathematik, die völlig zu Unrecht so gut wie unbekannt ist. Al Chorezmi war ein Mathematiker am Hofe der Kalifen in Bagdad. Bei meinen al-Chorezmi-Vorträgen stelle ich immer eine Warnung voran: Es sind zwei Vorträge in einem – einer über das Umfeld des Titelhelden und einer über seine Werke und deren Einfluß auf die Geschichte der Mathematik. In diesem Band kann nur eine Kurzform Platz finden – meine Forschungsergebnisse über al Chorezmi möchte ich in einem Buch darstellen, und das wird noch etwas dauern. Es gibt aber eine englische Darstellung mittlerer Länge [1].

Die Motivation, sich mit ihm zu beschäftigen, und der Grund, das Thema in diese Reihe einzuschließen, ergeben sich aus einer einfachen Frage: Woher kommt das Wort *„Algorithmus"*? Und da die Antwort zweiteilig ist, ergeben sich auch die beiden Vorlesungsteile. Das Wort kommt von einem Mann, dessen Werk die europäische Mathematik fundamental beeinflußt hat, es ist aber der Herkunftsteil seines Namens, und dieser weist auf das „unbekannteste" aller im Geschichtsunterricht vorkommenden Länder hin, auf Chorezmien. Dieses Land liegt in Zentralasien, ist heute ein Teil von Usbekistan, ein Oblast (Distrikt), der aber damals nicht von Usbeken, sondern von Ost-Persern bewohnt war. Dieses Land wäre historisch und geographisch vorzustellen, ebenso aber auch die Akademie der Wissenschaften im Bagdad der Kalifen, was in das Umfeld von Tausend-und-eine-Nacht führen würde.

Die Vorlesung könnte den Titel haben *Also sprach Algorizmi*, denn die lateinische Form davon, Dixit Algorizmi, war jahrhundertelang ein Gütezeichen, eine Versicherung der Richtigkeit, der Allgemeingültigkeit und der Verläßlichkeit. Und mit diesem altehrwürdigen Gütezeichen werden in meinen Texten alle Zitate al Chorezmis eingeleitet. Auf Arabisch heißt das Qala al

Khwarizmi, قال الخوارزمي ; und an der arabischen Schreibung möchte ich gleich erläutern, warum so viele Varianten der Transkription in unsere Schrift verbreitet sind und warum ich die Form al Chorezmi vorziehe. Es gab (und gibt) keinen eindeutigen Regelsatz, wie man die arabische Schrift mit lateinischen Buchstaben wiedergibt, und dies hatte viele Varianten zur Folge. Bei den Mathematik-Historikern hat sich die Form *al Khwarizmi* oder *al Khowarizmi* eingebürgert, die zwar als korrekte Transkription gelten darf, aber den Klang nicht trifft. Das *wa* steht für das persische *o*, das im alten Arabischen nicht existiert; es muß also *o* gesprochen werden (daher schreibe ich auch *o*, und das deutsche *ch* und nicht das anglo-amerikanische *kh*), sonst hieße es ja auch nicht Algorithmus – zur Zeit der Übernahme des Wortes, im Spanien des 13. Jh., hat man Sprachen nach dem Klang gelernt und nicht nach Lehrbüchern.

Al Chorezmi hat von etwa 780 bis etwa 850 gelebt. Er war Mathematiker, Astronom und Geograph, aber auch Historiker – ein Universalist nicht nur nach seinen Arbeitsgebieten, sondern auch nach seiner kulturellen Mischung: Aus Zentralasien stammend, wahrscheinlich in Bagdad aufgewachsen und erzogen, vermutlich vielsprachig und aufgeschlossen, dazu ein sehr praktischer Mathematiker. In der Einleitung zu seiner Algebra gibt er selbst eine Vorstellung seiner Philosophie und Mentalität.

DIXIT ALGORIZMI *(in der Einleitung zu seiner Algebra)*
Die Gelehrten in längst vergangenen Zeiten und aus Völkern, die nicht mehr existieren, waren ständig damit beschäftigt, Bücher über die Zweige der Wissenschaft und die Gebiete des Wissens zu verfassen, im Gedenken an jene, die nach ihnen kommen würden, und indem sie auf einen Dank hofften, der ihrer Fähigkeit entsprach, und in der Hoffnung, daß ihre Unternehmungen auf Anerkennung, Beachtung und Erinnerung treffen würden – zufrieden, wie sie waren mit einem kleinen Grad von Lob – klein, gemessen an den Mühen, die sie sich gemacht haben, und an den Schwierigkeiten, die sie zu überwinden hatten, bei der Aufhellung der Geheimnisse der Natur.

Al Chorezmis Werke

Nach dem heutigen Stand sind 16 Werke aufzuzählen; ich gebe ihnen der Handlichkeit wegen einen Kurztitel, nenne aber bei den ersten zehn Büchern den arabischen Wortlaut des Titels.

1. Die Tafeln
   Kitab az-zij al-sindhind
2. Die Arithmetik – (wahrscheinlich:)
   Kitab hisab al-'adad al-hindi
3. Die Algebra
   Kitab al-muhtasar fi hisab al-gabr w'al mukabalah

4. Der jüdische Kalender
    Istichradsch tarich al-Yahud
5. Die Chronik
    Kitab at-tarich
6. Die Geographie
    Kitab surat al-ard
7. Die Herstellung des Astrolabiums
    Kitab 'amal al-asturlab
8. Die Benützung des Astrolabiums
    Kitab 'al-'amal bi'l asturlab
9. Die Sonnenuhr
    Kitab ar-ruchamach
10. Über den Azimut
    Ma'rifat as-samt bi'l-asturlab
11. Über die Gebetszeiten
12. Über das Neulicht
13. Über die Richtung nach Mekka
14. Über den Sinusquadranten
15. Über den Stundenquadranten
16. Astrologie

Auf dem engen Raum können nur die drei wichtigsten Werke beschrieben werden.

1. Die Tafeln – Der Sindhind

Die Manuskripte

Wie wir aus dem Fihrist – einem Vorläufer des „Who is Who" – wissen, begründeten die zwei Ausgaben des Tafelwerkes die Stellung und den Ruhm al Chorezmis zu Lebzeiten. Er wurde für die arabische Welt zusammengestellt, noch vor dem Jahr 1000; er nennt al Chorezmi und zählt eine Reihe seiner Werke auf, erstaunlicherweise aber ohne die Algebra und die Arithmetik zu erwähnen – ein Fehler in der einzigen Abschrift, die wir besitzen? Wer weiß es?

Für die Tafeln ist es unmöglich, das Jahr anzugeben, in dem sie geschrieben wurden; sicher aber sind sie vor 819 begonnen worden, und aller Wahrscheinlichkeit nach hat sie al Chorezmi durch lange Zeit hindurch immer wieder verbessert.

Wie der Name anzeigt, ist das Tafelwerk auf indische Quellen aufgebaut, auf Tafeln, die zugleich mit dem indischen Stellenwertsystem 50 Jahre vor al Chorezmi nach Bagdad gekommen sind. Unglücklicherweise ist kein einziges

Manuskript der originalen Tafeln erhalten. Was wir haben, ist eine lateinische Übersetzung, wahrscheinlich von Adelard von Bath um 1126 angefertigt, eines arabischen Textes, der eine Überarbeitung von al Chorezmis Tafelwerk durch Maslama ibn Ahmad al Madschriti um das Jahr 1000 herum ist. Diese Überarbeitung folgt zwar im Wesen dem Original, transformiert aber die meisten astronomischen Daten von einem Bezug auf Bagdad auf einen Bezug auf Madrid. Welche anderen Änderungen, Auslassungen, Hinzufügungen und Verbesserungen al Madschriti gemacht hat, kann im einzelnen nicht festgestellt werden. Robert von Chester hat die Übersetzung Adelards einige Zeit später überarbeitet, und Hermann von Kärnten (Hermannus von Dalmatien) scheint eine andere Übersetzung angefertigt zu haben. Das erklärt die Unterschiede zwischen den verschiedenen existierenden lateinischen Manuskripten.

Andererseits aber gibt es einen Kommentar zu al Chorezmis Tafelwerk von Ibn al Muthanna aus dem 10. Jh., dessen Original ebenfalls verloren ist, von dem es aber eine lateinische (drei Manuskripte in Oxford und Cambridge) und eine hebräische Übersetzung (zwei Manuskripte in Parma und Oxford) gibt. Dieser Kommentar ist von B.R. Goldstein editiert und übersetzt worden. Das Tafelwerk von al Madschriti ist in mindestens ebenso mühsamer Kleinarbeit – nämlich unter Einbeziehung des al-Muthanna-Kommentars und anderer Quellen – in drei Schritten von Björnbo, Suter und Neugebauer editiert, übersetzt und kommentiert worden.

Der Inhalt

Wir können uns hier nicht mit der Geschichte der Astronomie auseinandersetzen, wie es für eine sorgfältige Besprechung des Inhalts erforderlich wäre. Außerdem haben die Manuskripte weder Kapiteleinteilung noch sonst eine äußere Struktur, so daß wir lieber die Gliederung wiedergeben, die Goldstein für den al-Muthanna-Kommentar aufgestellt hat:

1. Chronologie
2. Planetentheorie
3. Trigonometrie
4. Die Stunden in den Jahreszeiten, Gnomone
5. Breitengrade der Planeten
6. Konjunktion und Opposition
7. Erste Sichtbarkeit des Neumonds (Neulicht)
8. Durchmesser von Sonne und Mond, Schatten
9. Mondesfinsternisse
10. Sonnenfinsternisse

2. Die Algebra

War das Tafelwerk die Begründung des wissenschaftlichen Rufes von al Chorezmi, so wurde durch die Algebra sein Name im ganzen Kalifenreich bekannt. Denn sein didaktisches Geschick hat dieses kurzgefaßte Lehrbuch der damals bekannten Rechenkunst beliebt gemacht und den Unterricht so standardisiert, daß seine Spuren im gesamten islamischen Raum zu finden waren.

Das macht auch verständlich, daß al Chorezmis Werk das früheste Buch über die Mathematik ist, das einflußreich war und erhalten gelieben ist. Zwar traf Leonardo von Pisa überall auf seine Spuren, wo er im arabischen Raum nach mathematischer Literatur suchte, doch ist Leonardos Buch die enge Verknüpfung mit al Chorezmi nicht anzumerken. Erst als in der Mitte des 12. Jh. die ersten beiden Kapitel der Algebra al Chorezmis zweimal ins Lateinische übersetzt wurden – von Gerhard von Cremona und von Robert von Chester –, konnte al Chorezmi in Europa sichtbar werden; aber die Kenntnis seines Namens blieb auf wenige Fachleute beschränkt. Von der zweiten Übersetzung sagt der amerikanische Mathematik-Historiker George Sarton: *Die Bedeutung gerade dieser Übersetzung kann kaum überschätzt werden. Man kann sagen, daß sie den Beginn der europäischen Mathematik markiert. Und Salomon Gandz nennt al Chorezmis Algebra die Grundlage und den Eckstein dieser Wissenschaft.*

Am Ende des 18. Jh. begannen die Mathematiker die Geschichte ihres Gegenstandes zu studieren. Im Jahre 1797 schrieb der Italiener Pietro Cassali eine Arbeit mit dem Titel *Anfänge der Algebra, ihre Übertragung nach Italien und die ersten Fortschritte dort.* Er preist al Chorezmi, aber er kannte, wenn überhaupt, nur ganz wenige Manuskripte seiner Werke.

Ein vollständiges Manuskript der *Algebra* – leider nicht von der besten Version – befindet sich in der Bodleian Library der Universität von Oxford. Es wurde 1831 von dem in England lebenden Deutschen Friedrich Rosen herausgegeben und ins Englische übersetzt. Das war die erste und vorläufig einzige Übersetzung des ganzen Buches. Es gibt ein weiteres arabisches Manuskript in Berlin, aber ohne viertes Kapitel, ohne Überschriften und vor allem ohne Zeichnungen. Weitere unvollständige Manuskripte sind in Medina und in Kabul. Von der Übersetzung Gerhards gibt es eine Handschrift im Vatikan, von jener Roberts je eine in Wien, Dresden und New York.

Der Inhalt

Das Buch besteht aus vier Kapiteln, die so unabhängig voneinander sind, daß man an vier verschiedene Bücher denken könnte, wäre da nicht die Einleitung al Chorezmis, die den Beweis dafür gibt, daß das Werk als ein Ganzes konzipiert wurde. Die vier Kapitel heißen:

Kapitel I: Über die Lösung von Gleichungen

Al Chorezmis Algebra ist auf Gleichungen ersten und zweiten Grades mit einer Unbekannten und auf positive Lösungen beschränkt. Die Wurzel heißt *al-dschadr*, manchmal aber auch einfach *al-shay*, das Ding (daraus hat sich später die Abkürzung x entwickelt). Die lateinische Übersetzung verwendet *radix, res* oder *causa* (woraus sich der alte deutsche Name Causs für die Rechenkunst entwickelt hat). Die Potenz wird *al-mal* genannt, was auch Vermögen, Besitz oder Reichtum bedeutet. Lateinisch heißt sie *census*. Die einfache Zahl, lateinisch *numerus*, wird meist zu einer benannten Größe gemacht, zum Beispiel in Drachmen – *dirhems* – angeführt.

Was wir in unserer symbolischen Algebra als

$$x^2 + 10x = 39$$

schreiben, drückt al Chorezmi durch den Satz aus:

Ein Vermögen und zehn Wurzeln dieses Betrages ergeben neununddreißig Drachmen.

Der Schritt nach vorne, den al Chorezmi machte, bestand darin, die Sammlung alter babylonischer Tricks, mit der die Mathematik bis dahin gearbeitet hatte, durch ein einheitliches System zu ersetzen. Wie immer die ursprüngliche Aufgabenstellung lautet, sagt er, sie kann in einen von sechs Fällen transformiert werden. Und diese sechs Fälle sind ausreichend, fügt er hinzu.

$a.x^2 = b.x$	$a.x^2 = c$
$b.x = c$	$a.x^2 + b.x = c$
$a.x^2 + c = b.x$	$a.x^2 = b.x + c$

Diese sechs Fälle sind eine Folge davon, daß al Chorezmi keine negativen Werte kennt; Zahlen können abgezogen werden, aber negative Zahlen sind nicht real für ihn. Mit dieser Einschränkung sind die sechs Fälle die realistische Untermenge der zwölf Möglichkeiten, die wir heute betrachten würden. Für diese sechs Fälle gibt al Chorezmi einfache Beispiele, die den Algorithmus begreiflich machen. Für drei davon setzt er Diagramme dazu, welche die Rechnung illustrieren und zugleich beweisen. Die Beispiele zu diesen drei Fällen kann man als ehrwürdige Gleichungen bezeichnen, denn sie waren durch Jahrhunderte die Standardbeispiele, die arabische und europäische Studenten

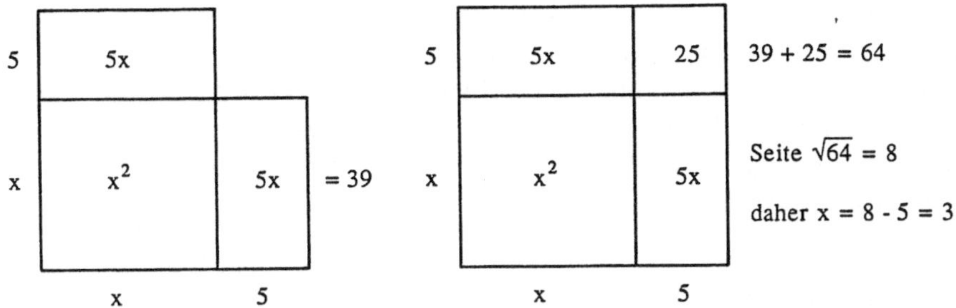

Bild 3.1. Die graphische Lösung der Gleichung $x^2 + 10x = 39$ nach al Chorezmi

der Mathematik lernen mußten. Und die oben als Formel und in Worten ausgedrückte Gleichung ist die berühmteste davon. Die Gleichungen lauten:

$$x^2 = 5x \qquad\qquad 5x^2 = 80$$
$$4x = 20 \qquad\qquad x^2 + 10x = 39 \text{ (Bild 3.1)}$$
$$x^2 + 10 = 21x \qquad\qquad x^2 = 3x + 4$$

Kapitel II: Die Geschäftsrechnung

DIXIT ALGORIZMI *(in seiner Algebra, Kapitel Geschäftsrechnung):*
Wisse, daß alle Geschäftsangelegenheiten betreffend Kaufen und Verkaufen durch zwei Varianten von Fragen abgedeckt werden, wobei vier verschiedene Zahlen ausgesprochen werden, nämlich

al musa''ar	*die Menge des Ansatzes,*
at-taman	*die Menge der Frage*
as-si'r	*der Preis des Ansatzes und*
al-mutamman	*der Preis der Frage.*

Die Menge des Ansatzes bildet ein Paar mit dem Preis der Frage, und der Preis des Ansatzes bildet ein Paar mit der Menge der Frage. Von diesen vier Zahlen sind stets drei bekannt und eine ist unbekannt. Und die Regel lautet: Du betrachtest die drei bekannten Zahlen, und es gibt keinen andern Ausweg als die beiden Zahlen, die ein Paar bilden, miteinander zu multiplizieren und das Ergebnis durch die dritte Zahl zu dividieren. Was du erhältst, ist stets die Zahl, nach der gefragt wurde, und sie bildet das Paar mit jener Zahl, durch die du dividiert hast.

Al Chorezmi gibt sofort eine Reihe von Beispielen. Zitieren wir das erste:

DIXIT ALGORIZMI
Zehn Kaffizen (ein Hohlmaß) kosten sechs Drachmen. Wie viele bekommst du für vier Drachmen?

Al Chorezmi steigert den Schwierigkeitsgrad der Beispiele, so daß der Lernende leicht eingeführt wird und nicht in Verwirrung gerät. Er beginnt mit einem Beispiel, das fast trivial ist, aber es eröffnet den Weg für den Lernenden, der auch heute noch eine Schwierigkeit bildet: Der Übergang von einer Situation des täglichen Lebens, ausgedrückt in der Sprache des täglichen Lebens, zum mathematischen Ansatz.

Kapitel III: Geometrie

Der Inhalt dieses Kapitels besteht aus den Unterkapiteln über Fläche, Dreieck, Rhombus, Kreis, Segment, Prisma, Pyramide und Kegel, Lehrsatz des Pythagoras, Rechteck, mehr über Dreieck, Kreis und Kegel, Pyramidenstumpf und: Wie man einem gleichseitigen Dreieck ein Quadrat einschreibt.

DIXIT ALGORIZMI *(in der Geometrie)*
Wisse, daß in jedem rechteckigen Dreieck, wenn man die beiden kürzeren Seiten mit sich selbst multipliziert und die Ergebnisse addiert, die Summe gleich ist dem Produkt der längsten Seite mit sich selbst.

Al Chorezmi gibt keinen allgemeinen Beweis für den Lehrsatz des Pythagoras, sondern nur eine Zeichnung für das gleichschenklige Dreieck, aus der die Richtigkeit mit einem Blick zu sehen ist (Bild 3.2).

Al Chorezmi gibt drei verschiedene Werte für π, jeden in Form eines Algorithmus zur Berechnung des Kreisumfangs aus dem Durchmesser, und die drei Werte sind

$$22/7, \ \sqrt{10}, \ 62843/20000.$$

Das sind indische Werte, und al Chorezmi gibt dem Leser zu verstehen, daß alle drei Näherungswerte sind.

Zwei Generationen nach al Chorezmi fand Thabit ibn Qurra, ein Schüler der Brüder, die als Banu Musa bekannt sind und die wir bereits erwähnt haben, einen Beweis, den al Chorezmi gewiß gerne in sein Buch aufgenommen hätte, obwohl sein der Praxis gewidmetes Buch nicht die Absicht verfolgen konnte, alle Algorithmen mit Beweisen zu versehen. Ich bin in diesen Beweis verliebt, nicht nur wegen seiner Einfachheit und Klarheit, sondern auch, weil ich ihn einst selbst gefunden habe, als ich im Krieg als Lehrer an der Armeenachrichtenschule Saloniki tätig war. War es der tägliche Anblick des Olymps, der mich dazu inspirierte? Ich sandte den gefundenen Beweis voller Stolz an meinen Mathematikprofessor der TU Wien, der lakonisch antwortete: Ganz gut, junger Mann, aber der Beweis ist seit dem 10. Jh. bekannt. Heute würde ich sofort zurückfragen: Warum lehrt man dann diesen Beweis nicht bei der ersten Begegnung mit dem Pythagoras? Übrigens zeigte ich diesen Beweis einmal dem

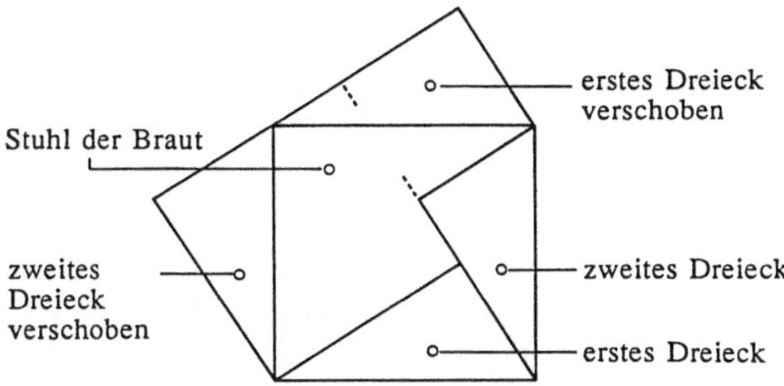

Man zeichne das (erste) Dreieck und errichte das Hypotenusenquadrat. Dann zeichne man das zweite Dreieck ein und verschiebe beide Dreiecke auf die andere Seite des Quadrats. Aus c^2 wird a^2 plus b^2: q.e.d.

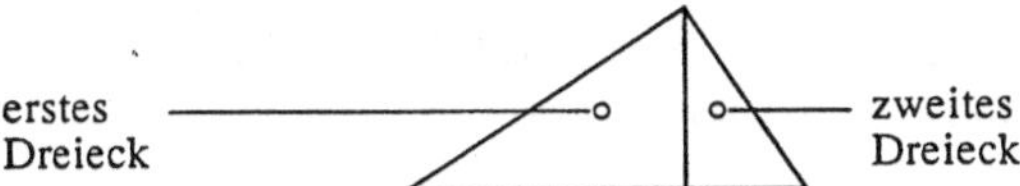

Die Fläche des Gesamt-Dreiecks ist die Summe der Flächen von erstem und zweitem Dreieck. Das Gleiche muß auch für die Hypotenusenquadrate gelten: das Quadrat über der Hypotenuse des Gesamt-Dreiecks muß die Summe der beiden Quadrate über die Hypotenusen der Teildreiecke sein: q.e.d.

Bild 3.2. Beweise für den Lehrsatz des Pythagoras (nach Thabit ibn Qurra und nach E.W. Dijkstra)

holländischen Informatiker Edsger Dijkstra, und er sagte darauf, er habe einen noch viel einfacheren. Er zeichnete ein rechtwinkeliges Dreieck und darin die Höhe ein. Nur anschauen, sagte er. Tatsächlich sieht man drei ähnliche Dreiecke, zwei davon bilden das dritte. Und da in ähnlichen Figuren entsprechende Längen proportional sind, während Flächen sich wie ihre Quadrate verhalten, muß für die Hypotenusenquadrate gelten, was für die Dreiecke gilt: Die Summe der beiden kleineren ergibt das größere. Höchst elegant. Aber welches Wissen ist erforderlich! Der von Dijkstra gezeigte Beweis ist für Meister, der Beweis von Thabit ibn Qurra braucht keine Vorkenntnisse.

Kapitel IV: Erbteilung bei Legaten

Einfache Erbteilungen konnte zu al Chorezmis Zeiten jeder Imam ausführen. Sobald aber neben die einfache Aufteilung ein Legat trat, war es nicht mehr so einfach. Al Chorezmi gibt in diesem Kapitel die Ansätze, wie man in diesen Fällen vorgeht. Es ist ein langes Kapitel, war für die Übersetzer – die vom islamischen Erbrecht wenig Ahnung hatten – schwer verständlich und wurde von ihnen meist weggelassen.

Bemerkungen zum Namen *Choresmien, Χορεσμια, Хорезм*

Der Name besteht aus zwei Teilen, *Chor* und *Zem*; *Zem* ist eindeutig: das Land, ein Satemstamm, der auch im Slawischen *Erde, Land* bedeutet, wie etwa in *Nowaja Zemlja*. Mein Familienname ist auch davon abgeleitet; *Zeman* ist der Landbesitzer oder -bearbeiter, der Bauer. *Zemánek* steht sogar im Wörterbuch, es ist ein Besitzer eines kleinen Grundstücks, das er in Kleinparzellen untervermietet. *ek* kann aber auch so wie *-son* oder *Mac-* die Familienzugehörigkeit anzeigen.

Chor hingegen hat mehrere Deutungen: Es kann *nieder* bedeuten, dann wären es die zentralasiatischen Niederlande. Es kann *Osten* bedeuten, dann wäre Chorezmien das zentralasiatische Österreich. Es kann Sonne bedeuten, und dann wäre es das zentralasiatische Sonnenland, was für den heißen Sommer wie für den kalten Winter zutrifft. Und schließlich könnte der Name von einem Stamm genannt *Churren* abgeleitet sein.

3. Die Arithmetik – Algorithmi de Numero Indorum

Hat al Chorezmi mit seiner Algebra die Geschichte der europäischen Mathematik geprägt, so hat seine Arithmetik die Vorstufe geformt, den Weg der europäischen Rechenmeister, und sie hat ihm das abstrakte Denkmal gesetzt, daß zuerst die Rechenkunst Algorismus hieß und dann der Algorithmus seinen Namen für alle Zukunft der Mathematik bewahrt. War er im Mittelalter eine oft zitierte Autorität, so verschwand seine Person allmählich hinter dem Begriff, und bald wußte niemand mehr, daß Algorismus einmal ein Mensch war. Und bis heute ist es wahr, daß die Majorität jener, die den Ausdruck Algorithmus benützen, nichts über den Mann und das Land wissen, wo dieser Ausdruck herstammt.

Einem Memorandum an die Französische Akademie der Wissenschaften aus dem Jahre 1858 fügt Michel Chasles die folgende Bemerkung über das Manuskript der Arithmetik an, das eben von dem italienischen Mathematik-Historiker Prinz Baldassare Boncampagni entdeckt und unter dem Titel *Algoritmi de numero Indorum* veröffentlicht worden war: *Diese Arbeit scheint von höchstem Interesse zu sein. Sie wirft lebhaftes Licht auf den immer noch ungewissen Ursprung des Wortes Algorismus. Es ist bekannt, daß dieses Wort im 13. Jh. der Name unserer Arithmetik wurde; und es ist – mit einer anderen Bedeutung – auch in die Algebra aufgenommen worden.* In der Erklärung, die er der Akademie anbietet, sagt Michel Chasles: *Dieser Text scheint eine Übersetzung einer arabischen Arbeit zu sein, und es ist die erste, die mit einiger Sicherheit als eine Übersetzung eines arabischen Originals anzusehen ist. Das Werk wird dem*

„Algoritmi" zugeschrieben, offensichtlich der Name eines arabischen Autors, und man denkt sofort an den berühmten Geometer Abu Dschafar Muchammad ibn Musa. Dachte Chasles hier an einen der Brüder Musa oder an al Chorezmi?

Daß die Arithmetik aber von al Chorezmi stammt, folgt aus einem Eigenzitat (al Chorezmi zitiert seine Algebra in der Arithmetik) und durch eine Stelle in der Bibliothek der Philosophen, von der Casiri berichtet und wo es heißt:

Al Chorezmi hat den Arabern das indische Zahlensystem mit einem Buch über die Arithmetik bekannt gemacht, das alle andern an Kompaktheit und Leichtigkeit übertrifft.

Der Ursprung der Stellenwertschreibweise war mit Sicherheit in Indien, aber über die Frühgeschichte ist sehr wenig bekannt. Was wir aus mehreren – verschiedenen und teils widersprüchlichen – Berichten wissen, ist, daß zur Zeit al Mansurs, etwa im Jahre 772, ein indischer Mathematiker und Astronom nach Bagdad kam, der in der Rechenkunst, Sindhind genannt (also für die Astronomie bestimmt), bewandert war und von der Sternenbewegung ebenso viel wußte wie von der Berechnung von Finsternissen. Er hatte astronomische Tafeln mit Schritten von einem halben Grad und mit Zeitschritten von einer Minute mitgebracht. All dies war in einem Buch beisammen, das ins Arabische übersetzt werden sollte. Diese Aufgabe wurde einem Gelehrten namens al Fazari anvertraut. Seine Übersetzung war im Gebrauch, bis al Chorezmi die Tafeln überarbeitete. Es darf angenommen werden, daß seine Arithmetik auf der gleichen Quelle beruht.

Die Kenntnis der indischen Zahlenschreibweise war zur Zeit al Chorezmis etwa 50 Jahre alt. Warum war er es dann, der ein Werk schrieb, das dieses System zuerst im Kalifenreich und später in die europäische Mathematik einführen sollte? Offenbar gelang es ihm, die neue Idee in einer für Gelehrte und weniger Gebildete leicht lesbaren und annehmbaren Form darzustellen und den Wert einer Änderung in der Zahlendarstellung aufzuzeigen.

Eine Revolution in der Wissenschaft ist ein seltenes Ereignis. Die Arbeit jedes Wissenschaftlers ist auf die Menge der vorhergehenden Arbeiten abgestützt, auf die Errungenschaften vieler Generationen. Naturwissenschaft und Technik, oft als revolutionäre Kräfte angesprochen, können in ihren Auswirkungen tatsächlich recht revolutionär sein, aber ihre Methodik des Fortschritts ist schrecklich diszipliniert (um nicht zu sagen konservativ). Vor allem braucht jeder, der es wagt, eine Änderung vorzuschlagen oder auszuprobieren, den festen Grund der gesicherten Tradition, damit er überhaupt anfangen kann. Zweitens wird er, wenn er nicht alle nötigen Beweise liefern kann, von allen Seiten angegriffen, verlacht oder ignoriert werden. Kein Wissenschaftler und kein Ingenieur mag Leute, die drohen, die ererbten Methoden umzukrempeln, weil seine Arbeit dadurch in Gefahr kommen könnte. Die Gegenrevolution hält ihre Positionen so lange wie möglich, und es ist leicht einzusehen, daß Stabilität die erste Voraussetzung für ordentliche Arbeit ist. Daher muß der Pionier, der einen wichtigen Schritt vorwärts machen will, mit den Gegenkräften zurechtkommen. Noch ärger: Wirkliche Wissenschaftler betrachten ihre eigenen Errungenschaften sehr kritisch und versuchen selbst, ihre neuen Gedanken zu widerlegen. Max Planck war darin ein gutes Beispiel, während Galilei in dieser Hinsicht eher kein Ideal war.

Soweit wir wissen, hatte al Chorezmi keine derartigen Probleme. Er muß sehr sorgfältig vorgegangen sein. Seine Innovation war einer historisch etablierten Art des Schreibens von Zahlen gegenübergestellt, nämlich durch Buchstaben, die ersten neun Buchstaben des Alphabets für 1 bis 9, die zweiten neun für 10 bis 90 und der Rest für die Zahlen von 100, 200 usw. Die biblische Zahl 666 steht daher im Griechischen für XΞF; F, Digamma, ist ein Buchstabe des ursprünglichen Alphabets (Zahlenwert 6), der später verlorengegangen ist. Hat der Kalif al Mamun den Wert des indischen Stellenwertsystems erkannt, oder ist er von al Chorezmi überzeugt worden? Auf alle Fälle muß al Chorezmi starke Unterstützung bekommen haben, sonst hätte sich seine Arbeit nicht über alle arabischen Länder verbreiten können.

Der Inhalt

1. Einführung der indischen Ziffern und des Stellenwertes
2. Addition und Subtraktion
3. Halbierung und Verdoppelung
4. Multiplikation
5. Division
6. Brüche und Sechziger System
7. Multiplikation von Brüchen
8. Division von Brüchen
9. Anordnung von Brüchen
10. Multiplikation von Brüchen
11. Division von Brüchen
12. Wurzelziehen

Diese Kapiteleinteilung ist, mit geringfügiger Umordnung, die Kapiteleinteilung des entsprechenden Buches von Adam Ries (Riese ist eine Fehldeutung des Genetivs Adam Riesen), der den al Chorezmischen Inhalt natürlich über zahlreiche Zwischenschritte erhalten hat. Darauf können wir hier nicht näher eingehen; auch sind gegenwärtig für die Verbreitung der Rechenkunst im Sinn von al Chorezmis Arithmetik weitere Forschungsarbeiten im Gang, bei denen neuere Erkenntnisse zum Zug kommen werden.

Schlußbemerkungen

Die erste Sinustabelle, die Einführung des indischen Stellenwertsystems und die Rationalisierung der quadratischen Gleichung sowie der Geschäftsrechnung – das ist eine Liste von Beiträgen, die lang und gewichtig genug ist, um al Chorezmi einen der bedeutendsten und einflußreichsten Mathematiker der Geschichte zu nennen. Er verdient es, mit dem gleichen Respekt genannt zu werden wie jene griechischen Mathematiker, von denen wir in den Höheren Schulen so viel lernen. Er hat ganz sicher verdient, außer den konkreten Denkmälern, die ihm in Chorezmien errichtet wurden, jenes abstrakte Denkmal zu besitzen, das ihm durch die Benennung des Algorithmus nach ihm gesetzt wurde.

Darüber hinaus möchte ich mit einigen Bemerkungen schließen, die ich aus meiner Beschäftigung mit ihm abgeleitet habe oder die sich auf den heute so wichtigen Begriff des Algorithmus beziehen.

Al Chorezmis Werk bildet den Anfang einer praktischen mathematischen Abstraktion, merklich anders geartet als die griechische Mathematik, die immer eher philosophischen und theoretischen Charakter hatte.

Al Chorezmi scheint der Erfinder oder wenigstens Vorbereiter der analytischen Geometrie zu sein, aber seine Absicht war eher umgekehrt, nämlich die algorithmische Abstraktion durch eine geometrische Abbildung verständlich zu erhalten. Er kannte sicher das indische Prinzip des „Siehe!" – die Auffassung, daß ein überzeugender Blick besser ist als zwanzig Zeilen eines logischen Beweises oder zwanzig *lines of code*. Im Zeitalter des Computers wird diese Auffassung zu wenig kultiviert, und gerade vor dem Computer, dem man beim Arbeiten nicht zusehen kann, wäre das Sichtbarmachen, das Vertrauenschaffen durch Einsicht und überzeugende Bilder noch wichtiger als bei handbetriebener Mathematik. Einsicht ist etwas Optisches, und mit dem Bildschirm haben wir Möglichkeiten bekommen, die Computerarbeit einsichtig zu machen, die bei weitem noch nicht ausgenützt werden. Al Chorezmi läßt uns eine Art Warnung zukommen, das Unanschauliche, das durch den Computer unvermeidlicherweise anwächst und stärker wird, in Grenzen zu halten und mit besonderer Anstrengung möglichst viel ins Anschauliche zurückzuholen – eine Spezialaufgabe für die Informatik.

Der weitere Gedanke bezieht sich auf die Perfektion, die wir beim Computer erreicht haben und voraussetzen, insbesondere beim Entwurf von Algorithmen und Programmen, die ja stets die Voraussetzung machen, daß alle möglichen Fälle erfaßt wurden. Das ist aber schon in der reinen Mathematik schwierig. In der angewandten Mathematik und in allen andern Computeranwendungen ist Perfektion geradezu hoffnungslos. Al Chorezmi, der gewiegte Praktiker, hätte eine Mentalität der extremen Perfektion höflich, aber kräftig zurückgewiesen.

Al Chorezmi lehrte 1200 Jahre vor Dijkstra [2] eine Demut vor der Perfektion, die wir erdenken und durch mühselige Fehlerentfernung erreichen können – seit Gödel wissen wir, daß auch sie ihre Grenzen hat –, von der wir aber im täglichen Leben, das heißt ohne Korrektheitsbeweise und ohne ständige formale Überprüfung, weit entfernt sind. Irren ist menschlich, und der Computer ist auch ein Irrtumsverstärker. Der intellektuelle Spaß am Spiel mit der Perfektion darf uns nicht verleiten, die menschliche Unzulänglichkeit aus dem Blick zu verlieren, die im Umgang mit der Informationstechnik so entscheidende Bedeutung erhält, daß ihre Beachtung und Reduktion zu einem speziellen Arbeitsgebiet gemacht werden sollte, zu einem Unterrichtsgegenstand mit Übungen und Prüfungen (vgl. [3]).

Wir schließen unseren Ausflug ins Mittelalter ab; er konnte nur mehr Neugier erwecken als befriedigen. Ich habe echte Sehnsucht, mein Buch über al Chorezmi zu schreiben – und vorher eines über die Heiligen Sieben Schläfer –, denn bei meiner Suche nach biographischen Tatsachen zu al Chorezmi fand ich einen Reisebericht des Astronomen Muchammad ibn Musa al Chorezmi zum Grab der Heiligen Sieben Schläfer, der eine Forschungsunternehmung zu dieser Legende auslöste, welche ebenso umfangreiches Material und ein ebenso langes Manuskript wie für al Chorezmi selbst ergab – aber das ist eine andere Geschichte.

Literatur

[1] H. Zemanek: Al-Khorezmi – His Background, His Personality, His Work and His Influence. In: Algorithms in Modern Mathematics and Computer Science (A.P. Ershov, D.E. Knuth, Eds.) Lecture Notes in Computer Science Vol. 122, Springer-Verlag, Heidelberg 1981, 1–81

[2] E.W. Dijkstra: The Humble Programmer. Turing Lecture 1972, Comm. ACM *15* (1972) No. 10, 859–866

[3] T. Grams: Denkfallen und Programmierfehler. Springer Compass. Springer-Verlag, Heidelberg 1990.

4. Vorlesung

Sprache

Syntax und Semantik in der Informationsverarbeitung

Ohr, Auge, Mund und Hand bilden ein Viergespann im menschlichen Körper, das in enger entwicklungsgeschichtlicher, organisatorischer und gedanklicher Verflechtung die Aufnahme, Wiedergabe und Benützung der Sprache besorgt.

Acht Funktionen der Sprache werden aufgezählt. Die Bienensprache dient als Beispiel für eine rein signalisierende Vorstufe; die Sprechmaschine des Hofrates von Kempelen (1769) war ein früher Versuch, Sprache technisch zu erzeugen.

Die naturwissenschaftliche Theorie der Sprache wird Semiotik genannt. Sie ordnet die Begriffe Syntax und Semantik und gibt der Informationsverarbeitung die Grundlage für formale und nicht-formale Behandlung von Texten.

Es gibt kaum einen Aspekt der Informationstechnik, der nicht aufs engste mit der Sprache verknüpft wäre, und dieses gleichermaßen mit den formalen Sprachen, wie sie für Logik und Mathematik typisch sind, wie mit der natürlichen Sprache, in der Namen und Texte ausgedrückt sind und die für die Beschreibung und Erklärung der formalen Sprachen unentbehrlich ist. Man darf den Computer als Sprachmaschine bezeichnen, und er ist ein sehr geeignetes Werkzeug für die geschriebene Sprache. Überdies ist er auf dem Weg, sich auch an der gesprochenen Sprache zu bewähren. Denn mit Hilfe von Computerprogrammen kann man verständliche Sprache hervorbringen und – in beschränktem Ausmaß – auch verstehen. Diese Vorlesung setzt sich mit den Beziehungen zwischen Sprache und Computer auseinander, in jener Vielschichtigkeit, welche die Sprache auszeichnet.

Es kann überhaupt kein weiteres Umfeld der Informationstechnik geben als die Sprache. Denn es ist die Sprache, in der sich der menschliche Geist manifestiert, gesprochen und geschrieben, für den Augenblick und für die Ewigkeit. War die Informationstechnik zuerst nur ein Mittel, um sich in menschliche Sprachverbindungen einzuschalten und sie über Raum und Zeit zu erweitern, Telegramme und Stimmen auf Draht und durch Funk zu übertragen, auf Platte und Magnetband zu speichern, so brachte der Computer die Informationsumwandlung hinzu, zuerst die Berechnung, immer mehr aber auch die Textverwendung bis zur Textverarbeitung und schließlich auch die Stimm- und Musikverarbeitung. Der Computer ist eine Sprachmaschine im weitesten Umfang des Wortes, und daher gehört alles, was mit Sprache zu tun hat, zum Arbeitsgebiet und zum Umfeld der Informationstechnik. Das Universum der Sprache ist noch schwerer in knappe Darstellung einzufangen als alle anderen Perspektiven des Computers. Dieses Kapitel muß also noch skizzenhafter, noch feuilletonistischer werden als alle anderen. Wir beginnen wieder mit einigen Definitionen.

Der Begriff der Sprache

Sprache gehört in jene Gruppe lebensnaher Beziehungen, die sich der Definition entziehen, schon weil sie weit über jenen Bereich hinausreicht, der durch den Aufzählungsbeginn *„Deutsch, Englisch, Latein..."* angezeigt ist. Denn es gibt ja auch viele andere Formen, von der Blumensprache bis zur Körpersprache, von der Sprache des Malers oder Architekten bis zu jener Sprachform, mit der ein fahrender Autolenker einem Lenkgenossen etwas mitteilt – daß er ihm vorfahren möchte oder daß er dies vor dem nächsten Laster nicht zu tun gedenkt. Hier gibt es eine fließende Grenze zwischen Sprache und Verhaltensweise, und es war auch die Verhaltensforschung, die wesentliche Beiträge zur Semiotik lieferte, zur wissenschaftlichen Theorie der Sprache.

Sprache hat nicht nur viele Erscheinungsformen, sondern auch viele Schichten; allein daß man in der natürlichen Sprache über die Sprache reden kann, ob natürlich oder künstlich, erscheint uns viel leichter, als es sich bei analytischer Betrachtung erweist; der Computer ist darin sehr begrenzt und verlangt eine saubere Trennung der Schichten – man muß eine äußerst sorgfältige Kopierorganisation aufbauen, was man in der natürlichen Sprache ganz sicher nicht braucht.

Um über die Sprache zu reden, braucht es bei genauer Betrachtungsweise eine eigene Sprache, die sogenannte *Metasprache*: die Sprache, die *über* das sprachlich Ausgedrückte redet. In der natürlichen Sprache ist das nicht erforderlich, weil man den Satz *Der Vogel hat fünf Buchstaben* sofort als Satz der Metasprache erkennt, denn es ist völlig klar, daß ein Vogel keine Buchstaben hat und sich der Satz daher auf das Wort Vogel beziehen muß. Garantiert ist diese Klarheit freilich nicht und bei der Feinanalyse ist die sichtbare Unterscheidung zwischen Sprache und Metasprache sehr zu empfehlen. Bei den formalen Sprachen ist die Unterscheidung absolut erforderlich; darauf kommen wir zurück.

Äußerlich gesehen ist Sprache Kombination von Wörtern, und Wörter sind Kombination von Lauten oder Buchstaben. So wird sie auch gelernt – das Kind übt sich zuerst in der Kombinatorik des Sprechbaren – und so bekommen wir auch den ersten naturwissenschaftlich-technischen Zugriff: Wir können nach den Regeln suchen, nach denen sich die Kombinierung richtet, nach den Beschränkungen, die sie sich auferlegt, und nach den Strukturen, die sie benützt. Wir bekommen dann Produktionsregeln und Grammatik, wir bekommen Rechtschreibung, Statistik und das gesamte Feld der Informationstheorie, die man auf die Linie von Einzelbuchstaben, Zweier- und Dreiergruppen mit Auftretens- und Übergangswahrscheinlichkeiten aufbauen kann. Dort stoßen wir auch gleich auf einen der Feinde der Sprache, auf den *Fehler*, der sich einschleichen kann oder den wir machen, auf den Sprechfehler, den Druckfehler und den Logikfehler, und seine Bekämpfung. Sprache – das sehen wir sofort – ist nicht nur ein Spiegel des normalen und des außerordentlichen Geistes, sondern auch unserer Unvollkommenheit, vom schlechten Hören bis zum schlechten Verstehen, vom Lärmpegel des Raumes bis zum kulturellen Mißverstehen, zum Cultural Noise. Je mehr Kanäle, je mehr Material, umso größere Möglichkeiten, aber auch umso schwierigere Beherrschung und umso mehr Gelegenheit für Fehlleistungen. Lassen wir uns nicht täuschen davon, daß der Computer vorwiegend eingetippt bekommt und dann schreibt, also Geschriebenes in Geschriebenes verwandelt. Er ist auf seine Weise aller vier Funktionen mächtig, Schreiben und Lesen, Sprechen und Hören, und eines Tages, eines nicht sehr fernen Tages, wird er uns mit allen vier Funktionen dienen. Unabhängig davon aber gehören alle vier samt ihrer vielfältigen Verkopplung zum Umfeld des Computers, und je mehr man sich mit ihnen beschäftigt, umso mehr versteht man, worum es geht.

Bild 4.1. Der Schachspieler des Herrn von Kempelen (aus [1])

Ehe ich mich an die naturwissenschaftliche Theorie der Sprache heranarbeite, möchte ich vom menschlichen Sprachmechanismus ausgehen, und dieses Wort *Sprachmechanismus* ist viel älter, als man erwarten würde. Es bildet zum Beispiel in der Form *Mechanismus der menschlichen Sprache* den Titel eines sprachwissenschaftlichen Buches [1] von Wolfgang von Kempelen, dem Erbauer des berühmten Schachautomaten von 1762, der ein Zauberkasten war und Europa und Amerika fast 90 Jahre lang in seinen Bann zog (Bild 4.1). Herr von Kempelen hat versucht, ihn in Vergessenheit geraten zu lassen, weil er ihn als ein Nebenprodukt, als Unterhaltungszwischenspiel ansah. Sein Herz gehörte dem Sprachmechanismus und der Sprechmaschine, die er baute und beschrieb (Bild 4.2). Goethe hat ein in Jena gebautes Modell des Kempelenschen Apparates gehört und gelobt: einen Vorläufer des sprechenden Computers, von einer Tastatur aus betrieben.

Der menschliche Sprachmechanismus besteht wie ein Computer aus Hardware und Software: Aus Effektoren und Sinnesorganen einerseits und aus

Bild 4.2. Die ältere Sprechmaschine des Herrn von Kempelen (aus [1])

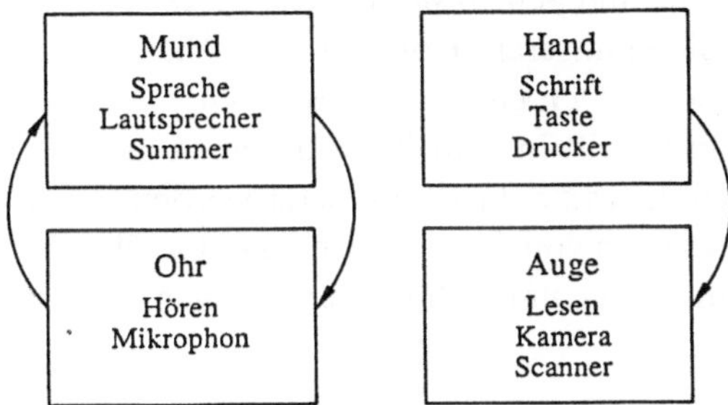

Bild 4.3. Die Vernetzung der Grundfunktionen

Organisation und Verarbeitung im Nervensystem und Gehirn andererseits. Es geht um eine Verkopplung der vier Grundfunktionen Sprechen, Hören, Schreiben und Lesen. Der Mund und das Ohr, die Hand und das Auge erscheinen zu einem Informationsverarbeitungssystem zusammengeschlossen, das zwar nur die erste Schicht der Sprache betrifft, nämlich ihre physische Erscheinungsform, aber dort bereits eine Verknotung aufweist, deren Simulation im Computer noch lange nicht in unserem Griff sein wird. Die Verknüpfung von Signalen verschiedenster Quellen bis zu einem ganzheitlichen Erscheinungsbild der Objekte ist so komplex, daß wir nur geringe Teile davon durchschauen, und es ist keineswegs sicher, daß das System rein physikalisch funktioniert, daß es von einem Computersystem befriedigend simuliert werden kann. Sehen wir uns aber das Schema einmal näher an, um die Fülle der Phänomene zu erkennen, die hier zusammenwirken.

Zunächst einmal sind die vier Grundfunktionen organisch, das heißt neuronal vernetzt. Zwischen diesen Funktionen bestehen mehr Zusammenhänge, als man meinen möchte (Bild 4.3):

Mund	*Ohr*	*Hand*	*Auge*
Reden	*Hören*	*Schreiben*	*Lesen*

Dazu kommt die Speicherung, das Gedächtnis. Viele Zusammenhänge sind durch Verletzungen (besonders im Krieg) ans Licht gekommen.

Die Technik hat sich zuerst in die natürlichen Verbindungen eingeschaltet, als Speicher- und Übertragungstechnik:

Mund	*Ohr*	*Hand*	*Auge*
Reden	Hören	Schreiben	Lesen
Lautsprecher	Mikrophon	Taste	Kamera
Summer		Drucker	Scanner
		Morseschreiber	

Mit dem Fortschritt der Technik wurden die Methoden der Übertragung und Wandlung von Sprache und Schrift immer komplexer und kamen näher an die Vernetzung heran, die in unserem Kopf arbeitet. Viele Lösungen lagen bereit, entwickelten sich und werden entwickelt (Bild 4.4). Der Computer – anfangs nur ein Wandler von Schrift in Schrift – kann auch auf die Rede und auf die Verknüpfung von Rede und Schrift angesetzt werden, auf das Vorlesen zum Beispiel und das Umsetzen von Gesprochenem in Geschriebenes. Freilich geht die Entwicklung langsamer und mühsamer vor sich, als es sich die Pioniere träumen ließen.

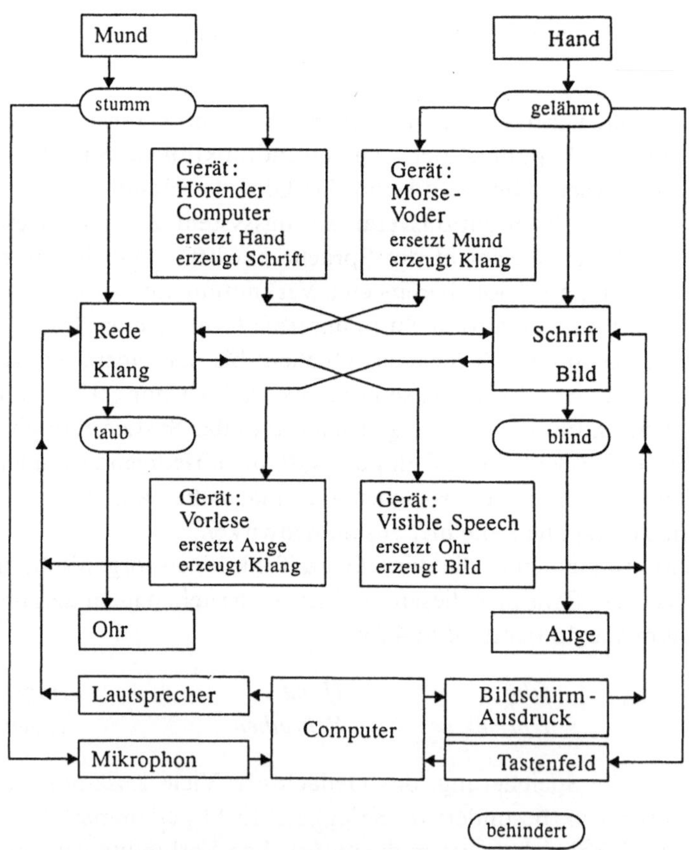

Bild 4.4. Ausführliches Netz der Sprachfunktionen

Da erschien zum Beispiel vor 25 Jahren ein Buch [2] mit dem Titel *Sprache und Schrift im Zeitalter der Kybernetik*, das wertvolle Information brachte, aber in einer Lautschrift gesetzt war, die als Fortschritt in das Zeitalter der Kybernetik und tatsächlich als Kandidat für eine neue Rechtschreibung angepriesen wurde. Ich möchte mich mit dieser Idee näher auseinandersetzen, weil sie in modifizierter Form immer wieder aufkommen kann.

Zwischen Rede und Schrift besteht eine enge Beziehung, aber sie ist keineswegs so eng, daß die von dieser sogenannten Lautschrift angepeilte Korrespondenz wünschenswert ist. Entgegen der Anpreisung in diesem Buch ist eine Lautschrift aus einer Reihe von Gründen keineswegs zweckmäßig, und der wichtigste ist, daß die Schrift in allen Fällen speichert und daher einer Normierung viel näher ist als die Rede. Das Wortbild kann auch Geschichte und Herkunft speichern und führt daher eine andere Zusatzinformation als die Rede, welche das Subjektive und das Momentane stützt. Aus diesem Grund sind nicht alle Vereinfachungen der Schrift wünschenswert; natürlich kann ein griechisches ph wie in Photo, Symphonie oder Phantasie durch f wiedergegeben werden – Foto, Sinfonie, Fantasie –, schließlich gibt es Sprachen, die dies grundsätzlich tun, wie das Italienische. Aber es geht dabei Wichtiges verloren, es ist der Ausbildung keineswegs dienlich. Die Information der Schrift, die man dann zusätzlich zur Information der Rede gespeichert hat, stellt Verbindungen und Ordnungen her, die zum Verständnis notwendig oder wenigstens nützlich sind. Es wird auch die Zeit kommen, wo der Computer einen Teil dieser Verbindungen und Ordnungen programmiert haben wird. Dann wird man sie wieder mit andern Augen ansehen und pflegen. Die *terribles simplificateurs* der Rechtschreibung sind auf dem falschen Weg, sie erleichtern weder die Sprachbeherrschung noch die Verwendung des Computers.

Einer meiner Kollegen der Informatik hat mich unlängst mit einer Bemerkung zu Widerspruch und Nachdenken veranlaßt, die ebenfalls in diesen Abschnitt gehört. Er meinte, daß angesichts der Verbreitung des Computers das Erlernen der Handschrift immer weniger nötig und damit eines Tages überflüssig werde. Erstens steckt hier wieder einmal der Glaube darin, daß das Aufkommen einer Technik die vollkommene Ablösung der vortechnischen Tätigkeitsform bedeutet. Aber das ist ein Irrtum. Die gesamte Fahrzeugtechnik macht das Zufußgehen nicht überflüssig – die Analogie in der Informationstechnik wird schon noch ebenso augenscheinlich werden, wenn auch in anderer Form. Und zweitens würde ein Verkümmern einer Ecke des vorgeführten Organisationsviereckes auch für die anderen drei Ecken Effekte der Verkümmerung haben. Das klassische Schreiben und Lesen wird durch die Informationstechnik nicht ersetzt, sondern erweitert. Es ist zu befürchten, daß der Gedanke des Verzichts auf die Handschrift immer wieder aufkommt.

Semiotik

Unter Semiotik versteht man die Lehre von den Zeichen. Da nun die Sprache stets aus Zeichen aufgebaut ist, wird die Semiotik auch zur naturwissenschaftlichen Theorie der Sprache. Grundsätzlich gilt alles im folgenden Gesagte sowohl für die natürliche Sprache, lebend oder tot, als auch für die formale Sprache, die konstruierte und exakt logische Sprache. Bei künstlichen Sprachen kann man stets für besonders genaue Einhaltung der Regeln sorgen; formale Sprachen haben weitere Vorteile, die wir später diskutieren werden. Sie haben aber auch Nachteile, die ebenfalls besprochen werden sollen.

Die Semiotik wurde von den beiden amerikanischen Gelehrten Charles S. Peirce [3] (er gehörte der philosophischen Schule der Pragmatik an) und Charles Morris [4] (der dem logischen Positivismus zuzuzählen ist) geprägt und hat die älteren Theorien, die mehr geisteswissenschaftlicher Natur waren, weitgehend abgelöst, jedenfalls im naturwissenschaftlich-technischen Bereich. Daher hat die Semiotik auch für den Computer besondere Bedeutung.

Bild 4.5. Semiotik. Ihre drei oder vier Schichten und deren Erläuterung

Die Semiotik ist durch drei Ebenen der Vorgehensweise gekennzeichnet (Bild 4.5). Die drei Ebenen heißen *Syntax, Semantik* und *Pragmatik*. Der Anfangspunkt liegt stets in der Pragmatik, denn von ihr geht jede Untersuchung, geht jeder Sprachgebrauch und jede Anwendung aus. Systematisch hingegen erscheint es klarer, bei der Syntax zu beginnen, und so wollen wir vorgehen.

Syntax

Unter Syntax versteht man die Untersuchung und die Lehre der kombinatorischen Anordnung der Zeichen, die Regeln dieser Anordnung. Man sieht dabei von der Bedeutung der Zeichen völlig ab.

Diese Regeln kann man verschieden darstellen; eine wichtige Form sind Produktionsregeln, welche angeben, wie man korrekte Zeichenfolgen erzeugt. Bei dieser Erzeugung hat man weite Wahlfreiheit. Man denke an die Bildung von Zahlen aus Ziffern und Satzzeichen: Im einfachsten Fall ganze Zahlen, dann Dezimalzahlen, Brüche, komplexe Zahlen, Vektoren und Matrizen. Dazu kommen Exponentialzahlen und Wurzelanschreibung und zahlreiche Sonderfälle der Bildung von Zahlen oder Zahlenanordnungen. Bei der Anschreibung kommt es nicht nur auf die Klarheit der Sequenz an, sondern auch auf die Klarheit der Abarbeitung, die aus der Aufschreibung folgt.

Betrachten wir als Beispiel die Produktionsregeln für Zahlen und Namen, in Auswahl natürlich, denn für weitere Formen und Feinheiten müßten noch weit mehr Regeln hinzugefügt werden. Es werden dabei die folgenden Metazeichen benutzt:

::=   Definitionszeichen (ist definiert als)
| Aufzählungszeichen (oder)
¢   Konkatenation (verkettet mit)

Metazeichen ::= ||¢|::=

Zeichen ::= Schriftzeichen | Satzzeichen
Schriftzeichen ::= Ziffer | Buchstabe
Ziffer ::= 0|1|2|3|4|5|6|7|8|9
Buchstabe ::= A|B|...|Z|a|b|...|z|...
Satzzeichen ::= .|,|...|/|...
Ganze Zahl ::= Ziffer | Ganze Zahl ¢ Ziffer | Ziffer ¢ Ganze Zahl
Dezimalzahl ::= Ganze Zahl ¢ , ¢ Ganze Zahl
Bruch ::= Ganze Zahl ¢ / ¢ Ganze Zahl
Name ::= Buchstabe | Name ¢ Buchstabe | Buchstabe ¢ Name

Die Mathematik verwendet unzählige derartige Produktionsregeln, ohne sie explizit anzugeben; man lernt sie üblicherweise – wie sonst in der Sprache – aus Beispielen. Die Programmierung macht es nicht anders.

In der Sprachlehre haben wir ganz Entsprechendes als Satzanalyse gelernt; hier ist es angeschrieben:

Satz ::= Satzgegenstand ¢ Satzaussage
Satzgegenstand ::= Artikel ¢ Eigenschaftswort ¢ Hauptwort
Satzaussage ::= Umstandswort ¢ Zeitwort

Bei der Syntax ist eine Korrektheitsprüfung möglich, bei der natürlichen Sprache in jenem Ausmaß, in welchem eben eine korrekte Grammatik erzielt werden kann; bei den formalen Sprachen kann perfekte Korrektheit erreicht werden.

Will man einen Mechanismus für die Korrektheitsprüfung aufbauen, dann geht man natürlich wieder von den Produktionsregeln aus – der Rest ist Routine.

Semantik

Die Semantik studiert die Beziehung zwischen dem Zeichen und dem Bezeichneten, zwischen dem sprachlichen Ausdruck und der durch ihn beschriebenen Realität – die allerdings von verschiedener Art sein kann. Bei der Beschreibung eines Sachverhalts existiert diese Realität (kann aber abstrakt sein), bei einem Traum oder einer Dichtung ist die Relation zumindest lockerer.

Der Prüfungsvorgang der Semantik ist die Verifikation, ein wesentlich schwierigerer Vorgang als die Korrektheitsprüfung. Allgemein formuliert lautet die Frage bei der Verifikation: Stimmt die Aussage der Zeichen mit der Realität überein?

Pragmatik

Die Pragmatik untersucht Ursprung und Herkunft, Geschichte und Geographie der Sprachen und Zeichensysteme, ihre Benützung und ihre Benützer, ihre Effekte, kurz alles, was nicht der Semantik und Syntax angehört.

Dieser klassischen Dreiteilung könnten noch zwei weitere Felder hinzugefügt werden. Vor der Syntax sollte die Betrachtung des *Alphabets* stehen, die Definition oder das Studium des Zeichensatzes, über welchem die Syntax errichtet wird. Diese im Grund selbstverständliche Sauberkeit wird aber nicht immer respektiert. Und dadurch können Schwierigkeiten auf allen anderen Ebenen entstehen. Die Produktionsregeln müssen selbstverständlich eine Definitionszeile für das Alphabet enthalten; in diesem Fall ist das Alphabet in der Syntax eingeschlossen.

Die Dreier-Einteilung läßt auch die Frage offen, wie in ihr die Grammatik einzuordnen ist. Man könnte etwa sagen, daß die Grammatik nicht nur die Syntax, sondern auch vereinfachte Stufen der Semantik – besonders semantische Kategorien – einschließt.

Funktionen der Sprache

Die Sprache hat nicht nur viele Aufgaben, sondern sie ist auch auf geheimnis-volle Weise mit dem menschlichen Denken verknüpft. Und da nur der Mensch die Gabe der Sprache hat – Tiere besitzen nur Vorstufen, auf die ich gleich noch eingehen werde –, kann man (mit Vorbehalt) schließen, daß Tiere auch nur Vorstufen des Denkens haben, wie klug immer sie gelegentlich reagieren mögen.

Die Sprachmaschine Computer ist daher von Beginn an auch als Denkma-schine bezeichnet worden. Wir wollen die nähere Überlegung zur Denkfähig-keit des Computers auf die achte Vorlesung zurückstellen, aber etwas ist unabhängig davon sicher: Der Mensch wird vom Computer zum Denken angeregt und gezwungen, genauso wie zum Studium der Sprache.

Untersuchen wir die verschiedenen Funktionen der Sprache, so werden wir genau wie die Theorie der Sprache sowohl von den Verhaltensformen wie von der Logik ausgehen müssen. Wir brauchen hier nicht eine vollständige wissen-schaftliche Erfassung zu versuchen, es genügt eine einfache Übersicht.

Reaktion

Wie beim Tier ist auch beim Menschen die Lautgabe eine automatische Reaktion auf die Umgebung oder auf Ereignisse. Schmerzempfindung, Freude, Erstaunen und ähnliche Gefühle führen zu Ausrufen, die im übrigen bei den meisten Menschen auch durch tiefes Eindringen in die Feinheiten der Sprache nicht verändert werden. Au bleibt au.

Menschliche Gefühle bringen den Wunsch nach Ausdruck hervor. Dieser Wunsch war sicher eine der Triebfedern für die Entwicklung der Sprache. Die wissenschaftliche Betrachtung setzt diesen Aspekt aber nicht in den Vorder-grund, und daher wollen auch wir nicht diesem Weg folgen, wohl aber an-merken, daß wir uns wieder einmal einer Einseitigkeit ausliefern.

Beschreibung

Für die Wissenschaft und für den Weg zum Computer ist das erste große Anwendungsfeld der Sprache die Beschreibung, zuerst statischer Zustände und dann dynamischer Vorgänge. Beschreibung und Erzählung sind auch der Kern der literarischen Kunst. Wir erwerben darin von Kindheit an Fähigkeiten, die wir niemals zu Ende beschreiben können. Sprache hat einen ungeheuren intuitiven, impliziten Anteil. Wenn man dann vom Computer, von der Mathematik her an die Sprache herangeht, nimmt man unwillkürlich und unwissentlich den systematisch-logischen Anteil der Sprache viel ernster und wichtiger, als er genommen werden sollte.

Wir haben diesen Effekt in der Philosophie I von Wittgenstein bereits kennengelernt, und wir werden in der letzten Vorlesung auf ihn zurückkommen müssen, denn er hat für die Bewertung der Informationstechnik großes Gewicht. Damit soll aber der Beschreibung nichts an Bedeutung abgesprochen werden. Jede praktische und jede wissenschaftliche Betätigung muß mit der Beschreibung des Vorgefundenen und des Auffindbaren beginnen. Auch in der Computeranwendung ist die Beschreibung sehr wichtig.

Systematisierung

Es entspricht der menschlichen Natur, daß die Beschreibung nicht von vornherein systematisch ist, sondern daß Ordnung und Übersicht erst allmählich erkannt und in die Beschreibung hineingenommen werden können. Es gilt, die Regeln und Gesetzmäßigkeiten aufzudecken, die in den Erscheinungen versteckt sind. Man erkennt zuerst Wiederholungen (was im übrigen auf der Speicherfähigkeit des Gehirns beruht, aber auch auf seiner Reduktionsfähigkeit, denn völlig gleiche Wiederholungen sind selten) und am Ende die Invarianten und Äquivalenzen. Gesetze, Invarianten und Äquivalenzen können als die Wesenselemente der wissenschaftlichen Erkenntnis und Methode angesehen werden.

Befehle

Im Gegensatz zur Beschreibung steht der Befehl, der Aufruf zur Handlung, der Befehl nach außen wie der Befehl im Innern: Ich entschließe mich, etwas zu tun, oder ich möchte, daß ein anderer Mensch oder ein Tier oder eine Maschine etwas tut. Damit kommt man auf die sprachliche Vorbereitung der Prozesse und der Herstellung.

Im Computer wird der Gedanke des Befehls systematisiert zur formalen Folge der Befehle, zum Programm. Vor dem Endergebnis sind Ketten und Flächen von informalen Überlegungen und Diskussionen erforderlich – das wird gerne vergessen: ein Umfeld von entscheidender Wichtigkeit.

Vorstellung

Bewegen sich Beschreibung und Befehl zunächst in der Realität, so haben sie doch sehr viel mit der Vorstellung, mit der Unwirklichkeit zu tun, denn man merkt sehr bald, daß man auch im Denken nicht ein Photoapparat ist, der den

Anblick getreu wiedergibt, sondern ein Maler, der aus dem Anblick eine Botschaft macht, eine Verdichtung und Typisierung, eine Kombination des Erfahrenen mit dem Denkbaren. Kurz, man stellt der Realität die Möglichkeit und die Phantasie gegenüber. Das ist eine Dimension der Sprache, die man in Naturwissenschaft und Technik, obwohl man auf sie angewiesen ist, ständig unterschätzt, und selbst wenn man sie richtig bewertet, wird sie von der Praxis auf ein zu geringes Maß reduziert.

In diesen Zusammenhang gehört natürlich auch die Abstraktion, die mit der Dichtung eng verwandt ist, auch wenn sie mit logischer Präzision gehandhabt wird. Vor dreihundert Jahren hätte man über derlei kaum ein Wort verschwenden müssen – soweit abstrahiert wurde, geschah es intuitiv. Heute muß man über die Beziehungen zwischen Realität und Abstraktion, zwischen informaler Vorbereitung und formalem Endprodukt intensiv nachdenken.

Der Scherz

Wie könnte man den Computer zum Lachen bringen? Wir können auf derartige Fragen hier kaum eingehen, aber sie seien vermerkt, um jene weiten Felder anzumerken, die der Computer noch nicht betreten hat und vielleicht nie betreten wird. Was natürlich nicht heißt, daß man in einem Textverarbeitungssystem nicht ein Witzbuch schreiben könnte. Aber was weiß der Computer davon?

Wer von *wissensbasierten Systemen* redet, sollte nie die Einengung aus den Augen verlieren, die mit diesem Ausdruck in die Welt gebracht wird, und er tut dies am besten, wenn er sich ein wissensbasiertes Witzbuch vorstellt. Die semantischen Beziehungen zwischen zwei Witzen wären einem programmierten System so gut wie unzugänglich. Es ist wahr: Die Profiwitzerzähler arbeiten mit einem Vorrat, der sich gewiß speichern ließe. Aber die Realität der Sprache macht die Beziehungen zwischen Witzen – die der gute Witzerzähler geschickt ausnützt – so unergründlich, daß kein Programmierer sie in den Griff bekommen könnte; zugleich sollte man niemals unterschätzen, was einem witzigen Programmierer an computerspezifischen Ideen alles einfallen kann.

Zitat, Gleichnis, Anspielung

Unser Gehirn hat mit dem Mittel der Sprache Zugang zu Vorgängen und Fähigkeiten, die sich der Systematik des wissenschaftlichen Arbeitens nicht oder nur sehr langsam erschließen. Ich möchte als Beispiele das Zitat, das Gleichnis und die Anspielung nennen. Es handelt sich um Vorgänge in der Sprache, bei denen nicht nur das menschliche Gedächtnis sich als völlig verschieden vom Computerspeicher erweist (auch wenn man sich sehr gute

Suchprogramme ausdenkt), sondern wo auch die rätselhaften Fähigkeiten des menschlichen Geistes aufblitzen, Zusammenhänge zu erkennen und auszunützen, und einen unübersehbaren Unterschied zum Computer aufzeigen.

Das Zitat ist eine Sonderform des Kopierens, und das Kopieren ist eine der Hauptstärken des Computers. Aber gerade am Zitat wird sichtbar, daß der Computer eben anders arbeitet als das Gehirn; der Computer ist ein Sklave der Adresse, und er kommt mit dem Zitieren nur zurecht, wenn eine klare Adressenbuchhaltung mitläuft.

Das Gleichnis ist die Wiedergabe einer Idee oder eines Sachverhalts in einer veränderten Umgebung.

Die Anspielung ist ein Bruchstück eines Gleichnisses. Wenige Worte rufen im Gedächtnis des vertrauten Hörers Bilder und Sätze auf, deren Beziehung zum Ausgesprochenen nur mit Mühe beschreibbar wären, vielleicht überhaupt nicht.

Die Assoziation haben wir in der ersten Vorlesung im Zusammenhang mit dem Assoziationismus erwähnt: Man stellte sich im Gehirn einen Assoziationsmechanismus vor. Als man beim Computer daranging, diesen Mechanismus zu simulieren, stellte sich heraus, daß gewisse Mechanismen zwar ganz gute Resultate bringen, daß die Assoziation im Geist aber offenbar doch kein einfacher Mechanismus ist. Assoziierende Speicher etwa sind ein interessantes Arbeitsgebiet, und es bleibt noch viel zu tun. Eines aber ist sicher: Die Verläßlichkeit wird von assoziativen Mechanismen nicht erhöht, sondern kann auf recht bedenkliche Werte absinken. Beim Menschen läuft eben doch der Verstand mit.

Rätsel, Aufgabe

Von der Mathematik her ist die Aufgabe, schon seit der Hausaufgabe, ein sehr vertrautes Ding. Der allgemeine Begriff der Aufgabenstellung ist sehr umfassend und noch weit von informationstechnischer Beherrschung entfernt. Das kann man sich am Gedanken der programmierten Rätselherstellung und -lösung deutlich machen.

Man wird dann von naiven und simplifizierenden Auffassungen Abstand halten, wenn man – den Bogen schließend – zu den Aufgaben der Computerbenutzung zurückkehrt. Dazu das Bild, das an mehr als einer Stelle angebracht ist: Der Programmierer ist fast ständig in der Situation des Elementarschülers vor der eingekleideten Aufgabe, einen geeigneten Formalismus zu finden, um die in Prosa gestellte Aufgabe richtig und effizient lösen zu können.

Über die gesamte Informationstechnik hin gesehen, ist die Schwierigkeit noch allgemeiner: Eine in Prosa diskutierte Angelegenheit soll formal niedergelegt werden. Die Beherrschung der Algorithmen und Prozesse hat der

Fachmann erlernt. Der Übergang von der Darlegung in natürlicher Sprache zur rechten Formalisierung und ihre anschließende Einbettung in die Wirklichkeit des Betriebs sind die beiden entscheidenden Vorgänge; sie hängen außer vom Fachwissen und der Erfahrung von der Klarheit der sprachlichen Fassung ab. Die natürliche Sprache wird zum entscheidenden Werkzeug. Das wird sehr häufig – sehr häufig! – falsch gesehen: Man hält die formale Sprache, den Formalteil, für das Entscheidende. Diese Fehlansicht kostet viel unnötige Zeit und viel ersparbares Geld.

Die Bienensprache

Wer einen Teller mit Honig oder Zuckerwasser im Freien stehen ließ, hat sich vielleicht schon gewündert, daß sich nach einer gewissen Zeit sehr viel mehr Bienen daran sammeln, als sonst durchschnittlich vorbeikommen, auch wenn man ihnen zutraut, daß sie sehr weit riechen. Sie müssen es erfahren haben.

Und tatsächlich haben die Bienen eine Sprache, mit der sie Fundstellen mitteilen können. Der österreichische Biologe Karl von Frisch (1889–1966) hat sich ein Leben lang mit den Bienen beschäftigt und dabei auch die Sprache der Bienen entdeckt, eine Entdeckung, die sehr zu unserem Thema paßt – und sehr zu Österreich, wie ein amerikanischer Berichterstatter angemerkt hat („nur ein Österreicher konnte dies entdecken"), denn die Bienen reden, indem sie tanzen [5]. Es gibt zwei Arten, den Rundtanz und den Schwänzeltanz.

Der Rundtanz weist auf Fundstellen innerhalb eines Umkreises von bis zu 100 m um den Stock hin. Die alarmierten Bienen fliegen aus und suchen die Umgebung ab; rasch genug finden sie die Stelle und bald beuten viele Dutzende sie aus.

Hat eine Biene aber in größerer Entfernung etwas gefunden, so kehrt sie in den Stock heim, entledigt sich der gesammelten Bürde und beginnt den Schwänzeltanz. Mit raschen, trippelnden Schritten läuft sie einen Halbkreis, macht dann eine scharfe Wendung und läuft in gerader Linie zum Ausgangspunkt zurück. Dann beschreibt sie einen zweiten Halbkreis nach der anderen Seite, der den ersten zum vollen Kreisbogen schließt, kehrt wieder zum Ausgangspunkt zurück und so geht es minutenlang am selben Fleck fort. Im Kreisdurchmesser macht sie dabei auffällige Schwänzelbewegungen. Im dichten Gedränge der Stockgenossen bleibt der Tanz nicht unbemerkt; andere Bienen trippeln bald hinter ihr drein und halten mit ihren Fühlern Verbindung mit ihrem Hinterleib, so daß die erste Biene bald ein Schwanzbüschel von anderen Bienen hinter sich herführt. So erfahren sie Richtung und Entfernung der Fundstelle und auch die Art des Fundes: Sie riechen die Blütenart und schließen sich nur an, wenn sie auf die gleiche spezialisiert sind.

Die Richtung ergibt sich aus dem Winkel des geraden Laufes zur Schwerkraft oder, wenn die Verständigung nicht wie üblich im dunklen Stock erfolgt, sondern zum Beispiel im hellen Beobachtungsstock, zur Lichtquelle. Wenn gleichmäßige Helligkeit herrscht oder bei horizontal gestellter Wabe keine Schwerkraftrichtung vorliegt, versagt die Richtungsangabe, der Durchmesser wird in zufälligen Richtungen gezogen. Die Entfernung wird durch die Frequenz der Schwänzelbewegungen angegeben.

Man muß diese Kommunikationsform im Zusammenhang mit all den andern Zügen des Bienenlebens sehen und auch mit den physiologischen Grundlagen, zum Beispiel mit den besonderen Eigenschaften der Bienenaugen, welche polarisiertes Licht erkennen und für die Navigation ausnützen können. Wesentlich ist, daß diese Sprache keinerlei Denken und keinerlei Intelligenz einschließt. Es sind eingespeicherte Programme, die automatisch ablaufen. Frisch geht ausdrücklich auf die Frage der Intelligenz ein; er spricht sie seinen doch sehr geliebten Bienen ab und gibt ein Beispiel für den völlig sinnlosen Ablauf von Handlungsketten, die eben fest programmiert sind.

Übersetzung

Dolmetscher sind erforderlich, seit es verschiedene Sprachen gibt, also spätestens seit dem Turmbau von Babylon. Mit dem Aufkommen des Computers war auch die Idee naheliegend, die automatische Übersetzung natürlicher Sprachen zu versuchen. War doch die Übersetzung von einem Code in den anderen, und später von einer Programmiersprache in den Maschinencode, ein gut beherrschtes Gebiet. Warum sollte es bei natürlichen Sprachen nicht auch gehen? Aus dieser Fragestellung ergab sich eine faszinierende psychologische Automatik. Zahlreiche Philologen empfanden diese Idee als haarsträubend und setzten sich sofort hin, um sich mit ihrer Widerlegung zu befassen. Dabei aber kamen ihnen so viele Ideen, daß nicht selten statt der Widerlegung ein hoffnungsvolles Projekt für Automatische Sprachübersetzung herauskam. Und erst nach Jahren der Beschäftigung kam dann der zweite Teil: Die Widerlegung auf Grund der Erfahrung und Einsicht. Ein typisches Beispiel ist der israelische Philosoph Yehoshua Bar-Hillel, dessen Gedanken und Gedankenveränderungen mir besonders vertraut sind. Er begann als Gegner der automatischen Übersetzung natürlicher Sprachen, wurde zu einem Pionier und schließlich wieder zu einem Gegner, der Dienststellen und Firmen vor hoffnungslosen Anstrengungen warnte. Dazu hatte er ein ausgezeichnetes Beispiel gefunden, den Satz

The Box is in the Pen.

Das Wort *pen* darin hat eine Doppelbedeutung (was bei vielen Wörtern vorkommt), nämlich entweder Feder oder Gehschule. Für den menschlichen Übersetzer ist es einfach, aus den Größenverhältnissen oder aus dem Kontext zu entscheiden, daß es Gehschule heißen muß. Entsprechende Mechanismen für Übersetzungsprogramme kann man zwar grundsätzlich erfinden, aber letztlich müßte man dem Computer die Tageszeitungen zu lesen geben, damit er mit seinen Übersetzungskünsten auf der Höhe der Zeit bleibt. Übrigens habe ich bei einem Besuch in der Wohnung von Professor Bar-Hillel ein Geschenk norwegischer Freunde gesehen: eine gebastelte Feder, in der für eine Pill-Box Platz vorbereitet war. Für diesen Fall gilt die andere Variante der Übersetzung: Die Box ist in der Feder. Die Sprache steckt voller Überraschungen, denen auch der menschliche Übersetzer (wie man ja auch weiß) nicht immer gewachsen ist. Die Maschine hat immer eine Chance, wenn der Mensch schlechter ist als sie, und das kann im Fall der Übersetzung eintreten, lange ehe die elektronische Übersetzung das Niveau erreicht haben wird, das man ihr zutrauen darf.

Formale Sprachen

Schon in der Einführung und dann bei al Chorezmi ist die historische Entwicklung von der rhetorischen zur formalen Mathematik erwähnt worden. Hier können wir daher rasch auf die Formalisierung selbst übergehen. Ihre Vorteile sind durch die Entwicklungen der letzten 300 Jahre zweifelsfrei bewiesen; es sei aber doch die achtfache Begründung angeführt, die man von Bertrand Russell, besonders aus seiner Einleitung zur Encyclopaedia Mathematica [6], beziehen kann.

Die Vorteile der Formalisierung liegen in:

(1) der Verläßlichkeit der Beschreibung
(2) der Klarheit der Begriffe
(3) dem Wegfallen der stillschweigenden Voraussetzungen
(4) der allgemeinen Verwendbarkeit der hingeschrieben Strukturen über das zunächst gegebene Problem hinaus.

Formale Sprachen bieten aber noch weitere Vorteile:

(5) Die abstrakten Begriffe täuschen nicht die Begriffe des täglichen Lebens vor und erlauben es, jede Zweideutigkeit auszuschließen.
(6) Die exakte Syntax führt zu großer Ökonomie bei der Übersetzung in andere Systeme, z. B. in Compilern, aber auch bei der Korrektheitsprüfung.
(7) Formale Sprachen können auch mit einer exakten Semantik ausgestattet werden, so daß der Inhalt aller Sätze mit der maximal erreichbaren Klarheit festliegt.

(8) In formalen Sprachen kann die Redundanz unter Kontrolle gehalten und
    für Prüfzwecke ausgenützt werden.

Die Geschichte der formalen Sprachen ist mit der Geschichte der Logik
verbunden. Es war George Boole [7], der den ersten Versuch machte, die Logik
völlig formal darzustellen, und er tat im Grund das Umgekehrte dessen, was wir
heute unter Boolescher Algebra verstehen. Er hat nämlich nicht die Mathematik auf die Logik abgebildet, sondern die Logik auf die Mathematik; und im
Formalismus, den Boole benützte, durften durchaus auch Zahlen wie 2 oder 3
vorkommen, es war nur gesichert, daß die Ergebnisse stets 0 oder 1 waren.

Die Metamathematik hat dann eine Reihe von Formalsystemen hervorgebracht, nicht zuletzt eben den Formalismus der Aussagenlogik und des
Prädikatenkalküls, zu denen heute auch noch die Fuzzy Logic [8] des
kalifornischen Mathematikers Lotfi Zadeh kommt. So lehrreich die Beschäftigung mit diesen Sprachsystemen wäre, wir müssen weitereilen zu jenen
Systemen, die für den Computer Bedeutung haben. Und hier war der nächste
bedeutende Schritt ohne Zweifel die Einführung der Produktionsregeln für die
Syntax der Programmiersprachen – der sogenannten Backus-Normal-Form
(BNF) – durch den amerikanischen IBM-Programmier-Pionier John Backus
[9]. Er hat mir erzählt, daß er diese Idee nicht auf systematischem Wege erreicht
hat, sondern unter dem Druck, auf der ICIP-Tagung in Paris 1959 einen
versprochenen Vortrag über die Definition von ALGOL zu halten. Erst im
Flugzeug nach Paris fiel ihm das Verfahren, das er an sich kannte, für diese
Anwendung ein, und seitdem ist es aus der Definition von Programmiersprachen nicht mehr wegzudenken.

Die Beispiele, die weiter oben für die Produktionsregeln der Syntax gegeben
wurden, sind zugleich auch Beispiele für Definitionen in der BNF. Man kann
sich vorstellen, wieviele derartiger Regeln für die Definition einer ganzen
Programmiersprache erforderlich sind.

Die BNF sagt, wie korrekte Ausdrücke einer kontextfreien Programmiersprache aussehen, nicht aber, was sie bedeuten. Sie ist ein Mittel der Syntax,
nicht aber ein Mittel der Semantik. Die Semantik der Programmiersprachen
war am Anfang durch den Compiler definiert: Im Zweifelsfall war zu prüfen,
wie der Compiler den Text in das Maschinenprogramm umsetzt, denn dies war
die Bedeutung des Programms in der Programmiersprache.

Die revolutionäre Einführung des Systems/360 durch die IBM machte diese
Form der Definition der Semantik unhaltbar. Denn trotz der architektonischen
Verwandtschaft der Modelle dieses Systems war es alles andere als gesichert,
daß alle Compiler die gleiche Antwort auf eine Frage nach der Semantik geben
würden. Es war sogar vorauszusehen, daß sich sehr beunruhigend verschiedene
Antworten ergeben würden. In dieser Situation erteilte das Sprachmanagement
der IBM dem Wiener IBM-Laboratorium den Auftrag, eine Definition der

Semantik der Programmiersprache PL/I zu entwickeln [10]. Eine Definition der Syntax in der BNF war eine vergleichsweise triviale Vorbedingung für die Erfassung der Semantik.

Das war eine Aufgabe so recht nach unseren Wünschen, eine Entwicklung, die der wissenschaftlichen Vorarbeit bedurfte. Denn es galt nicht nur, die damals umfangreichste Programmiersprache vollständig zu erfassen, sondern auch, eine Methode dafür zu erfinden.

Wir lösten beide Aufgaben. Als methodischen Weg wählten wir die konstruktive Definition (im Gegensatz etwa zu einer axiomatischen Definition): eine abstrakte Abwicklungsmaschine – nur auf dem Papier bestehend –, der man Programm und Daten eingibt – wiederum nur in Gedanken oder in

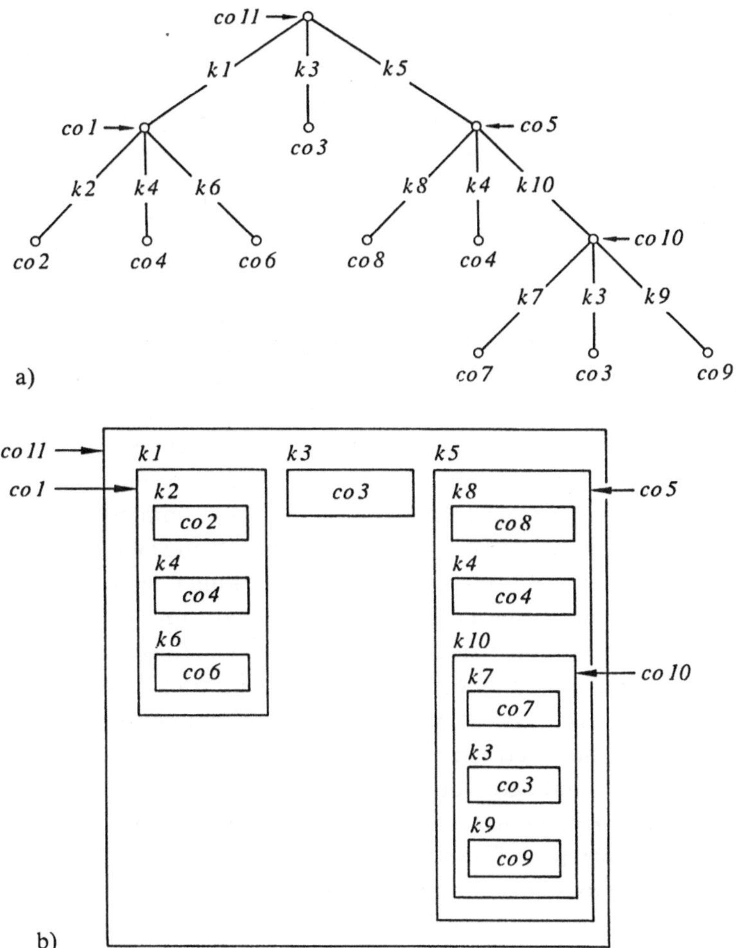

Bild 4.6. Darstellung des Abstrakten Objekts a) als Baum, b) als Verschachtelung

teilweisen Papiernotizen. Dann sieht man, wie die Maschine reagiert und erkennt daraus die Semantik des untersuchten Programms: was es wirklich tun wird. Basis der abstrakten Maschine ist das Abstrakte Objekt: eine Benennung, versehen mit einem benannten Auswahlpfeil. Jedes Objekt kann wieder aus Objekten bestehen, d. h. von jedem Objektnamen können wieder beliebig viele Auswahlpfeile weitergehen. Das bedeutet, daß Definitionsmaschine, Programm und Daten zu abstrakten Bäumen werden (Bild 4.6a); man kann sie aber auch als Verschachtelung darstellen (Bild 4.6b). Das Gesamtschema der Definitions-Gedankenmaschine ist in Bild 4.7 dargestellt.

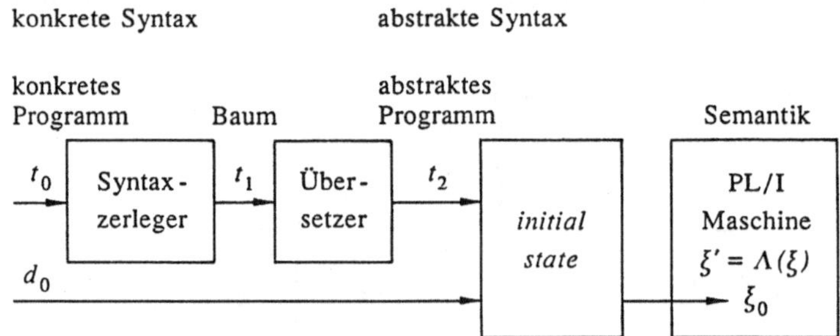

Bild 4.7. Das Schema der Formalen Definition von PL/I

Durch die Größe der Sprache PL/I wurde das definierende Dokument sehr umfangreich, rund 1500 Seiten; man sprach spöttisch vom „Wiener Telephonbuch". Bild 4.8 gibt ein typisches Beispiel einer Seite aus dem Dokument. Um die Systematik dieser Vorgehensweise deutlich zu machen, sei der Index als Beispiel erläutert. Selbstverständlich wurde er vollautomatisch hergestellt, genau so wie die Formeln und Seiten durch ein Programm gestaltet wurden – wir entwarfen und benutzten also ein frühes Textverarbeitungssystem. Der Index listete alle in der Definitionsmaschine vorkommenden Benennungen auf – mit Seitenangaben, wo die Definition gegeben wird und wo die Benennung benutzt wird. Zuerst stellten sich zahlreiche Fehler heraus: undefinierte, aber benutzte, definierte, aber unbenutzte Benennungen. Noch ärger waren doppelt definierte Benennungen; im Teamwork kann es vorkommen, daß zwei verschiedene Begriffe mit der gleichen Benennung versehen werden oder daß zwei Teammitglieder unabhängig voneinander zwei Definitionen für eine Benennung verfassen. Solche Fehler lassen sich ziemlich restlos entfernen und geben mitunter sogar zusätzliche Einsichten.

PL/I wurde auf diesem und etlichen anderen Wegen – fast möchte ich sagen: zwangsweise – bereinigt. Denn die Prosa-Definition einer formalen Sprache großen Umfangs enthält unvermeidlich Ungenauigkeiten, Widersprüche, Lücken und andere Unzulänglichkeiten, die in der informellen Beschreibung nicht

IBM LAB VIENNA   TR 25.098
ABSTRACT SYNTAX AND INTERPRETATION OF PL/I   30 April 1969

(62) *eval-dummy-arg*(expr,aggr) =
    eval-arg-1(b,DUMMY);
      dummy-assign(gen,dop);
        gen:*allocate*(b,eva,DUMMY);
          b:*un-name,*
            eva:*dummy-eva*(dop);
              dop:*eval-dummy-expr*(expr-1,$aggr_1$);
                expr-1:*pre-eval*(expr)

  where:
    $aggr_1 = (\neg$is$-\Omega$(aggr) $\rightarrow$ aggr,
         T $\rightarrow$ pure-aggr $\bullet$ aggr-expr-1(expr, *AT*)

  for: (is-aggr $\vee$ is-Ω) (aggr)

  Ref.: *allocate* 7–11(25)
     un-name 3-10(20)
     pre-eval 8-11(26)

(63) *eval-dummy-expr*(expr,aggr) =
    is-scalar(aggr) $\rightarrow$
      convert(eval-aggr-1(aggr),op,$area_1$,$area_2$);
        op:*eval-expr-1*(expr.s-da(aggr))
    is-array(aggr) & is-intg-val $\bullet$ s-lbd(aggr) & is-intg-val $\bullet$ s-ubd(aggr) $\rightarrow$
      pass(dop);
        s-elem(dop)-*iterate-dummy-expr*(expr,aggr,s-lbd(aggr));
          dop:*pass*(aggr)
    is-array(aggr) & is-array($aggr_1$) $\rightarrow$
      eval-dummy-expr(expr,aggr-1);
        s-elem(aggr-1):*pass*(s-elem(aggr));
          aggr-1:*array-eva-expr*(expr)
    is-struct(aggr) $\rightarrow$ *iterate-dummy-expr*(expr,aggr,1)
    T $\rightarrow$ *error*

  where:
    $aggr_1$ = aggr-expar(expr, *AT*)
    $area_1$ = s-area $\bullet$ s-da(aggr)
    $area_2$ = (is-PTR $\bullet$ s-da(aggr) $\rightarrow$ area-expr(expr, *AT*),
        T $\rightarrow \Omega$)

  Ref.: *convert* 8-8(17)
     eval-aggr-1 6-9(25)
     eval-expr-1 8-10(25)
     is-intg-val 9-3(5)
     array-eva-expr 8-26(76)
     aggr-expr 8-23(62)
     area-expr 8-28(81)

Note: If the parameter descriptor is an array without specified bounds, these are determined from the pre-evaluated expression itself (cf. 8.2.5.2).

Bild 4.8. Eine Probeseite der Definition von PL/I

auffallen, bei der formalen Durcharbeitung aber offenbar werden. Wir nannten solche Fälle „language points"; sie wurden dem Sprachmanagement in England vorgelegt, von dort beantwortet und dann in der Definitionsmaschine entsprechend fixiert. Insgesamt wurden fast 2000 language points aufgebracht und behandelt. Der Vorgang der Formalen Definition hatte sprachreinigende Kraft. Aber das Verdienst, das sich das Wiener IBM-Laboratorium auf diese Weise an PL/I erwarb, wurde (aus naheliegenden Gründen: wer gibt gerne Unsauberkeiten zu?) nicht entsprechend gewürdigt.

Wir hatten uns Hoffnungen gemacht, die Formale Definition würde von der IBM aufgegriffen werden, vielleicht sogar – nach entsprechender Verbesserung und Verallgemeinerung des Verfahrens – zur Norm werden. Diese Hoffnungen haben sich nicht erfüllt. Die Informationstechnik nahm einen anderen Weg. Erst in Jahrzehnten mag hier eine Würdigung, vielleicht eine Rückkehr stattfinden. Die Sprache – Vienna Definition Language (VDL) genannt – und das Verfahren – Vienna Definition Method (VDM) – sind nicht tot; bis heute wird daran weitergearbeitet (nicht in Wien). Es fehlt nicht an Bedarf, sondern an pragmatischen Umständen.

Erstens hat PL/I nicht das beabsichtigte Ziel erreicht, FORTRAN, ALGOL und COBOL abzulösen. Statt einer Vereinheitlichung fand weitere Diversifikation statt, und eine völlig unerwartete Bedeutungserhöhung von COBOL in den entscheidenden Jahren nahm PL/I Schwung und Durchsetzungsvermögen.

Ganz allgemein aber ließ die rasche Verbreitung der Informationsverarbeitung und die unglaubliche Preiserniedrigung der Hardware die extreme logische Präzision der Formalen Definition für die Flut der Systeme und Anwendungen schon deswegen nicht zu, weil für die erforderliche Ausbildung nicht einmal bei Großfirmen und noch viel weniger bei einfachen Kunden Zeit und Geld aufgebracht werden könnte. Die Formale Definition wäre der rechte Weg gewesen, aber dieser Weg war nicht gangbar. Die geballt logischen Geräte und Systeme der Informationstechnik müssen auf intuitiv-pragmatische Weise eingesetzt werden, mit unvollständiger Kenntnis und ohne genaue Anpassung an die Anwendungssituation. Der liebe Gott schenkte uns perfekte Hardware, und der Teufel sprühte die Imperfektion in ihre Anwendung, in die Details, hauptsächlich in die Programmierung. Umso wichtiger ist das Systemdenken, die Systemgestaltung, die Systemarchitektur. In den folgenden beiden Vorlesungen wird darüber noch viel zu sagen sein.

Hier aber wollen wir uns den Sprachfähigkeiten des Computers zuwenden: Schreiben und Lesen, Sprechen und Hören.

Der Computer schreibt und liest

Schreiben und Lesen haben wir als Grundelemente der Sprachorganisation im Gehirn kennengelernt. Der Computer hat beide Fähigkeiten, aber in sehr eingeschränkter Form und fast überhaupt nicht vernetzt. Auch wenn man nicht der Imitation des Gehirns um jeden Preis das Wort redet, muß man die Beschränkungen des Computers beim Schreiben und Lesen beklagen und zu reduzieren versuchen.

Solange es nur darauf ankam, die Information aus dem Computer überhaupt herauszubekommen, war man froh, wenn sich das zuerst erhaschte technische Gerät als geeignet erwies. Das war in der technischen Umgebung der Fernschreiber und in der kommerziellen Umgebung das Lochkartensystem. Beide Systeme lasen Löcher und druckten mit Typenhebeln wie die Schreibmaschine oder mit Typenrädern wie gewisse Telegraphiermaschinen. Die Entwicklung der Computer-Drucker ist ein spannendes Sonderkapitel der Computergeschichte, freilich ein abliegendes und vernachlässigtes.

Die Fernschreiberalphabete der Frühzeit waren für die Telegrammübertragung konzipiert worden und genügten dafür. Man begnügte sich mit 26 oder 29 Großbuchstaben, den 10 Ziffern und ein paar Satzzeichen. Zusammen mit einigen Betriebszeichen füllte das die herkömmliche Schreibmaschinentastatur bald auf. Ohne Umschaltung Bu/Zi kam man gar nicht durch. Dafür genügte ein 5-Bit-Alphabet. Heute kommt man ohne Groß- und Kleinschreibung nicht aus, und daher ist man auf 7-Bit- und 8-Bit-Alphabete übergegangen.

Das Drucken befindet sich in raschem Fortschritt und macht den Computer nicht nur zu einem Partner, sondern auch zu einem Diktator des Buchdrucks. Während er nämlich seine Dienste anbietet, zwingt er zugleich auch seine Beschränkungen auf. Es wird schon zu einem günstigen Gleichgewicht kommen, das braucht aber seine Zeit.

Der Computer spricht und hört

Dem Computer auch die Fähigkeit des Sprechens und Hörens zu erteilen, war am Anfang nicht sehr dringend – es ging im wesentlichen ja um schriftliche Information. Aber da gab es zwei drängende Kräfte: die vorliegenden technischen Lösungen, die sich zum Einbau in den Computer anboten, und das Telephonnetz, dessen Chancen nicht zu übersehen waren. Schon bei den ersten Programmen unseres Transistor-Pioniercomputers *Mailüfterl* kamen wir auf die Idee, den Computer – bei seinen langen Arbeitszeiten – telephonisch zu überwachen, und dazu mußte er sagen, wie die Dinge liefen. Nun, das war gar nicht so schwer; denn die Vorgänge im Rechenwerk, an einen Verstärker

angekoppelt, ergaben Töne, die auf die Arbeitsvorgänge Rückschlüsse zulie-
ßen. Bestimmte Rechenvorgänge ergaben bestimmte „Melodien"; blieb das
Programm aber hängen, dann war ein Dauerton oder gar nichts zu hören. Die –
nicht ganz legale – Verbindung mit einem Telephonapparat war für Fachleute
keine Schwierigkeit. Wer Dienst hatte, rief die entsprechende Nummer in der
Nacht alle paar Stunden an, und notfalls sprang er in ein Taxi und brachte das
Programm wieder zum Laufen.

Vor dem Mailüfterl aber und parallel dazu – später weitgehend mit der
gleichen Technik – liefen aber zwei Arten von Entwicklungsarbeit, die mit dem
Sprechen und Hören des Computers viel zu tun hatten. Ach, wie herrlich nahe
beisammen waren doch in diesen Pionierzeiten alle Entwicklungen, die man
brauchte!

Ein Thema war die Puls-Code-Modulation (PCM). Ich kannte sie nicht nur
aus der Literatur [11], sondern hatte bei meinem Stipendium in Paris bei der
Französischen Post (PTT) an einem PCM-System mitgearbeitet; also begann
ich auch an der TU Wien mit einer Entwicklung, die wegen der Größe des
Systems sofort zur Einführung der Methode des Teamworks Anlaß gab. Die
Idee der PCM ist es, gesprochene Sprache zu telegraphieren, das heißt mit Hilfe
von Ja-Nein-Entscheidungen zu übertragen. Dazu wird das Sprachsignal
abgetastet und dann das analoge Abtastergebnis quantisiert; die entstehende
ganze Zahl braucht nur binär ausgedrückt zu werden, und schon hat man ein
Ja-Nein-Signal mit allen Vorteilen der sicheren Entstörung. Das Bit verlangt
bloß, daß die Ja-Nein-Entscheidung korrekt bleibt. Analoge Störungen unter
dieser Grenze können entfernt werden, und daher addieren sich, im Gegensatz
zum Analogbetrieb, die kleinen Störungen nicht auf. Darüber hinaus ergibt sich
die Speicherbarkeit im Computer, wo auch weitere Verarbeitung denkbar ist.
Mit den ungeheuren Fortschritten der Computertechnik wurde dies für die
Selbstwähltechnik des Telephons von Bedeutung, und damit erhielt die PCM
ein großes Anwendungsfeld: Innerhalb der Telephonvermittlung wird die
Sprache damit digitalisiert und dann hat man es mit einem Spezialcomputer zu
tun, der die Vermittlung und alle anderen Dienste des Telephons besorgt.

Die Sprechmaschine des Herrn von Kempelen kann als Vorläufer einer
entsprechenden elektronischen Einrichtung angesehen werden, die als VODER
(Bild 4.9) bei der Weltausstellung 1939 in San Francisco von den Bell-
Laboratorien groß vorgestellt wurde. Ihr Erfinder war Homer Dudley, der in
Fortführung dieser Anlage den VOCODER (voice coding ist als Ursprung
dieses Namens zu erkennen) entwickelte. Dabei werden nicht Tasten zur
Hervorbringung künstlicher Sprache betätigt, sondern sie wird durch natürli-
che Sprache gesteuert. Technisch gesprochen handelt es sich um Sprachübertra-
gung durch das Spektrum statt durch die Zeitfunktion: Es werden die
Grundfrequenz gemessen und die Energieverteilung über einen Satz von
Tonhöhenfiltern. Die Ergebnisse werden übertragen, und daraus wird die

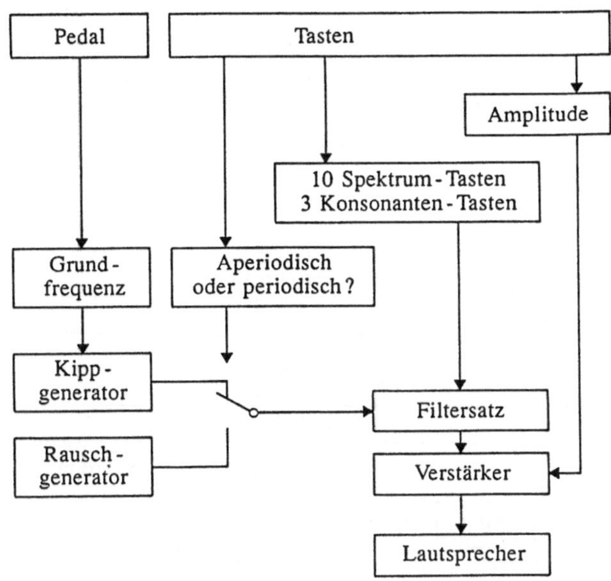

Bild 4.9. Schema des Voders (und fast auch der Sprechmaschine Kempelens)

(künstliche) Sprache im Empfänger rekonstruiert (Bild 4.10). Einen solchen VOCODER habe ich in Wien zuerst von einem Dissertanten, Dr. Chr. Schwiedernoch, nachbauen lassen, und ein zweiter Dissertant, Dr. E. Rothauser, führte diese Arbeiten in Richtung auf Digitalisierung weiter [12]. Nach der Übersiedlung von der TU ins IBM-Laboratorium wandelte Dr. Rothauser durch vollständige Digitalisierung das Universitätsprojekt in das erste IBM-Produkt um, welches das Wiener Laboratorium hervorbrachte, die Sprachausgabe IBM 7772, die nach Fortführung der Entwicklung in den deutschen und dann in den französischen IBM-Laboratorien in der Hudson-Area gefertigt und mit dem IBM System/360 angeboten wurde. Als Anwendung war zum Beispiel an die telephonische Abfrage aus Werttabellen – etwa Börsenkurse – gedacht. Da das Gerät aber nur mit einem besonderen Betriebssystem (und nicht in jedem Modus eines beliebigen) geplant war, setzte es sich nicht durch.

Eine andere Anwendung der Informationsverarbeitung des Spektrums der Sprache wurde in den fünfziger Jahren als *Visible Speech* bekannt (Bilder 4.11, 4.12): Man zeichnet das Kurzzeitspektrum des Gesprochenen auf, und hat damit erstens eine objektive Darstellung der Aussprache und zweitens ein Hilfsmittel für Taube. Ein Schritt weiter ist das Wiederablesen der (vereinfachten) Spektralbilder mit einem Kleingerät, das sie wieder zu Gehör bringt. So könnte man etwa in einem Buch über den Gesang der Vögel eine objektive Darstellung erreichen (Kikeriki ist ja weit vom wirklichen Hahnenschrei entfernt, was auch durch die sehr verschiedene Wiedergabe in verschiedenen

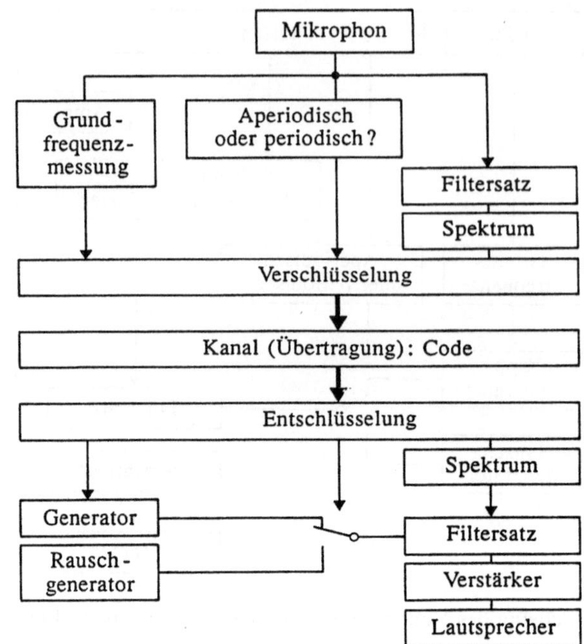

Bild 4.10. Schema des Vocoders

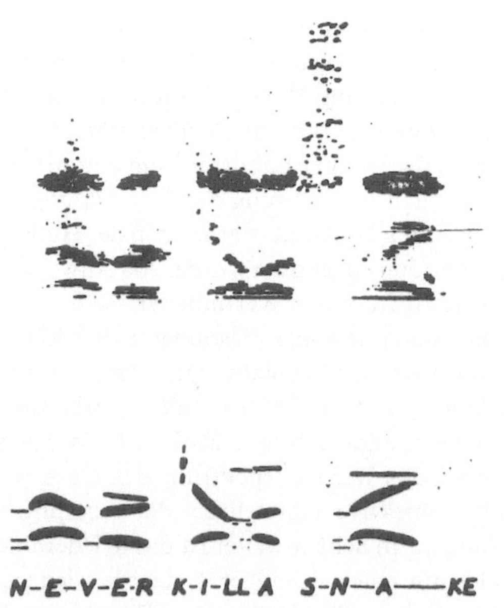

Bild 4.11. Visible Speech: Zeitabhängiges Spektrum (aus [2]).
Oben: vereinfachte Originalaufzeichnung, unten: zeichnerische Darstellung

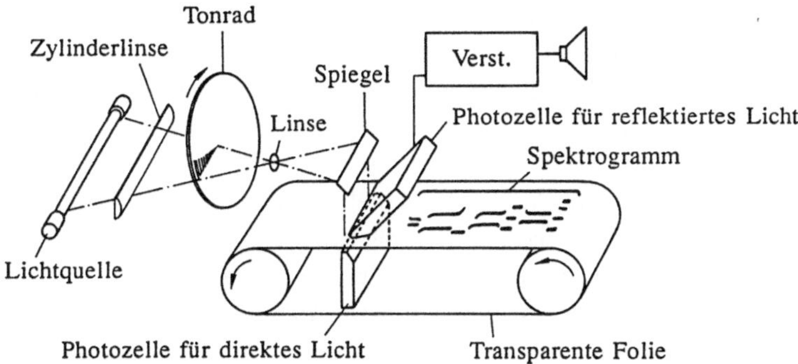

Bild 4.12. Vorlese-Vorrichtung für Visible Speech (nach [2])

Sprachen bestätigt wird), und mit dem Wiederablesegerät könnte man das Gedruckte hören. Diese Arbeiten sind nur in geringem Ausmaß weitergeführt worden, aber die Entwicklung der Computertechnik könnte jederzeit dazu führen, daß sie wieder aufgegriffen und der allgemeinen Verwendung zugeführt werden.

Der Dialog mit dem Computer

Der Monolog ist ein Grenzfall der gesprochenen Sprache, der Normalfall ist das Gespräch. Da der Computer von der Schrift ausgeht, überwiegt bei ihm der Monolog, aber auch weil die Gesprächsfähigkeit des Computers unterentwickelt ist. Hier kommt schon das Bild des Sklaven, des Roboters vor unser Auge: Der Computer hat Befehle zu befolgen – wozu sollte man ihm die Fähigkeit des Zurückredens erteilen? Erst der zweite gedankliche Durchgang macht klar, daß ein Zurückreden von größtem Nutzen sein kann. Denn im Gegensatz zu den Pionierzeiten steckt heute im Computer eine Menge Information, die der Benützer nicht kennt oder nicht zur Hand hat, und es wäre häufig recht praktisch, wenn man den Computer so richtig ausfragen könnte. Das ist aber ein sehr weites Feld, und wir wollen es uns für die Vorlesung aufsparen, in welcher wir die Intelligenz – natürliche wie künstliche – behandeln werden. *Hier* reicht es aus, den Dialog als wichtige Sprachform zu registrieren und darauf hinzuweisen, daß im Computer der Dialog eine formale Entsprechung braucht. Die Entwicklung macht von der Graphentheorie Gebrauch, einer Theorie, die von der Informationstechnik ohnehin schon vielfach benützt wird.

Vor vielen Jahren habe ich in einem Vortrag in Kalifornien [13] die folgende Schlußbemerkung gemacht: *Da wir wissen, daß es der Computer ist, den wir beliebig klar reden lassen können, sollten wir vielleicht versuchen, den Computer mehr und mehr sagen zu lassen und den menschlichen Benützer in der praktischen*

Situation bloß auf JA oder NEIN oder eine ähnlich simple Auswahl zeigen zu lassen, während der Computer redet. Das mag heute wie Science Fiction klingen, aber es könnte sein, daß dies eines Tages die zentrale Anwendung der Pragmatik um den Computer wird.

Es wäre stark übertrieben, würde ich nun behaupten, ich hätte damals den Maus-Klick vorhergesehen. Aber weit daneben ist meine Prophezeiung nicht. Die Maus-Programmierung hat die extreme Klarheit der Computer-Logik, und der Mensch braucht bloß zu positionieren und ein paar Ja-Nein-Entscheidungen anzubringen, um zu den verschiedensten Zielen zu gelangen. Das ergibt gewiß keine Unterhaltung mit dem Computer auf hoher literarischer Ebene, vielmehr gehört es zu den primitivsten Sprachen, die man sich denken kann, aber diese Sprache ist sicher und effektiv. Sie hat sich in der Menü-Programmierung durchgesetzt, und es stehen noch weite Felder für die Überlegung offen, wo dieses Prinzip, den Computer reden zu lassen und den Menschen auf Tastendruck und Maus-Klick zu beschränken, ebenso effektiv eingesetzt werden kann.

Was eine solche Auswahlentscheidung auslöst, kann primitiv sein wie ein Weg durch einen Entscheidungsbaum. Es kann aber auch von unendlicher Komplikation sein, es kann der Fingerspitze ein Programmieruniversum bereitstellen, an welchem große Programmiererteams jahrelang gearbeitet haben. Es ist eine ideale Anwendung sowohl der Sprache als auch der Programmierung – die rechte Art, einem Roboter zu befehlen. Man darf ohne Risiko voraussagen, daß diese Technik der Computerbeherrschung niemals ihre Bedeutung verlieren wird.

Von der Sprache her gesehen, erscheint hier eine neue Dimension des Dialogs eröffnet, ein Feld, das es vor der Einführung des Computers nicht gab und nicht geben konnte. Umgekehrt darf man nicht glauben, daß auf diese Weise die Beherrschung natürlicher und formaler Sprachen durch den Maus-Klick ersetzt wird. Vielmehr vermag dieser eben nur das fertig Vorbereitete, das Menü, die Routine auszulösen. Es ist ja eine Art des Hinzeigens, und das Hinzeigen hat die gleiche Klarheit. Ich kann eine Person im Auditorium sprachlich durch die Beschreibung des Sitzplatzes, durch Kleidung oder Gesichtsform beschreiben, aber nichts ist so rasch und so eindeutig, so fehlerfrei wie das Hinzeigen.

Wenn man das alles überlegt, wird man den Vorschlägen zu einer Programmierung in natürlicher Sprache, die immer wieder auftauchen, wenig Gewicht zuteilen. Es denkt auch niemand daran, die Algebra wieder aufzugeben und Rechnungen in Prosa anzuweisen. Nein, nein, wir müssen schon fortschreiten in der Beherrschung des Formalen, so wie wir von den römischen zu den indischen Ziffern gehen mußten.

Hat man aber einen Computer, dann kann man seine Fähigkeit durch das Hinzeigen, durch den Maus-Klick und ähnliche Wahlmechanismen extrem

ausnützen. Und das Ende dieser Art von Programmierung und Computerbenützung ist nicht abzusehen: Es ist ein Weg zur Handlichkeit des Komplizierten.

Für die Herstellung komplexer Prozesse kommt man um den Entwurf und
die Beherrschung formaler Sprachen nicht herum. Und für die Erklärung der
formalen Sprachen ebenso wie für die verständliche Einführung in das Umfeld
der erwünschten Prozesse, für Planung und Einführung braucht man nicht bloß
genügend Ausdruckskraft der Prosa. Vielmehr hängen Realisierung und
Wirkung der Informationstechnik in einem ganz extremen Ausmaß von der
Beherrschung der Prosa ab.

Wie versprochen, war das ein feuilletonistischer Streifzug durch Aspekte der
Sprache und ihre Beziehungen zum Computer – ein Umfeld des Computers von
entscheidender Bedeutung. Und ich schließe mit einem Appell, der nicht oft und
nicht intensiv genug vorgetragen werden kann: Mit einem Appell, dem
Unterricht in natürlichen Sprachen wieder das alte, verlorengegangene Niveau
zu erteilen, denn die Informationstechnik ersetzt nicht die Beherrschung der
natürlichen Sprache (schon gar nicht durch ihre formalen Sprachen), sondern
verlangt sie. Es geht nicht um den Luxus geschliffener Sprache, wo Verständlichkeit ausreicht, sondern es geht um die Verständlichkeit von Erklärungen,
Erläuterungen und Beschreibungen, die für den Betrieb und die Benutzung der
Informationstechnik lebenswichtig sind – und es geht um die Kosten, die von
mangelhafter natürlicher Sprache hervorgerufen werden. Ich möchte das Geld
bekommen, das in der Industrie, an den Universitäten und in Ämtern
verlorengeht, weil falsche oder unverständliche Gerät- und Programmbeschreibungen, vor allem auch schlechte Übersetzungen schlechter Texte, in die Irre
führen.

Literatur

[1] W. von Kempelen: Mechanismus der menschlichen Sprache. J.V. Degen, Wien 1791,
456 S. Neudruck Friedrich Frommann Verlag, Stuttgart 1970

[2] K. Alsleben et al.: Sprache und Schrift im Zeitalter der Kybernetik. Verlag Schnelle,
Quickborn bei Hamburg 1963, 203 S.

[3] C.S. Peirce: Collected Papers. Harvard University Press, Cambridge MA 1931–35

[4] C. Morris: Foundations of the Theory of Signs. International Encyclopedia of Unified
Science, Vol. 1, No. 2, University of Chicago Press, Chicago 1938
C. Morris: Signs, Language and Behavior. Braziller, New York 1955

[5] K. von Frisch: Aus dem Leben der Bienen. Springer-Verlag, Berlin 1953, 5. Auflage,
159 S.

[6] N. Whitehead, B. Russell: Principia Mathematica. Cambridge University Press, 1913

[7] G. Boole: The Mathematical Analysis of Logic. MacMillan, Barclay & MacMillan, London 1847, 82 S. Reprint Basil Blackwell, Oxford 1985
G. Boole: An Investigation of the Laws of Thought. Reprint from 1854 by Dover Publications, New York 1958, 424 S.

[8] L. Zadeh: Fuzzy Sets. Information and Control 8 (1965) 338–353

[9] J.W. Backus: The Syntax and Semantics of the Proposed International Algebraic Language of the Zurich ACM-GAMM Conference. In: Information Processing. Proc. ICIP Conference Paris 1959, Butterworth/Oldenbourg/UNESCO 1959, 125–132

[10] P. Lucas, K. Walk: On the Formal Definition of PL/I. Annual Review in Automatic Programming 6 (1969) Part 3, 105–182
H. Zemanek: Abstrakte Objekte. Elektron. Rechenanlagen 10 (1968) 208–216
P. Wegner: The Vienna Definition Language. ACM Computing Surveys 4 (1972) No. 1, 5–63

[11] B.M. Oliver, J.R. Pierce, C.E. Shannon: The Philosophy of PCM (Puls-Code-Modulation). Proc. I.R.E. 36 (1948) 1324–1331
H. Zemanek: Impulse-Code-Modulation. Öst. ZS f. Telegraphen-, Telephon-, Funk- und Fernsehtechnik 4 (1950) 116–122
J. Holzer et al.: Ein Versuchsmodell für Impuls-Zähl-Modulation. Öst. ZS f. Telegraphen-, Telephon-, Funk- und Fernsehtechnik 8 (1954) 125–132

[12] Halsey, Swaffield: Analysis–Synthesis Telephony with Special Reference to the Vocoder. Journal Institute El. Engineers 95 (1948) 391–411
Chr. Schwiedernoch: Entwicklung eines Vocoders. Dissertation an der TH Wien 1957, 48 S.
E. Rothauser: Ein Impulsverfahren zur Sprachübertragung nach dem Vocoderprinzip. Dissertation an der TH Wien 1960, 64 S.

[13] H. Zemanek: Semiotics and Programming Languages. Comm. ACM 9 (1966) No. 3, 139–143

5. Vorlesung

Von der Einzellösung zur Systemlösung

Eine Wandlung der Technik

Von der Antike bis in unsere Zeit isolierte die Technik ein Arbeitsproblem aus seinem Umfeld heraus und löste es mit Hilfe physikalischer und technischer Kenntnisse.

Die Vielzahl technischer Gebilde und ihre Vernetzung haben in unserem Jahrhundert den Begriff des Systems in den Vordergrund gespielt. Hier geht es um die Konfiguration technischer Lösungen aus zahlreichen Untersystemen und um die Einpassung in das Umfeld, in dem sie arbeiten sollen.

Einführung

In dieser fünften Vorlesung geht es um eine Wandlung der Technik, die sich sowohl aus dem Wachstum unseres Wissens als auch aus der Menge technischer Lösungen ergibt, mit der wir unsere Welt erfüllen. Diese Wandlung hätte auch ohne Computer stattgefunden, in der Material-, Energie- und Verkehrstechnik, aber es geht dabei doch steigend um Informationsaspekte, und da kam der Computer zur rechten Zeit, um die Informationsprobleme ebenfalls technisch – und nicht durch ständige menschliche Steuerung – zu lösen. In dem Maß aber, in dem der Computer die Steuerung übernimmt und mehr und mehr der Automatisierung unterwirft, beschleunigt er auch die Wandlung, die hier beschrieben werden soll, die Wandlung von der isolierten technischen Lösung zur Einpassung in ein Ganzes, von der Einzellösung in eine Systemlösung, welche das technische und auch das natürliche *Umfeld* mit in Betracht zieht. Die sechste Vorlesung wird ein zweiter Teil des Themas sein und sich mit dem Entwurfsvorgang unter den neuen Bedingungen befassen.

Da es um eine Wandlung geht, erscheint es auch zweckmäßig, nicht wie sonst mit der Definition der Hauptbegriffe – hier wäre es vor allem die Definition des Systembegriffs – zu beginnen, sondern diese zurückzustellen, bis die Richtung des Wandels ein wenig vorgezeichnet ist. Zunächst genügt auch die Vorstellung vom System, die der Zuhörer mitbringt.

Ein weiterer Grund für das Zurückstellen der Definitionen ist auch die Vielfalt der Blickrichtungen, die man für das System ansetzen kann. Zum Beispiel kann man dem System auf zwei sehr gegensätzliche Arten entgegentreten: als Entdecker und Beschreiber eines vorgefundenen Systems oder als Entwerfer – als Designer – eines zu errichtenden Systems. Meistens gilt, daß der Biologe auf die erste Art vorgeht, der Ingenieur hingegen auf die zweite Art.

Aber es gibt auch Ausnahmen. So hat der berühmte Wiener Barock-Architekt Fischer von Erlach als einer der ersten systematische Versuche gemacht, aus vorgefundenen Ruinen auf das ursprüngliche Aussehen zurückzuschließen, d. h. er hat sich mit der Rekonstruktion antiker Gebäude befaßt. Dabei ist aus unvollständiger Information die originale Architektur zu erschließen. In einer ähnlichen Lage war ich am Beginn meiner beruflichen Tätigkeit, als ich bei einer Dienststelle der Deutschen Luftwaffe arbeitete, die alle aus abgeschossenen Feindflugzeugen gesammelten Radarteile erhielt. Das waren Systemteile eines unbekannten Entwurfs – die deutsche Radarforschung war ja weit zurückgeblieben –, und es galt, das System herauszufinden, zu dem die Teile gehörten, seinen Aufbau und seine Funktionsweisen.

Umgekehrt kann die Biologie heute Organismen planen und künstlich herstellen. Das heißt, es gibt Vorstufen biologischer Designer.

Ein weiterer Unterschied in der Konfrontation kann in der Position liegen, von der aus man das System betrachtet oder betrachten kann, zum Beispiel einerseits von der höchsten Stelle aus, mit Einblick und vielleicht auch Befehlsgewalt über das globale System, oder aber von einem Punkt irgendwo im System, und es interessiert nur die Welt der Funktionen an diesem Punkt. Man denke einerseits an den Generaldirektor einer Bank und andererseits an einen Bankkunden an einem Schalter. Der Direktor kann überall hinsehen; theoretisch weiß er alles. (Man erkennt sofort das Idealisierende an dieser Feststellung.) Der Kunde am Schalter kennt die Bank nur aus seiner Perspektive, und allein darauf kommt es ihm an. Die Systembeschreibungen werden daher gar nicht gleich aussehen, und der Unterschied wird umso größer sein, je komplizierter das System ist. Es ist nicht schwer zu erkennen, daß der Bankschalter zur Kategorie der Schnittstellen gehört: das System, von einer bestimmten Schnittstelle aus gesehen. Und die Schnittstelle kann dem Zweck des Systems näher liegen als der Chefsessel.

Mit komplizierten Systemen hat man es in der heutigen Technik aber zu tun, und gerade beim Computer ist die Komplikation der Struktur eine Haupteigenschaft, selbst beim scheinbar so kleinen PC. Sie führt dazu, daß es eine vollständige Beschreibung meist nicht gibt, und existierte sie, wäre es aussichtslos, sie zu lesen, zu verstehen und zu erlernen. Das macht den Computer undurchschaubar, wie Joseph Weizenbaum es genannt hat. Komplizierten Systemen gegenüber ist der Mensch unterinformiert, ob es sich um die Biologie handelt oder um die Technik. Das ist nicht neu – der Natur gegenüber war der Mensch schon immer unterinformiert (auch sich selbst gegenüber) und ist es trotz aller Fortschritte der Erkenntnis immer noch. Gegen die Unterinformiertheit ist der Mensch ganz gut ausgerüstet, und er hat ja schließlich auch die letzten paar Jahrtausende mit ihr überlebt. Allerdings hat es sich bis vor kurzem um eine natürliche Umgebung gehandelt; was hingegen für eine vorwiegend technische Umgebung erforderlich ist, mag sich erst in Zukunft herausstellen.

Technischen Gebilden gegenüber ist vor allem der Laie unterinformiert. Durch die überaus große Komplikation heutiger technischer Systeme ist aber auch der Fachmann seinem eigenen System gegenüber unterinformiert; und das erschwert die moderne Technik mehr, als wir uns eingestehen. Unterinformation fördert die Angst. Der Bauer, so könnte man die Lage vor 100 Jahren charakterisieren, fürchtet sich nicht vor dem Stier, mit dem er umzugehen gelernt hat, er fürchtet sich aber vor der Lokomotive. Der Lokomotivführer fürchtet sich nicht vor der Lokomotive, mit der er umzugehen gelernt hat, er fürchtet sich aber, einem Stier auf der Weide gegenüberzutreten (außerhalb der Lokomotive). Der Fachmann vor dem Computer fürchtet sich nicht, aber es wäre ganz gut, wenn er sich seiner Unterinformiertheit besser bewußt wäre und eine gewisse Vorsicht walten ließe. Vielleicht sollte er sich sogar ein bißchen fürchten.

All dies sind Aspekte der heutigen und noch mehr der künftigen technischen Welt, die für die Beurteilung des geistigen Umfelds der Technik einige ganz neue Perspektiven eröffnen.

Die idyllische Einzellösung

Das Wort Technik kommt aus dem Griechischen und bedeutet dort Handwerk und Kunst; es ist mit Text und Textur sowie Gewebe verwandt und nimmt daher das System vorweg. Irgendwo habe ich auch gelesen, daß der Stamm von einem Wort für List abgeleitet sei, und mit Listigkeit hat die Technik ganz gewiß zu tun. Soweit Techniker in Mythen oder Sagen vorkommen, werden sie fast immer als listenreich dargestellt. Das sind aber eher die Entdecker und Neuschöpfer. Viel lieber nimmt die Antike idyllische Züge an. Und auch die spätere Technik, bis ins 19. Jahrundert, kann noch idyllisch sein. Dafür mag die Schmiede im Schwarzwald als Symbol stehen; die Komposition von Richard Eilenberg mit diesem Titel wird ausdrücklich als Idylle bezeichnet. Und die Waldschmiede war wohl auch eine Idylle. Dennoch erzeugte sie Abfall vieler Art, Lärm und Rauch, Schmutz und Materialreste (allerdings keine Strahlung außer einem bißchen Wärme). Mit ihrem Abfall wurde der Wald aber fertig, der Bach fraß den Schmutz, der Wald den Lärm.

Die Handwerkerviertel antiker und mittelalterlicher Städte waren nicht ganz so idyllisch, ihr Schmutz und Lärm konnten recht lästig werden, bedenklich und gefährlich. Aber auf das ganze Land bezogen waren es doch nur einzelne Stellen; global gesehen verlor sich die Technik in der Natur. Heute haben wir viele Landstriche, wo sich die Natur in der Technik verliert. Die Technik hat überhandgenommen, sie bestimmt das Umfeld des Städters wie des Landbewohners. Nicht nur die Fauna ist auf Parkanlagen beschränkt.

Mit der Dichte des technischen Netzes wuchs auch die gegenseitige Abhängigkeit und Störung technischer Lösungen. Auch die Waldschmiede war in ein Netz eingegliedert. Das Eisen mußte zuvor gewonnen werden, was schon damals mit Verunstaltung und Verschmutzung der Natur verbunden war. Und von Beginn an war die Technik mit Transportproblemen konfrontiert, in ein Transportnetz verwoben. Im Vergleich zu heute waren das simple Netze, aber schon sie verursachten viel Kopfzerbrechen.

Das Energieproblem der Waldschmiede war bescheiden; die vier Elemente Feuer und Wasser, Luft (Wind) und Erde reichten aus. Menschliche und tierische Energie war überhaupt in das globale System eingebettet. Man muß sich nur richtig vorstellen, wieviel an den alten Zuständen in den vergangenen zweihundert Jahren verändert wurde.

Die Wirkung des Computers ist weit tiefer, als die Vorstellungen von einer Rechenmaschine oder von einer programmierten Waschmaschine ahnen lassen, und sie hat mit einer Wandlung der Technik zu tun, die nicht vom Computer ausgelöst wurde, die er aber fördert und beschleunigt, die er zu einem fundamentalen Problem der Informationstechnik macht. Denn unsere Systeme werden immer komplizierter und interdependenter. Die Welt der Technik muß das Ausgleichende der Natur, in das der Mensch hineingeboren war, erst hervorbringen. Und da liegt ein beträchtliches Stück Arbeit vor uns.

Von der Maschine zum System

Die Maschine, so lautet eine alte Definition, *ist eine Verbindung widerstandsfähiger Körper, die so eingerichtet ist, daß mit ihrer Hilfe Naturkräfte genötigt werden, unter bestimmten Bedigungen und für bestimmte Zwecke zu wirken.*

Am Beginn der Technik standen die einfachen Maschinen, vom Menschen intuitiv erfunden, fast ohne physikalische Kenntnisse. Es sind dies Hebel, Rolle, schiefe Ebene, Keil und – schon etwas komplizierter - das Zahnrad. Die klassische mechanische Maschine benützt die einfachen Maschinen für besondere Aufgaben; so entstehen der Flaschenzug, der Kran und die Uhr, um nur ein paar Beispiele zu nennen. Wo wäre die Grenze, wollte man wieder in das Vormaschinenzeitalter zurückkehren? In seinem satirischen Roman Erewhon, das ist ein Anagramm für Nowhere, Nirgends, schildert Samuel Butler, wie die Waschfrauen bei einer staatlich angeordneten Maschinenzerstörung (aus Angst vor einer Machtübernahme durch die Maschinen) durch einen Aufstand erreichen, daß die Wäscherolle noch nicht als Maschine zählt. Damit ist die Willkürlichkeit jeder derartigen Abgrenzung illustriert. Wie in der Biologie gibt es auch in der Technik keine scharfe Grenze nach unten.

Die Elektrizität hat dann den Begriff der Maschine zu wandeln begonnen. Die Alleinherrschaft der Mechanik wurde gebrochen, und die Idee der

Maschine wurde flexibler, bis die Elektronik Maschinen hervorbrachte, die außer den Ein- und Ausgabe-Elementen keine mechanisch bewegten Teile besitzen. Elektronisch sind sie nicht nur von extremer Beweglichkeit, sondern auch von höchster Flexibilität; man kann sie programmieren, so daß sie die verschiedensten Dienste leisten, und man kann sie durch Befehle umbauen, also auch automatisch. Diese Abstraktion wird auf dem Papier noch weiter getrieben, und es entstehen programmierte Gedankenmaschinen, zum Beispiel für die Hervorbringung von Texten (Syntaxmaschinen nach dem Prinzip der Produktionsregeln), für die Definition von Funktionen (für die Erweiterung von Programmiersprachen) und für das Führen von Beweisen (wie die Turing-Maschine). Die Gedankenmaschine kann programmiert werden; der Begriff der Maschine ist durch die Informationstechnik ungeheuer ausgeweitet worden.

In der Natur gehört im Prinzip jeder Einzelfall dem System der Natur an. Fressen und Gefressenwerden ist nicht bloß Schicksal, sondern regulärer Systemablauf. Und der Mensch ist in dieses Systemgeschehen hineingestellt, er existiert in seinem eigenen biologischen System, dessen Parameter und Züge er nur in engen Grenzen ändern kann. Es ist zwar seine Aufgabe, sein System ständig zu verbessern, schon weil es von selbst lediglich verrottet. Das Altwerden ist nur eine Teilerscheinung davon. Verjüngen kann man sich kaum. Man kann aber im Alter Neues machen.

Der Mensch gehört ins System der Natur – das haben wir im Rausch der technischen Erfolge und Annehmlichkeiten vergessen.

Kombinatorische Zusammensetzung

Es ist kein Zufall, daß am Beginn der Technik die Kettenstruktur dominiert – denn so denkt der Mensch: in Folgen von Wenn-Dann-Zusammenhängen. Beispiele sind leicht zu finden, etwa der Kraftfluß im Kraftfahrzeug vom Motor über Kupplung und Differential zu den Rädern.

Ein anderes, für die Informationstechnik naheliegendes und wichtiges Beispiel ist die Telephonverbindung: eine Kette aus verschiedenen Elementen vom Mikrophon im Handapparat am Beginn der Übertragungskette bis zum Hörer im Handapparat am Ende der Übertragungskette. Das Telephonsystem zeigt uns außerdem noch das fundamentale Prinzip des Sammelns (in der Vermittlung des anrufenden Teilnehmers), der Übertragung (je nach gewählter Nummer in bestimmten Bündeln von einer Zentrale zur anderen) und der Verteilung (von der letzten Zentrale aus). Dieses Prinzip *Sammeln, Transportieren und Verteilen* galt natürlich schon bei der Briefpost. Im Computer kann man es an vielen Stellen finden.

Der abstrakte Übermittlungsweg in der Nachrichtentechnik wird gerne Kanal genannt, und auch an diesem Namen kann die Entwicklung der Technik abgelesen werden. Flüsse waren von Beginn an ein Weg für den Transport und zugleich auch Energiequellen. Man denke an den Mühlbach, der zuerst stückweise als künstliches Bett eines Flußarmes konzipiert wird. Dann kommen die Kanäle für Bewässerung und für den Transport, ob Panamakanal oder Rhein-Main-Donau-Kanal. Schleusen müssen die Höhenunterschiede überwinden.

Der Kanal der elektrischen Übertragungstechnik ist ein abstraktes Gegenstück zum Wasserkanal, ein gut gewählter Name. Einen Kanal wird man dicht bauen und mit gleichbleibendem Querschnitt, um Quantität und Qualität der Schiffahrt zu gewährleisten. Die Teile der Wasserstraße müssen zueinanderpassen. Es darf sich nichts stoßen an den Verbindungsstellen. Genau diese Forderung muß auch an den Nachrichtenkanal gestellt werden. Quantität und Qualität müssen erhalten bleiben, Verluste müssen möglichst frühzeitig ausgeglichen werden, damit die Nachricht nicht im Rauschen untergeht.

An den Verbindungsstellen, so lautet die verallgemeinerte Forderung, dürfen keine Stoßstellen sein, wo Energie verloren geht, wo Echos entstehen. Eine Grundregel lautet, daß der Widerstand an einer Trennstelle nach links gemessen gleich dem Widerstand nach rechts gemessen sein soll. Der Datenstrom fließt aber nicht gegen einen meßbaren Widerstand, und daher gibt es bei der Information keine einfache, dimensionierbare Anpassung, sondern dieser Begriff muß verallgemeinert werden. Die Stoßstelle wird zur Schnittstelle, auf englisch (weit besser) Interface; man darf an zwei Gesichter denken, die sich gegenüberstehen und die sich vertragen müssen. Tatsächlich geht es hier um eine sehr allgemeine, häufig auftretende Situation.

Die Fehlanpassung macht sich auf vielen Gebieten und auf vielerlei Weise bemerkbar. Es geht auch um die subjektive Fehlanpassung: der Mensch, der nicht zu seinem Gegenüber paßt und daher ebenso zum Anführer werden kann wie zum Aussteiger. Es gibt die Fehlanpassung der ganzen Gemeinschaft – bis zur falschen Beziehung der gesamten Menschheit z. B. zur Natur, selbstredend mit lokalen Ausnahmen. Unter diesem Titel kann man auch den bedenkenlosen Umgang mit Vorräten, Bodenschätzen und Energiequellen (unseren Ressourcen, wie man heute zusammenfassend sagt) subsumieren, die sorglose Ausstreuung von Abfall jeder Art vom Müll bis zur Strahlung, vom Lärm bis zur unerwünschten Reklamesendung.

Das System – Erste Überlegung

Nun ist der Punkt erreicht, wo der Begriff des Systems erläutert werden muß. Dem Wort *System* werden ja zahlreiche Bedeutungen unterlegt, von denen einige für unser Thema von Wichtigkeit sind. Den Beginn unserer Darstellung wird das System als *Ordnungs- und Gliederungsprinzip*, und das Vorgehen nach diesem Prinzip (Vorgehen mit System) bilden. So wichtig dieses Konzept ist und so häufig es auch in der Informationstechnik angewandt wird, es steht geradezu im Gegensatz zu jenem Systembegriff, der durch die Informationstechnik die höchste Förderung erhält: das System als Organismus und als Komplex gemeinsamer Funktion. Durch ihre Querverstrickungen aber entziehen sie sich der simplen Ordnung; die aufzählende Gliederung (etwa der Körperteile oder der Bauteile des Computers) gibt eine ungenügende Vorstellung der Funktion. Gemeinsam ist beiden Systembegriffen die Ausrichtung auf das Ganze. Man darf aber nicht nur das Endprodukt betrachten, sondern muß auch die Genesis mit einbeziehen. Das werden wir in einem doppelten Sinn tun, indem wir den Turmbau von Babel ins Bild holen.

Ein Beispiel für die hierarchische Gliederung ist die Ordnung der Pflanzen nach Linné, wo alle Pflanzen nach Stamm, Klasse, Ordnung, Familie, Gattung und Art geordnet werden. Tiere, Materie oder Literatur kann man mit dem gleichen Verfahren ordnen; es sind riesige Entscheidungsbäume, in denen jedes Individuum der Kategorie seinen bestimmten Platz hat. Man kann diesen Platz finden, indem man den Entscheidungsbaum durchläuft (in der Dezimalklassifikation folgt man der Nummer).

Es ist daher verlockend, in den Glauben zu verfallen, daß alles Denkbare in derartige Bäume geordnet werden kann. Ein charakteristischer Gedanke dazu ist eine (künstliche) Sprache, eigentlich eine Hauptworthierarchie, in welcher die Knotenentscheidungen jeweils abwechselnd durch Vokale und Konsonanten bezeichnet werden. Nehmen wir für ein erläuterndes Beispiel an, daß die Technik in einer universalen Systematik durch die Folge O-T-E-N lokalisierbar wäre. Dann heißt sie in dieser Sprache *Oten*. *Otem* könnte die Mathematik sein und *Otep* die Physik, es braucht nur wenig Phantasie, um eine solche Sprache einzurichten. Das folgende Bild zeigt die Möglichkeiten einer Fortführung, etwa von der Technik, *Oten*, in

A	Bauwesen	(Otena)
E	Maschinenbau	(Otene)
I	Elektrotechnik	(Oteni)
O	Technische Chemie	(Oteno)
U	Verkehr	(Otenu)
Y	Informatik	(Oteny).

Die Informatik wäre zu untergliedern in

B	Hardware	(Otenyb)
C	Software	(Otenyc)
D	Systeme	(Otenyd)
F	Anwendung	(Otenyf)

Warum kann sich eine solche – doch zweifellos nützliche – Systematik des Wissens und der Sprache nicht durchsetzen? Aus mehreren Gründen: Die Redundanzfreiheit gäbe Anlaß zu vielen Irrtümern und Fehlern; man müßte das System mit nützlicher Redundanz ausstatten. Aber gewichtiger noch ist eben die Fähigkeit des menschlichen Geistes, eine Sachlage, ein Ordnungsprinzip auf viele verschiedene Weisen anzusehen, und die meisten verlangen ihre eigene Systematik. Eine einzige wäre eher hinderlich als nützlich. Statt mit Vokalen und Konsonanten ist eine solche Systematik mit Zahlen bei der Dezimalklassifikation (DK) der Wissensgebiete eingeführt worden, die zwar benützt wird, aber ohne große Freude. Und es läßt sich auch gleich ein neues Feld anführen, das bei der DK zu Problemen führte. Als die *Kybernetik* aufkam, hätte sie einen Platz so weit oben gebraucht, daß Technik und Biologie als Unterzweige erschienen wären, was niemand wollte. In jeder Bibliothek mußte man daher erst herausfinden, an welcher Stelle sie der verantwortliche Bibliothekar untergebracht hatte – unvermeidlich auf willkürliche Weise.

Was dem einen Ordnung ist, kann dem andern als Unordnung erscheinen. In der Zeit des Nationalsozialismus konnte System daher zum Schimpfwort werden: Die Systemregierung vertrat eine Ordnung, die von Hitler bekämpft wurde.

Mit neuen Einsichten, von Generation zu Generation können sich die Ordnungsbegriffe ändern; sie sind nichts Absolutes. Systematische Ordnung ist in vielen Fällen die Baumordnung – wie eben die Dezimalklassifikation, wo jede Dezimalstelle über zehn Zweige entscheidet und daher die Zahl der ordenbaren Begriffe verzehnfacht: 12 Dezimalen ordnen eine Billion Begriffe. Es bestehen aber immer wieder auch Querbeziehungen innerhalb des Baumes, auf verschiedenen Ebenen, zwischen beliebigen Zweigen des Baumes. Die Querbeziehungen können eine neues, sehr kompliziertes System bilden. System ist nicht identisch mit Systematik.

Anfangs hilft man sich mit Verweisen, und die Flexibilität des Computers kann daraus wirkliche Vielfachsysteme, ineinander verzahnte Systeme machen. Die Idee der relationalen Datenbank ist eine der vorgeschlagenen Lösungen für diese Situation.

Man erkennt als allgemeine Wahrheit: Systematische Ordnung ist ungeheuer nützlich, aber sie hat ihre Grenzen. Lebendige Systeme – organisch und geistig – kann man mit einer einfachen Systematik nicht erfassen. Die Systemtheorie kann nicht mit einfacher Systematik aufwarten, sie wird zwar mit Vereinfachungen arbeiten müssen, mit wirksamen Modellen, aber sie wird ständig vor diesen Vereinfachungen warnen müssen: Die Wirklichkeit ist bunt und kann sehr unsystematisch sein. An dieser Unsystematik können unsere Projekte argen Widerstand finden und sogar scheitern. Diese uralte Wahrheit wird nun, ehe wir die Linie der Gedanken weiter verfolgen, durch ein biblisches Gleichnis illustriert, ein Gleichnis, das sich auf unser Thema in mindestens dreifacher

Bild 5.1. Der Turmbau von Babel (Kunsthistorisches Museum, Wien)

Weise anwenden läßt. Unter den vielen Hunderten von Bildern eignet sich am besten die Darstellung durch Pieter Bruegel (1529–1569, man könnte auch Breughel schreiben, aber er signierte *Bruegel MCCCCCLXIII*, Bild 5.1).

Der Turmbau von Babel

Eine Reproduktion davon hing fast von Beginn an im Entwicklungsraum des *Mailüfterls*. Das Gemälde bezieht sich auf die Genesis, Kapitel 11, Vers 1 bis 9. Ich gebe das Zitat in freier Übersetzung wieder, ein wenig in unsere Sprache modifiziert:

> Alle hatten eine Sprache und einerlei Wörter.
> Im Lande Schinar beschloß man, einen Turm zu bauen,
> mit Ziegeln statt Steinen und mit Erdharz statt Mörtel.

Es wird ein Turm der zweiten Generation, mit einer innovativen Technik, die eine viel feinere Architektur erlaubt.

> Die Spitze des Turmes sollte bis zum Himmel reichen; man wollte sich einen Namen machen mit diesem Projekt.

Es ist ein Superprojekt, das an die Grenzen menschlichen Könnens strebt. Und sich *einen Namen machen*, das heißt Beständigkeit und Wesensverbindung anstreben: Man identifizierte sich mit der Unternehmung.

> Gott wirft nur einen kurzen Blick auf das werdende Weltwunder und – ohne wie sonst in Verhandlungen mit den Menschen einzutreten – verwirrt er ihre Sprache und zerstreut sie.

Die Verwirrung ist also inhärent, sie liegt an der Natur des Projekts. Seine Größe verlangt Mitarbeiter äußerst verschiedener Mentalität, und daraus erwachsen Sprachdifferenzen.

Es ist sofort zu erkennen, daß diese Schriftstelle nichts von ihrer Bedeutung verloren hat; sie gilt für viele Unternehmungen aller Jahrhunderte und auch unserer Zeit. Und die Anwendung auf den Computer bietet sich auf mehr als eine Weise an. Das wurde von den Informatikern auch erkannt, und man findet den Babylonischen Turm in vielen Schriften.

Für mich wurde der Anlaß für die Assoziation ein Besuch in Göttingen in den frühen fünfziger Jahren. Die Arme-Leut-Häuser in der gigantischen Kolosseum-Architektur, die im Gegensatz zum Turm selbst bereits bewohnt sind, kleben in der Fassade, wie ich es an einigen Zusatzröhren bei einer der Göttinger Maschinen sah (später fand man natürlich einen Platz im Innern). Bei aller Planung kommt es eben immer wieder vor, daß ein Webfehler auftritt, den man nachträglich korrigieren muß, so gut es geht. Der Turmbau von Babel war eine ständige Mahnung an die menschliche Unzulänglichkeit, die sich gerade bei einer Computerentwicklung mit ihren algorithmischen Perfektionsprinzipien immer wieder bemerkbar macht und die zur Bescheidenheit, ja zur Demut einladen sollte.

Es ergaben sich aber zwei weitere Deutungen, nämlich die Sprachverwirrung bei den Computersprachen, die den babylonischen Turm immer wieder in Zusammenhang mit dem Computer brachte, und eine Systemdeutung, die ich jedoch für die nächste Vorlesung zurückstellen möchte.

Hier geht es mir um die Sprachverwirrung, die aus der Entwicklung der Einsicht erwächst. Solange die Technik in kleine, überschaubare und einigermaßen isolierte Felder geteilt war, bestand die Sprachverwirrung aus der Entwicklung einzelner Jargons, die man eben bei der Einarbeitung erlernte. Wenn eine Unternehmung aber zum Turmbau wird, der bis zu den Wolken reicht, zu einem Generalprojekt bis an die Grenzen des menschlichen Wissens und Könnens, dann gehen die lokalen Fachsprachen in ein Chaos über, die Mentalitätsunterschiede fügen zur Verwirrung noch alle Arten Spannungen hinzu, und die Mannschaft wird geistig in alle Winde zerstreut. Die heutige technische Welt ist zu einem solchen Turmbau geworden, und die Computerwelt im besonderen fügt einen abstrakten Turm ebenso gewaltiger Dimensionen hinzu. Das alles entspricht dem 11. Kapitel der Genesis, und Bruegels Bild als

Symbol im Entwicklungsraum des *Mailüfterls*, dann im Sitzungszimmer des damaligen Wiener IBM-Laboratoriums und auf den Umschlagbögen der ersten IFIP Working Conference erscheint heute noch tiefgründiger als damals. Denn die Hoffnung, daß die Verwirrung auf den Wegen der Metaebene eingedämmt werden könnte, hat sich nicht erfüllt. Für wen immer der König auf Bruegels Bild steht: Das Management, die Führungen jener Institutionen, die der Verwirrung hätten Zügel anlegen können, haben weder die Chancen einer einheitlichen Programmiersprache, einer einheitlichen Systemsprache, noch einer einheitlichen Metasprache ergriffen. Internationale Strukturen wie die UN- oder die Europa-Bürokratie erweisen sich als ebenso hilflos wie die nationalen Administrationen; sie fügen den Tausenden laufender Entwicklungsprojekte Hunderte hinzu, aber sie vermögen nicht für eine Konsistenz der Ausdrucksmittel und Werkzeuge zu sorgen. Wir müssen mit der Verwirrung leben.

Die Vielfalt der Mentalitäten und Sprachen steht in einem bemerkenswerten Kontrast zur Einheitlichkeit technischer Produkte auf der ganzen Welt. Autos und Telephone, Chips und Computer sehen überall gleich aus und haben die gleichen Grundfunktionen. Sie wären für globale Systemlösungen geeignet, und es gibt zahlreiche recht nützliche Ansätze. Im Welttelephonnetz haben wir sogar ein einheitliches Weltsystem imponierender Funktion erreicht. Aber das darf über die Hoffnungslosigkeit auf der Sprachebene nicht hinwegtäuschen. Die Flexibilität des Computers erlaubt jeder Mentalität die Ausprägung eigener Strukturen, eines eigenen Jargons und eigener Programmierverfahren. Die Billigkeit mächtiger Anlagen macht individuelle Lösungen möglich.

Nicht die Bautechnik scheitert. Gerade Bruegel macht deutlich, daß der Fertigstellung weder Planungs- noch technische Herstellungsschwierigkeiten im Wege stehen. Die halbfertige Architektur macht die fertige offenbar – es dürfte nur eine Frage der Zeit sein. Nein, es ist die Systemschwierigkeit, die aus der Zielstrebigkeit Zerstreuung macht. In all seiner Gigantomanie ist der Turm technisch einfach: der Grundriß ein Kreis, der Aufriß ein Trapez, die Außenseite eine Kombination von Mauern und Bogenfenstern. Bruegel hat die Treppen ins Innere verlegt – bei den antiken Türmen waren sie eher außen. Heute würde man nach dem Aufzugsystem fragen (oder es vergessen): Wie kommt die Belegschaft bei Arbeitsbeginn in das Gebäude und bei Arbeitsende wieder heraus?

Hier beginnt das System; es setzt sich fort in der Versorgung der Bauleute, in ihren Arbeitsmethoden, und hat noch viele andere Aspekte. Die Hardware wird von der Software animiert, schon bei diesem Turmbau. Er sieht nur aus wie ein statisches Gebilde – er ist ein Organismus und auf Tausenden Wegen mit seinem Umfeld verbunden. Mit dieser Bemerkung vor den Augen des Lesers möchte ich wiederholen, was ich auch in der 5. Vorlesung tat: die Frage stellen, wieso der Betrachter des Bildes das Scheitern des Projektes nicht bloß aus seiner Kenntnis der Bibelstelle wissen, sondern auch dem Bild entnehmen kann – und die Antwort auf die 6. Vorlesung verschieben.

Lassen wir uns aber nicht zu weit in die Lüfte tragen, nicht bis zu den Wolken, in die der Turmbau ragt. Reduzieren wir die vielen Bilder, die hier aufsteigen wollen, zur nüchternen Tatsache, daß die Gesamtlösung schon beim ersten berühmt gewordenen Turmbau der Menschheit die Koordination von Einzellösungen verlangte, daß diese Koordination mit den verwendeten Beschreibungs-, Kommunikations- und Befehlssprachen zu tun hat, und daß bei Superprojekten die Gefahr der Verwirrung eingebaut ist.

Auch bei Unternehmungen, auf die nicht die Vorsilbe Super paßt, ist von einem gewissen Stand der heutigen Technik an die Systemlösung erforderlich, muß ihr organischer Charakter bedacht werden. Der erste Schritt auf diesem Gedankenweg ist die Systemtheorie, die in der Technik und – auf leicht unterschiedlichem Weg – in der Biologie entstanden ist. Der zweite Schritt ist die Betrachtung der Analogien zwischen technischen und biologischen Systemen, von der Kybernetik modern, gesellschaftsfähig und mediengerecht gemacht. Die weiteren Schritte gehen in verschiedene Richtungen.

Die Systemlösung verlangt weit sorgfältigere Entwurfsmethoden als die Einzellösung. Dem Entwurf ist die 6. Vorlesung gewidmet.

Was die Kybernetik angebahnt hat – die Ausnützung der Analogien zwischen technischen und biologischen Strukturen auf beiden Seiten – setzt sich in den Analogien zwischen menschlichem Denken und Computerprogrammen fort; die Künstliche Intelligenz hat in mehr als einer Hinsicht das Erbe der Kybernetik angetreten. Mit dieser Entwicklung wird sich die 8. Vorlesung auseinandersetzen.

Der Ursprung der technischen Systemtheorie

In den Jahren zwischen 1937 und 1943 hielt Prof. Dr. Karl Küpfmüller an der Technischen Hochschule Berlin eine Vorlesung, die dann im Jahre 1949 unter dem Titel *Systemtheorie der elektrischen Nachrichtentechnik* bei S. Hirzel in Stuttgart [1] erschien. Dem Wesen nach ist es eine Sammlung jener mathematischen Werkzeuge, die damals für die Theorie der Nachrichtenübertragung zur Verfügung standen; Küpfmüller hatte sich sogar Shannons Informationstheorie so sehr genähert, daß ihn nur wenige – allerdings mathematisch schwierige – Schritte davon trennten.

Neben der Werkzeugbeschreibung enthält das Buch nur wenig über Systembetrachtungsweisen, über „Philosophie" (im amerikanischen Sinn) der Systeme, und das ist schade, denn eine auf wenige Sätze beschränkte Bemerkung im Vorwort zur ersten Auflage zeigt, daß Küpfmüller das Wesen und die umfassende Bedeutung seiner Methodik voll erfaßt hatte. Diese Bemerkung lautet: Die *neuere Betrachtungsweise besteht darin, daß willkürlich bestimmte Eigenschaften der Systeme angenommen werden; es wird dann gefragt, wie sich ein so gekennzeichnetes System bei der Übertragung verhält. Für diese Art der Betrachtung schlage ich die Bezeichnung „Systemtheorie" vor.*

Die *willkürliche Annahme* steht für eine Idealisierung, für die Benützung von Annahmen, von denen man weiß, daß sie eigentlich nicht zutreffen, die aber den Umgang mit der Realität dadurch erleichtern, daß sie klaren Überblick und elegante Handhabung ergeben. Die Brücke zur Wirklichkeit wird durch nachträgliche Korrekturen geschlagen. Anders ausgedrückt, es werden Modelle verwendet.

Ein typisches Beispiel ist der Integralsinus, eine Funktion, die in der Wirklichkeit niemals auftreten kann, weil dafür eine unendlich lange Kette von Bausteinen erforderlich wäre. Diese Funktion schwingt, links aus dem Unendlichen kommend, langsam an, geht im Nullpunkt mit einer Steigung, welche der Zeit $1/f_0$ entspricht, in eine abklingende Schwingung um den Wert 1 über. Sie ergibt die grundlegende Modellvorstellung, daß einer Grenzfrequenz f_0 eine kürzeste Anstiegzeit von $1/f_0$ entspricht. Mit dem Modell kann man rasch und klar arbeiten; es ist eine Idealisierung mit unmöglichen Voraussetzungen, aber die Abweichung von der Realität ist nicht gravierend.

Die Nachrichtentechnik hat sich auf ihrem Weg von einfachen Betriebseinrichtungen zu komplizierten Filtern, Kanälen und Systemen von Beginn an vereinfachender Modelle bedient – verlustlose Filter, verlustlose Leitungen, das Konzept des Wellenwiderstands –, und sie hatte das Glück, daß die primitiven Modelle sich als äußerst nützlich, ja häufig als zielführend erwiesen. Die harten Forderungen im Krieg haben die Aufstellung und Entwicklung derartiger Modelle gefördert, die Modelle wurden vervielfacht und verfeinert; die Brücke zur Biologie ergab sich geradezu von selbst.

Die Kette, wie sie der übliche Übertragungskanal darstellt, ist das einfachste Modell für den schrittweisen Ablauf von Ursachen zu Wirkungen. Die Hauptaufgabe der Nachrichtentechnik war die getreue Übertragung der Signale, die Erhaltung der Kurvenformen, und dafür müssen neben anderen Bedingungen unnötige Energieverluste vermieden und unvermeidliche Energieverluste durch Verstärkung kompensiert werden.

Für ein Gespräch sind Hin- und Rückleitung erforderlich, und da sie an den beiden Enden verknüpft werden müssen, ist das Modell der Schleife bereits gegeben. Es wird in seiner Bedeutung erweitert durch die *Rückkopplungs- oder Regelschleife* (Bild 5.2), mit der je nach Einstellung

erhöhte Verstärkung,
Konstanthaltung,
Programmsteuerung und
Frequenzerzeugung

erreicht werden können. Der Bezug auf die Biologie ist evident: Die gleiche Struktur für die gleichen Zwecke hat die Natur angewendet, seit es höheres

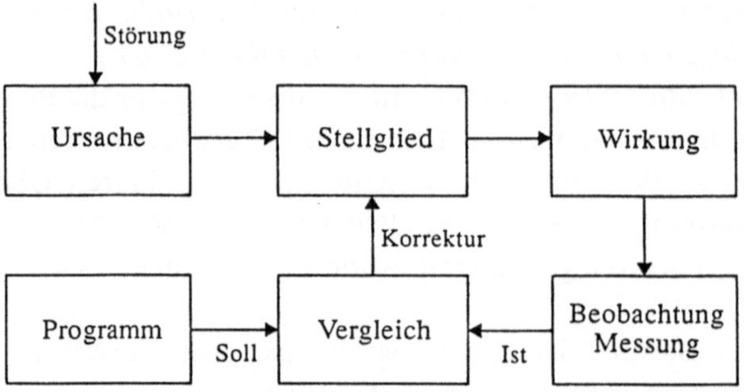

Bild 5.2. Die Regelschleife

Hierarchische Ordnung

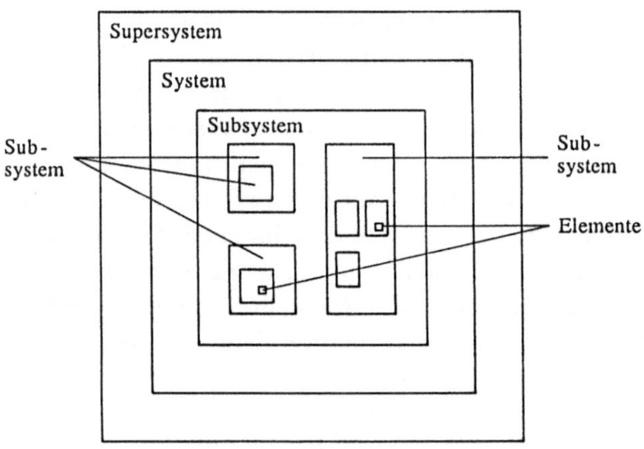

Vernetzung

Bild 5.3. Das formale System

Leben gibt, und die Biologen haben die zugehörige Mathematik entweder selbst gefunden oder aus der Nachrichtentheorie übernommen. Wir werden das bei der Einführung in die biologische Systemtheorie noch genauer schildern.

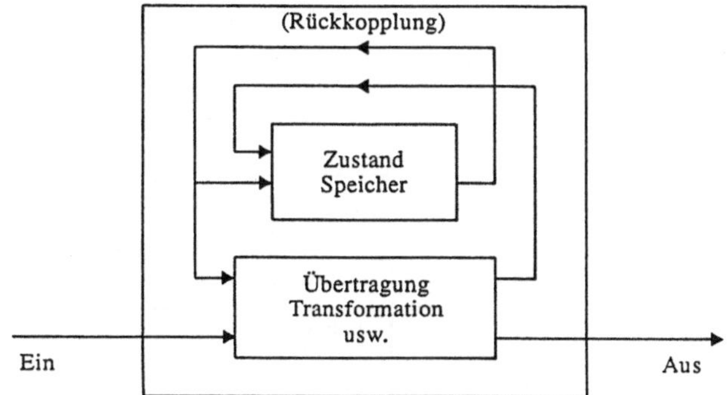

Bild 5.4. Die Grundstruktur des Subsystems oder des Elementes

Die Abstraktion in der Informationstechnik, besonders unter dem Einfluß des Computers, hat die technische Systemtheorie zu hoher Verallgemeinerung gebracht. Ob Material, Energie oder Information: man stellt sich logische und klare Systeme vor, nach unten meist mehrfach in Subsysteme gegliedert bis hinab zum Element (nach dessen Untergliederung man nicht mehr fragt) und nach oben in ein Supersystem eingebettet, das am Ende unsere Welt schlechthin ist. Für die Arbeitszwecke faßt man alles, nach unten wie nach oben, als logisch erfaßbar und logisch beschreibbar auf (auch wenn dies bloß eine Annäherung an die Realität darstellt); es kann eine hierarchische Ordnung sein oder eine Vernetzung (Bild 5.3). Und das Subsystem – als allgemeiner Fall – kann übertragen, transformieren und speichern (Bild 5.4). Hier ist die Darstellung noch sehr allgemein und daher vage; die Beispiele mit den Bildern 6.5 bis 6.9 in der nächsten Vorlesung – über Architektur – geben dann eine Vorstellung von den möglichen konkreten Fällen.

Die formale Systemtheorie kann aber noch viel weiter getrieben werden – z. B. durch statistische, durch indeterminierte Bauteile, und am Ende ist sie von der gleichen Weite wie die biologische Systemtheorie, auf die wir gleich zu sprechen kommen werden.

Kybernetik

Die Verallgemeinerung von der Konstanthaltung auf die komplexe Steuerung ist der Kern von Norbert Wieners Kybernetik [2] (Bild 5.5). Wie er selbst berichtet, ging die Idee von einem Forschungsauftrag der Luftwaffe für die Abwehr feindlicher Flugzeuge aus. Um ein feindliches Flugzeug abzuschießen, muß man erstens rasch feststellen können, wo es sich genau befindet. Dazu war die Funkmeßtechnik – die Radar-Technik, wie die Amerikaner sie nennen – entwickelt worden. Eine fokussierende Antenne schickt kurze Stromstöße zum

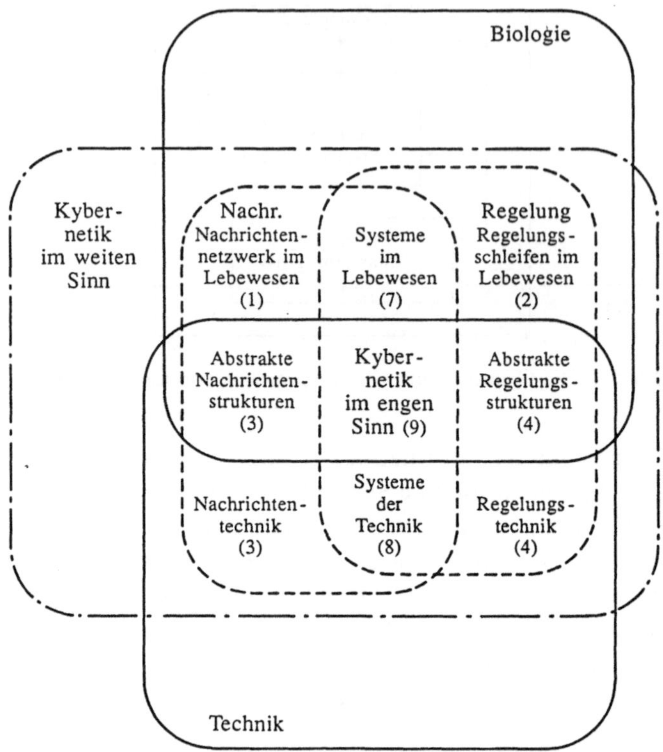

Bild 5.5. Mengendiagramm der Kybernetik

Himmel, und wo sich ein Flugzeug befindet, gibt es eine Reflexion. Aus der
Richtung der Antennenachse kann man die Richtung des Flugzeugs, aus der Zeit
zwischen Sendeimpuls und Reflexionsimpuls die Entfernung des Flugzeugs bestimmen. Die entsprechende Elektronik bot die Grundlagen für die Computerelektronik, und zahlreiche Computerpioniere kommen aus der Radartechnik.

Zweitens muß man genau auf die gemessene Stelle schießen können. Dafür
waren immer bessere Schießtabellen erforderlich, für die wieder verbesserte
Rechentechnik erforderlich war, einer der Anstöße für die Entwicklung des
Computers.

Damit ist das Problem aber nicht gelöst. Bis nämlich das Geschoß an der
gemessenen Stelle eintrifft, ist ein schnelles Flugzeug schon um so viel weiter
geflogen, daß es kaum getroffen wird. Man muß Vorhersage-Rechnungen
machen. Die zugehörige Theorie ist von Norbert Wiener aufgestellt worden; der
Titel des entsprechenden Buches lautet *Interpolation, Extrapolation, and
Smoothing of Linear Time Series* [3].

Der Pilot eines Flugzeugs, das unter Beschuß gerät, wird dadurch reagieren,
daß er möglichst unvorhersehbare Manöver macht, wobei er allerdings durch

seine Flugmaschine (Geschwindigkeit, Lenkbarkeit, Trägheit) eingeengt ist; auch der Mensch selbst begrenzt die Möglichkeiten; allzu große Seitenbeschleunigungen können ihn ohnmächtig machen.

Der agierende Pilot im feindlichen Flugzeug war wissenschaftlich betrachtet eine arge Systemstörung, und es war naheliegend, als Umkehrung auch den Menschen als System zu betrachten und dessen Eigenschaften zu studieren. Die amerikanische Tradition des interfakultativen Gesprächs ist daher ebensogut Wurzel der Kybernetik wie die Regelung und das Flugabwehrproblem. Und das Grundthema ist die verallgemeinerte Rückkopplung, wie sie durch das Bild des Steuermanns gegeben ist: Er soll einen Kurs halten, von dem das Schiff durch die verschiedensten Störkräfte weggetrieben wird. Mit Hilfe des Steuerrades regelt der Steuermann die Abweichungen auf Null zurück. Das ist ein sehr allgemeines Schema, das auf den Kühlschrank (Temperaturabweichungen) ebenso angewendet werden kann wie auf die Dampfmaschine oder den Elektromotor (Drehzahlabweichungen); in der Biologie werden Blutdruck und Körpertemperatur geregelt. Und wenn man nach etwas greift, regelt man die Handposition auf Nullabweichung von dem Gegenstand, den man ansteuert. Und da zeigte sich auch eine Analogie zu gewissen Fehlern in technischen Regelkreisen, die zu einem Überschwingen führen. Eine Analogie in der Medizin ist die Parkinsonsche Krankheit: Sie ist der Effekt einer Überrückkopplung.

Eine kybernetische Rückkopplung ist auch das Modell der Hechte im Karpfenteich. Werden es zu viele Hechte, so fressen sie zu viele Karpfen, und aus Mangel an Futter geht die Zahl der Hechte zurück, worauf sich die Karpfen wieder vermehren: Es entsteht eine Sinusschwingung beider Bestände.

Zur Kybernetik gibt es eine umfangreiche Literatur; viele Jahre war sie ein Lieblingsthema der Medien. Und es gibt auch eine besondere kommunistische Variante der Kybernetik: Nachdem sie zuerst als Humbug der Bourgeoisie verteufelt und verboten worden war, gab es eines Tages einen Umschwung, und sie wurde zu einer Säule des Dialektischen Materialismus. Der Slogan *Kommunismus ist Sozialismus plus Elektrotechnik* wurde erweitert auf *Kommunismus ist Sozialismus plus Elektrotechnik und Kybernetik.* Das konnte man eine Zeitlang auch vom Hotel Rossija in Moskau als Lichtreklame sehen. Auf all diese Züge und Spielarten der Kybernetik können wir hier nicht eingehen. Wir werden aber auf die kybernetischen Modelle zurückkommen, weil diese für eine Welt von Modellen der Informationstechnik Pate gestanden haben.

Der Ursprung der biologischen Systemtheorie

Die Übertragung regeltechnischer Gedanken in die Biologie ergab sich von selbst. Die Biologen brauchten nicht erst auf Ergebnisse der Ingenieure zu warten, sie fanden ihren Weg selbst. Daher entdeckten sie Ansatzpunke und

Vorläufer für die Kybernetik schon lange vor Norbert Wiener. Im deutschen Sprachbereich sind da W.R. Hess 1941 und R. Wagner [4] in den fünfziger Jahren zu nennen; in Rußland gab es einen ganz bemerkenswerten, aber so gut wie unbekannt gebliebenen Pionier der Kybernetik namens J.I. Hrdina (eigentlich war er ein Karpato-Ukrainer), der 1911 in Jekaterinburg (im Ural) ein Buch mit dem Titel „Dynamik der lebenden Organismen" herausgegeben hat.

E.v. Holst und H. Mittelstaedt haben im *Reafferenzprinzip* [5] das Rückkopplungsverfahren im Nervennetzwerk beschrieben; auch hier handelt es sich um eine Spielart der Kybernetik (Herr von Holst hat fliegende Vogelmodelle gebaut, tat jedoch alles, um sensationelle Pressemeldungen zu vermeiden), aber in streng biologisch-wissenschaftlicher Form.

Eine allgemeine Systemtheorie der Biologie hat der aus Österreich stammende Biologe Ludwig von Bertalanffy geschaffen und als *General System Theory* veröffentlicht [6]. Er sieht sie, wie die Kybernetik, als Supertheorie, und er zählt Theorien auf, die herangezogen werden können:

Computerisierung und Simulation mit ihren Theorien,
Compartment-Theorie,
Mengenlehre,
Graphentheorie,
Netzwerktheorie,
Kybernetik,
Informationstheorie,
Automatentheorie,
Theorie der Spiele,
Entscheidungstheorie,
Theorie der Warteschlangen.

Heute würde er wahrscheinlich die *Chaos-* und die *Katastrophentheorie* hinzufügen.

Die Allgemeine Systemtheorie Bertalanffys hat weltweite Beachtung gefunden und eine Flut von Literatur ausgelöst; in der Biologie hat sie ihren festen Platz gefunden. Ihrer Übertragung in die Informationstechnik steht aber der analoge Charakter im Wege: Sie arbeitet vorwiegend mit mathematischen, flächigen Funktionen – die logische Funktion und die Verknüpfung digitaler Systeme kann zwar von den Einsichten dieser Theorie und ihrer Hilfstheorie gewinnen, aber für eine Systemtheorie des Computers und computergesteuerter technischer Komplexe werden noch Jahre vorbereitender Arbeit erforderlich sein. Ein wichtiger Schlüssel dazu sind Modelle, auf die wir gleich zu sprechen kommen. Zuerst aber einige allgemeine Folgerungen aus den beiden Systemtheorien.

Allgemeine Folgerungen aus den beiden Systemtheorien

Mit den Systemen und den zugehörigen Theorien müssen sich viele Felder menschlicher Tätigkeit auseinandersetzen. Noch denken alle zu sehr in Einzellösungen. Die Technik muß den Systemcharakter der Natur bekommen. Das merkt man nicht rasch, solange man bloß hinter der Ökonomie her ist, obwohl allmählich die Einpassung ins Anwendungsfeld so große Kosten zu machen beginnt, daß der Systembegriff auch in dieser Sicht immer wichtiger wird.

Die Technik selbst hat in vielen Zügen Systemcharakter angenommen, der an die Systeme und Organismen der Natur erinnert, dem aber aus vielen Gründen die Ausgeglichenheit natürlicher Systeme fehlt (und selbst diese verlieren mitunter das Gleichgewicht – nicht immer bloß durch menschliche Einwirkung).

Eine der Hauptschwierigkeiten dieser Entwicklung liegt darin, daß der Großteil der Menschheit in technischer Umgebung lebt und mit Kettenstrukturen leidlich zurechtkommt, je nach Ausbildung mit einfachen bis zu sehr komplizierten, aber zu wenig Systemdenken erlernt hat (insbesonders muß man sich vor Augen halten, daß die antike und mittelalterliche Menschheit der heutigen im Systemdenken überlegen war).

Ob Ingenieur oder Arzt, Landwirt oder Politiker: Der Mangel wird immer gravierender. Die Informationstechnik könnte hier insofern besser wegkommen in der Beurteilung, als sie sich gezwungenermaßen immer mehr mit Systemen auseinandersetzt – aber gewiß immer noch nicht genug. Das wird in der nächsten Vorlesung über den Systementwurf deutlich werden.

Die Welt der kybernetischen Modelle

Es ist wieder in Erinnerung zu rufen, daß die Kybernetik sowie die Systemtheorie Modellcharakter haben. Es sind Reduktionen, bewußt und gewollt unrealistisch, denn es sind Arbeitsbehelfe, die unserer Ortientierung und unserem Verständnis helfen. Aber man darf das Modell nicht mit dem Vorbild, mit der Realität verwechseln. Wer selbst Modelle baut oder gebaut hat, ist da weniger in Gefahr – wer nur darüber liest, wer nur intellektuell bewundert oder ablehnt, kommt leicht auf falsche Geleise.

Es war für meine Entwicklung ungeheuer wichtig und für meine Einsicht in die Relation zwischen Formalität und Wirklichkeit, zwischen logischer Syntax und gewachsener Semantik von wesentlicher Bedeutung, daß ich die Grundmodelle der Kybernetik mit Hilfe meiner Studenten nachgebaut (und teils weiterentwickelt) habe. Denn die formale Definition von Sprachen oder die Architektur irgendwelcher Gebilde hat mit dieser gleichen Spannung zu tun. Es

Verfasser	*Spitzname*	*Effekt*	*T.H. Wien*
N. Wiener	Motte, Wanze	Lichtanziehung Lichtabstoßung	–
W. G. Walter	Elmer, Elsie	Unbedingter Reflex	–
W. G. Walter	Cora	Bedingter Reflex	E. Eichler
–	–	Gekoppelte bedingte Reflexe	A. J. Angyan & H. Kretz
W. R. Ashby	Homöostat	Homöostase Ultrastabilität	A. Hauenschild
C. E. Shannon	Maus im Labyrinth	Automatische Orientierung	R. Eier

Bild 5.6. Übersicht über die frühen Modelle

ist notwendig, in dieser Reihe immer wieder auf sie zurückzukommen – sie ist für das Verständnis so wichtig wie für den Gebrauch der Informationstechnik und all ihrer Anwendungen.

Das Buch *Kybernetik* von Norbert Wiener ist sehr abstrakt gehalten, und als ich es 1952 von meinem Chef erhielt, fand ich es erstens schwer zu lesen, und zweitens wußte ich nicht recht, was ich damit anfangen könnte. Aber ich hatte von kybernetischen Modellen gehört (Bild 5.6) – diese waren etwas Greifbares für einen Ingenieur – und in seinem zweiten Buch, *The Human Use of Human Beings*, beschrieb Wiener sein Modell der Lichtreaktion. Dafür führte er auch gleich die vereinfachenden Namen ein, die dann bei den andern Modellen auch angewandt wurden: Motte oder Wanze, je nachdem, ob auf Lichtanziehung oder Lichtvermeidung eingestellt wurde (Bild 5.7). Weit interessanter aber waren drei andere Modelle.

Die Maus im Labyrinth – ein Modell für automatische Orientierung

Dieses Modell wurde von C.E. Shannon ausgedacht. Wir haben es in Wien um den Ariadnefaden erweitert (Shannon hatte eher die Ratten im Sinn als den Theseus und den technischen Trick des Dädalos, der als Ariadnefaden bekannt ist). Auf ein Feld von Quadraten kann man Trennwände setzen und damit ein Labyrinth herstellen. Von einem Mechanismus unter der Ebene des Labyrinths (die Wiener Lösung verwendete Schienen eines Spielzeug-Eisenbahnsystems) wird ein Sucher (dem Shannon die Hüllenform einer Maus gab) bewegt, in den vier Windrichtungen. Man braucht daher zwei Bit, um die Richtung zu speichern, in welche der Sucher das Feld erfolgreich verlassen hat. Setzt man den Sucher wieder ein, auch irgendwo unterwegs,

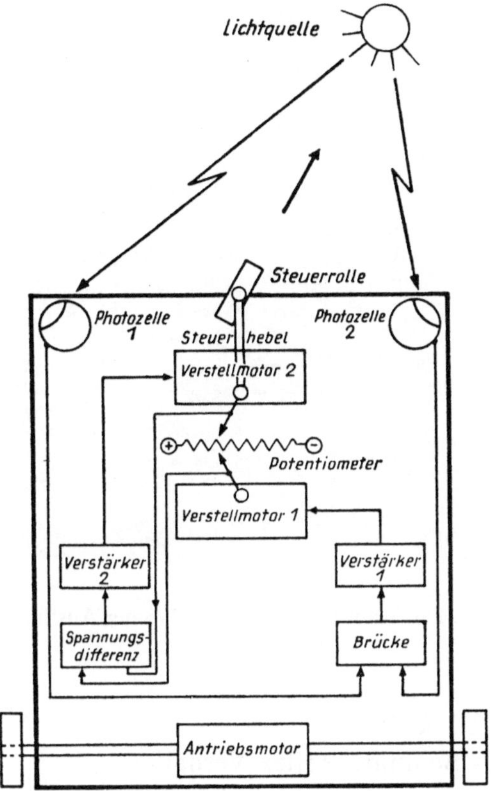

Bild 5.7. Motte oder Wanze nach Norbert Wiener (aus [7])

findet er den Weg auf Grund der gespeicherten Information und braucht nicht zu suchen.

Für den Ariadnefaden fügten wir in Wien dem Speicher pro Feld noch zwei Bits hinzu. Es gibt nämlich vier Fälle: (0) der Sucher war noch nicht auf diesem Feld, (1) der Sucher hat das Feld erfolgreich verlassen, (2) der Sucher mußte zurück, weil sich der eingeschlagene Weg als Sackgasse erwies (dann liegen zwei Fäden) und (3) es kämen drei Fäden zusammen; das würde einen Kreisweg schließen, und das muß vermieden werden (Shannon löste das Problem durch Mitzählen der Schritte – wenn ein Grenzwert überschritten war, konnte der Sucher nur kreisen, und das Programm ließ ihn ausbrechen). Im Wiener Modell wurde statt des hinzukommenden dritten Fadens eine (gedachte) Trennwand gesetzt. Das genügt für die Lösung beliebiger Labyrinthe. Und mit dem Ariadnefaden findet der Sucher, wie man weiß, auch wieder an den Ausgang zurück (was die Maus von Shannon nicht konnte). Das Wiener Modell war die Diplom-Arbeit [8] des jetzigen Ordinarius für Datentechnik an der TU Wien, Prof. Dr. R. Eier, und es steht jetzt im Technischen Museum Wien (Bild 5.8).

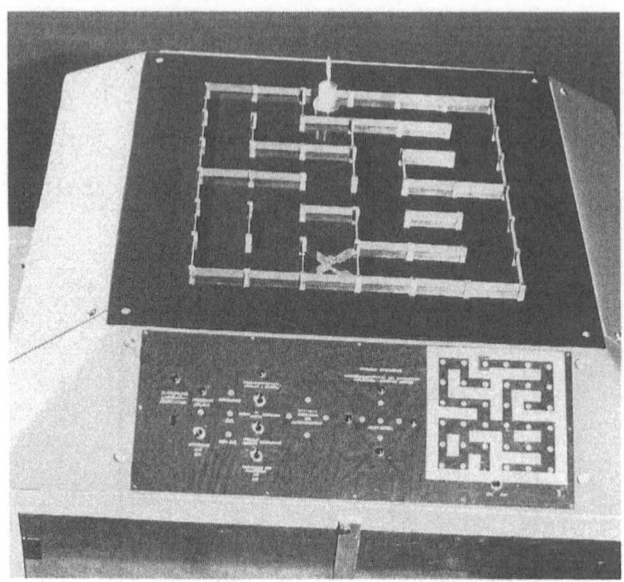

Bild 5.8. Die Maus im Labyrinth – Wiener Ausführung

Die künstliche Schildkröte –
ein Modell für das Bedingte-Reflex-Verhalten

Dieses Modell wurde von W.G. Walter ausgedacht [9]. Es realisiert das Schema des bedingten Reflexes nach Pawlow (der danach Hunde mit Hilfe eines elektrischen Summers dressierte): Der unspezifische Summerton wird vom Hund mit Fressen assoziiert, wenn er jedesmal ertönt, wenn der Hund Futter zu sehen bekommt und sich daher sein Speichelfluß erhöht. Nach etlichen Wiederholungen erhöht sich der Speichelfluß beim Ertönen des Summers, auch ohne daß Futter sichtbar wird. Wenn allerdings die Hoffnung auf Futter allzu oft enttäuscht wird, bildet sich der bedingte Reflex wieder zurück.

Das erste Wiener Modell von 1954 war bloß eine Nachbildung des Modells von Walter – die Diplomarbeit von Ewald Eichler; das zweite wurde 1960 als Diplomarbeit von Hans Kretz mit Hilfe des ungarischen Neurologen A. J. Angyan so weit ausgebaut, daß es echte Einsichten in das Reflexverhalten verschafft. Es geht außer um Schlaf- und Wachzustand um das Zusammenspiel zweier bedingter Reflexe; das Modell hat sechs Zustandsvariable, und wenn auch nicht 64 verschiedene Verhaltensweisen auftreten – mindestens 16 treten auf, und das ist kompliziert genug.

Außer der Ansicht (Bild 5.9a) wird auch noch ein Zustandsdiagramm (Bild 5.9b) wiedergegeben; damit kann man sich die Komplikation vorstellen. Im

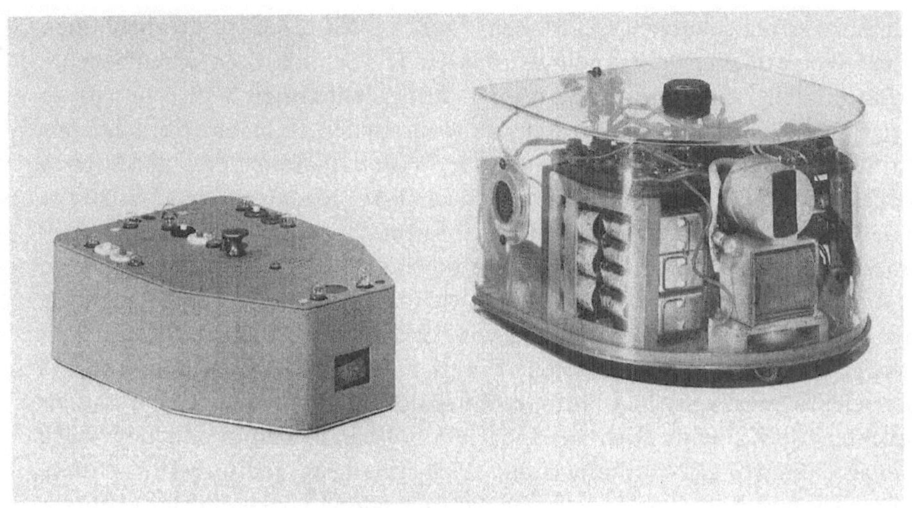

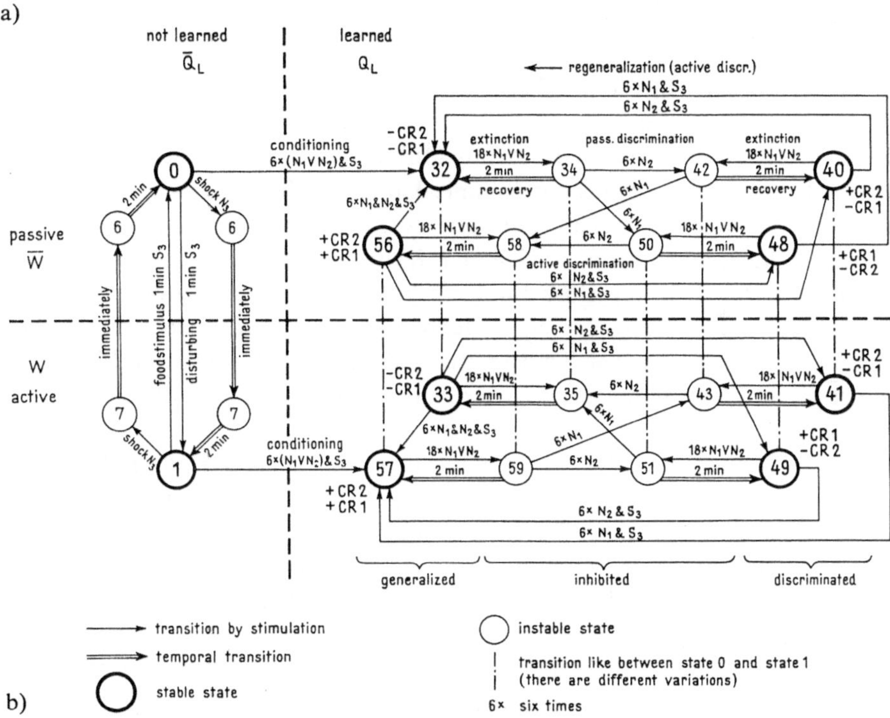

Bild 5.9. Die künstliche Schildkröte. a) Wiener Ausführung – Zweites und erstes Modell, b) Zustände des zweiten Modells (aus Zemanek, Kretz, Angyan [8])

Grunde ist es nie gelungen, das Modell – außer Fachleuten für den bedingten Reflex – einigermaßen vollständig zu erklären. Die Schildkröten waren beliebte Vorführmodelle; das erste wurde beim 1. Kybernetikkongreß 1956 in Namur gezeigt, und eine Sondervorführung für die russischen Teilnehmer brachte mir eine Sondereinladung der Akademie der Wissenschaften der UdSSR nach Moskau ein, für die beiden Wochen vor dem IFAC-Kongreß 1960. Das zweite Modell wurde beim 4. Symposium für Informationstheorie in London 1960 vorgestellt [9]. Es sind mehrere Ausführungen gemacht worden; eine ging an das Rockland State Hospital (das die Entwicklung finanziell unterstützt hatte), eines wurde auf der Weltausstellung von 1967 in Montreal gezeigt, und mit einem trat ich 1955 am zweiten Tag der regelmäßigen Sendungen des Österreichischen Fernsehens auf – nicht ohne Schwierigkeiten, denn damals brauchten die Kameras noch viel Licht, so daß das lichtempfindliche Modell nicht arbeiten wollte. Nur durch einige Tricks gelang es, den Auftritt zu retten.

Drei Exemplare dieses Modells und das folgende Modell kann man ebenfalls im Wiener Technischen Museum anschauen.

Der Homöostat – ein Modell für die Homöostase

Dieses Modell wurde von W.R. Ashby [10] ausgedacht, um die Homöostase abzubilden, ein Konzept des anglo-amerikanischen Biologen W. R. Cannon. Die Homöostase kann man mit den Automatismen erklären, die beim Menschen auftreten, wenn er sich der Kälte aussetzt. Zunächst kann der Organismus den Wärmeverlust durch stärkere Durchblutung ausgleichen; die Wangen röten sich. Das wäre ein einfacher Regelvorgang. Reicht dieser aber nicht mehr, dann schaltet sich automatisch ein inneren Zustand um: Man fühlt sich veranlaßt, Bewegungen zu machen, um auf diese Weise zusätzliche Wärme zu erzeugen.

Unser Wiener Modell – eine Diplomarbeit von A. Hausenblas – ist strukturell dem Original gleich, ich hatte nur das Glück, einen Studenten zu finden, der Zugang zu einer Plastikfirma hatte, und dadurch sieht das Wiener Modell weit eleganter aus, was Ashby sehr freute, als er es sah. Außerdem haben wir zur Illustration zwei Demonstrationszusätze hinzugefügt, ein Gesicht, das die vier Variablen durch Bewegung von Augen, Augenbrauen und Mundwinkel sichtbar macht (Bild 5.10), und einen Kasten, der zwei Lichtpunkte zeigt, die sich bei bestimmter Einstellung wie Katze und Maus oder wie zwei Boxer bewegen.

Der Homöostat ist komplexer als Maus und Schildkröte: Vier elektrische Variablen sind miteinander verknüpft, was man an kreisenden Instrumentenzeigern beobachten kann. Jede Variable beeinflußt also jede. Außerdem können sie entweder von außen verändert werden oder durch Drehschalter im Innern:

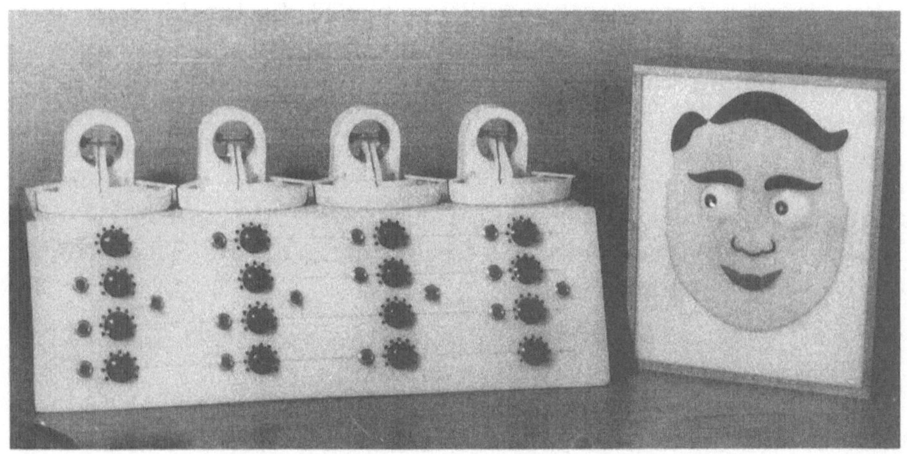

Bild 5.10. Der Homöostat – Wiener Ausführung

Wenn nämlich der Zeiger den Bewegungsbereich überschreiten möchte, dann macht der Drehschalter (mit einer angebrachten Verzögerung) einen Schritt; alles verändert sich, bis das System eine Stellung findet, in der alles im Gleichgewicht, in Ruhe ist. Überdies hat diese Struktur die Eigenschaft der Gewöhnung – ohne daß sie beim Entwurf geplant gewesen wäre.

Die kybernetischen Modelle haben für die Übertragung informationstechnischer Gedanken und Modelle in die Biologie außerordentliche Bedeutung gehabt und große Fortschritte gebracht. Zugleich aber haben sie natürlich auch das maschinell-formale Denken in der Biologie und Medizin gefördert und die Vorstellung von der Menschmaschine: Vom Lebewesen bis hinauf zum Menschen. Das wird uns in der 8. Vorlesung beschäftigen. Die Systemvorstellung aber ist nicht maschinengebunden; sie muß gefördert und kultiviert werden.

Das System – Zusammenfassung

Wir kommen auf diesen verschiedenen Wegen zu einer speziellen Definition des Systems, die den durch die Informationstechnik gebildeten, gesteuerten und geförderten Systemen optimal entgegenkommt.

Ein System (Bilder 5.3 und 5.4) besteht aus Untersystemen und dieses auch wieder aus Untersystemen. Nach oben hin endet diese Betrachtung zuerst im Gesamtsystem und dann in der Einbettung des Gesamtsystems in einem Supersystem: In der Umgebung des Systems, letztlich in die Welt, in der wir und die Technik leben. Nach unten kann man bei „Elementarteilen" aufhören, deren innere Gestaltung nicht behandelt wird.

So wird das Untersystem zum Zentralbegriff. Es hat Eingänge und Ausgänge, z. B. für Material, Energie und Information, und in seinem Innern gibt es Einrichtungen für die Veränderung (Bearbeitung) und für die Speicherung. Entweder ist das Untersystem von formaler Natur (wie etwa ein Computer oder seine Untersysteme) oder es ist nicht formal. In diesem Fall entwirft man ein formales Modell, damit man es im Computer laufen lassen kann oder als Grundlage für die Zusammenarbeit des Systems mit dem Computer. Im formalen System sind alle Beziehungen durch mathematische oder logische Formeln ausdrückbar.

Das System des täglichen Lebens

Man könnte nun meinen, daß Systeme nur öffentliche Probleme sind, Probleme großer Strukturen, und daß der Einzelne, der normale Staatsbürger davon kaum betroffen ist – höchstens soweit er eben mit den großen Systemen zu tun hat. Aber das wäre der gleiche Irrtum wie jener, der den Computer für ein Werkzeug großer Systeme hielt – der Personal Computer hat diesen Irrtum gründlich korrigiert. Und der Personal Computer hat auch in den folgenden Überlegungen seinen zentralen Platz.

Es soll nun gezeigt werden, daß jeder Bürger unserer hochtechnisierten Welt, von irgend einem mittleren Niveau, von einer gewissen Stufe des wirtschaftlichen oder beruflichen Erfolges an, bereits heute einem privaten System nicht geringer Komplikation angehört, einem System, das natürlich an vielen Stellen mit den Großsystemen von Unternehmen und Ämtern in aktiver Verbindung steht. Man muß es nur einmal richtig durchüberlegen. Wir wollen uns mit der folgenden Tafel von Hauptwörtern begnügen:

Wohnungsfunktionen
    Schlüssel für Wohnung, Haus, Keller, Garage, Briefkasten
    Klingel, Türöffner, Sprechanlage
    Einbrecher-Alarm
Information
    Uhren, Telephon, Telex, Telefax, Elektronische Post, Radio, Fernsehen
    Brief- und Paketpost, Zeitung, Zeitschriften
    Reklame
    Bücher, Platten, Bänder – öff. Bibliothek
    Photos, Dias, Filme, TV-Bänder (Kamera)
Energie
    Elektrizität, Gas, Öl, Kohle
    Heizung, Kühlung, Klima

Material
    Zustellung von Briefpost bis Möbel
    Eßwaren, Getränke
    Wasser, Warmwasser
    Müllabfuhr, Sperrmüll, Abwasser, Kanal
Transport
    Stiege, Aufzug, Wagen, Garage
    Haltestelle, Bahnhof, Hafen, Flugplatz
    Parkmöglichkeiten
    Reservierung, Fahrkartenbeschaffung
    Gepäck
Geld
    Zähler-Ablesung, Verrechnung
    Bargeld, Kreditkarte, Scheck
    Sparkasse, Bank, Kreditkarten-Firma
    Versicherungen
    Gehalt, Pension, Steuer
Recht
    Notar, Rechtsanwalt, Gericht
    Zeuge, Geschworener
Gesundheit
    Arzt, Apotheke, Labor
    Routine-Untersuchung, Impfung
    Krankenwagen, Spital, Kur
    Bestattung, Grab, Grabschmuck und Pflege
Kultur
    Theater, Oper, Konzerthaus, Festspiele
    Musik, Instrumente, Noten
    Museum, Ausstellung, Kino, Fernsehen
    Restaurant, Disco, Ball, Feste
    Sitzplatzreservierung
Persönliches
    Kirche, Schule, Sport, Politik
    Freizeit, Vereine
    Ausflüge, Reisen
Behörden
    Stadt oder Gemeinde, Land, Staat
    Wahl, Volkszählung
Nebenwohnung
Verknüpfung mit dem Beruf

Ich bin sicher, daß die Liste unvollständig ist, aber Vollständigkeit ist nicht ihr Zweck, sondern nur der Hinweis auf die Situation.

Nicht alle diese Hauptwörter müssen Systemzugehörigkeit bedeuten, aber sie könnten ein System bilden und einem persönlichen System angehören – sie werden in steigendem Maß mit anderen Systemen zu tun bekommen. All diese Systeme haben die Tendenz, miteinander in Beziehung zu treten. Und das ergibt eine Komplikation, deren man auf lange Sicht nur mit einem Computer Herr wird. Nur ist es mit dem Kauf von Gerät und Programmen nicht getan. Man wird sich bald nicht mehr auskennen in der Unübersichtlichkeit und Komplikation. Man wird, so wie man heute einen Steuerberater braucht, in Zukunft einen Systemarchitekten brauchen, der bei der Koordination der persönlichen Systeme und ihrer Außenbeziehungen behilflich ist.

Damit sind wir noch einmal beim Entwurf: Es genügt nicht, die Systeme so zu nehmen, wie sie sind. Es genügt auch nicht, an die Systeme mit Allgemeinkenntnissen heranzugehen. Der Entwurf wird immer mehr zum entscheidenden Punkt der technischen Welt und des privaten Lebens. Das Thema der sechsten Vorlesung folgt unmittelbar aus der fünften: Systementwurf ist mehr als herausisolierte Problemlösung. Es ist nicht bloß notwendig, daß die Teile der technischen Systeme zueinander passen, sondern es muß das hinzukommende System zu dem bereits bestehenden passen, und das Ganze muß sorgfältig in sein Umfeld einbettet werden, auch in das nicht-technische Umfeld. Der technische Entwurf verlangt in unserem Zeitalter eine erweiterte Sicht, die nicht von selbst kommt. Es geht um eine Verallgemeinerung des Architekturbegriffs.

Literatur

[1] K. Küpfmüller: Die Systemtheorie der elektrischen Nachrichtenübertragung. S. Hirzel, Stuttgart, 1. Aufl. 1949, 2. Aufl. 1952, 392 S.

[2] N. Wiener: Cybernetics or Control and Communication in the Animal and in the Machine. Technology Press Cambridge MA, J. Wiley New York, Herrmann & Cie Paris 1948, 194 S.
deutsch: Kybernetik oder Regelung und Nachrichtenübertragung im Lebewesen und in der Maschine. Econ Verlag, Düsseldorf 1963, 287 S.
H. Zemanek: Kybernetik. Elektron. Rechenanlagen *6* (1964) 169–177
H. Zemanek: Über künstliche Intelligenz. Der Nervenarzt *35* (1964) 5–11

[3] N. Wiener: Interpolation, Extrapolation and Smoothing of Linear Time Series. MIT Press und J. Wiley, New York 1949, 4. Aufl. 1960, 163 S.

[4] W.R. Hess: Die Motorik als Organisationsproblem. Biologisches Zentralblatt *61* (1941) 545–572
R. Wagner: Probleme und Beispiele biologischer Regelung. Thieme, Stuttgart 1954

[5] E.v. Holst, H. Mittelstaedt: Das Reafferenzprinzip. Naturwissenschaften *37* (1950) 464–476

[6] L. von Bertalanffy: General System Theory. Foundations – Development – Applications. Pinguin Press, London 1971, 311 S., vorher: G. Braziller, New York 1968

[7] N. Wiener: The Human Use of Human Beings (Cybernetics and Society). Deutsch: Mensch und Menschmaschine. Ullstein Buch Nr. 184, Ullstein, Frankfurt 1958

[8] C.E. Shannon: Presentation of a Maze-solving Machine. Trans. Eighth Cybernetics Conference 1951 (H. v. Foerster, Ed.) J. Macy Foundation, New York 1952, 173–183
R. Eier, H. Zemanek: Automatische Orientierung im Labyrinth. Elektronische Rechenanlagen *2* (1960) 23–31

[9] W.G. Walter: The Living Brain. Duckworth, London 1953, 216 S.
H. Zemanek, H. Kretz, A.J. Angyan: A Model for Neurological Functions. In: Proc. Fourth London Symposium on Information Theory. London 1960 (E.C. Cherry, Ed.) Butterworths, London 1961, 270–284
H. Zemanek: La tortue de Vienne et les autres travaux cybernétiques. In: Actes du 1er Congrès International de Cybernétique, Namur 1956 (R. Boulanger, Ed.) Gauthier Villars, Paris 1959, 770–780

[10] W.B. Cannon: The Wisdom of the Body. London 1942
W.R. Ashby: Design for a Brain. Chapman & Hall, London 1952, 286 S.
A. Hauenschild: Der Homöostat. Staatsprüfungsarbeit an der TH Wien 1956

6. Vorlesung

Architektonische Leitideen für Systeme

Gedanken zu einer Theorie des Entwurfs

Die gegenseitigen Abhängigkeiten, aber auch das Bedürfnis nach Stil haben den Entwurf zu einer Aufgabe gemacht, für welche die technische Ausbildung nicht ausreicht. Wie im Bauwesen müßte zwischen Bautechnik und Architektur unterschieden werden. Und die Architektur müßte vom Bauwesen auf jede Art von Systementwurf verallgemeinert und nach den Prinzipien, die Vitruv schon vor 2000 Jahren aufstellte, zu einer Sammlung von Leitideen und zu einem besonderen Studien- und Arbeitsgebiet gemacht werden.

Einführung

Die fünfte Vorlesung hat gezeigt, daß die Technik im allgemeinen und die Informationstechnik im besonderen sich in einem Übergang von der Einzellösung zur Systemlösung befinden. *Systemlösung* heißt erstens, daß die Teile einer Lösung ein System bilden müssen, ein *Zusammengestelltes*, dessen Teile in einem höheren Sinn als nur durch Aneinanderfügen zusammenpassen. Sie sollten *symmetrisch* sein im alten griechischen Sinn des Wortes, also nicht gespiegelt, sondern einander zugemessen, wofür man heute das Wort *kompatibel* eingeführt hat. Und zweitens sollte das technische System in sein Umfeld passen, welches auch wieder als System erscheint, manchmal als technisches System, oft aber auch als menschlich-organisches System. Wir haben daher die Kybernetik als brauchbare Betrachtungsweise herangezogen, weil sie den Organismus als Gemeinsamkeit von biologischer und technischer Struktur herausstellt. Und wir haben bedauert, daß es keine Theorie der Organisation gibt.

Wir haben darauf hingewiesen, daß das ausgewogene System und das eingepaßte System besondere Entwurfsvorgangsweisen brauchen. Die Kompatibilität läßt sich nicht nachträglich oder in der letzten Entwurfsphase über eine Lösung stülpen – Kompatibilität und Konsistenz müssen von Beginn an Grundlage des Entwurfs sein, so wie das biologische System aus mehreren Gründen zu einem kompatiblen und konsistenten Organismus führt. Die Entwicklung des Gesamtorganismus aus einem Genrezept ist ein wichtiges, aber nicht das einzige Prinzip; die Spezialisierung eines Organs aus der General-Zelle etwa führt zur Kompatibilität.

Was einen Entwurf zu einem guten Entwurf macht, ist nicht einfach zu beantworten und schon gar nicht durch einen Algorithmus beschreibbar. Diese Vorlesung will Gedanken zur Beantwortung dieser Frage beitragen.

Die Kunst des Entwurfs

In der Technik herrscht die allgemeine Auffassung, daß die Beherrschung der Mathematik und Physik eines Fachgebietes, erweitert durch Kenntnis der technischen Lösungen der Vergangenheit, den jungen Ingenieur befähigt, auch gute Entwürfe zu machen. Nur *ein* technisches Fachgebiet hat bisher Entwurf und Ausführung in zwei Studienrichtungen getrennt – Architektur und Bauingenieurwesen. Es wird angebracht sein, das Bauwesen und die Gebäude-Architektur als Vergleichsfeld heranzuziehen – und ich habe das bei meinen diesbezüglichen Studien auch getan. Ich trage – mit anderen Worten – in dieser Vorlesung eines meiner Arbeitsgebiete vor. Als mir die IBM Corporation im Jahre 1976 durch die Ernennung zum IBM-Fellow die Möglichkeit gab, Forschung auf einem Feld meiner Wahl zu betreiben, wählte ich die Computer-Architektur, über die ich bereits 1975 einen Vortrag bei einer NTG-Fachtagung in Wien gehalten hatte [1]. Einen weiteren Vortrag hielt ich 1978 in Madrid [2] und einen dritten 1979 in Kopenhagen [3]. Dazu kommen etliche Veröffentlichungen, die als Varianten der Vorträge gelten dürfen [4]; die letzte nimmt das Auto in besondere Betrachtung. Zu meinem Kummer aber habe ich meine Fellowzeit nicht durch einen umfassenden Bericht oder gar ein Buch abgeschlossen, sondern das Thema blieb offen. Und auch heute noch, nach 15 Jahren der geistigen Auseinandersetzung mit dem verallgemeinerten Architekturbegriff, kann ich keine geschlossene Darstellung bringen, weil ich immer noch nicht weiß, wie man das Thema geschlossen darstellt. Noch habe ich aber Hoffnung, und vielleicht gelingt es mir, dieses dritte Großkapitel meines Lebens in passender Weise zusammenzufassen. Bisher hat es sich als zu sperrig, als zu wuchernd, unter meinen Händen und in meinen Überlegungen aus der Fasson wachsend erwiesen, voller Querbeziehungen, die nach weiteren Überlegungen rufen. Aber mitteilenswert scheint mir dennoch zu sein, was ich bisher erarbeitet habe, und es freut mich ganz besonders, darüber eine Vorlesung dieser Reihe zu halten.

Beginnen möchte ich mit einer Geschichte des Begriffes der Computer-Architektur und mit einem Bericht über meine Bemühungen, aus der Gebäude-Architektur Nutzen für meine Überlegungen zu holen.

Zunächst aber möchte ich die Verbindung mit der letzten Vorlesung aufnehmen; ich habe ja eine Rätselfrage hinterlassen, die sich auf das berühmte Gemälde von Pieter Bruegel über den Turmbau von Babel bezog. Woher kommt es, daß man die Katastrophe der Unternehmung nicht bloß aus der Bibel kennt, sondern daß sie auch aus dem Bild erahnt werden kann? Denn von einem reinen Hardware-Standpunkt aus stünde ja einer Fertigstellung nichts im Wege. Wir werden die Frage nach der guten Architektur noch explizit stellen, aber hier sei eine Eigenschaft der guten Architektur vorweggenommen: Wer einen repräsentativen Teil des Ganzen kennt, kann das Ganze vorwegnehmen. Und der Bau ist auf Bruegels Bild weit genug fortgeschritten, daß man sich das fertiggestellte Bauwerk ganz vorstellen kann (in einem andern Bild hat Pieter Bruegel tatsächlich einen vollendeten Turm ähnlicher Architektur dargestellt). Die Ingenieure und Arbeiter müssen ja nichts mehr tun, was nicht schon vorkam; es gilt nur mehr, so viele Wiederholungen anzubringen, daß die Kreise aller Stockwerke geschlossen sind. Das vor dem König kniende Projektmanagement hat in dieser Richtung nichts zu fürchten.

Es ist eben nicht die Hardware, die beunruhigt, sondern wie auch heute die Software. Nicht nur wegen der babylonischen Sprachverwirrung, die sich in den Programmiersprachen wiederholte, aber in einem Gemälde nicht gut sichtbar gemacht werden kann. Bruegel, der Philosoph unter den Malern seines Jahrhunderts, hat sich etwas Besseres einfallen lassen. Er hat die Verwirrung mit gutem Grund vom Produkt auf die Produktherstellung verlegt, genau auf jene Ebene, die uns bei der Software heute die größten Sorgen macht. Sehen wir uns die Werkzeuge an, die das Management einsetzt, die Maschinen, die auf dem Gemälde zu sehen sind. Hier ist von der Klarheit der Architektur nichts mehr zu sehen; Bruegel hat einen genialen Trick angewendet. Sein Bild ist zugleich, was man auf englisch einen *Pictorial State of the Art Report* nennt. Er hat alle Baumaschinen ins Bild gebracht, die man zur Zeit der Wende vom 16. zum 17. Jh. kannte; und die Verteilung ist so, daß die Lösungen nicht aneinander angepaßt sind. Sie zeigt die Überforderung des Managements an. Und wo es wirklich eilig ist – auch dies zeigt das Bild –, da muß Handarbeit angesetzt werden.

Ein kosten- und architekturbewußtes Management hätte die Kräne typisiert, und dadurch wären schon damals Mühe, Geld und Anlernanstrengungen verringert worden – vor allem aber hätte dies der Verwirrung entgegengearbeitet. Aber derartiges liegt auch heute noch den wenigsten Betriebsleitungen.

Nun, ich gebe schon zu, daß Pieter Bruegel seine Gedanken nicht in meine Worte gefaßt hat. Ich gebe zu, daß ich ein wenig die Situation der Software-Herstellung hineininterpretiert habe. Trotzdem glaube ich, daß auch Wahrheit in meiner Deutung liegt – auf jeden Fall können wir die offenbare Lehre aus meiner Deutung ziehen: Die Offensichtlichkeit der Hardware darf nicht dazu verleiten, die Probleme für gelöst anzusehen. In der Software scheiden sich die Geister, verwirrt sich die Sprache, scheitert so manches Projekt, das schon die Höhe der Wolken erreicht hat, aber nicht mit der Fliehkraft der Werkzeuge und mit dem Zerflattern der Sprache zurechtkommt. Nicht in der Hardware liegen die Gefahren, sondern in der Software und ihrem Management. Es ist gut möglich, daß der Turmbau von Babel am Genie intuitiver Architekten gescheitert ist, die den Genie-Programmierern unserer Zeit ähnlich waren.

Ich bin jedenfalls auf dem Weg der Programmierung auf die Architektur gestoßen, und dieser Weg verdient eine kurze Schilderung.

Der Ursprung der Computer-Architektur

Was heute Computer-Architektur genannt wird, nannte man in der Pionierzeit Gliederung (lay-out), und der Entwerfer der Struktur des Mailüfterls sah sich in keiner Weise als Architekt. Diese Idee kam erst auf, als man vom Entwurf von Einzelmaschinen auf den Entwurf von Familien überging. Das war die Revolution des Computerwesens, welche die IBM mit der Schaffung des Systems IBM/360 vollzog und zu einem technischen und wirtschaftlichen Triumph machte. Der Grundgedanke war das Konzept einer Rechnerfamilie, in der man bei steigendem oder sinkendem Bedarf ohne Programmschwierigkeiten auf größere oder kleinere Modelle der Familie übergehen kann. Damit sollten alle Arten von Anforderungen abdeckbar werden, und die Zahl 360 symbolisiert den vollen Kreis. Es sei sofort vermerkt, daß dieses Konzept von der IBM und von all ihren Nachahmern wieder verlassen wurde. Schon die Nachfolgereihe zeigt es an, denn sie blieb zwar beim Familienkonzept, aber die Zahl 370 läßt erkennen, daß die Systematik ihr Gewicht verloren hatte. Wollte man heute bei der IBM oder bei ihrer Konkurrenz Produktserien von PC bis Supercomputer zusammenstellen, dann wäre die Nummernreihe unsystematisch, und von Familienähnlichkeit wäre wenig zu sehen. Man redet heute zwar viel und ständig von Architektur – aber es ist zu einem Modewort für *Kurzbeschreibung* geworden, und wenn sich der Zuhörer am Ende dieser Vorlesung Rechenschaft ablegen will, ob echter architektonischer Entwurf nützlich wäre oder nicht, kann er selbst zu einem Urteil kommen, wie sich die Modellkultur der Informationstechnik entwickelt hat.

Der Beginn bei der IBM

Nicht nur die Idee der Computerfamilie und der architektonischen Gestaltung, sondern auch der Ausdruck *Computer-Architektur* wurden von der Firma IBM geprägt. Es begann mit der STRETCH. Dieser Computer war dafür bestimmt, eine markante Erweiterung des Begriffs der Rechenanlage zu bringen, und er hat tatsächlich den Weg zum System/360 eröffnet. Der zugehörige Berichtsband aus dem Jahre 1962 [5] beginnt mit einem Beitrag von F.P. Brooks, Jr., der den signifikanten Titel *Architectural Philosophy* führt. Und dort findet man eine Definition der Computerarchitektur, die verdienen würde, allgemein angenommen zu werden:

> *Computer Architecture, like any other architecture, is the art of determining the needs of the user of a structure and then designing it to meet those needs as effectively as possible within the economic and technological constraints.*

Computer-Architektur, wie jede andere Architektur, ist die Kunst, die Bedürfnisse des Benutzers zu bestimmen und diese dann innerhalb der gegebenen wirtschaftlichen und technischen Beschränkungen so effektiv wie möglich zu realisieren.

Der Geist dieser Veröffentlichung, des ganzen Buches und die Entwicklung der Stretch führten zur erwähnten Revolution des Computer-Entwurfs und zur Entwicklung des IBM Systems/360. Seine drei Architekten, Brooks, Blaauw und Amdahl, erdachten nicht nur zum ersten Mal eine ganze Reihe von Computern – von der IBM 360/20 bis zur IBM 360/95 – in einem Zug, sondern gaben ihnen ein gemeinsames Konzept, machten sie zu einer Familie und schufen so einen Stil.

In ihrer Systembeschreibung [6] lautet die Definition der Architektur jedoch schon ein wenig anders:

The term „architecture" is used here to describe the attributes of a system as seen by the programmer, i.e. the conceptual structure and functional behaviour, as distinct from the organization of the data flow and controls, the logic design, and the physical implementation.

Der Ausdruck *Architektur* wird hier verwendet, um die Eigenschaften eines Systems zu beschreiben, wie sie der Programmierer sieht, d. h. die Struktur der Konzepte und das funktionelle Verhalten im Unterschied zur Organisation des Daten- und Befehlsflusses, des logischen Entwurfs und der physischen Realisierung.

Das klingt ein wenig, als hätten die Verfasser vorausgeahnt, was passieren würde, ja als wollten sie einen Versuch machen, es zu verhindern: Der Ausdruck Computer-Architektur hat seitdem seine genaue und verpflichtende Bedeutung verloren, und heute ist er so breit in seiner Anwendung wie der Ausdruck *Struktur.* Tatsächlich verwenden viele Verfasser das Wort *Architektur*, wenn sie einfach von der Organisation der Datenflüsse und Befehle sprechen, wenn sie den logischen Entwurf und die physische Realisierung meinen. Um die ursprüngliche Bedeutung zu erhalten, muß man einen spezielleren Ausdruck verwenden, und ich habe, auch in Hinblick auf die verwandte Situation und auf die Auswirkungen der Computer-Architektur, den Ausdruck *abstrakte Architektur* gewählt. Abstrakt soll hier auch die Übertragbarkeit auf beliebige Gebiete, wo sich die Situation wiederholt, andeuten.

Die Architektur des IBM Systems/360 war mir natürlich bekannt, weil die nächste große Unternehmung meines Lebens eine Folge der Einführung dieses Systems war: Es stellte sich als unzweckmäßig heraus, einen kompatiblen Übergang auf die Sprache FORTRAN VI zu machen, sondern es war ein größerer Sprung erforderlich, und so kam es schließlich zur Programmiersprache PL/I. Und die Aufgabe, diese Sprache sorgfältig zu definieren –, nicht nur ihre Syntax, sondern auch ihre Semantik –, wurde 1964 auf unseren Vorschlag hin dem Wiener IBM-Laboratorium übertragen. Es war eine umfangreiche

Aufgabe mit einem umfangreichen Ergebnis, einem fast 1500 Seiten starken Faszikel von Definitionsdokumenten. Im Gefolge dieser Dokumente entstand eine Kontroverse darüber, ob PL/I nur in dieser Definition so häßlich aussah, oder ob es wirklich eine häßliche, unschön entworfene Sprache war. Und damit begann sich die Frage des Entwurfs von Sprachen und Programmiersystemen in den Brennpunkt meines Interesses zu schieben.

Für das Fellow-Projekt hatte ich mit zwei Ansätzen begonnen, mit der Idee einer Übersetzung der Eintragung *„Architektur"* der Encyclopaedia Britannica aus der Welt der Gebäude in die Welt der Computer und mit der Suche nach der Theorie der Gebäudearchitektur.

Mit der Suche nach einer Theorie der Architektur war ich nicht erfolgreich, denn die Architekten sind – ich will es gelinde ausdrücken – nicht sehr stark in der Theorie; was man findet, sind Bilderbücher, deren Aussage im wesentlichen lautet: Seht her, wie hübsch das alles ist, was ich gemacht habe. Nicht einmal eine zusätzliche Suche in der Harvard School of Architecture und eine Diskussion mit dem Architekten Professor Eduard Sekler brachten viele Ergebnisse. Eine lateinamerikanische Schule, die – so könnte man es nennen – informationelle Überlegungen anstellt (wie wendet man Gedanken der Informationstheorie auf die Architektur an?), war rasch als wenig fruchtbar klassifiziert. Von einem anderen Architekten erhielt ich auf meine Frage, wie er, sagen wir bei einem Bürowolkenkratzer, die Frage der Aufzüge löse, die typische Antwort: *Damit beauftrage ich eine Aufzugfirma.* Das ist eine typische Antwort, weil man sie bei anderen Fragen auch bekommt: Es wäre die Aufgabe des Architekten, aus einer Theorie des Personenflusses – der ja keineswegs gleichmäßig ist – Vorgaben für den Liftlieferanten abzuleiten. Auch müßte das Aufzugsystem in das Gesamtsystem eingepaßt werden; das geschieht auch, aber es geschieht intuitiv, spontan, ohne System.

Aber ich war nicht völlig erfolglos. Es gibt einen Theoretiker der Architektur, dessen Lehre sich sehr wirksam auf die Computerarchitektur anwenden läßt und die Basis jeder Universalarchitektur sein muß. Grundsätzlich gehört sie auch zum Wissensschatz des Architekten, aber sie wird als antiquiert angesehen und dies schon seit der Renaissance. Denn der Theoretiker ist Vitruv, ein Baumeister, der in den Diensten von Julius Caesar und Augustus stand und den man als den ersten Theoretiker der Architektur bezeichnen kann. Er war kein fruchtbarer Baumeister – er erwähnt in seinen Büchern nur einen einzigen Bau, den er selbst ausgeführt hat. Er hat sich vorwiegend als Ingenieur betätigt.

Vitruv schieb seine zehn Bücher [8] wahrscheinlich zwischen 33 und 23 v.Chr. Er hatte im Römischen Reich keine Nachfolger. Wie Vitruvs Werke überlebten, weiß ich nicht; aber Karl der Große rettete seine Bücher: Er ließ Abschriften herstellen und in den Klöstern konnten die Baumeister der folgenden Jahrhunderte das von ihm gesammelte Wissen über die Baukunst beziehen. Schriftsteller-Architekten gab es in diesen Jahrhunderten nicht.

Erst der Humanismus, hauptsächlich von Dante (1265–1321) und Petrarca (1304–1374) inspiriert, führte mit der Renaissance auf die Wiederentdeckung und Schätzung der Antike.

Filippo Brunelleschi und Donatello vermaßen vor 1407 die Ruinen Roms. In den Klöstern fanden sich zuerst Teile und dann sogar ein vollständiges und schönes Manuskript der zehn Bücher Vitruvs. Der wichtigste Schriftsteller-Architekt dieser Zeit ist der aus Genua stammende Leon Battista Alberti (1404–1472). Er schrieb zwischen 1450 und 1460 zehn Bücher über die Baukunst [9]; Auffassung und Technik waren zwar seit den Römern fortgeschritten, und in der Theorie begann man geometrische und arithmetische Verfahren des Bauwesens zu entwickeln, Gedanken über die Prinzipien der Architektur im Sinn Vitruvs wurden aber kaum geäußert. Am bekanntesten und einflußreichsten wurde der aus Padua stammende Andrea Palladio (1508–1580). Seine vier Bücher zur Architektur [10], 1570 geschrieben, ersparen sich alle Grundsatzgedanken; sie gehen sofort auf die Praxis ein und drücken die gefundene und die geschaffene Architektur in Bildern aus. Bis heute überwiegen in der architektonischen Literatur die Bilder, und nur ganz wenige Architekten haben in bescheidenem Umfang die Linie von Vitruvs erstem Buch weitergeführt. Einer davon ist der Amerikaner Christopher Alexander, und sein Buch *„Notes on the Synthesis of Form"*, 1964 erschienen [11], vermochte mich als einziges in meinen Bemühungen um eine Verallgemeinerung der Architektur anzuregen.

Und über die Verbindung zwischen Vitruv und der Computerarchitektur habe ich eine Vermutung. Gerrit Blaauw, einer der drei Architekten des IBM-Systems – der dann den Beitrag für die *Elektronischen Rechenanlagen* [7] schrieb – war ein Schüler von Professor van Wijngaarden, der Vitruv gut kannte.

Die Ausbildung des Architekten nach Vitruv

> *„Wissen ist ein Kind von Praxis* (fabrica) *und Theorie* (ratiocinatio)"
> *„Weder Begabung ohne Schulung noch Schulung ohne Begabung*
> *kann einen vollendeten Meister hervorbringen."*
>
> Vitruv

Das erste Kapitel des ersten Buches behandelt die Ausbildung des Architekten, und der erste Satz lautet: Das Wissen des Architekten umfaßt neben wissenschaftlichen auch mannigfaltige elementare Kenntnisse. Dieses Wissen, so fährt Vitruv fort, erwächst aus dem Handwerk und aus geistiger Arbeit. Weder Begabung ohne Schulung noch Schulung ohne Begabung kann einen Meister hervorbringen. Und dann zählt er die Felder auf, wo der Architekt beschlagen sein muß:

Er muß umfassend gebildet sein,
er muß im Schriftlichen gewandt sein,
des Zeichenstiftes kundig,
in Geometrie, Arithmetik und Optik ausgebildet,
er muß viel Geschichte kennen,
fleißig die Philosophen studiert haben, so daß er
*   hohe Gesinnung hat und nicht anmaßend wird,*
*   umgänglich, rechtschaffen und vor allem ohne Habgier ist,*
er muß Musik verstehen und
darf nicht unbewandert sein in der Medizin,
auch die Rechtsvorschriften muß er kennen,
mit der Sternenkunde vertraut sein.

Das ist ein gewaltiges, das ist ein unrealistisches Programm; es ist ein Ideal: Ein Ziel, das die Richtung weist, das man aber nie wirklich erreichen kann.

Es kann mit Sicherheit angenommen werden, daß Vitruv ein Diplom in Informatik nicht als ausreichend angesehen hätte, um den Entwurf von Programmen anzugehen, um als Softwarearchitekt zu arbeiten. Wir wollen die Forderungen Vitruvs in moderne Sprache übersetzen, um seinen Anspruch an die Ausbildung des Entwerfers deutlich zu machen. Das könnte folgendermaßen lauten:

Der Architekt muß

*   eine humanistische Erziehung haben, denn sein Entwurf muß auch in seinem nicht-technischen Umfeld bestehen,*

*   formale Methoden beherrschen, denn wenn andere seinen Entwurf ins Formale übersetzen, wird das kaum eine Verbesserung bringen,*

*   die notwendigen Berechnungen beherrschen, denn Daumenregeln werden nicht genügen – noch besser wäre, auch die Simulation zu beherrschen und sie beim Entwurfsprozeß anzuwenden,*

*   er muß Physik studiert haben, denn seine abstrakten Funktionen werden letzten Endes in der physischen Welt realisiert,*

*   eine Menge Geschichte kennen, weil jedes lebende Wesen und jedes technische Objekt auf seiner Entwicklung beruht und einen Teil seiner Geschichte mit sich herumträgt,*

*   er muß der Philosophie und der Philologie mit Aufmerksamkeit gefolgt sein, weil sowohl der Entwurf wie auch seine Beschreibung und seine Dokumentation ein Sprachproblem sind,*

er muß medizinische Kenntnisse haben, weil sein Entwurf physiologische und psychologische Folgen haben wird, vielleicht allen möglichen Leuten auf die Nerven geht,

er muß die Sicht der Juristen kennen, weil Juristen Entscheidungen über Herstellung, Kauf, Einrichtung und Benützung treffen werden (außerdem werden Juristen als Benutzer auftreten und unangenehmer als andere werden, weil ihre Logik nicht die Logik des Architekten ist),

er muß Philosophie – mindestens die Philosophie der Naturwissenschaften – studiert haben, so daß er die Grenzen seines Könnens und des Könnens des Computers abschätzen kann.

Das ist wirklich ein umfassendes Programm, dessen Umfang die Mängel der Ausbildung aller Architekten und aller Computerarchitekten geradezu rechtfertigt, denn es ist unter den heutigen Voraussetzungen und in realistischer Studienzeit nicht ausführbar. Aber wir sagten ja, daß es ein Ideal ist, ein Ideal, dem man nachstreben müßte. Und daher wäre ein Lehrplan von realistischem Umfang für die Ausbildung im Entwurf von Software-Systemen eine dringende Notwendigkeit, nicht nur für jene, die Systeme entwerfen, sondern auch – vielleicht in reduziertem Umfang – für Implementierer und Realisierer der Entwürfe. Eigentlich müßte jeder Informatiker darin eine Grundausbildung bekommen. Denn Entwurfssünden sind Erbsünden: Sie nageln die folgenden Generationen fest, und das ist noch ärger, als es klingt.

Die breite Ausbildung, die Vitruv für den Architekten fordert, ist nicht als Verschönerungsmittel der Produkte verstanden, die der Architekt hervorbringen wird. Vielmehr sieht Vitruv sie als Voraussetzung für den Geist, aus dem heraus der Entwurf konzipiert werden muß. Es ist, mit anderen Worten, nicht ausreichend, die Aufgabenstellung zu verstehen und sie mit jener engen Ausbildung anzupacken, die man eben bekommen hat. Architektonischer Entwurf muß höchstes Niveau haben und die gesamten aufgezählten Kenntnisse nutzen.

Dynamik, Komplikation, Abstraktion bei Gebäuden, Computern und Organismen

Es sind drei Eigenschaften, welche die Technik für Systeme auszeichnen: Dynamik, Komplikation und als dritte Formalität und Abstraktion. Die drei Grundfelder der Architektur sind darin aber nicht gleich:

	Gebäude	*Computer*	*Organismus*
dynamisch	nein	ja	ja
kompliziert	nein	ja	ja
formal/abstrakt	nein	ja	nein

Die verallgemeinerte, die abstrakte Architektur muß natürlich alle drei Eigenschaften in Betracht ziehen und jeweils dort lernen und sich erproben, wo die entsprechende Eigenschaft wichtig ist.

Dynamik

Bewegt hat sich in der Technik immer schon etwas. Die Dynamik, die hier zur Sprache kommt, ist aber Systemdynamik, nicht nur Teile bewegen sich, sondern auch die Struktur verändert sich, und die Dynamik wird zum Gegenstand der Architektur. Wenn man an die vielen Transformationen in Codierung, Raum und Zeit denkt, denen die Zeichenketten durch die Informationstechnik unterworfen werden, kann man ein Feld erkennen, auf welchem die Architektur völlig neue Einsichten eröffnet.

Auf jeden Fall aber kann die Berücksichtigung dynamischer Effekte zu einem wichtigen Teil der architektonischen Behandlung werden.

Komplikation

Computer sind kompliziert – das ist ein Axiom der Computerarchitektur. Und diese Komplikation geht auf eine höhere Ebene über, wenn man die gegenseitige Abhängigkeit ins Kalkül zieht. Auch das Telephonsystem ist kompliziert, aber die einzelnen Sprechverbindungen sind, mindestens in erster Näherung, voneinander unabhängig. Computerprozesse hingegen bilden ein Netz von gegenseitigen Abhängigkeiten, in denen sich Störungen ungleich heftiger ausbreiten als in einem Telephonsystem. Der Computer besitzt eine Komplikation von sozusagen zweiter Art.

Nach einem Anfangsstadium, das von sehr verschiedener Länge sein kann, ist der Umgang mit der Informationstechnik Umgang mit der Komplikation. Und die Architektur ist ein Hilfsmittel bei diesem Umgang; alle Strukturierung dient der Beherrschung der Komplikation, und wie in der Sprache gibt man dem Komplizierten zuerst einmal einen Namen, und dann setzt man sich mit seinen Teilen und Eigenschaften auseinander. Der Name bildet eine abstrakte Oberfläche. Abstraktion und Oberflächengestaltung sind die beiden nächsten Themen.

Vogelschau und Arbeitsplatz

Wenn man von der Gebäudearchitektur ausgeht, dann steht das Gesamtkonzept im Vordergrund, eine Art Vogelschau – der Vogel kann ja überall hinfliegen und kennt das Gebäude aus allen Blickwinkeln. Aber er betrachtet das Gebäude auch von seinen Interessen aus und hat gewissermaßen andere Ansichten als der menschliche Benützer des Gebäudes. Und je nach Interessen macht man sich auch ein unterschiedliches Bild vom Objekt. Wieder soll eine Tafel die Unterschiede deutlich machen:

Blickwinkel	*Vogelschau*	*Arbeitsplatz*
Information	total	lokal
Ansicht	universal	spezialisiert
Bild ·	vereinfacht	vollständig

Wählen wir als Beispiel ein Computersystem mit Arbeitsplätzen für ein Bankhaus. Der Generaldirektor sieht das Unternehmen und das Computernetz von seinem Hochsitz aus, in der Hierarchie, oft aber auch im Gebäude: Aus der Vogelschau. Seine Information ist total, im Prinzip muß ihm jeder alle Fragen beantworten, aber er darf nicht in den Einzelheiten untergehen, er muß eine universale Ansicht kultivieren, und dazu braucht er ein vereinfachtes Bild; seine Information ist nur im Prinzip total, der Generaldirektor braucht die Reduktion auf das Wesentliche. Der Mitarbeiter am Arbeitsplatz hingegen bekommt nur lokale Information; er braucht nicht mehr, und was er nicht braucht an Information, wirkt störend (es ist notgedrungen bruchstückhaft und daher oft recht verzerrt). Seine Ansicht von der Architektur des Systems ist spezialisiert, er muß die Funktionen beherrschen, die von seinem Arbeitsplatz aus betätigt werden oder die sich auf seinen Arbeitsplatz und auf seine Arbeit auswirken. Diese Information sollte aber vollständig sein, in den Einzelheiten und als Bild, denn bei seiner Arbeit kommt es auf den Groschen an, auf eine Reihe von Bit-Entscheidungen.

Das ergibt zwei fundamentale Arten der Architektur-Darstellung: Die globale Architektur, das Ganze aus der Vogelschau zeigend, aber nur so weit in Einzelheiten gehend, als es für das Verständnis und die Leitung des Gesamtbetriebes erforderlich ist – und die Arbeitsplatz- oder Schnittstellen-Architektur, die nur die lokalen Funktionen zur Darstellung bringt, diese aber in allen Einzelheiten, die für die Arbeit erforderlich sind.

Wenn man sich diesen Unterschied klar vor Augen hält, erkennt man, daß über die sorgfältige Dokumentation von Planung und Ausführung des Gesamtsystems und aller Systemteile hinaus zwei weitere Pakete von Dokumentation erforderlich sind, die nicht einfach durch passende Auswahl einer Untermenge der Seiten entstehen, sondern die geplant und für den speziellen Zweck hergestellt werden müssen. Der Begriff der Architektur zerteilt sich auf Grund dieser Erkenntnis in die Architektur als globale – abstrakte und reduzierte – Eigenschaft der Struktur und in die Architektur in Form von Dokumenten, Portefeuilles für die oberste Betriebsleitung des Systems und für die verschiedenen Schnittstellen, zum Beispiel eben für jede Art von Arbeitsplatz am System.

Die Schnittstelle

Das Erscheinungsbild des Systems an der Schnittstelle ist zuerst einmal durch das System bestimmt. Aber man kann beim Entwurf natürlich etwas tun, um die Schnittstelle für den Benutzer zu gestalten, um sie, wie das Modewort lautet, *benutzerfreundlich* zu gestalten. Man spricht gerne von der *Oberflächengestaltung*. Das ist selbstverständlich eine Aufgabe für den Architekten, und alles, was folgt, gilt für die Schnittstelle so sehr wie für die Gesamtstruktur.

Wir betrachten nun die Position der Architektur in der allgemeinen Entwicklung der Technik und ihre drei simultanen Anwendungen.

Der Übergang vom Informalen zum Formalen

Im Bauwesen hat der Übergang vom Informalen zum Formalen in mehr als einer Hinsicht stattgefunden. Wir werden das bei den vier Phasen der technischen Entwicklung noch einmal besprechen müssen. Hier sei nur darauf hingewiesen, daß der Übergang auf den gezeichneten Plan die erste Stufe war, die Benützung von Kräftediagrammen eine zweite und die Benützung numerischer Berechnungen eine dritte. Die Anwendung des Computers (z. B. CAD = computer assisted design) ist dann schon die vierte Stufe dieser Reihe.

Der Gedanke, den Architekturbegriff auf Computerstrukturen anzuwenden, ist aber eine noch viel weitergehende Formalisierung, denn es werden nicht nur formale Bausteine verwendet – das tat die Gebäudearchitektur mit Quadern und Zylindern bei Wänden und Säulen auch schon –, sondern es ist auch die Welt der Relationen von formaler Natur, jedenfalls auf den unteren Ebenen.

Den Weg der Formalisierung ist die Technik eigentlich schon immer gegangen. Anstatt darüber längere Ausführungen zu machen, sei eine Reihe von Darstellungen (Bild 6.1 und 6.2) gezeigt, aus denen dieser Weg ersichtlich wird. In alten Schaltbildern, zum Beispiel, wird lieber ein Aufriß der Konstruktion gezeigt, als der eine Schaltplan. Mit der Elektronik tritt die Funktion in den Vordergrund, und beim Entwurf von Computern mit Hilfe von Computern (Bild 6.2b) ist ein sehr hoher Grad der Abstraktion erreicht. Wenn als letztes Bild die Abstraktion des Menschen zum Geripe nach Paul Flora folgt, dann ist

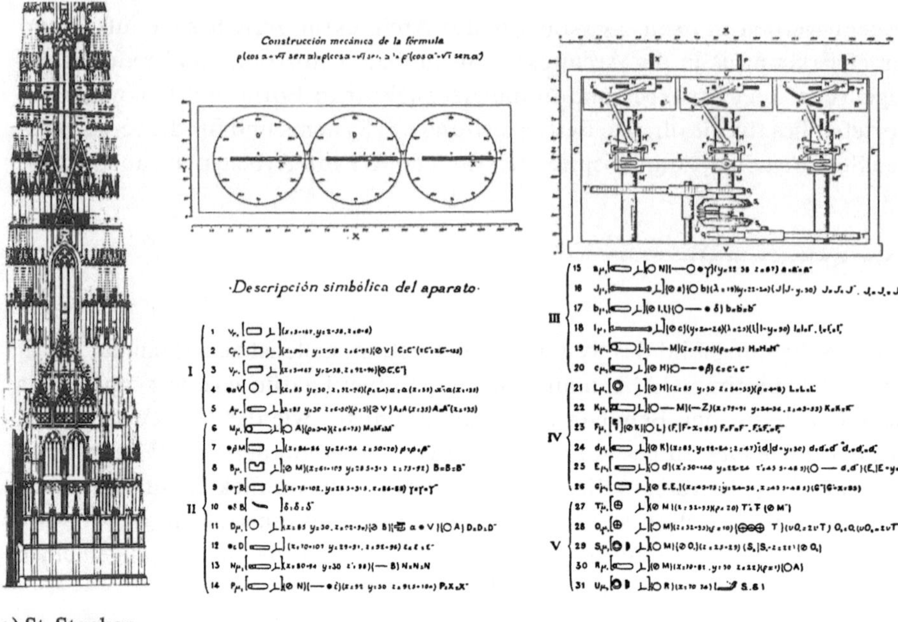

a) St. Stephan –
   Aufriß
   Aufriß

c) Torres y Quevedo:
   Formale Sprache 1907 (aus [18])

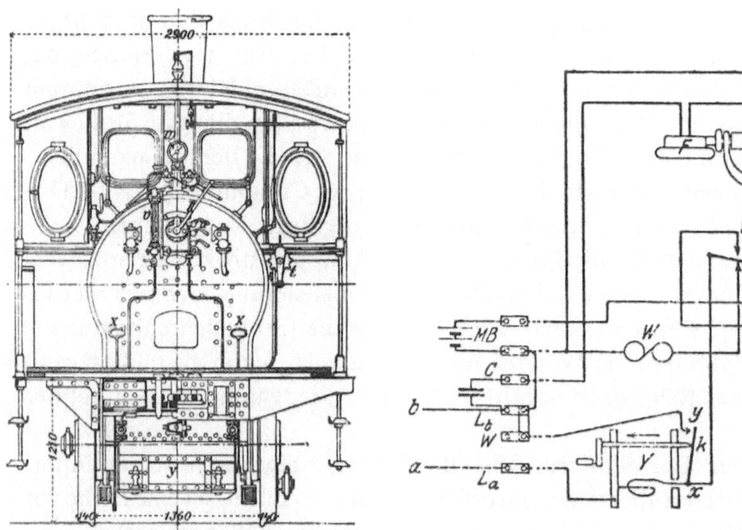

b) Konstruktionszeichnung
   einer Lokomotive (aus
   Brockhaus' Konversations-
   Lexikon, 14. Aufl.)

d) Telefon:
   Kombination Aufriß und Schaltung

Bild 6.1a–d. Der Weg der Formalisierung I

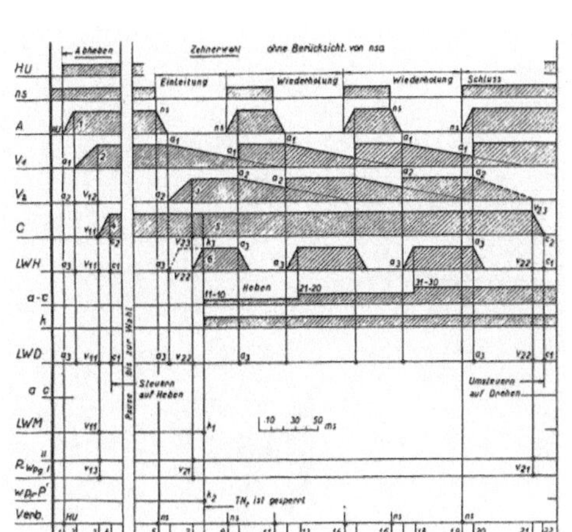

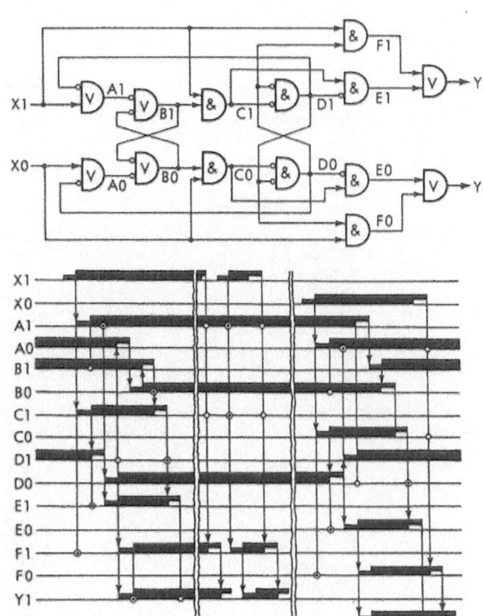

a) Schaltzeitplan: Ablauf für einen
Heb-Dreh-Wähler (aus [19])

c) Asynchrone Computerlogik

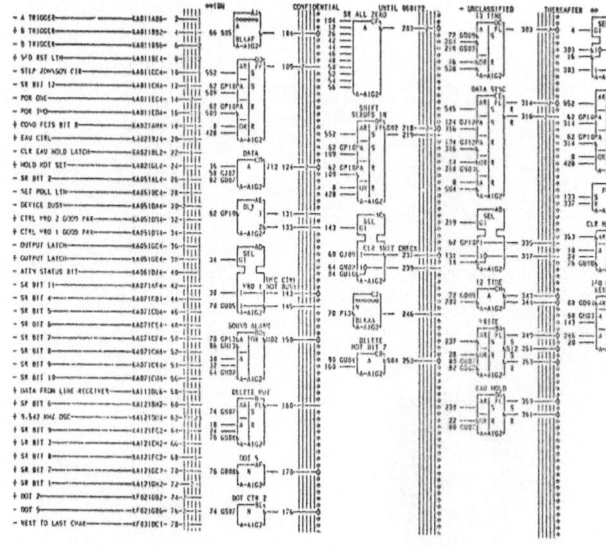

b) Computerunterstützter Computerentwurf

b) Computerunterstützter Computerentwurf

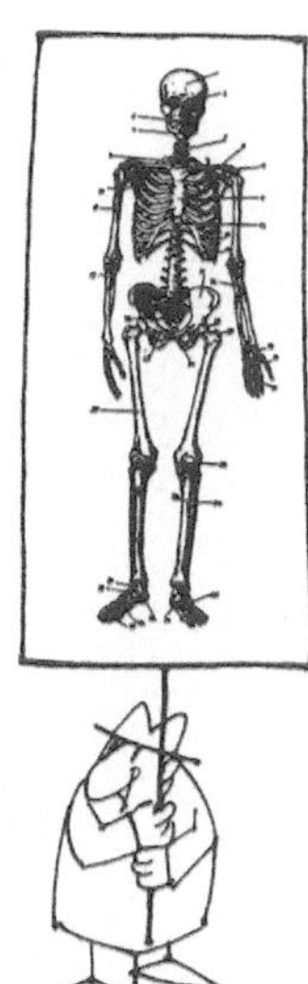

'd) Es geht doch um
den Menschen!
(aus [20])

Bild 6.2a–d. Der Weg der Formalisierung II

<table>
<tr>
<td align="center">Chinesisches
Ideogramm

話

Telephon
(Sprache elektrische)</td>
<td align="center">Kombinatorik
des I-Ging

Wasser   Feuer
010   101</td>
<td align="center">Religion

Islam</td>
</tr>
<tr>
<td align="center">Alchemie

Quintessenz</td>
<td align="center">Astrologie

Virgo</td>
<td align="center">Wappen

Deichsel</td>
</tr>
<tr>
<td align="center">Bauhütten

St. Stephan in Wien</td>
<td align="center">Porzellan

Meissen</td>
<td align="center">Firma

Springer-Verlag</td>
</tr>
<tr>
<td align="center">Politik

Kommunismus</td>
<td align="center">Orientierung

Eingang</td>
<td align="center">Zinken

Vorsicht, Hund!</td>
</tr>
</table>

Bild 6.3. Ideogramme – nicht nur in China

das wieder eine Warnung vor dem zu argen Abstand unserer Zeit von den menschlichen Dimensionen.

Wir haben die Formalisierung expressis verbis oder implizit in dieser Reihe schon vielfach angetroffen. Die Schaltalgebra etwa ist das Mittel, um informale Funktions- und Ersparungsüberlegungen zu systematisieren. Die formale Definition von Programmiersprachen oder von Computersystemen legt alle zugehörigen Strukturen formal fest. Die Kybernetik formalisiert mit ihren Modellen biologisch-neuronale Funktionsstrukturen. Die *Artificial Intelligence* führt das kybernetische Verfahren in jenen Bereich weiter, wo menschlich-rationale Problemlösung und Aufgabenerfüllung mit Hilfe des Computers aus der Intuition in die Systematik der logischen Mechanismen überführt werden soll. Daß die Intuition dabei bloß auf eine nächste Ebene verschoben wird, kommt diesmal ebenso zur Sprache wie sie in der 8. Vorlesung über natürliche und künstliche Intellgenz ausführlich behandelt werden muß.

Eine Reihe von Bildern (Bild 6.3) zeigt, daß nicht nur die fernöstlichen Kulturen Ideogramme verwenden, sondern auch wir viele Gruppen davon kennen [17]. Das ist ein natürlicher Weg zur Formalisierung. Die Technik – das soll die Fortsetzung dieser Reihe zeigen – hat sich in diese Richtung bewegt, und dabei waren mehr Schwierigkeiten zu überwinden, als man meinen möchte. Das formale System, wie es in der 5. Vorlesung vorgestellt wurde, setzt den Weg fort – ins Extrem.

Die vier Phasen der Entwurfsmethodik

In fast allen technischen Gebieten kann man vier Phasen der Entwurfsmethodik unterscheiden: Die natürliche, die kombinatorische, die architektonische und schließlich die wiedervermenschlichende Phase. Diese vier Phasen sollen nun vorgestellt werden. Sie treten nicht nur in der Gesamtgeschichte eines Gebietes auf, sondern können auch in Spezialzweigen oder bei Verbesserungsprozessen beobachtet werden.

Die natürliche Phase

Am Beginn jeder Technik liegt eine Zeit der Natürlichkeit, wo man naiv und intuitiv ans Werk geht, was ja keineswegs synonym mit primitiv ist. Selbst bei den abstraktesten mathematischen Gedanken gibt es einen solchen Kern, aber richtig deutlich wird er bei der Technik von Ureinwohnern und in der Volkskunst, wo langsam gewachsene Muster und Regeln angewendet werden, Formen, die überhaupt nicht konstruiert wirken und die doch das letzte Ziel technischer Entwicklung sein sollten: ausgeglichen, dem Menschen angepaßt und bewährt. Die Strohhütte im unberührten Afrika, der Iglu der Eskimos, die Webmuster und Textilerzeugnisse eines ‚zurückgebliebenen' Tales irgendwo in Mitteleuropa vor hundert Jahren sind Beispiele für diese anheimelnde Technik. Es gibt kaum formal klingende Regeln und doch eine Methodik, von der niemand weiß, wie sie entstanden ist, und die erfreulich viel Spielraum läßt für persönlichen Geschmack und individuelle Lösungen. In unserem Zeitalter der Serienfertigung ist uns bereits die Erkenntnis verloren gegangen, was die Menschheit dadurch verliert, daß sich diese natürliche Welt ins Museum zurückzieht. In der natürlichen Phase ist nicht der Spezialist der Modellfall, vielmehr erwächst die Technik aus dem täglichen Leben, und die Materialien stammen aus dem natürlichen Umfeld, aus dem direkten Lebenskreis; was man ißt, womit man sich bekleidet, worauf man schläft und woraus man baut, – all das bildet ein Gewebe, in dem man sich wohl fühlt. An den Grenzen der Möglichkeiten dieser Welt und in ihren Gefahren entsteht der Traum vom Bessermachen, vom Fortschritt.

Die natürliche Phase ist die Zeit des Beginns neuer Ideen und der Eröffnung neuer Wege, intuitiv und noch unsystematisch, das Richtige aus falschen Gründen oder mit unrichtigen Argumenten beginnend. Kreise öffnen und schließen sich auf diese natürliche Weise.

Die kombinatorische Phase – die Phase der Baumeister

Die nächste Phase beginnt mit der listigen Idee, mit der Erfindung einer neuen Technik, welche bald seriengefertigte Bauteile anbietet. Und sie bringt die Spezialisierung. Im Bericht über den Turmbau von Babel sind es Ziegelstein und Erdpech, die zur kombinatorischen Phase führen und zu den ersten Spezialisten, den Ziegelbrennern und den Maurern. Ein erster Schritt in der Erwerbung neuer Kenntnisse und Fertigkeiten ist hier angedeutet, der Weg von der Universalität zur Spezialität ist beschritten und er führt in die Verwirrung, in die Differenzierung der Mentalitäten, die sich „festschreiben".

Ein Handwerker lernt ein halbes Leben lang seine Fertigkeiten und bleibt dann starr auf den erworbenen Fähigkeiten und Ansichten sitzen; er wird recht widerborstig, wenn ihm sein Kunde eine Abweichung zumutet. Innungen entwickeln offizielle und inoffizielle Normen, halten sich gerne an den Normalbaustein. Der Entwurf besteht aus der kombinatorischen Zusammensetzung genormter Lösungen und vorgefertigter Bauteile. Das Verfahren heißt auf englisch *Trial and Error*, was man mit *Versuch und Korrektur* übersetzen könnte, und die Korrektur erfolgt nicht selten auf den Schultern und auf Kosten der Kunden und Benutzer. Sie haben längst gemerkt, meine Damen und Herren, daß ich nicht bloß von den klassischen Handwerkern und ihren Innungen rede, sondern auch von der Mentalität und Methodik auf allen

Gebieten, von Kollegen um uns herum, welche diese Baumeisterphase ebenso solide wie starrköpfig vertreten.

Die systematische Phase – die Phase der Architektur

Solange die technische Lösung ihr Umfeld ignorieren oder erst nachträglich berücksichtigen kann, ist es leicht, mit der kombinatorischen Methodik durchzukommen. Freilich kommt nicht immer etwas Schönes dabei heraus, und das Häßliche wird immer deutlicher, je länger der Gebrauch dauert, es springt ins Auge, wenn es außer Gebrauch gerät und verfällt. Man möchte die Häßlichkeit vielleicht photographieren – aber auf den Bildern zeigt sich eher romantischer Grünspan, ein Trost, den der Liebe Gott in die häßliche Technik eingebaut hat.

Je höher die Verstrickung wird, je mehr geniale Ideen und technische Superleistungen auf den Kubikmeter kommen, je vielfältiger die Auswahl der Wege zum Ziel wird, umso schwieriger wird es, den Benutzer zufriedenzustellen. Die Resultate werden überkompliziert, die Häßlichkeit tritt schon bei der Eröffnung auf und der Mangel an Konzept wird deutlich. Der Ruf nach Systematik wird immer lauter – die Phase der Architektur muß beginnen. Die Planung kann nicht mehr dem Baumeister überlassen bleiben, der Entwurf wird zum besonderen Beruf: Man bestellt einen Architekten.

Er ist ein Fachmann für die Gestaltung. Er braucht nicht selbst Meister aller Handwerkskünste zu sein, die er benötigt, aber er muß die Möglichkeiten und Grenzen kennen, die Arbeitsorganisation beherrschen und die Kosten, kurz, er muß die Forderungen Vitruvs erfüllen. Und weil er von einer Gesamtidee ausgeht, muß seine Entwurfsmethode von oben nach unten gehen, *Top Down*, wie man auf englisch sagt, ein Prozeß der Verfeinerungen. Jede Einzelheit muß eine Funktion des Gesamtkonzepts sein, man darf nicht mehr lokal optimieren, sondern man muß das Beste im Bezug auf das Ganze suchen, und das ändert und erschwert die Technik, die in den historischen Kettenstrukturen jedes Glied zu optimieren pflegte – die Technik muß sich in ganz anderem Ausmaß über sich selbst erheben und das Umfeld miteinbeziehen. Wieder merken Sie, meine Damen und Herren, daß die Bilder aus dem Handwerk und aus der klassischen Technik bezogen sind, daß in Wirklichkeit aber die Informationstechnik nicht nur eingeschlossen ist, sondern daß der Computer die Probleme verschärft und an die Oberfläche bringt. Freilich löst er sie nicht durch seine bloße Existenz – im Gegenteil, er muß bei sich selbst beginnen, architektonisch zu werden, denn seine innere Architektur kann gar nicht anders, als die Architektur der Lösungen zu beeinflussen, die man mit Computerhilfe aufbaut.

Die Architekturphase ist das Thema dieser Vorlesung. Was folgt, ist eine Ausarbeitung des Konzepts der architektonischen Phase.

Die Phase der Wiedervermenschlichung

Im Gegensatz zum Architekten hat der Baumeister noch direkte Arbeitserfahrung, er lebt mit seinen Arbeitern, er hat direkten Kontakt mit den Produkten und den Benutzern. Der Architekt ist eine Zwischeninstanz. Er verallgemeinert, er formalisiert und er beschäftigt sich mit Abstraktionen, zum Beispiel mit dem Aufriß eines Gebäudes.

Man muß hier zwei Gedanken erwähnen. Erstens ist die Abstraktion eine sehr menschliche, nur dem Menschen vorbehaltene Kunst. Wenn man einen Mangel an Menschlichkeit diagnostiziert, dann ist das in einem besonderen Sinn gemeint. Unsere gesamte Technik ist ein Produkt der Objektivierung, der Entfernung subjektiver Züge und Gedanken aus einem abstrakten Gedankengebäude von Physik bis Elektronik. Die Technik ist mit Entmenschlichung identisch und zugleich einzigartig menschliche Leistung. Man muß mit Urteilen in diesem Feld sehr sorgfältig sein.

Zweitens muß man wenigstens kurz bedenken, was mit Menschlichkeit gemeint ist. In diesem Zusammenhang wird man primär auf Wohnlichkeit, auf *Wirtlichkeit*, auf die Berücksichtigung der Gefühle und des Wohlbefindens der Benutzer hoffen. Irren ist ebenso menschlich wie gedankliche Glanzleistung. Unmenschlichkeit ist eine mögliche Eigenschaft des Menschen und des technischen Geräts. Menschlichkeit hat positive und negative Seiten. Das muß man in Betracht ziehen, wenn man das *Menschliche* als Positivum erreichen will.

Es ist eine Gefahr architektonisch entworfener Strukturen, zur Unmenschlichkeit zu neigen, eben weil sie auf Grund von abstrakten Gedanken, von formalisierter Methodik und von systematischer Verallgemeinerung entstanden sind. Daher ist es eigentlich nicht eine vierte Phase, nach der hier zu rufen ist, sondern die Kombination von Architektur und Vermenschlichung, eine aufgewertete dritte Phase, ein Zugleich. Denn ebenso wie die Kompatibilität nicht am Ende der Entwicklung einem Produkt aufgeklebt werden kann, ist es hoffnungslos, eine fertige Architektur mit Menschlichkeit zu übertünchen. Entweder sie ist beim Entwurf mit dabei, oder sie kann nicht nachgeholt werden. Ein simpler Slogan könnte lauten: *zu jedem computerproduzierten Bit ein Bit an Menschlichkeit!* Natürlich ist es leichter, eine Devise zu formulieren, als danach zu handeln, als die Realität auf den rechten Weg zu bringen. Die Aspekte der vierten Phase werden Gegenstand der letzten Vorlesung sein, und die Vorlesungen dazwischen müssen die vorbereitenden Schritte setzen: Geisteswissenschaften, Intelligenz und Kunst als Umfeld, aber auch als Innendimensionen des Computers.

Ein Beispiel aus der Nachrichtentechnik: Das Wellenfilter

Für die Nachrichtentechnik kann man den Übergang von der kombinatorischen Phase zur architektonischen an einem geradezu perfekten Beispiel illustrieren: Am elektrischen Wellenfilter, welches Frequenzbänder auseinanderhält. Vor sechzig Jahren wurde ein Wellenfilter [12] aus Standard-Elementen kombiniert, aus einfachen Schaltungen, an denen jemand entdeckt hatte, daß sie dazu geeignet sind. Es waren ganze oder halbe Π- oder T-Glieder, deren Frequenzverhalten hinsichtlich Durchgang und Anpassung geeignet erschien. Durch Kombination von solchen einfachen Schaltungen baute man in einem Vorgang von Versuch und Korrektur kompliziertere Schaltungen auf, die den Wünschen des Benutzers, den von ihm vorgelegten Forderungen entsprachen. Das war die Baumeisterphase – in die Urzeit der natürlichen Phase kann man hier nicht gut zurückgehen.

Die kombinatorische Phase wurde durch mathematische Systematik in die architektonische übergeführt. Mathematiker (oder Ingenieur-Mathematiker) wie W. Cauer [13] und R. Guillemin [14] schufen eine ideal architektonische Vorgangsweise, indem sie einen klaren mathematischen Weg, einen algorithmischen Weg von formalisierten Anforderungen bis zu Schaltungsstruktur und Dimensionierung der Bauteile konstruierten [15]. Man legt die Sperr- und Durchgangsbereiche samt einem tolerierten Übergang fest sowie die Minimaldämpfungen im Sperrbereich und die Maximaldämpfung im Durchlaßbereich. Eine Approximation nach der Theorie des russischen Mathematikers Tschebyscheff legt eine Kurve durch die Forderungsrechtecke, die mit steigendem Grad der Gleichungen bessere Erfüllung der Forderungen um den Preis erhöhten Aufwandes liefert. Die Pole und Nullstellen der Lösung legen die Ketten von Induktivitäten und Kapazitäten fest, die durch mathematische Transformationen zum Schaltbild führen. Das Verfahren geht vom Abschluß des Filters durch einen Ohmschen Widerstand aus, wie es im Betrieb tatsächlich verwendet wird, und heißt daher auch Betriebsparameter-Theorie.

Sogar die Entmenschlichung kann man an diesem Musterbeispiel sehen. Während die Baumeisterprozedur es ermöglicht, ein Gefühl für die Lösungswege zu entwickeln, ist das architektonische Verfahren ein sauberer, aber fester Algorithmus, den man akzeptieren muß, wie er ist, ohne oder mit Computer, und wenn man damals nur Tafeln und Diagramme verwendete, bekam man überhaupt die Empfindung, sich Undurchschaubarem auszuliefern und gegen unauffällige Fehler recht hilflos zu sein. Andererseits kommt die algorithmische Methode ohne Gefühle aus und hat Durchschaubarkeit auf höherer Ebene. Da ist wohl viel persönliche Anschauung beteiligt. Aber daß die innere Beteiligung bei den alten Verfahren größer war, daran ist nicht zu zweifeln.

Fünf Ebenen und drei Objekte

Architektur – Implementation – Realisation
dazu: Ausschreibung und Kritik

Der Produktionsvorgang wird in fünf Stufen zerlegt, die zu fünf Ebenen des Entwurfes werden (Bild 6.4). Es beginnt mit der ersten Idee oder mit der ersten, vielleicht noch recht unbestimmten Ausschreibung. Aus diesen informalen Vorausüberlegungen wird allmählich die formale Spezifikation. Das kann bei verschiedenen Produkten und bei verschiedenen Firmen sehr unterschiedlich aussehen. Die Verfahren, nach denen die Einflüsse der verschiedenen Beteiligten in den Entwicklungsvorgang eingebaut werden, sollten aber gut überlegt werden. Sie haben mehr mit der Entwicklungszeit und den Entwicklungskosten zu tun, als das Management allgemein annimmt. Eine Studie der Harvard School of Business hat gezeigt, daß ein Teil der japanischen Überlegenheit in diesem Prozeß liegt; im Mittel macht der Unterschied 15% aus. Das kann für manche Produkte zwischen Erfolg und Mißerfolg entscheiden.

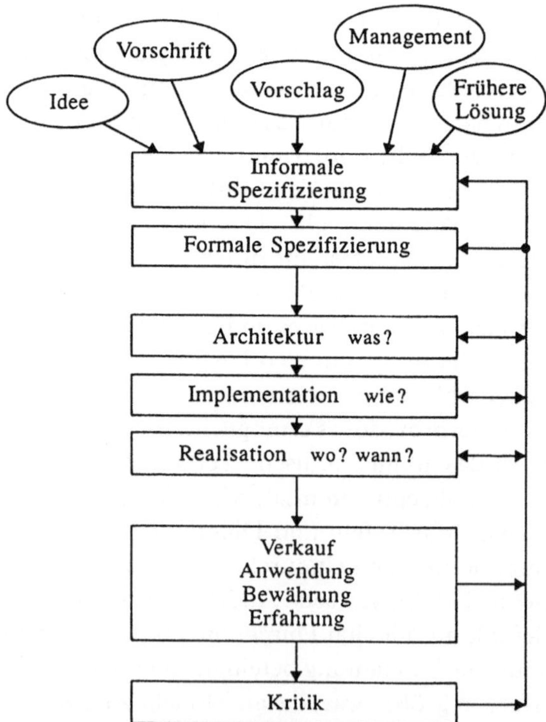

Bild 6.4. Der Entwurfsvorgang – Entwurf und Verwirklichung

Bild 6.4 zeigt auch, wieviele Rückkopplungsschleifen beteiligt sein können. Was das Bild nicht zeigt, sind die zeitlichen Verhältnisse. Zu spät wirkende Schleifen können großen Schaden verursachen.

Ehe wir uns der Diskussion der Entwurfsebenen zuwenden, muß noch der dreifache Ansatz des Entwurfsprozesses gezeigt werden, denn das Rückkopplungsnetz ist sogar noch komplizierter: Die folgenden drei Objekte des Entwurfs stehen in engstem Zusammenhang.

Produkt – Herstellungsstrecke – Dokumentation

Architektonischer Entwurf ist ein systematischer Prozeß mit sorgfältiger Trennung mehrerer Ebenen, ausdrücklicher Klarstellung der Ziele und mit Wahrung der Freiheitsgrade bei der Ausarbeitung und Verfeinerung. Er beachtet die Züge des Gesamtprodukts, seiner Herstellung und Beschreibung samt Gebrauchsanweisung, der gesamten Dokumentation.

Es war Gerrit Blaauw, einer der IBM System/360 Architekten, der mit größter Klarheit ausführte [7], daß der Computer-Entwurf drei Schritte unterscheiden muß: Architektur, Implementation und Realisation. Diese drei Schritte und Ebenen des Entwurfs gelten allgemein; ich erweitere sie um die Ausschreibung (oder Spezifikation) und um die Kritik. Blaauw bringt eine Kurzform der Unterscheidung, welche lautet:

Architektur:	Was soll geschehen?
Implementation:	Wie soll das geschehen?
Realisation:	Wo und wann soll es geschehen?

Wollte man die entsprechenden Fragen für die hinzugefügten Ebenen stellen, so könnten sie lauten:

Ausschreibung:	Was ist das Ziel und welche Beschränkungen sind auferlegt?
Kritik:	Wie hat sich der Entwurf bewährt?

Wenden wir uns also diesen Entwurfsebenen zu.

Die Implementation

Implementieren wird in der Softwaretechnik in mehr als einem Sinn verwendet – meist versteht man darunter einfach die Ausführung irgendwelcher Ebenen. In der Abstrakten Architektur bedeutet Implementation die Spezifizierung der Funktionen innerhalb des Rahmens, den die Architektur absteckt. Wenn es etwa für einen vorgesehenen Zug der Architektur drei verschiedene Algorithmen gibt, dann wird bei der Implementierung entschieden, welcher davon ausgewählt wird. Der Architekt muß daher vermeiden, die Implementierer in ihrer Auswahlfreiheit zu behindern.

Die Realisation

In der Hardware kann man die drei Ebenen angenähert durch die Stichwörter Blockschaltbild, Schaltbild und eigentliche Hardware verständlich machen. Die Architektur gibt nur die Funktionen, die Implementation liefert Schaltbilder, welche auf die gedachte Technik Bezug nehmen – etwa ob Relais, Röhren oder Transistoren verwendet werden sollen –, während die Realisierung mit der endgültigen Bestimmung, Verteilung und Befestigung der Bauteile befaßt ist, mit der Verdrahtung, aber auch mit der Wärmeabfuhr und mit der Transportabilität.

Die drei Ebenen der Architektur haben verschiedene Aufgabenstellungen und Anforderungen, und keine Ebene soll die andere unnötig behindern und einengen. Es wird sich überhaupt ein System von Schleifen als nützlich erweisen, das die Relationen zwischen den Ebenen in mehreren Durchgängen in optimale Form bringt.

Die Implementation geht nicht auf die Einzelheiten der Realisation ein, die Architektur soll der Implementation allen Spielraum geben, den sie zu geben imstande ist.

Ausschreibung und Spezifikation

Es ist gar nicht so selten, daß eine Architektur unbefriedigend ist, weil der Auftraggeber einen Ausgangspunkt definiert hat, der nichts Besseres zuließ. Ausschreibung und Spezifikation sind äußerst wichtig; sie müssen als oberhalb und vor der Architektur liegend angesehen werden. Und ehe man eine Architektur kritisiert, sollte man sich die Voraussetzungen ansehen, unten denen der Entwurf stattfinden mußte.

Architekturkritik

Wenn ein Produkt geliefert wurde, ist zwar der Entwurfsvorgang aller Ebenen zu Ende, aber es gehört in der architektonischen Auffassung eben auch das Umfeld zum Produkt, und eine retrospektive Betrachtung des Erreichten ist nicht nur aus der Sicht des Benützers wichtig, sondern auch der Hersteller sollte eigentlich daran interessiert sein, allen Nutzen aus der Nachhineinbetrachtung für die nächste Entwicklung zu gewinnen. Die Kritik muß auch wieder die Ebenen des Entwurfs unterscheiden, und sie sollte auch zu verschiedenen

Zeitpunkten angesetzt werden: Bei jedem Übergang von einer Ebene zur nächsten, bei der Lieferung einmal durch den Erzeuger und einmal durch den Benutzer, und außerdem wäre weitere Kritik nach einer angemessenen Benützungszeit anzusetzen; die glänzende Fassade des Produkts hat sich später oft zu abgrundtiefer Häßlichkeit entwickelt. Auf jeden Fall kommt hier die Wichtigkeit der Wartung ins Bild – das ist eine weitere Dimension des Entwurfs, die sich durch den ganzen Vorgang ziehen müßte. Man sieht, daß kein Ende der Aspekte und der Betrachtungsweisen in Sicht ist. Wir reden eben von komplizierten Systemen, und bei solchen können Probleme auftauchen, die bei der einfachen Konstruktion leicht zu sehen und zu verhindern sind.

Nach der Darlegung der Ebenen des Entwurfs mögen einige Beispiele das Gesagte konkretisieren.

Einige Beispiele

Die Klosettspülung

In meiner Studienzeit war die Fernmeldetechnik noch mit viel Maschinenbau befrachtet. Im ersten Semester gab es eine Vorlesung über Maschinenelemente,

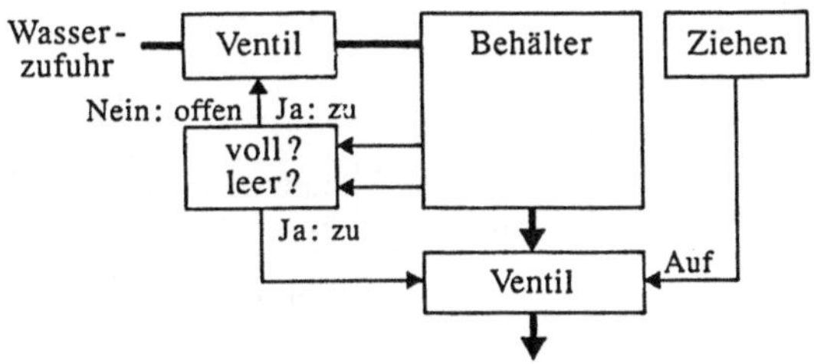

Bild 6.5. Architektur der Spülung

die Professor Franz List – eine elegante Erscheinung, nie ohne Krawattennadel – zum jährlichen Gaudium der Hörerschaft auch älterer Semester stets mit einer Schlußvorlesung über die Klosettspülung abschloß, unter dem Motto *Jeder zieht daran, aber keiner weiß, wie es geht.* Die abstrakte Architektur dieser nützlichen Einrichtung ist denkbar einfach, und deshalb bewährt sie sich auch so sehr (Bild 6.5). In der Implementation verbergen sich zwei einseitige Flip-Flops – auch monostabile Multivibratoren genannt – einer im Zufluß und einer bei der Entleerung. Die Idee der automatischen Auffüllung geht mindestens auf die alten Araber zurück: Sie sind also die Erfinder des einseitigen Flip-Flops.

Die Uhr

Gerrit Blaauw erwähnt als Beispiel einer abstrakten Architektur die Uhr: Es gibt so viele verschiedene Ausführungen, und doch können wir alle ablesen (oder doch die meisten: Für die Digitaluhr in Berlin am Kurfürstendamm braucht man eine Gebrauchsanweisung). Die Erklärung ist die gemeinsame Architektur dieser Uhren, die wir an den verschiedensten Realisierungen mit

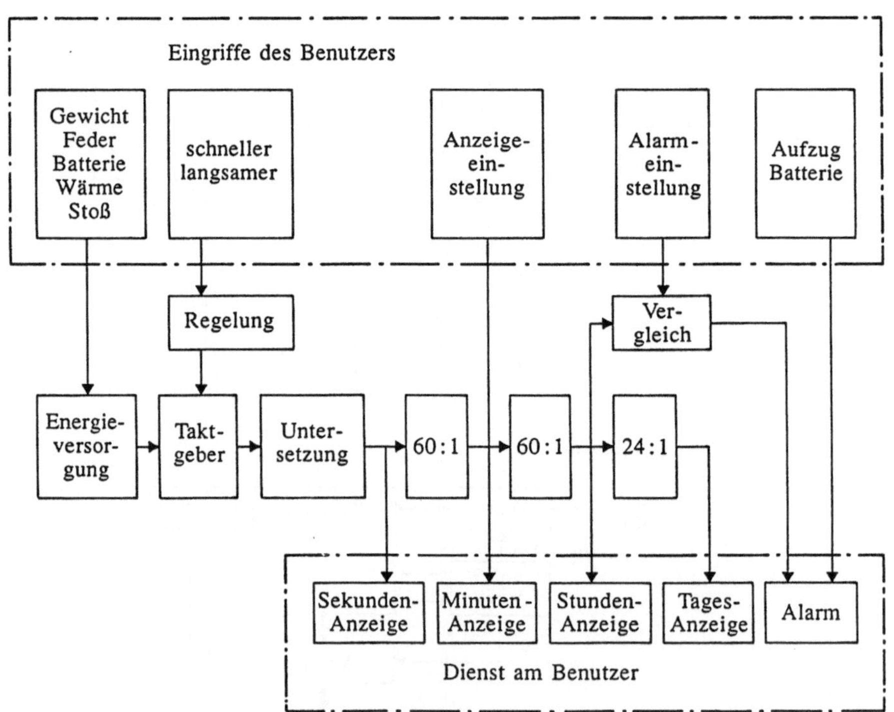

Bild 6.6. Architektur der Uhr

Leichtigkeit durchschauen: Bild 6.6 gibt diese Architektur mit ihren inneren und äußeren Funktionen wieder.

Flip-Flop

Gehen wir nun auf die Informationstechnik im engeren Sinn über, und sehen wir uns den Entwurfsvorgang einfacher Schaltungen an: des Flip-Flops (Bild 6.7) und des Speichers für ein Bit (Bild 6.8).

INFORMALE SPEZIFIKATION:
Man entwerfe einen Flip-Flop: ein Eingang
wechselt bei jedem Eingangsimpuls den Zustand

FORMALE SPEZIFIKATION:
Man stellt die logischen Bedingungen auf.

Zustand	0	0	1	1	
Eingang	0	1	0	1	
Zustand	0	1	1	0	B: bleibt
Funktion	B	W	B	W	W: wechselt

ARCHITEKTUR
Karnaugh-Diagramm

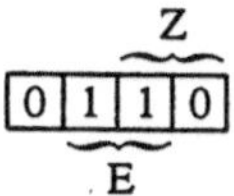

Daraus ergibt sich der Ausdruck

$$Z' = E \not\equiv Z$$

und, als Bit-Fluß-Diagramm, die Architektur:

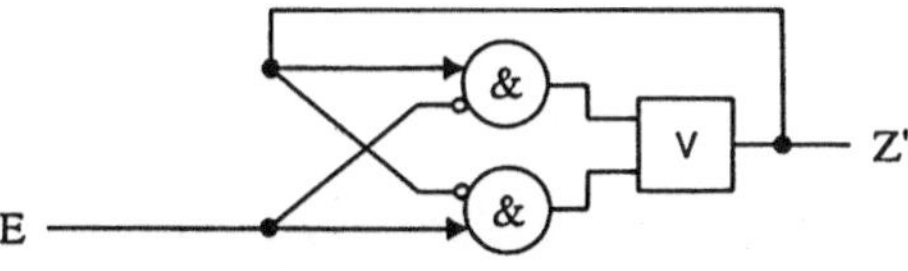

IMPLEMENTATION
An dieser Stelle ist ein Schaltbild eines Flip-Flops nach der oben gezeigten Architektur zu denken, als Relais-Schaltung, als Röhren-Schaltung oder als Transistor-Schaltung (Teil eines Chips).

REALISATION
An dieser Stelle ist eine Werkstattzeichnung der Montage der oben gezeichneten Schaltung zu denken: Wie sind die Bauteile befestigt und verdrahtet?
Natürlich ist das nur eine bildliche Darstellung der Sache selbst: des gebauten Flip-Flops.

Bild 6.7. Entwurf des Flip-Flops

INFORMALE SPEZIFIKATION:
Man entwerfe einen Speicher für ein Bit.

FORMALE SPEZIFIKATION:
Man stellt die logischen Bedingungen auf.

Speichern	Z	0	0	0	0	1	1	1	1	
Setzen	S	0	0	1	1	0	0	1	1	B: bleibt
Löschen	L	0	1	0	1	0	1	0	1	U: unnötig
Ergebnis	Z′	0	0	1	0	1	0	1	1	W: Widerspruch
Funktion		B	U	S	W	B	L	U	W	L: löscht

ARCHITEKTUR
Karnaugh-Diagramm

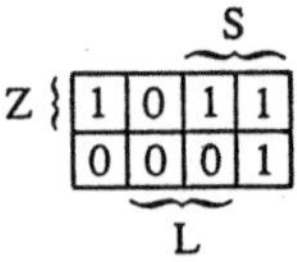

Daraus ergibt sich der Ausdruck

$$Z' = (S \wedge \neg L) \vee (Z \wedge (S \vee \neg L))$$

und, als Bit-Fluß-Diagramm, die Architektur:

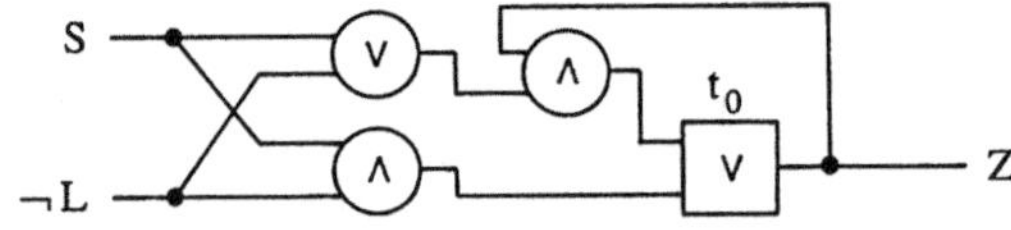

IMPLEMENTATION
An dieser Stelle ist ein Schaltbild einer Speicherzelle nach der oben gezeigten Architektur zu denken, in irgendeiner Speichertechnik, magnetisch, als Halbleiter, als Bildröhre, als Diskette (wobei meist ein einzelnes Bit nur ein Ausschnitt aus einer größeren Einheit wäre).

REALISATION
An dieser Stelle ist eine Werkstattzeichnung der oben gezeigten Implementation zu denken: Auf- und Grundriß etc.
Natürlich ist das nur eine bildliche Darstellung der Sache selbst: des gebauten Speichers.

Bild 6.8. Entwurf der Speicherzelle für ein Bit

Als *Implementierung* eines Flip-Flops nach der in Bild 6.7 gezeigten Architektur stelle man sich ein Schaltbild für eine Relais-Schaltung, eine Röhren- oder eine Transistorschaltung vor (Teil eines Chips). Die *Realisierung* kann vollends durch eine Werkstattzeichnung der Montage dieser Schaltung dargestellt werden, die zeigt, wie die Bauteile befestigt und verdrahtet sind.

Die *Implementierung* eines Speichers nach der Architektur von Bild 6.8 erfolgt durch das Schaltbild einer Speicherzelle in irgendeiner Speichertechnik:

magnetisch, als Halbleiter, als Bildröhre oder als Diskette (wobei meist ein einzelnes Bit nur ein Ausschnitt aus einer größeren Einheit ist). Die *Realisierung* ist wieder bildlich durch eine Werkstattzeichnung dieser Implementation darstellbar: Auf- und Grundriß des gebauten Speichers etc.

Das Auto

Der Begriff der Architektur ist im Schiffbau üblich (im Franklinmuseum in Philadelphia kann man eine Tafel mit der Definition der Schiffsarchitektur sehen), nicht aber hat sich der Automobilbau mit diesem Begriff angefreundet. Hätte man es getan, gäbe es zumindest eine positive Folge: Die Gebrauchsanweisungen der Autos wären übersichtlicher, leichter lesbar und weniger lückenhaft; sie würden von der Architektur reden und nicht von der Implementation und Realisation.

Bild 6.9 gibt zwar keine Architektur – diese müßten schon die zuständigen Fachleute ausarbeiten – aber wenigstens Stichwörter für eine solche.

Vier Informationsarten

In der Informationstechnik neigt alles zur Anwendung auf sich selbst – im extrem logisch-mathematischen Fall spricht man von Rekursivität. Die Architektur der Systeme der Informationstechnik ist ihrer Natur nach Informationsverarbeitung, und ihre Dokumente sind Information über Information. Betrachten wir diese Information daher noch rasch nach zwei Einteilungsgesichtspunkten, nach Kategorien dieser Information und dann nach der Art, wie auf beiden Ebenen Information behandelt wird, in der realen Funktion wie in der architektonischen Gestaltung. Nur als Beispiel seien vier Arten aufgezählt.

(1) Die *Rahmeninformation* beschreibt die allgemeine Struktur: Wo Elemente Platz finden können, und welche Orientierung bei ihnen möglich ist.

(2) Die *Elementeninformation* beschreibt die Bauelemente, die häufigen Normalbauteile, aber auch die selteneren Sonderteile und die erforderlichen Verbindungsstücke.

(3) Die *Wiederholungs- und Symmetrieinformation* erspart das vielfache Auflisten gleicher Information – es wird nur die Wiederholung oder die Symmetrie festgelegt.

(4) Die *Abweichungsinformation* schließlich beschreibt die Ausnahmen, ungewöhnliche Parameter, individuelle Fälle und dergleichen.

Bewegung		*Dokumentation*
Vorwärts	Beschleunigen	Wagenpapiere
Halt	Gleichbleiben	Wagenbeschreibung
Rückwärts	Bremsen	Betriebsanleitung
		Störungsberatung
Parken: Festhalten		Bordbuchhaltung

Signalisierung	*Orientierung*
Vorankündigung	Sicht
Blinker	Frontscheibe
automatisch ab	Seitenfenster
	Rückspiegel
Vollautomatisch	Zeichen
Bremslicht	Straße, Leitlinien
Rückfahrlicht	Verkehrszeichen
Türenwarnlicht	Ampel, Schutzmann
Türe-offen-Warnlicht	Wegweiser

Beleuchtung	*Hilfen*
Standlicht	Uhr
Abblendlicht	Kompaß
Scheinwerfer	km-Zähler
Nebellicht	Landkarten
Innenbeleuchtung	Reise- und Kunstführer

Kommunikation mit den anderen Verkehrsteilnehmern

Betrieb

Geschwindigkeitsanzeige	Ladelampe
Drehzahlanzeige	Lüftung
Temperaturanzeige	Heizung
Ölstand Reservewarnlicht	Kühlung
Kraftstoff Reservewarnlicht	
Hydraulik Reservewarnlicht	Sicherungen
Werkzeug Reserverad	Wagenheber
Bordapotheke	Warndreieck

Bild 6.9. Stichwörter für die Architektur des Autos

Fünf Arten der Informationsbehandlung

Wir konzentrieren uns für eine Weile wieder auf die Informationstechnik und befassen uns einen Abschnitt lang mit den Arten des Umgangs mit der Information, die beim Entwurf eine große Rolle spielen. Es sind dies die fünf Arten

Aufzwingung,
Lieferung,
Bereitstellung,
Abschirmung und
Versperrung.

Aufzwingung

Manchmal muß Information dem Benutzer aufgezwungen werden. Zum Beispiel gehören Alarm- oder Fehlersignale in diese Kategorie: Information, die sofortiges menschliches Eingreifen erfordert. Aber auch wenn das System selbst mit der Störung fertig wird, ist es meist besser, im Fall der Häufung die menschliche Aufmerksamkeit zu erzwingen, weil diese Häufung das Herannahen eines ärgeren Falles anzeigt.

Die Alarm-Meldung sollte nicht nur aussagen, daß ein Problem vorliegt, sondern auch welches. Und die Mitteilung sollte nicht aus der Sicht des Systems her formuliert sein, sondern sie sollte sich am Benutzer orientieren – zum Beispiel einen Lösungsweg vorschlagen. (Ach, könnte ich doch meinen PC zu solchen Informationen veranlassen!).

Lieferung

Das klassische Produkt der Informationstechnik ist die auf Bestellung gelieferte Information. Am Anfang war sie die einzige Informationsart.

Form und Inhalt der gelieferten Information sind von Bedeutung, und die Pragmatik – hier meist: Angenehme Verwertung – ist viel wert. Am Beginn hat man sich so gefreut, daß das Richtige herauskommt, daß man auf Form und Darstellung kaum besonderen Wert legte. Dementsprechend sahen die Ausdrucke meist aus, und diese Tradition ist schwer zu überwinden. Überdies sind Programmierer gerne der Meinung, daß jeder Benutzer weiß, was der Programmierer weiß, und das ist ja auch recht bequem.

Jeder, der für die Form des Ausdrucks (größerer Produktmengen) verantwortlich ist, für die Drucktechnik, für die Zeichensätze, für die Seitengestaltung, sollte verpflichtet werden, von Zeit zu Zeit Inkunablen zu studieren, die ersten Produkte der Buchdruckkunst. Er wird dort viel Schönes finden, das der Computer noch nicht erreicht, und Fehler, wie er sie auch macht, die aber so anders sind, daß er auf die Spur seiner eigenen kommen kann.

Wir werden dieses Thema im Abschnitt über die Dokumentation wieder aufgreifen.

Bereitstellung

Mit der Vergrößerung und Verbilligung der Speicher konnte man sich bald leisten, Information vorzubereiten, auch wenn der Benutzer sie nur teilweise braucht. Das ist ein viel häufigerer Fall der Praxis, als man zunächst meinen würde. Das Telephonbuch ist ein Modellfall dafür. Wer liest schon das Telephonbuch? Nur Graf Bobby glaubt das.[1] Im Mittel braucht der Benutzer nur einen verschwindend kleinen Bruchteil der Information (nur weiß man im voraus nicht welchen).

Bereitstellung erfordert ein Vorwegnehmen der Bedürfnisse des Benutzers. Das ist nicht ganz einfach.

Das Ganze ist nicht ein Mengenproblem, die Speicher sind heute groß genug, um enorme Mengen von Information anzubieten. Das Problem liegt in der Erfassung qualitativer Information und beim Zugriff. Wie fragt man, damit man die richtige Antwort bekommt? Wie holt man Information aus dem Speicher heraus, wenn es nicht offenbar ist, wo sie liegt?

Abschirmung

Die Kühlerhaube eines Autos, wichtiges Ausdrucksmittel der Auto-Architektur, gibt nicht nur Windschnittigkeit. Sie hat wie die Haut eines Lebewesens eine vielfache Aufgabe, und darunter auch eine informationelle: Sie schirmt ab, was darunter liegt. Und es ist schon besser, wenn man nicht sieht, wie es darunter aussieht. Der Medizinstudent muß sich an den Anblick eines offenen Körpers erst gewöhnen, und häufig werden gerade angeberische Typen bei diesem Anblick als erste ohnmächtig. Die Analogien in der Informationstechnik sind offensichtlich.

Es genügt, daß die Servicetechniker Schlüssel für Leitungsverteiler und Kabelschächte haben, der Benützer wird aus mehreren Gründen besser abgeschirmt. Das sichtbar werdende, anscheinende Chaos würde ihn nicht nur

---

[1] Ein alter Bobbywitz:
„Warum rufst du mich nicht an, Rudi?"
„Du hast ein Telephon, Bobby? Seit wann?"
„Ja liest du denn kein Telephonbuch?"

verwirren, sondern zu falschen Meinungen über die Güte der Organisation des Systems bringen (manchmal freilich auch zu der richtigen).

Die Abschirmung vom Unwesentlichen ist gleich wichtig für den Höhergestellten wie für den durchschnittlichen Benutzer. In der heutigen Zeit mit ihrer nivellierenden Demokratie und den blindredenden Medien ist diese Einsicht arg ramponiert worden; jeder wird über alles befragt und informiert, von Journalisten, die selbst alles wissen wollen, über alles reden und nach allem ungehemmt fragen (sie haben sich eine dazu passende Berufsdefinition zugelegt). Daß man ohne Unterscheidung und ohne Abschirmung auskommen kann, ist ein Mißverständnis, und ein folgenschweres noch dazu, besonders angesichts der komplizierten Systeme, bei denen überhaupt nur Informationsdisziplin hilft. Die westliche Welt hat sich da in eine nicht bewältigbare Situation gebracht. Dies auszuführen gehört nicht zu meiner Aufgabenstellung, aber ich weise darauf hin, daß die Auseinandersetzung mit der Abschirmung in der Informationstechnik Aspekte eröffnet, die im öffentlichen Leben hilfreich wären – gäbe es noch Instanzen, welche der Disziplin das Wort zu reden wagen. Zum Nachdenken darf ich Ihnen diese Verallgemeinerung aber vorlegen.

Der Computer ist ein Modellfall der Überinformation. Die volle Beschreibung seiner logischen Struktur ist von unlesbarer Länge, die darauf mögliche und benutzte Dynamik von hoffnungsloser Komplikation und die Information, die sich durch die Strukturen bewegt, ist verzweiflungsvoll mehr, als man im Detail überschauen kann. Damit man mit dem Computer überhaupt umgehen kann, muß man von Information abgeschirmt werden. Die Programmiersprachen waren nur ein Anfang: Der Mathematiker wurde mit ihrer Hilfe von der Problematik der Speicherbuchhaltung und der Übersetzung in Maschinenbefehle abgeschirmt. Jede Software-Ebene ist ein weiteres Mittel zur Abschirmung von Informationsmengen, für deren Beherrschung wirksame Abschirmung erforderlich ist. Die Analogie zum biologischen und sozialen Organismus ist evident.

Versperrung

Information braucht aber nicht nur Abschirmung, sondern auch Versperrung. Denn nicht alle Information ist öffentlich. Wir haben es bei der Diskussion des Begriffes der Information schon ausgeführt. Von Beginn an stieß die Informationstechnik immer wieder auf den Gegensatz zwischen öffentlicher und schutzbedürftiger Information. Der Rundfunk verbreitet öffentliche Information, bei Telegraph und Telephon muß die Geheimhaltung gewährleistet sein, oder das soziale Gefüge bricht zusammen.

Die Rechenkunst beruht auf öffentlichem Wissen, aber die Daten, auf die sie angewendet wird, können sehr intim sein. Verläßlicher Datenschutz ist ein

Grundstein des öffentlichen und privaten Lebens, Datenschutz nicht nur für die Einzelperson, sondern auch für Institutionen – für Firmen und Administrationen, für Regierung und Militär. Wir werden in der 7. Vorlesung auch auf Rechtsaspekte der Informationstechnik zu sprechen und daher auch zurück zum Datenschutz kommen, auf eine Schwachstelle der abstrakten Welt der Software.

Manche Information muß also unter Versperrung bleiben. Sie darf nur dem Berechtigten zugänglich sein. Leider ist vorläufig die Programmiertechnik hier dem Schmiedehandwerk noch gravierend unterlegen. Um programmierte Safes kann jeder gewitzte Programmierer herumprogrammieren. Am sichersten ist immer noch ein Raum um den Computer, der mit hartem, strahlungssicheren Mauerwerk, festen Türen und einem klassischen Schloß versehen ist und – kein Anschluß an ein Daten-Netz! An das Energienetz kann man sich anschließen, aber wenn man gegen Netzzusammenbrüche und dergleichen immun bleiben muß, sind auch hier Inselzustände erforderlich, mindestens die Notzeit überbrückende Hilfsmittel.

Eine Software-Mauer, die den Vergleich mit dem eben beschriebenen Gebäudeschutz aushält, gibt es derzeit noch nicht. Die Arbeiten sowohl für die geschützte Übertragung wie auch für die gesicherte Speicherung und Verarbeitung sind im Gang, teils gibt es sogar spektakuläre Fortschritte, teils aber bleibt alles beim alten.

Nicht immer wird extreme Versperrung erforderlich sein, häufig genügt es, den Spieltrieb abzufangen und durch Nachlässigkeit entstandene Versuchungen zu vermeiden. Klare Architekturen sind hier von wesentlichem Nutzen.

Dokumentation

Beim klassischen technischen Objekt versteht sich der Gebrauch entweder von selbst, oder es ist eine Gebrauchsanweisung beigelegt, die den Benutzer mit der Bedienung des Objektes vertraut machen und vor Behandlungs- und Betriebsfehlern schützen soll. Man ist gewohnt, daß Geräten ein kleines Heftchen beigepackt ist, und man versteht, daß bei größeren Systemen die Gebrauchsanweisung zu einer umfangreichen Schriftensammlung anwächst. Was man nicht auf den ersten Blick begreift, ist die Merkwürdigkeit, daß ein Programm, eine Programmiersprache oder ein Softwaresystem, die doch selbst Dokumente sind, zusätzlich einer Dokumentation bedürfen. Man muß sich kräftig daran erinnern, daß Hardware und Software in weitem Bereich gegeneinander austauschbar sind, um den Gerätcharakter von Programmstrukturen zu begreifen und die Notwendigkeit der zusätzlichen Dokumentation einzusehen, und man muß voll erfaßt haben, daß formale Texte keineswegs alles Erforderliche über sich selbst aussagen, um zu erfassen, daß die Dokumentation des Abstrakten noch viel sorgfältiger und zweckbewußter gestaltet werden muß, als man es von der klassischen Technik her gewohnt ist.

Nicht jeder liest beigelegte Gebrauchsanweisungen vor dem Auspacken; viele probieren lieber und nehmen die Gebrauchsanweisung erst zur Hand, wenn etwas nicht richtig geht. Bei Objekten, wo Gefahr oder Beschädigung droht, ist der Benutzer meist vorsichtiger. Beim Computer, wo – außer Zerstörung von stundenlanger Arbeit – nichts passieren kann, ist das Probieren besonders beliebt. Umso mehr sollte die Dokumentation versuchen, die Aufmerksamkeit des Benutzers zu erregen und zu erhalten – er wird das Produkt besser schätzen und wirksamer verwenden. Das gilt ganz besonders für Programmpakete.

Daraus folgt ziemlich zwingend, daß die Forderungen an gute Architektur auf der Ebene der Dokumentation ein zweites Mal zu stellen sind, denn auch dort gibt es wieder Entwurf, Herstellungsstrecke und Dokumentation. Die Informationstechnik hat einen fatalen Hang zur Rekursivität.

Die Dokumentation ist mindestens das halbe Produkt. Sie braucht nicht nur Aufmerksamkeit, sondern sogar übertriebene Aufmerksamkeit. Daher muß auch die Produktionsstrecke der Dokumentation besonders kultiviert werden. Es sind ja weitgehend Schreibsysteme eingeführt worden, und ihre Vorteile sollten extrem ausgenutzt werden – aber dazu ist viel Disziplin der Verfasser erforderlich. Die Gliederung verlangt extreme Aufmerksamkeit und daher entsprechende Arbeitszeit. Wie Überschriften gehalten sind, wie gut und entgegenkommend der Index ist (man liest derartige Dokumente nur am Anfang wie einen Roman – später will man nur Hilfsinformation, um ein Problem zu lösen) – das sind alles wichtige Kriterien.

Hier ist eine besondere Form der Kritik zu empfehlen (die ich mir selbst häufig empfehle, aber nur selten benütze), das Prinzip des ersten Lesers: Man verwende einen Versuchsleser, der repräsentativ für den gedachten Leserkreis ist, und mit dem zusammen man herausfindet, welche Stellen obskur bleiben, wo Schwierigkeiten des Verständnisses auftreten.

Ganz generell sollten alle Prinzipien der Abstrakten Architektur auf die Dokumentation angewendet werden. Das könnte viel Ärger ersparen und den Wert der Produkte erheblich steigern.

Irrtümer, Fehler und Störungen

Man könnte ein altes Schema variieren: Der liebe Gott ließ den Elektroingenieur die Computerelektronik erfinden und schenkte ihm – fast ohne daß er es merkte – die Universalität des mathematischen Gedankengebäudes als Grundstruktur dazu. Die Mathematiker machten diese Art der Perfektion allen Leuten um den Computer herum bewußt und trieben sie bis zum Korrektheitsbeweis der Algorithmen. Der Computer repräsentierte die edelste und perfekte Technik der Welt. Das ließ den Teufel nicht schlafen. Er brachte den Programmierer ins Spiel und der alte Zustand der Imperfektion auf der Welt war wiederhergestellt.

Die Wahrheit, die sich hinter diesem Bild verbringt, ist die Ordentlichkeit, die in der Hardware erreichbar ist. Sie ist natürlich nicht perfekt – man frage nur einen Hardware-Ingenieur: Er wird die eben erzählte Geschichte nicht besonders treffend finden, weil er die Schwächen der Schaltungen und Kästen zu gut kennt – aber sie ist eben ordentlich, während die Programme unter einer Vielzahl von Fehlern und Unordentlichkeiten leiden, die eigentlich erstaunlich sind. Und die Folgen der Fehler sind ein weiteres Problem, das beim Entwurf nicht außer acht gelassen werden darf.

Beim komplizierten, dynamischen System ist für die Fehlerbehandlung eine Organisation erforderlich, die ebenfalls nach ausgezeichneter Architektur verlangt. Sie gliedert sich in

Fehlerermittlung,
Fehlerbehebung und
Fehlerfolgenbehebung.

Nicht jeder Fehler, der auftritt oder gemeldet wird, ist ein Systemfehler; es kann ein Bedienungsfehler sein oder eine Fehldeutung (in Wirklichkeit ist alles in Ordnung). Daher muß untersucht werden, worum es sich handelt. Ist dann der Fehler festgestellt, folgt die Ausbesserung, die an einer Stelle ausgearbeitet wird und dann durch die Behebungsorganisation bei allen Systemen durchgeführt werden muß, die diesen Fehler ebenfalls aufweisen.

Mit der Behebung ist es oft nicht getan: Der Fehler kann Folgen hinterlassen haben, deren Behebung noch viel umständlicher sein kann als die reine Fehlerausbesserung. Die Fehlerbehandlung kann sehr kostspielig und zeitraubend werden. Unerfahrene – und leider auch erfahrene – Entwicklungsteams kommen nur allzu leicht in den Zustand, daß sie mehr Zeit für die Fehlerbehandlung aufbringen müssen, als ihnen für Neuentwicklungen überbleibt. Aus dieser Sicht bekommt die architektonische Disziplin noch weiter Gewicht: Sie kann für die Wirtschaftlichkeit einer Entwicklungsunternehmung weit mehr beitragen, als nur einem weltfremden Ideal zu dienen und der Schönheit.

Eine noch viel weitere Extrapolation betrifft die allgemeine Abschätzung der Folgen der Einführung des entworfenen Objekts, der Einführung einer ganzen Technik oder Technologie (wie immer man diese Begriffe definiert). Zwei Gründe machen dies Problem gegenwärtig immer drängender: Erstens steigen die Entwicklungskosten bis zu den Grenzen dessen, was sich auch eine Großfirma leisten kann (und darüber hinaus). Und zweitens haben verschiedene Zweige der Technik (die Informationstechnik schneidet dabei noch relativ gut ab) der Umwelt Schäden zugefügt, die sich nicht von selbst reparieren. Allmählich baut sich ein allgemeiner Widerstand gegen derartige Technikschäden auf. Hier können wir nur darauf hinweisen, daß auch dies seinen Platz in einer Theorie des Entwurfs haben muß.

Gefahren der Abstrakten Architektur

Zum Abschluß ist noch ein Wort zu den Gefahren der Abstrakten Architektur und der architektonischen Vorgangsweise angebracht. Wir haben nicht zufällig die vier Phasen der Entwicklungsmethodik ein wenig ausführlich behandelt: Der Übergang zur architektonischen Methode kann verfrüht sein. Ungenügende Einsicht, ungenügendes Wissen, ungenügende Verständigung und Kommunikation mit dem Benutzer und ein schlechte Wartung könne diese Vorgangsweise in einen Albtraum verwandeln.

Ein anderer Schadenseffekt ist die Übertreibung, wäre eine Überarchitektur – mit allzu festen Regeln, mit Abneigung gegen Ausnahmen und mit blinder Übernahme modischer Gedanken und Schlagworte. Jede Tugend kann zum Laster gemacht werden; davor hütet man sich besser.

Der gute Entwurf – Einige fundamentale Konzepte

Was macht eigentlich einen Entwurf zu einem guten Entwurf, eine Architektur zu einer guten Architektur? Eine kurze Antwort haben wir eingangs gegeben: Gute Architektur ist konsistent. Und was man nicht oft genug hinzufügen kann für die Softwarearchitektur: Gute Software-Architektur ist architektonisch dokumentiert – alle guten Eigenschaften der Struktur selbst müssen ein zweites Mal in der Dokumentation, in der Struktur der Dokumentation auftreten.

Sicher ist Qualität in den seltensten Fällen eine meßbare oder gar durch einen Algorithmus erfaßbare Größe. Zu viele unwägbare Komponenten stehen in allen Sorten von Widersprüchen gegeneinander. Man kann gewiß versuchen, davon Modelle zu ersinnen und diese dann zu programmieren und mit Maßzahlen versehen. Dabei kann mehr herauskommen, als wenn ein schlechter Designer intuitiv vorgeht. Aber den wirklich guten Entwurf kann man auf diese Weise nicht erreichen; er bleibt trotz aller Hilfsmittel – teilweise sogar gerade wegen der vielen Hilfsmittel – eine zutiefst menschliche Aufgabe, weil sie nicht allein auf der rational nachvollziehbaren Ebene stattfindet. Das rechtfertigt noch mehr, auf einen antiken Schriftsteller zu verweisen, eben weil er von komplizierten Hilfsmitteln nicht beeinflußt war.

Im zweiten Abschnitt seines ersten Buches hat Vitruv recht deutlich beschrieben, was gute Architektur ausmacht, er zählt einige Hauptzüge auf:

Ordnung (*ordinatio, taxis*) – das ist Maß und Proportion,
Anordnung (*dispositio, diathesis*) – das ist Struktur,
Eurhythmie – das ist Ebenmäßigkeit und Schönheit,
Symmetrie – das ist nicht einfach Spiegelung an einer Achse oder an einem
    Punkt, sondern Übereinstimmung und Zueinanderpassen der Bestandteile
Angemessenheit – das ist Auswahl der Bestandteile und Züge nach den
    anerkannten Grundsätzen und den geltenden Vorschriften
Ökonomie (*distributio, oikonomia*) – das ist verschwendungsfreier Umgang mit
    Material und Raum, ohne in falsche Sparsamkeit zu verfallen.

Die Verfasser des ALGOL-68-Berichtes [16] erwähnen in ihrer Einleitung die vier Prinzipien Vollständigkeit und Klarheit, Orthogonalität, Sicherheit und Effektivität. Gerrit Blaauw gibt in seiner Arbeit [7] eine Liste von Kriterien und diskutiert auch die Relationen zwischen einigen dieser Kriterien, die recht widersprüchlich sein können. Hier folgt eine Zusammenstellung auf dieser Grundlage:

Vollständigkeit – das ist ein Mittel, um die Allgemeinheit zu fördern. Man bietet
    nicht eine Auswahl von Funktionen, sondern alle Funktionen einer Klasse.
    Dies kann zu übermäßiger Fülle führen, man muß Vollständigkeit mit
    Offenheit kombinieren.
    – das ist auch die Vermeidung willkürlicher oder zufälliger Lücken: Wenn ein
    Konzept aufgenommen wird, dann vollständig.
Allgemeinheit – das ist die Vermeidung unnötiger Einschränkungen; wenn ein
    Konzept aufgenommen wird, dann in seiner allgemeinsten Form. Beim
    Computer hat sich immer wieder gezeigt, daß spezielle Lösungen von den
    allgemeineren abgelöst werden. Die Informationstechnik hat eine innere
    Tendenz zur Verallgemeinerung.
Offenheit – das ist die Bereitstellung von Entwicklungsraum für künftige
    Ausgestaltung; man kann Möglichkeiten ausdenken, sie aber der späteren
    Ausarbeitung überlassen. Dazu ist meist Freiraum erforderlich, der beim
    Entwurf nicht unüberlegt verbaut werden sollte.
Orthogonalität – das ist die Vermeidung unnötiger Verkopplungen: Wenn ein
    Konzept aufgenommen wird, dann soll es von anderen Konzepten so
    unabhängig wie möglich sein, denn dann ist eine Änderung ohne Rücksicht
    auf die anderen möglich.
    Während die Orthogonalität zu übermäßiger Fülle verleiten kann, vermag
    die Angemessenheit zu übertriebener Kargheit verleiten.
Klarheit – das ist Einsichtigkeit und Transparenz: Wenn ein Konzept aufge-
    nommen wird, dann soll einleuchten, warum es aufgenommen wurde und
    warum in der gewählten Form.

Ein wichtiges Hilfsmittel ist das virtuelle System: Begrenzungen der Implementierung und Inhomogenitäten der Realisierung können mit Hilfe der Software-Möglichkeiten vor dem Benutzer verborgen werden. Ein Beispiel beim Auto ist die automatische Schaltung, die dem Lenker die Sorge um die rechte Anpassung abnimmt. Aber Begrenzungen und Inhomogenitäten bleiben in der Realität erhalten und machen sich gelegentlich bemerkbar – das muß beim Entwurf überlegt werden. Beim Computer ist das wichtigste Beispiel der virtuelle Speicher, der dem Benutzer unbegrenzte Speicherkraft vortäuscht.

Sicherheit – das ist die Verläßlichkeit der Bauteile, das heißt Ungefährlichkeit des Betriebs, Widerstandsfähigkeit gegen natürlich entstehende oder böswillig hervorgerufene Störungen; das heißt aber Freiheit von der Versuchung des Mißbrauchs und von inhärenten Einladungen zur fehlerhaften Verwendung.

Wirtschaftlichkeit – das bedeutet ein gutes Verhältnis zwischen Preis und Leistung.

Effizienz – das bedeutet gute Ausnützung der aufgewendeten Mittel, des Materials, der Energie, der Denkanstrengung und des Lernaufwandes.

Umweltschonung – das bedeutet die Vermeidung von Abfällen aller Art.

Der Computer ist von sich aus energiesparend und umweltfreundlich (relativ, denn die Qualität einer organischen Struktur kann er natürlich nicht erreichen), und er ist ein hervorragendes Mittel, um die Ersparnis von Energie und Abfall weiterzutreiben.

Fassen wir das Wesen der guten Architektur noch einmal in etwas anderen Worten zusammen.

Gute Architektur ist konsistent – sie wird nach allgemeinen Grundsätzen und festgelegten Vorschriften gestaltet; sie vermeidet Ausnahmen und mutwillige Ausschmückungen, einseitige Verbesserungen an einzelnen Stellen.

Gute Architektur hat einheitliche Ordnung; es gibt Maße und Proportionen. Sie hat Struktur; sie ist wohlgegliedert und nichts erscheint an überraschender Stelle.

Gute Architektur ist redundant. Das ist nicht verwunderlich, den wir haben die Redundanz auch als allgemeines Heilmittel gegen Störungen kennengelernt. Die Redundanz guter Architektur ist nützliche und nicht langweilige oder erbitternde Redundanz. Sie gibt dem Betrachter und dem Benützer das Gefühl der Vertrautheit. Wenn er einen Teil der Architektur kennengelernt hat, ist er imstande, den Rest weitgehend vorwegzunehmen; er muß nur jeweils dazulernen, was für die bestimmte Stelle notwendig ist.

Es ist ein Irrtum, Konsistenz und Redundanz guter Architektur für Luxus, für unnötige Unwirtschaftlichkeit zu halten. Es versteht sich von selbst, daß die Wirtschaftlichkeit der Lösungen dem gesamten Entwurfsbemühen als Superprinzip überlagert werden muß. Es mag schon sein, daß der sorgfältig überlegte Entwurf teurer ist als der rasch hingeworfene; es trifft schon zu, daß ein Teil der Redundanz zusätzliche Kosten verursachen kann. All diese Zusatzausgaben kommen aber wieder herein, und reichlich. Es lohnt sich, gute Architekturen zu schaffen. Dazu bedarf es eben einer Disziplin: Architektur als Fachgebiet und als Studienrichtung.

Ausbildung und ihre Architektur

Die geistvolle Disziplin ist stets ein Erziehungs- und Ausbildungsproblem, und Vitruvs Forderungen zeigen seit 2000 Jahren, wie umfassend ausgebildet man sein müßte, um den Entwurf zu beherrschen – auf allen Gebieten, aber für die Informationstechnik mit ihrer Universalität der Eigenschaften, der Anwendungen und der Auswirkungen gilt das in noch weit höherem Maß.

Und an dieser Stelle wird man geneigt, das Verfahren umzudrehen und eine Betrachtung der Architektur der Ausbildung anzustellen. Natürlich hat das Ausbildungswesen ganz unabgängig von Wort und Begriff Architektur eine Struktur – aber die Konzepte der Abstrakten Architektur lassen sich ganz gut auf die Ausbildung anwenden, von der Volksschule bis zur professionellen Nachausbildung im Berufsleben. Das Produkt ist hier der Absolvent, die Herstellungsstrecke ist die Schule und die Dokumentation reicht von den Schulheften bis zu den Büchern und Datenbanken. Sofort denkt man auch an die zugehörigen Systeme, Datenbanken und Bibliotheken, die ihrerseits wieder gute Architektur haben sollten.

Auch im Ausbildungswesen sind die vier Phasen zu erkennen: Die natürliche Phase, in der die Schule noch vom täglichen Leben getragen wurde und den gesunden Menschenverstand dafür vermittelte und in der die Spezialisierung noch kein Schulargument war. Ein bißchen davon ist der Grundschule noch geblieben, aber es ist am Verkümmern, und das Gymnasium ist in diesem Sinn tot. Die kombinatorische Phase ist im Schwang, und sie bringt die Vielfalt an Lehrfächern und Lehrzielen, an Abschlüssen und an Graden, mit recht fragwürdigem Gewinn. Der Ruf nach einer Architektur der Ausbildung sollte bereits sehr laut sein. Denn im Chaos der Spezialisierungen wird die Übersicht in jeder Hinsicht immer schwieriger, und den häufigen Berufswechseln, mit denen die kommende Generation rechnen muß, dient der gegenwärtige Zustand nicht besonders. Erfahrung hat immer weniger Basis, auf der sie aufbauen kann. Daß die Rehumanisierung ebenso dringend benötigt wird, läßt sich nicht nur an den Folgen der kombinatorischen Ausbildung ablesen, sondern auch an der Übermechanisierung des Betriebes, in welchem die Form Oberhand über den Sinn bekommen hat – von technisch bis juridisch.

Abstrakte Architektur – Ein Ideal

Fassen wir alle Überlegungen noch einmal zusammen, so erscheint die Abstrakte Architektur als ein Mittel, um alle Arten von Systemen auf vielfache Weise zu beurteilen, ein Gefühl für guten Entwurf zu entwickeln und die Kunst des Entwurfs und der Entwicklung auf jenes höhere Niveau zu bringen, welches die Informationstechnik dringend nötig hat.

Selbstverständlich ist – heute wie zu Vitruvs Zeiten – die Summe der vorgebrachten Gedanken und Forderungen viel zu groß, um sie in ihrer Gesamtheit realisieren zu können. Aber es entsteht ein klares Ziel, ein Ideal, das man zwar nicht erreichen, wohl aber anstreben kann. Von der idealen Architektur sei zum Abschluß eine Definition versucht.

Architektur ist die formale und vollständige Beschreibung der Erscheinung und des Verhaltens eines Systems, in der nichts ausgelassen ist (außer es gehört zu Implementierung und Realisierung), und wo keine Seiteneffekte offen bleiben. Der Seiteneffekt ist wie in den Programmiersprachen die Ausnützung undefinierter Bereiche für nicht von der Systembeschreibung vorgesehene Zwecke.

Schlußwort

Meine Vorlesung brachte keineswegs eine systematische Lehre vom guten Systementwurf. Das konnte sie auch nicht nicht bringen, denn Entwurf ist ein widersprüchliches Konzept, ein Ringen um Kompromisse aller Art. Nur in Ausnahmefällen kann man einen Algorithmus angeben – wie beim Wellenfilter. Wenn ich gelegentlich trotzdem von einer Theorie des Entwurfs rede, so ist natürlich nicht eine mathematische Theorie gemeint. Eine Theorie muß nicht unbedingt einen geschlossenen mathematischen Untergrund haben – wenn man sie als Anhäufung von Erfahrung ansieht, einigermaßen übersichtlich angeordnet, dann dient sie ebenso gut und manchmal besser als ein rein formales Gebilde.

Nichts ist praktischer als eine gute Theorie, denn die Theorie ist der beste Langzeit-Speicher der Erfahrung.

Wer das Konzept der abstrakten Architektur begreift, dem werden von da an die vielen Verstöße, die gegen die Prinzipien des guten Entwurfs begangen werden, auf allen denkbaren Gebieten in steigendem Maß auffallen. Und er wird ein Gefühl aufbauen für jene Konsistenz, die sich nur schwer in Worte fassen läßt, die aber dann bei der Vermeidung der Verstöße hilft.

Wenn es dieser Vorlesung gelungen ist, einen Anstoß in diese Richtung zu geben, dann hat meine abstrakte Architektur ein erstes Ziel erreicht.

Literatur

[1] H. Zemanek: Abstrakte Architektur. Vortrag beim Nachrichtentechnischen Kolloquium über Probleme der Informations- und Systemtheorie. Außeninstitut der TU Wien gemeinsam mit dem Fachausschuß 1 der NTG im VDE Wien, am 24 SEP 1975, 37 S.

[2] H. Zemanek: A Theory of Computer Architecture. Vortrag bei den Jornadas commemorativas de las bodas de plata Instituto de Electricidad y Automática, Madrid 14, 15 April 1977, Revista de Informática y Automática *10* (1978), número extraordinario, 92 – 110

[3] H. Zemanek: Abstract Architecture – General Concepts for System Design. In: Abstract Software Specification. Copenhagen Winterschool Proceedings (D. Bjørner, Ed.) Lecture Notes in Computer Science, Vol. 86, Springer-Verlag, Heidelberg 1980, 1–42

[4] H. Zemánek: Entwurf und Verantwortung. In: NTG/GI Fachtagung „Systementwurf", München 1978 außerdem in: Technik und Gesellschaft, IBM Deutschland 1978, 99–101, IBM Nachrichten *28* (1978) No. 241, 173–182, Diagramm *10* (1980) H. 4, 110–122
H. Zemanek: Abstrakte Computer Architektur. In: DV Aktuell 1978 (K. Nagel, Hrsg.) R. Oldenbourg 1978, 11–20
H. Zemanek: Gedanken zum Systementwurf. In: Zeugen des Wissens (H. Maier-Leibnitz, Hrsg.) v. Hase & Koehler Verlag, Mainz 1986, 99–125

[5] F.P. Brooks, Jr: Architectural Philosophy. In: Planning a Computer System (W. Buchholz, Ed.) McGraw Hill, New York 1962, 5–16

[6] G.M. Amdahl, G.A. Blaauw, F.P. Brooks, Jr.: Architecture of the IBM System/360. IBM Journal of R&D *8* (1964) No. 2, 87–101

[7] G.A. Blaauw: Computer Architecture. Elektron. Rechenanlagen *14* (1972) H. 4, 154–159

[8] Vitruv: Zehn Bücher über Architektur (C. Fensterbusch, Übers.). Wissenschaftliche Buchges., Darmstadt 1981, 585 S.

[9] L. Battista Alberti: Zehn Bücher über die Baukunst (M. Theuer, Übers.). Wissenschaftliche Buchges., Darmstadt 1975, 739 S.

[10] A. Palladio: Die vier Bücher zur Architektur (A. Beyer, U. Schütte, Übers.). Verlag für Architektur Artemis, Zürich 1983, 470 S.

[11] Chr. Alexander: Notes on the Synthesis of Form. Harvard Univ. Press, Cambridge MA 1964. 5th Printing 1970, 216 S.

[12] R. Feldtkeller: Einführung in die Vierpoltheorie der elektrischen Nachrichtentechnik. S. Hirzel Verlag, Leipzig 1937, 142 S., 2. Aufl. Leipzig 1942, 167 S. 6. Aufl. Zürich 1953, Stuttgart 1963, 199 S.

[13] W. Cauer: Theorie der linearen Wechselstromschaltungen. Akad. Verlagsges. Becker & Erler, Berlin 1941, 2. Auflage Akademie Verlag, Berlin 1954, 769 S.

[14] E.A. Guillemin: Communication Networks. J. Wiley, New York Vol. I 1931, 425 S.,
Vol. II 1935, 587 S.

[15] H. Zemanek, K. Walk: Tschebyscheff-Approximation von verlustlosen Wellenpara-
meterfiltern nach Cauer. NTZ 11 (1958) H.6, 307–314

[16] A. van Wijngaarden et al. (Eds): Report on the Algorithmic Language ALGOL 68.
Numerische Mathematik 14 (1969) 79 – 218
Revised Report on the Algorithmic Language ALGOL 68. Springer-Verlag, Heidel-
berg 1976, 236 S.

[17] I. Schwarz-Winklhofer, H. Biedermann: Das Buch der Zeichen und Symbole.
Droemer-Knaur, München-Zürich 1975, 278 S.

[18] H. Zemanek: Eine formale Sprache aus dem Jahre 1907 von Leonardo Torres y
Quevedo zur Beschreibung von Maschinen. Elektron. Rechenanlagen 10 (1968) H. 1,
5–6

[19] E. Winkel: Einführung in die Wähltechnik. R. Oldenbourg, München 1942

[20] Paul Flora: Floras Taschen-Fauna. Ullstein Buch Nr. 469, Ullstein, Frankfurt 1964

7. Vorlesung

Computer für die Geisteswissenschaften, Geisteswissenschaften für den Computer

Die Geisteswissenschaften brauchen den Computer, und der Computer braucht die Geisteswissenschaften. Diese sind aber auf den Computer noch nicht recht vorbereitet, und die meisten Informatiker sehen noch nicht ein, wie notwendig die Geisteswissenschaften für eine effektive Informationstechnik sind.

Rechtslogik und Computerlogik sind nicht unbedingt von gleicher Art und Natur – es ist gar nicht so leicht, Rechtsfragen im Computer zu bearbeiten.

Einführung

Der Ingenieur betrachtet die Informationstechnik wie jede andere Technik. Sie beruht auf der Ausnützung und Anwendung naturwissenschaftlicher Kenntnisse und der Erfahrung auf die klassischen Informationskanäle analoger und digitaler Art, zur Unterstützung aller Sinnesorgane, aber Auge und Ohr bevorzugt.

Der Mathematiker betrachtet den Computer als Rechengerät, primär für numerische Aufgaben, einschließlich der Statistik, und in geringerem Ausmaß für algebraische Operationen, für die Symbolverarbeitung – für die es sehr gute Programme gibt, ohne daß sich atemberaubende Ergebnisse eingestellt hätten.

Der Kaufmann sieht in der Elektronischen Datenverarbeitung ein Hilfsmittel für Inventarisierung und Buchhaltung; die Statistik kann er auch brauchen, und die Lohnabrechnung hat der Staat dem Computer vortrefflich angepaßt, indem er sie so kompliziert gemacht hat, daß der Computer unentbehrlich wird.

Wir haben uns an all dies gewöhnt. Und wir wissen, daß ein formaler Unterbau vorhanden sein muß, ehe der Computer befriedigend funktioniert, von der ausgewerteten Formel über das Journalblatt bis zum abstrakten Modell. An die Geisteswissenschaft braucht bei diesen Anwendungen nicht gedacht zu werden – jedenfalls nicht sofort; die Informationstechnik erscheint als naturwissenschaftlich-technisch-wirtschaftliche Angelegenheit, mit nicht mehr Bedeutung für die Geisteswissenschaft als die Bau- oder Verkehrstechnik: zu benützen, wie sie jeder andere Bürger eben auch benützt.

Immerhin aber blickten die Geisteswissenschaftler dem Computerbenützer über die Schulter und fragten sich: Was kann uns dies alles helfen oder nützen?

Ein Teil der Geisteswissenschaftler reagierte negativ, mit einer Mischung aus *„werde ich nicht verstehen"* und *„hat keinerlei Bedeutung für mich"*. Ein anderer Teil reagierte überpositiv, mit einer Mischung aus *„kann doch keine Kunst sein"* und *„zuerst wird es recht roh aussehen, aber das bekommen wir schon hin"*. Das war vor allem in einer spektakulären Frühanwendung der Fall, bei der Übersetzung natürlicher Sprachen mit Computerhilfe.

Mit sehr viel mehr Bescheidenheit, mit sehr viel mehr Wissen von Sprache und Informationstechnik und mit zäher Beharrlichkeit wurde das erfolgreiche Gegenstück einer Frühanwendung zum Erfolg gebracht, der Index Thomisticus des italienischen Jesuitenpaters Professor Roberto Busa.

Beide Beispiele werde ich ausführlicher behandeln, weil sie wesentliche Perspektiven des Themas beleuchten. Indessen sind unzählige Projekte auf dem Gebiet der Anwendung der Informationstechnik in den Geisteswissenschaften in Angriff genommen worden. Und viele kamen zu guten Ergebnissen. Insgesamt aber ist die Situation dürftig und unbefriedigend.

Der Computer vermag den Geisteswissenschaften so zu dienen wie den Naturwissenschaften, der Technik und der Wirtschaft. Die Geisteswissenschaften sind lediglich weniger vorbereitet und müssen den ihnen angepaßten Gebrauch dieses wunderbaren technischen Gerätes erst noch entwickeln. Und damit hat es, so glaube ich, einige Eile. Die Geisteswissenschaften haben das nicht recht erkannt, und manche Repräsentanten begnügen sich damit, ihre Ignoranz auf dem Gebiet der Informationstechnik zu betonen, manchmal geradezu mit intellektuellem Stolz. Denn sie haben die Analogien und die Unterschiede zum *Buch* nicht ausreichend überlegt.

Die Informationstechnik braucht aber auch umgekehrt die Geisteswissenschaften und die umfassende humanistische Bildung viel dringender, als es den Herstellern, Benützern und Exponenten der Informationstechnik erscheint. Sie ermessen immer noch nicht, welchen Schaden sie durch die Verkürzung der Geisteswissenschaften in einer von Mechanismen überwucherten Welt erleiden, und ich meine nicht bloß einen abstrakt-theoretischen Schaden, sondern auch einen höchst konkret-finanziellen. Das drücke ich gerne durch einen Wunschtraum aus: Ich möchte die Gelder auf mein Konto überwiesen sehen, welche Industrie, Universitäten und Anwender durch schlecht geschriebene und noch schlechter übersetzte Programmbeschreibungen und Handbücher verlieren. Der Computer ist eine Sprachmaschine und hängt von der Sprache ab, in die er vielschichtig verwickelt ist – nicht bloß von den Formalsprachen, sondern auch von Deutsch und Englisch. Er wird durch miserable Sprache essentiell geschädigt und er wird durch miserable Sprache zum Schaden anrichtenden Instrument.

Einige Definitionen

Es ist angebracht, einige Definitionen in Erinnerung zu rufen und sie in Varianten zu präsentieren, die auf das Thema zugeschnitten sind.

Information haben wir lieber durch zehn verschiedene Definitionen umschrieben als durch eine einzige, weil der Begriff Information – anders als die üblichen naturwissenschaftlich-technischen Begriffe – den menschlichen Geist in all seiner Vielfalt und Unerschöpflichkeit reflektiert. Gerade für die geisteswissenschaftliche Anwendung darf man nie aus dem Auge verlieren, daß die Zeichenketten, welche Wörter, Sätze und Texte darstellen, nur das äußere Kleid einer Gedankenwelt sind, die wir erst durch menschliche Betrachtung, durch menschliches Verstehen und Begreifen, durch menschliches Wissen und durch Erfahrung jenes Leben eingehaucht erhalten, das die Form der Information zur Blüte ihres Inhalts bringt – und das Poetische dieser Formulierung ist weder Zufall noch Übertreibung, sondern ein Wegweiser hinaus aus der Verengung durch die physikalische Denkweise.

Nur die Zeichenketten der Information hat die Informationstechnik in ihrem elektronischem Griff – ihre Bedeutung begleitet die Zeichen wie eine Wolke, sie schwebt um die Ketten herum. Dieses Bild aus der Barockzeit eignet sich hervorragend dazu, die Transzendenz der Bedeutung und die Schwierigkeit ihrer Erfassung im Bewußtsein zu halten. In den Geisteswissenschaften stehen wir nicht auf dem verläßlichen Boden der Zahlenangaben und der Zahlenrelationen. Wir können nur halbautomatisieren – die Zusammenarbeit zwischen Mensch und Maschine ist nicht nur unvermeidlich, sie ist das zentrale Thema der Informationstechnik in den Geisteswissenschaften.

Der *Computer* ist hier daher nur in trivialen Ausnahmebereichen als Rechner in Verwendung; seine Hauptaufgabe ist der Urstamm des lateinischen Wortes *putare*: Das Setzen als Hin-setzen, als Um-setzen, als Zusammen-setzen. Und in allen Fällen weiß der menschliche Geist mehr als dort steht. Der Computer ist ein Automat, so sagten wir, der Zeichenketten – also auch Texte in natürlicher Sprache – nach präziser Vorschrift in andere Zeichenketten verwandeln kann, auch lange Ketten in kurze und kurze Ketten in lange – mit anderen Worten: Redundanz entfernend oder Redundanz erzeugend. Information erzeugen kann der Computer nicht, und das läßt sich sogar formal beweisen. Der Computer ist ein Informationsverbraucher, im besten Fall ein Bewahrer der Information. Trotzdem kann für den Benützer neue Information entstehen, denn raffinierte Selektionsmethoden vermögen aus Daten- oder Textmengen Arrangements herauszusuchen, die neue Aspekte erkennen lassen und damit neue Einsicht geben. Daran ist der Geist in doppelter Weise beteiligt, zuerst an der Erfindung der Auswahlprozesse und dann an der Beurteilung des Gefundenen. Damit ist klar erkennbar, wie die Anwendung der Informationstechnik in den Geisteswissenschaften beschaffen ist: Fleißige Speicherung und unermüdliche Sortierarbeit liefern Ergebnisse, denen der menschliche Geist Leben einhaucht. Und man muß mit größter Sorgfalt sicherstellen, daß der Geist nicht in die falsche Richtung gelenkt wird und voll Vertrauen in die Perfektion der Zeichenwandlung Falsches in die Zeichenketten hineininterpretiert.

Es ist ja nicht leicht, sich das Schicksal dieser Zeichenketten während ihrer Verarbeitung vorzustellen; der Fachmann hält sich an das Programm – aber so klar ist das gar nicht, weder was das Programm bedeutet, noch was in den verschiedenen Transformationen passiert, die zwischen der Eingabe von Programm und Daten und der Ausgabe des Ergebnisses angesetzt sind. Man kann nie ganz genau wissen, wie diese Transformationen zueinander passen.

Im formalen Universum ist die Computeranwendung offensichtlich; sie ist trivial in dem Sinn, daß der Computer tut, was der *Computor*, der menschliche Formelmanipulant täte, nur eben rascher und präziser, verläßlicher und billiger. Nur im Ausnahmefall wäre sein beobachtender Verstand vorteilhaft, über weite Strecken ist die Automatik des Ablaufs sogar der Fehleranfälligkeit des menschlichen Denkens überlegen. Während die Raumfahrt in die Makrowelt ganzen Nationen vorbehalten ist, jenen, die es sich leisten können, und jenen, die meinen, sie müßten es sich leisten, ist die Raum- und Zeitfahrt in die Mikrowelt des Computers in der Reichweite des einfachen Bürgers.

Aber in den Geisteswissenschaften ist die Anwendung weder offensichtlich noch trivial; man kommt nur streckenweise ohne menschliche Einsicht weiter, und das Zusammenspiel zwischen Mensch und Maschine ist dort viel schwerer zu gestalten als die algorithmischen Abläufe in den formalen Strukturen.

Die Naturwissenschaften bedienen sich dieser formalen Strukturen so ausgiebig und so erfolgreich, daß geradezu als Axiom gilt, daß nur formale Beziehungen sicheren Wahrheitsgehalt haben. Und ein Zweig der Geisteswissenschaften hat sich diesem Axiom angeschlossen, nämlich der Logische Positivismus, ganz besonders in der Form des *Tractacus logico-philosophicus*, den wir in der ersten Vorlesung betrachtet haben und auf den wir in der letzten Vorlesung zurückkommen werden.

Diese Art der Präzision wurde in uns durch den Anblick des Sternenhimmels provoziert. Die relative Genauigkeit seiner Abläufe implizierte den Glauben an die Kreisbahn – an die Harmonie der Verhältnisse – und an die Determiniertheit der Abläufe. Es waren Revolutionen erforderlich, um wenigstens die Ellipse durchzusetzen und um der Indeterminiertheit wieder Raum zu schaffen. Dennoch ist ein Teil der Präzisionsvorstellungen in unserer Mentalität hängen geblieben, schon weil sich die von Präzision und Sicherheit getragenen physikalischen Vorstellungen als so erfolgreich erwiesen. So war zum Beispiel der Grundgedanke der Kreismechanik dem rationalen Denken ideal angepaßt und kann als Vorwegnahme der Fouriertransformation gesehen werden, die sich vom Periodischen auf das Aperiodische verallgemeinern ließ.

Dies und die vielen anderen Erfolge gaben der naturwissenschaftlichen Denkweise einen Impetus, mit dem sie die Geisteswissenschaften überholten, weit über das Angebrachte hinaus.

Wenn wir auf die Geschichte der letzten Jahrhunderte blicken, dann können wir sagen, daß der letzte Höhepunkt der natürlichen Sprache die klassische Literatur des 19. Jh. war, während der Computer zu einem Höhepunkt der Formalität im 21. Jh. führen wird. Was die Entwicklung der Sprachkultur für die echte Geisteswissenschaft geleistet hat, braucht nicht ausgeführt zu werden. Die Frage, die sich stellt, lautet aber: Bewegen wir uns auf eine neue Kultur zu, obwohl die Entwicklung auf einer zweiten Fahrbahn in der Gegenrichtung verläuft?

Zum Glück muß ich diese Frage nicht beantworten. Aber das Thema bekommt durch sie erhöhtes Gewicht und eine neue Dimension. Es genügt für die Geisteswissenschaften nicht, Benützer des Computers zu sein. Sie müssen sich mit ihm auch in bezug auf seine kulturellen Auswirkungen auseinandersetzen.

Der ignorierte Mißerfolg:

Automatische Übersetzung natürlicher Sprachen

Es gab mechanische Vorläufer-Ideen, aber diese kamen niemals zu irgendwelcher Bedeutung. Erst die Elektronik setzte die Idee der automatischen Übersetzung natürlicher Sprachen in Bewegung, 1946 bis 1948. A. D. Booth und W. Weaver waren die ersten, die mit Vorschlägen das Interesse erweckten, Y. Bar-Hillel begann am MIT, an der SWAC in Kalifornien bildete sich eine Gruppe, vor allem aber betrat Professor E. Reifler die Szene. Er hatte in seiner Heimatstadt Wien Sinologie studiert, war mehrere Jahre Professor in China gewesen und übernahm dann die Leitung des Instituts für fernöstliche und slawische Sprachen an der Universität des Staates Washington in Seattle. Die beiden zuletzt genannten Forscher gehören zu jener größeren Gruppe von Philologen, die sich aus Auflehnung gegen den Gedanken einer maschinellen Übersetzung mit dem Problem auseinanderzusetzen begannen und auf diese Weise zu Pionieren dessen wurden, was sie ursprünglich zu bekämpfen beabsichtigten. Y. Bar-Hillel machte später eine zweite Kehrtwendung und wurde wieder zum Gegner der Übersetzungsprojekte, als er die Hindernisse völlig begriffen hatte. Dies ist schon der 4. Vorlesung erwähnt worden.

1952 fand am MIT die erste große Tagung statt. Alle namhaften Forscher des Gebietes nahmen daran teil; man gewann Klarheit darüber, daß mit Hilfe von magnetischen Speichern automatische Wörterbücher verwirklichbar sein müßten und daß der wichtigste Schritt die Gewinnung von Algorithmen für die

Grammatik sein müßte. 1954 fand das berühmt gewordene Experiment an der Georgetown-Universität von Washington DC statt, wo Professor Leon Dostert auf einer IBM Maschine 701 sechs grammatikalische Regeln und ein Wörterbuch von 250 Wörtern programmiert hatte und damit zum ersten Mal vor der Öffentlichkeit eindrucksvoll demonstrierte, daß die automatische Übersetzung eine reelle Möglichkeit darstellt. Nur ein Jahr später fand eine ähnliche Demonstration in Moskau statt, mit einer BESM und unter der Leitung von D.Ju. Panow. Das Interesse in der UdSSR erklärt sich aus dem Vielvölkerstaat, für den die zahlreichen notwendigen Übersetzungen eine gewaltige Belastung darstellen.

Als ich im Jahre 1961 in Professor Höllerers Zeitschrift *Sprache im technischen Zeitalter* zwei ausführliche Übersichtsbeiträge [2] veröffentlichte, waren bereits zahlreiche Gruppen an der Arbeit, zwar nicht in Deutschland, sondern vorwiegend in den USA, aber auch in England, Frankreich, Israel und der UdSSR. Auch Japan und Italien standen auf meiner Liste. In Mailand vertrat Professor Silvio Ceccato mit viel Temperament phantastische Pläne, die auch das Denken miteinbeziehen sollten.

Als Haupthindernisse galten in der Frühzeit Speicherkapazität und Arbeitsgeschwindigkeit, die viel zu klein waren für die ehrgeizigen Pläne. Wahrscheinlich auf Reiflers Uridee geht zum Beispiel der Gedanke eines optischen Festspeichers zurück, der dann von der Telemetering Co. aufgegriffen wurde, mit Dr. King in die IBM-Forschung übersiedelte und dort während der New Yorker Weltausstellung 1964/65 Schlagzeilen mit der täglichen Übersetzung der Pravda machte. Auf einer Scheibe von 30cm Durchmesser vermochte man 300000 Wörter unterzubringen; sie rotierte mit 1380 Umdrehungen pro Minute und erlaubte damit eine Suchzeit von 0,035s.

Ein arges Hindernis erkannte man bald auch in der Eingabe; effektive Übersetzungen konnte nur automatisches Einlesen bringen, und die Zeichenerkennung war damals noch weit von befriedigenden Lösungen entfernt.

Die Optimisten vertraten die Auffassung, daß die Sprache der gleichen Art von Gesetzen gehorcht wie die Physik und daß es daher nur auf die Aufdeckung der Gesetze und ihre Aktivierung in Form von Computer-Algorithmen ankomme. Sobald diese Arbeit geleistet sei, stünde der automatischen Übersetzung nichts mehr im Weg.

Die Pessimisten waren damals mit den Möglichkeiten der Informationstechnik wenig vertraut und verwendeten oft leicht widerlegbare Argumente. Sie präsentierten am liebsten Sätze, die sie für aussichtslos ansahen, und das führte zu jenen erfundenen Beispielen, mit denen manche Journalisten bis heute arbeiten, wie zum Beispiel dem Satz: *„Der Geist ist willig, aber das Fleisch ist schwach"*, den ein Computersystem angeblich mit *„Der Wodka ist mittelmäßig, aber der Braten ist verdorben"* übersetzt hat. Dieser und ähnlicher Unsinn ging jahrelang durch die Zeitungen.

Die formale Behandlung von Übersetzungsproblemen ist sicher ein nützliches Mittel, sobald man erkannt hat, was mit Vernunft geht und was aussichtslos ist.

Übersetzung ist Unfug, sagte Karl Kraus, und er meinte damit, daß keine Übersetzung alle Kontexte der Ursprache in die Zielsprache überführen kann. Das gilt auch für die besten menschlichen Übersetzungen, und die Maschine kann ganz gewiß nicht die Qualität eines menschlichen Übersetzers erreichen; sie hat aber die Chance, besser als der schwach ausgebildete Mensch zu arbeiten; man denke an das Deutsch, dem man in übersetzten Gebrauchsanweisungen begegnet.

Die Pravda-Übersetzung wurde sang- und klanglos eingestellt, die Forschungsarbeit zog sich in die stillen Institute zurück. Es mußte noch viel Zeit vergehen, ehe man sich den Träumen der Frühzeit nähern konnte.

Es war Y. Bar-Hillel, der dies zuerst und am klarsten erkannte. In seinem bereits erwähnten Satz *„The box is in the pen"*, geht es um den häufigen Fall der Doppelbedeutung *pen* kann entweder *Feder* bedeuten oder *Gehschule*. Für den menschlichen Übersetzer ist sofort klar, daß eine Schachtel nur in der Gehschule liegen kann, nicht aber in einer Feder. Das sieht so aus wie ein Problem der Größe, und man könnte sofort den Vorschlag machen, zu jedem Wort Größenangaben zu speichern, und dann kann auch der Computer zu dem gleichen Schluß kommen. Nur ist die Größenangabe natürlich nicht das einzige Kriterium – es gibt unübersehbar viele Kriterien. Auch der weit bessere Vorschlag, das Fachgebiet der vorkommenden Spezialvokabeln zu registrieren und aus dem Speicher zuerst die Wörtern dieses Gebietes einzusetzen, hilft nicht viel weiter. Und so kam Bar-Hillel auf die Maxime, von der aus er dann alle Projekte beurteilte: *In absehbarer Zeit ist hochqualitative Übersetzung ohne menschliche Vor- oder Nachbearbeitung nicht in Sicht.* Das gilt bis heute, obwohl indessen die Forschung, eher in stillen Institutsräumen als mit Pressefanfaren, bemerkenswerte Fortschritte gemacht hat und auf gewissen Gebieten die automatische Hilfe für die Übersetzung nahe daran ist, wirtschaftliches Gewicht zu bekommen. Nicht zuletzt liegt das auch daran, daß die Speicher inzwischen so groß und billig geworden sind. Elektronische Wörterbücher in Taschenrechnerformat sind heute leicht erschwingliche Handelsware. Wie intensiv und erfolgreich sie eingesetzt werden, mag eine andere Frage sein.

Nur zur Abrundung möchte ich noch einmal erwähnen, daß der Satz *„The box is in the pen"* auch in der anderen Bedeutung richtig sein kann. Als ich einmal Professor Bar-Hillel in seiner Wohnung in Jerusalem besuchte, lag dort ein glitzerndes Schreibutensil, das ich für ein Schuleintrittsgeschenk amerikanischen Stils hielt. Es stellte sich aber heraus, daß norwegische Freunde für Bar-Hillel eine Feder gebastelt hatten, in welcher eine Pillbox, ein kleines Schächtelchen gut Platz fand: Das ist die *Schachtel in der Feder*. Die Sprache und der menschliche Geist sind eben voll von Wundern und Tücken.

Der wenig beachtete Erfolg:

Index Thomisticus

Es gibt einen Erfolg der Informationsverarbeitung in den Geisteswissenschaften, der zwar in den engeren Fachkreisen ebenso bekannt wie respektiert ist, der aber in der Öffentlichkeit wenig beachtet wurde, obwohl es in bestimmter Hinsicht das umfangreichste Projekt der Informationstechnik überhaupt ist. Denn ich kenne kein anderes Projekt, das über mehr als 30 Jahre hinweg und über das gesamte Spektrum der technischen Entwicklung einem klaren Ziel nachging und es glänzend erreichte. Aber es gibt natürlich medienwirksamere Unternehmen.

Dieses Projekt ist der *Index Thomisticus* [3] des italienischen Jesuitenpaters Professor Dr. Roberto Busa, den ich mit besonderem Stolz zu meinen Freunden zähle.

Am 7. März 1974, dem 700. Todestag des hl. Thomas von Aquin (1224–1274), erschienen die ersten fünf Bände des Werkes; am 14. Juli 1976 wurden Papst Paul VI. die bis dahin erschienenen 31 Bände überreicht; und heute sind es 50 Bände, jeder etwa 1200 Seiten, alle völlig computerproduziert. Das sind die Abschlußdaten eines Projekts, dessen Idee von Pater Busa 1946 gefaßt wurde, aus einem wirklich kleinen Anfang heraus: In seiner Dissertation befaßte er sich mit der Vorsilbe *in* und wurde sich der Wichtigkeit von Datenbasen in der Literaturwissenschaft und Philosophie bewußt. Er erkannte, daß die Lochkarte und der Computer die geeigneten Mittel waren, die Chance, seine Idee zu einem umfassenden Werkzeug der Philologie auszugestalten. Er verstand es, die Firma IBM als Sponsor zu gewinnen. Von 1949 bis 1966 arbeitete P. Busa in der Jesuiten-Universität von Gallarate bei Mailand und in den IBM-Rechnerräumen, dann übersiedelte das Projekt nach Pisa ins *Centro Nazionale Universitario di Calcolo Elettronico* (CNUCE). 1969 folgten 15 Monate im IBM-Laboratorium von Boulder in Colorado und ab 1971 lief das Projekt in einem eigenen Institut in Venedig; seit einigen Jahren ist P. Busa wieder in Gallarate.

Die Maschinenbenützung des Projekts spiegelt die Geschichte der IBM-Computer, von den Lochkartengeräten über 650, 701, 705, 1401, 360/44 bis 360/90. Dazu kommen die Lichtsetzmaschinen für die automatische Umsetzung der Computerinformation in die Bücher. Leider hat die IBM versäumt, aus den verwendeten Programmen ein universell verwendbares Programmpaket zu machen; geeignet wären die Programme dafür gewesen, aber der erforderliche Arbeitsumfang überstieg die Kräfte des Index-Thomisticus-Projekts.

Nun aber einige Worte über den Gegenstand: Thomas von Aquin war ein Dominikaner, studierte zuerst in Montecassino, dann an den Universitäten von Neapel und Paris und schließlich war er bei Albertus Magnus in Köln. Er lehrte als Professor in Rom, Paris und Neapel. Die meisten seiner Werke sind zwischen

1252 und 1272 geschrieben. Die katholische Kirche hat ihn 1323 heilig gesprochen und 1567 zum Kirchenlehrer erhoben. Neben Augustinus hatte er den größten Einfluß auf die Entwicklung des theologisch-philosophischen Denkens der Folgezeit bis heute. Seine drei großen Hauptwerke sind Kommentare zum damaligen Standard-Lehrbuch der Theologie, seine *Summa Theologiae*, die er eine Einführung nannte, die aber eine systematische Übersicht über die gesamte Theologie und eine Beschreibung des christlichen Glaubens für Ungläubige darstellt. Insgesamt schrieb er rund 100 Werke, dazu kommen 18 kleinere, die ihm nicht mit Sicherheit zugeschrieben werden können. Diese Bücher wurden vom Index erfaßt und dazu weitere 61 Werke anderer, aber zugehöriger Verfasser. Das ergab 179 Werke – alle zusammen 1 700 000 Zeilen mit 10 631 988 Wörtern. Die Hinzunahme anderer Autoren vervollständigt nicht nur das Bild, sondern ist auch aus statistischen Gründen geboten; so kommt man von der subjektiven Sprache des erforschten Verfassers zur gemeinsamen Sprache einer kulturellen und fachlichen Umwelt. Das ist eine Voraussetzung für die Bewertung der über einen einzelnen Autor gefundenen Daten.

Der Text wurde abgelocht und daraus wurde der *Index Thomisticus* abgeleitet, der aus zwei Hauptteilen besteht, aus den *Indices* und den *Konkordanzen*. Die Indices sind Häufigkeitswörterbücher und zugleich die Codelisten. Die Konkordanz ist eine Auflistung aller Sätze, in denen ein bestimmtes Wort vorkommt (wobei Präpositionen, Konjunktionen usw. ausgenommen werden), alphabetisch gereiht nach den Wörtern und bei jedem Wort in der historischen Reihenfolge des Auftretens. Man kann also nicht nur erkennen, wie ein Wort verwendet wurde, sondern auch, wie sich die Verwendung gegebenenfalls über die Jahre verändert hat.

Ein *Häufigkeitswörterbuch* gibt für jedes Wort die Häufigkeit an, mit der es in einem Wortschatz auftritt. Für die deutsche Sprache stellte 1891 bis 1897 der Berliner Parlamentsstenograph F. W. Kaeding auf der Basis eines Wortschatzes von 10,9 Millionen Wörtern – Texte aus den verschiedensten Fachgebieten, aber mit einem gewissen Schwerpunkt bei den für das Parlament gängigen Texten, z. B. juridische – ein Häufigkeitswörterbuch [4] zusammen. Das häufigste deutsche Wort ist *die* mit 3,58 %, an fünfter Stelle steht *in* mit 2,14 %, und die 320 häufigsten deutschen Wörter machen 72,25 % der Texte aus.

Obwohl er die viel weitergehende Bedeutung seiner Arbeit erkannte, mußte sich Kaeding bei der Auswertung weitgehend auf stenographische Gesichtspunkte beschränken, weil er für die weitere Arbeit keine Mittel erhielt. Erst 1964 holte Dr. h.c. Helmut Meier mit seinem Werk *Deutsche Sprachstatistik* [5] die Auswertung nach, immer noch ohne Computer.

In einem Häufigkeitswörterbuch erscheinen alle grammatikalischen Erscheinungsformen eines Wortes; ohne Häufigkeitsangaben wäre es ein *Formenlexikon*. Für die lateinische Sprache stellte der italienische Philologe Egidio Forcellini (1688–1768) ein solches mit 89 609 Grundformen zusammen. P. Busa hat es übernommen und zu einem elektronischen Lexikon der lateinischen Sprache erweitert. Man kann hier wieder einmal sehen, daß mit dem Computer fortgeführt wird, was der Mensch vorher mit Kopf und Hand vorbereitet hat, aber eben in weit größerem Umfang und mit größerer Verläßlichkeit, wiederholt und flexibel verwendbar.

Der Index Thomisticus enthält neben Forcellinis Grundformen weitere 25018 Zitierformen seiner Texte, 2742 regelmäßige Endungen und 147080 Wortformen des Thomistischen Wortschatzes.

Nirgendwo ist die Organisation der Zusammenarbeit zwischen Mensch und Maschine wichtiger als bei geisteswissenschaftlichen Projekten. Denn die Maschine läuft nur entlang den vorfabrizierten Denkschablonen, kann aber nichts Geistiges leisten. Die Bedeutung eines Wortes wird nur dem Menschen offenbar. Beim Index wurde jedem Wort eine Codegruppe zugefügt, in welcher die semantischen Eigenschaften verzeichnet sind. Dieses Einfügen war eine ermüdende Routine-Arbeit, die aber doch von Fachleuten geleistet werden mußte. Die sorgfältige Lösung des semantischen Problems ist ausschlaggebend für den Erfolg und die Fehlerkorrektur.

Denn Fehler werden immer passieren. Die Nachprüfung der Eingabe ist daher ein entscheidender Vorgang bei diesen Arbeiten. Im Fall des Index sind die 1700000 Zeilen mindestens *achtmal* geprüft worden. Man muß sich das vorstellen: Der menschliche Arbeitsaufwand überstieg eine Million Arbeitsstunden, 1700 Wortprüfungen pro Stunde... 25 Jahre lang! Und nach all diesem Überprüfungsaufwand fanden sich bei weiteren Nachprüfungen noch 1600 falsche Buchstaben und zwei Zeilen, die auf rätselhafte Weise verloren gegangen waren.

Man muß bedenken: Es gab noch keine Bildschirmgeräte – auf den Lochkarten war die Korrektur noch eine erträgliche Arbeit; bei einem Fehler auf einem Magnetband hingegen war sie viel schwieriger.

Computer und Geisteswissenschaften

Nach diesen einleitenden Beispielen, die aber das Wesen geisteswissenschaftlicher Informationsverarbeitung recht deutlich machen, möchte ich das gesamte Feld abstecken. Das soll in drei Schritten geschehen: Ich möchte eine Zeitschrift erwähnen, auf andere Vorlesungen in diesem Buch hinweisen und dann die verbleibenden Aspekte behandeln.

Der Name der Zeitschrift lautet *Computers and the Humanities* [6], sie erscheint seit 1966, und ihre Inhaltsverzeichnisse zeigen, was versucht und was erreicht wurde.

Es ist traurig, daß es kein deutsches oder wenigstens europäisches Pendant gibt. Ich habe einige Zeit an dem Projekt gearbeitet, eine Tagung für den deutschsprachigen Raum auszurichten, an der sich alle jene treffen und ihre Erfahrungen austauschen können, die sich auf dem Gebiet der Aufarbeitung deutscher literarischer Texte betätigen. Denn in den meisten erst aufkommenden Feldern wissen viele Forscher gar nicht, wie viele Gruppen sich mit ganz verwandten Problemen der Informationstechnik auseinandersetzen, bis eine Tagung ihnen offenbar macht, daß sie bereits eine ansehnliche Gruppe sind und in der Summe ein beträchtliches Wissen zusammengetragen haben. Aber die Resonanz war zu gering, und ein einzelner kann den erforderlichen Organisationsaufwand nicht leisten.

Zurück zur Zeitschrift. Neben den Hilfsmitteln wie Kleincomputer, Bildschirmarbeitsplatz, Software für verschiedene Anwendungen einschließlich Lehr- und Lernprogrammen, zeigen sich Schwerpunkte der Anwendung: Archäologie, Musik und Museumsinventare, Literaturwissenschaft und Bibliothekswissenschaften. Die Statistik, sei es in Form von Listen oder für die Erkennung z. B. von Autorschaft oder zeitlicher Reihung ist ein naheliegendes Hilfsmittel. Der verstorbene Professor Fucks in Aachen hat die Kyrtosis als statistisches Maß vorgeschlagen. Es scheint sich bewährt zu haben – wird es noch weiter benützt?

Heute wie vor zwanzig Jahren ist das Kernproblem, ist die entscheidende Schwierigkeit die Eingabe von Texten und Daten. Immer noch sind Lesegeräte für beliebige Druckschriften mehr Traum als Wirklichkeit, und an Handschriften ist gar nicht zu denken. Ungewöhnliche Alphabete machen besondere Maßnahmen nötig; Arabisch zum Beispiel verlangt nicht nur Linksläufigkeit (und bei dem häufigen Nebeneinander mit rechtsläufigen Schriften sogar beide Richtungen wählbar), sondern hat auch noch die Schreibzeile verlassende, auf- und absteigende Buchstabenkombinationen.

Anderswo abgehandelte Felder der Geisteswissenschaft

Eine ganze Reihe von Feldern, die zum heutigen Thema gehören, sind von anderen Vorlesungen dieser Reihe behandelt worden oder kommen noch in Betrachtung.

Da ist die Sprache in all ihren Erscheinungsformen, als die natürliche Sprache und als formales System von der Algebra bis zur Programmiersprache – die Sprache, die immer wieder ins Spiel kommt, als Ausdrucksmittel der Informationstechnik, als Gegenstand der Übermittlung über Raum oder Zeit, als Ausdrucksmittel und als Werkzeug der Erklärung – die Sprache hat für jede der zehn Vorlesungen ihre Bedeutung.

Ähnlich, nur nicht so ausdrücklich, hat die Philosophie ihren Platz in allen Vorlesungen. Wir haben in der ersten mit ihr begonnen, und wir werden in der letzten den Versuch einer Abrundung machen. Philosophie ist stets das

Darüberliegende – das Nachdenken und das Einordnen dessen, was zu tun ist und was getan wurde. Daher gibt es auch von allen Überlegungen, die in diesen Vorlesungen vorkommen, eine philosophische Schlußfolgerung, einen Gewinn ins allgemeine.

Die Informationstechnik gibt aber auch Einsicht zumindest in die Voraussetzungen der Philosophie, weil sie ja auch Einsicht gibt in die Mechanismen, die für das Stattfinden des Denkens Vorbedingung sind, für die Psychologie, für die Intelligenz und für das Bewußtsein. Aus dieser Einsicht heraus ist es möglich, manche Verstandesarbeit zu simulieren – was ja schon auf das Rechnen zutrifft, so daß schon die Tischrechenmaschine ein Stück künstlicher Intelligenz darstellt. Dort sind es freilich nur die kleinsten Stückchen der Rechenprozesse, die automatisiert sind. Was man heute KI nennt, zielt auf den Gesamtprozeß eines Denkvorgangs ab. All diesen Fragen, unseren Erfolgen und Hoffnungen ist die nächste, die 8. Vorlesung gewidmet.

Der Kunst ist die 9. Vorlesung zugedacht. Die Kunst selbst sollte ja keineswegs eine Geisteswissenschaft sein – nur der wissenschaftliche Umgang mit Kunst gehört hinein. Aber es wird zu zeigen sein, daß der Computer eine wissenschaftliche Spielart der Kunst, eigentlich sogar eine naturwissenschaftliche Spielart der Kunst begünstigt, und die Auseinandersetzung mit derartigen Phänomenen bildet ganz sicher ein geisteswissenschaftliches Feld.

Es verbleiben noch genügend andere Gebiete für diese Vorlesung. Man braucht sich nur daran zu erinnern, daß die Lochkartentechnik für die Volkszählung erfunden wurde, für ein typisches Gebiet der Gesellschaftswissenschaften; ein Loch in einer Volkszählungslochkarte kann für einen geisteswissenschaftlichen Begriff stehen: Wo immer die Geisteswissenschaften zur Statistik greifen, nehmen sie die Informationstechnik in ihren Dienst.

Ebenfalls der Gesellschaft dienend ist das Rechtswesen, dem wir einen längeren Abschnitt der heutigen Vorlesung einräumen müssen, ganz im Sinn des Haupttitels in beiden Richtungen: Der Computer für das Recht und das Recht für den Computer.

Da ist die Medizin, sobald es nicht um klassische naturwissenschaftlich-technische Anwendungen geht, sondern um das Zusammenfassende, um die Kunst des Heilens am ganzen Menschen; viele Elemente einer Krankengeschichte gehen über die Sammlung von Meßdaten und ihrer funktionellen Zusammenhänge hinaus.

Da sind Geschichte und Geographie samt ihren Sonderfächern wie Archäologie oder Geschichte der *Geschichte der Informationstechnik*, um zwei Beispiele zu nennen.

Verallgemeinerte Inventarisierung

Wenn man überlegt, wie die Informationstechnik den Geisteswissenschaften dienen kann, dann kommt zuerst die reine Speicherung der Tatsachen, die Aufzeichnung des Beobachteten und Gefundenen, des Gedachten und des Systematisierten ins Blickfeld. Das ist nichts anderes als eine Verallgemeinerung der Inventarisierung. Auf diesem Gebiet hat sich der Computer nicht nur in Warenlagern und Möbelbeständen bewährt, sondern auch bei der Sitzplatzreservierung für Verkehrsmittel und Zuschauerräume und bei Bibliotheken und Archiven. Auf letzterem Gebiet hat sich überhaupt eine Informationswissenschaft gebildet, die gerne einen Primat über das Computerwesen stipulieren würde. Aber sie kommt erstens einmal gegen die höhere ökonomische Potenz der Computertechnik nicht an, und zweitens ist auch rein theoretisch die Informationswissenschaft im Sinn von Bibliotheks- und Medienkunde kaum den allgemeinen Aspekten der Informationstechnik übergeordnet.

Es wäre aber sehr empfehlenswert, einer derartigen Variante der Informationswissenschaft auch von Seiten der Technik erhöhtes Augenmerk zuzuwenden. Die Benützung von Bibliotheken, ob klassisch oder elektronisch, ist eine fundamentale Kunst der Informationstechnik, und sie wird unzulänglich gelehrt. Der kluge Student arbeitet sich selbst ein; wer mit einer Bibliothek gut umgehen kann, wer weiß, wie und wo man etwas findet, der ist den andern überlegen. Für irgend ein Projekt die rechte Vor- und Bezugsliteratur zu finden, kann die halbe Arbeit ersparen. Und jene Form der Bibliothek, welche die Informatik aus den Programm- und Algorithmussammlungen heraus entwickelt hat, ist für jede Art der Software-Entwicklung grundlegend. In all diesen Zusammenhängen zu wissen, was die Bibliothekare in den dreitausend Jahren, in denen sie tätig waren, an Wissen und Technik zusammengetragen haben, kann nur Vorteile bringen. Aber selbst mit gutem Wissen hängt man noch sehr von den Bibliothekaren ab. Denn jede Bibliothek ist etwas anders, man muß ihren Gebrauch individuell erlernen, und dabei braucht man Hilfe. Ich versäume niemals, das Lob der Bibliothekare zu singen; ich verdanke ihnen sehr, sehr viel, und ohne ihre Hilfe hätte ich die meisten meiner Ziele nicht erreicht. Geht man also gedanklich vom Bibliothekskatalog aus, der natürlich als Sonderfall einer Datenbasis zu verstehen ist, dann ist leicht zu ermessen, wie sich der Inventarbegriff unter der Computerunterstützung erweitert hat. Man sucht nicht bloß eine Inventarnummer, man sucht nach den verschiedensten Kriterien – und sogleich kommt die Analogie zum Gehirn ins Bewußtsein: Nicht nur Speichern ist das Problem, sondern noch mehr das Wiederauffinden. In unserm Gedächtnis befindet sich viel mehr, als wir – besonders unter Druck – herauszuholen verstehen. Das gilt auch für die Bibliothek, das gilt auch für jede nichttriviale Datenbasis.

Daß dies alles zur Kunst der Textverarbeitung gehört, versteht sich von selbst, ebenso daß klassische wie elektronische Bibliotheken sich rasch ändern oder wenigstens ändern sollten – die klassischen Bibliotheken sind an große Zeitkonstanten gewöhnt, und die Bibliothekare haben einen nicht unberechtigten Hang, das Abklingen temporärer Turbulenzen abzuwarten. Aber das kann sie heute in Existenzgefahr bringen. Denn in der Literatur geschieht Schreckliches. Die Zahl der Bücher und der Zeitschriften wächst mit enormen Prozentsätzen – und das heißt, daß Bibliotheken und Kataloge sich in wenigen Jahren verdoppeln müßten, versuchten sie, alles zu erfassen. Darüber hinaus aber kann heute mit Hilfe eines PCs, eines Kopierers und eines Bindegerätes jeder sein eigener Verleger sein, und zu durchaus tragbaren Kosten. Der geschäftliche Erfolg solcher Tätigkeit ist freilich eine andere Frage.

Hier kann es gar keine Übersicht mehr geben, und der moderne Do-it-yourself-Verleger tut gut daran, auch gleich sein eigener Do-it-yourself-Bibliothekar zu sein, Inventarverwalter in einem verallgemeinerten Sinn. Wieder einmal zeigt sich, daß die Parallelisierung alle Möglichkeiten enorm erweitert, ihren Gewinn aber durch den erforderlichen Verwaltungsaufwand selbst wieder auffrißt.

Seit Jahren beschäftigt mich die Frage, warum die Geisteswissenschaften, die vor Jahrhunderten die Formalisierung in Gang gebracht haben, darin in den letzten 300 Jahren keine großen Fortschritte mehr machten und damit für das Informationszeitalter denkbar schlecht vorbereitet sind. In dieser Position der Schwäche übernehmen sie die Strukturen und das Gedankengut von Naturwissenschaft und Technik, denaturieren sich und verschlechtern damit ihre Lage und vermindern die Kraft zur Beherrschung des technischen Zeitalters. Ein Teil der Erklärung dafür ist ist sicher das Weiterlaufen einer einmal in Gang gesetzten Spiralbewegung der Vernachlässigung; über den Rest der Erklärung bin ich noch unsicher.

In diesem Zustand, der dem Leser außerdem noch reichlich vage erscheinen muß, kann man nur mit einem Beispiel vorgehen, das hoffentlich geeignet ist, die Situation zu beleuchten; dem Leser bleibt aber die Mühe, das Beispiel auf eine allgemeine Einsicht zu verallgemeinern.

Jede Wissenschaft beginnt mit dem Sammeln von Tatsachen, Beobachtungen und Zusammenhängen. Die Naturwissenschaften haben sich dann mit Hilfe der Mathematik und ihrer formalen Notation über Messung und Experiment zu einem Werkzeug ungeheurer Kraft entwickelt.

Mein Beispiel wird sich auf ein Mittelding zwischen Natur- und Geisteswissenschaft konzentrieren, auf die Geographie konzentrieren. Die Sammlung kommt auf eine Verallgemeinerung der Inventarisierung heraus, und die Inventarisierung ist eine Spezialkunst, eine *Leibkunst* – wie ein *Leibgericht* – des Computers.

Ich beginne in der Technik. Man stelle Sie sich das Lager einer Autofirma vor, die verkauft, wartet und repariert. Dieses Lager wird heute mit Selbstverständlichkeit mit Hilfe eines Computerprogramms verwaltet, das eine dynamische Inventarisierung gestattet, eine Angleichung an den Iststand – jeden Tag oder sogar jede Minute. Die Basis ist selbstverständlich eine bestimmte Formalisierung, mindestens eine Numerierung von Bauteil, Ersatzteil, Fahrgestell, Motor, Kennzeichen (die bei der Zulassungsbehörde laufende Kraftfahrzeugregistrierung gehört natürlich ebenso zum Thema). Mit den Nummern gespeichert ist eine Menge Zusatzinformation wie Preis und Gewicht, Maße und Vorratsmengen. In diesem Beispiel handelt es sich vorwiegend um meßbare Daten, es können aber auch beliebig weit in den geisteswissenschaftlichen Bereich reichende Information eingeschlossen sein: Gesetzliche Regelungen und Vorschriften, genau so gut aber auch Kurzgeschichten oder ästhetische Betrachtungen.

Die Fortschritte der Computergraphik erlauben die phantastischsten Prozesse. Sind zum Beispiel alle Konstruktionszeichnungen eines Autos computererzeugt und gespeichert, so ist es möglich, Bauteile darin automatisch auszutauschen. Ein verhältnismäßig einfacher Befehl könnte alle Schrauben eines Satzes von Zeichnungen von Zoll auf metrisch umzeichnen, ein bestimmtes Bauteil in ein umkonstruiertes, und zwar an allen Stellen, wo es vorkommt. Man entwickelt die neue Konstruktion und ersetzt an allen Stellen, wo sie vorkommt, Listen und Zeichnungen durch die neuen Angaben. Verallgemeinerungen dieser Vorgänge kann man sich in allen Varianten ausdenken, bis hin zur praktischen Unausführbarkeit. Und nun, nachdem wir uns mit der technischen Situation ein wenig vertraut gemacht haben, übertragen wir das beschriebene Bild auf die nicht-technische Wissenschaft Geographie, und wir versuchen, uns die Analogien vorzustellen, die man durch die Übertragung vom technischen Lager auf das „Wissenslager" der Geographie ausdenken könnte. Nehmen wir die Inventarliste aller Städte eines Landes, zuerst einmal durch Namen und geographische Längen- und Breitenangabe charakterisiert, wie im Index eines teureren Atlanten. Die Verknüpfung zwischen Konstruktionszeichnung und Landkarte oder Stadtplan ist dann evident.

Nun käme die weitere Information: Oberfläche und Bewohnerzahl, und so fort, bis zur Geschichte der Stadt und zu ihrem Erziehungswesen, alles, was im Lexikon zu stehen pflegt. Aber ehe ich auf die Strukturierung dieser Information übergehe, noch eine einfache Frage: *Haben Städte Inventarnummern?*

Die antiken Geographen haben in ihren Städtelisten Nummern verwendet, die man als Inventarnummern ansehen könnte. Die moderne Geographie bietet nichts dergleichen, aber die Informationstechnik braucht sie und hat sie sich auf mehr als eine Weise selbst geschaffen. Die ersten beiden Nummern, die ich zur Betrachtung vorlege, sind Postleitzahl und Telephonvorwahl (im österreichischen Amtskalender haben die Bezirke einen improvisierten Code, aber durch-

Stadt	Postleit- zahl	Telephon- vorwahl	Autokenn- zeichen	Flughafen- kürzel
Berlin	W-1000	49(30)	D, B-	TXL
Stuttgart	W-7000	49(711)	D, S-	STR
München	W-8000	49(89)	D, M-	MUC
Wien	A-10..	43(1)	A, W-	VIE
Zürich	CH-80..	41(1)	CH, ZH	ZRH
Paris	F-75...	33(1)	F, 75	PAR
Amsterdam	10.. ..	31(20)	NL	AMS
Rom	I-1...	39(6)	I-ROMA	ROM
Tokyo	J-100	81(3)		TYO
New York	NY-10...	1(212)		JFK

Bild 7.1. Inventarnummern von Städten – nicht als solche gedacht,
aber als solche brauchbar

gezogen ist diese Halbsystematik nicht). Beides sind eigentlich systematische Inventarisierungen, oder fast systematische, denn die Techniker erlauben sich zur Anpassung an ihre Netzwerke Abweichungen von der grundsätzlichen Ordnung. Die beiden Inventarnummern gelten zunächst national, mit dem nationalen Autokennzeichen vor der Postleitzahl und mit der nationalen Vorwahl vor der Stadtvorwahl ergibt sich eine weltumspannende Inventarnummer von 5 bis 7 Zeichen (Bild 7.1).

Ich könnte hier einen ausführlich über Inkonsistenzen und Erweiterungen der technischen Normen auf diesem Gebiet berichten. Selbstverständlich haben die Amerikaner und Engländer ein etwas anderes System beschlossen; in Großbritannien (in Kanada und in den Niederlanden) wird mit 2 Buchstaben auch noch die Briefträgerroute hinzucodiert; und in den USA muß man als nützliche Redundanz zwei Buchstaben für den Bundesstaat und dann fünf Ziffern schreiben, die den Staat nochmals ausdrücken; und der Code steht nach dem Namen der Stadt und nicht davor. Dafür gibt es die Einführung, die Nummer des Postfachs an die Postleitzahl anzufügen, und man ist eben dabei, den Code überhaupt auf 9 Stellen zu erweitern.

Bei meiner Adresse bedeutet A-1010 den ersten Wiener Gemeindebezirk und mein Postfach ergäbe eine Inventarnummer für mich als Postempfänger: A-1011-251. Nicht jeder hat aber ein Postfach.

Nun gibt es in Wien seit Jahrhunderten für jedes Haus eine sogenannte Konskriptionsnummer; die 1200 Häuser der Innenstadt werden durch sie inventarisiert. Mein Wohnhaus wäre durch A-1010-847, meine Wohnung durch A-1010-847-05 eindeutig bezeichnet. Hier liegt der Ansatz für eine Inventarisierung aller Häuser der Welt vor. Die Geographen haben dergleichen höchstens recht theoretisch betrachtet. Um wieviel weiter wären wir, hätten Geographie und Administration einen einzigen Code geschaffen und durchgesetzt? Denn aus sehr rationalen Gründen erzeugen die Informationstechniker ein Chaos vielfältiger Codes. Für Städte gibt es außer Postleitzahl und Vorwahl auch noch Autokennzeichen, Flughafenabkürzung und viele andere (Bild 7.1)

Dem Bezeichnungswirrwarr entspricht ein Informationswirrwarr. Wie dem Gestalter eines Lexikons eine Gliederung einfällt oder auch eine Reihenfolge für andere Angaben, so werden sie gedruckt, und so läuft die Information weiter in die Computerspeicher.

Nun hat die Information aber die elementare Eigenschaft, Querbeziehungen in kombinatorischer Anzahl zu haben und das in superastronomischer Größe.

Informationsauswertung auf den Computer kann nur dann richtig und elegant laufen, wenn man Such- und Zusammensetzprogramme leicht anschreiben kann. Schon bei Rechendaten hat sich die Strukturierung als fundamentale Verbesserung erwiesen. Eine Strukturierung der Information über Städte existiert nicht. Die Geographie schläft, während sie sich einen PC nach dem andern zulegt, ohne die Folgen für die Zukunft zu überlegen.

Die Informationstechnik hilft der Geographie aber nicht nur mit Kleincomputern. Die Kartenherstellung ist längst im Computer gelandet und erlaubt dort eine unerhörte Flexibilität. Stadtplan mit oder ohne Straßenbahnschienen, mit oder ohne Bäume? Ein Computerbefehl. Und man hat mir anvertraut, daß seit in Wien die Karten im Computer sind, die Übereinstimmung zwischen *ober der Erde* und *unter der Erde* von Metern auf Zentimeter verbessert wurde.

Das ist übrigens ein Parallelismus, *ober und unter der Erde,* der für die lästigen Aufgrabungen sehr wichtig ist. Welches Mittel außer dem Computer könnte als Werkzeug in dieser steigenden Komplikation wirken? Hier möchte ich eine Analogie zu Geschichte und eine zur Literatur anreißen. Denn so wie der Computer von der Serienverarbeitung zur Parallelverarbeitung tendiert, so tendieren auch die Geisteswissenschaften zur Parallelisierung.

In meiner Schulzeit erschien die Geschichte noch weitgehend als linearer Ablauf von der Antike über das Mittelalter zur Neuzeit. Der Parallelismus der Geschichte beschränkte sich auf die geographische Verteilung. Die Datenlisten der Herrscher und Päpste deuteten einen Parallelismus an, blieben aber seriell überschaubar. Man brauchte bloß Allianzen und Fehden zu memorieren, und die Schlachten erscheinen als geschichtsbildende Sequenzen.

Als erste traten neben diese Form der Geschichte außer der Religionsgeschichte die Kunst- und die Kulturgeschichte. Heute herrscht ein Parallelismus vielfältiger Art, für den sich auch wieder der Computer als Werkzeug anbietet. Aber wieder stehen außer Alphabet und Datum kaum weitere formale Ordnungs- und Verbindungskriterien zur Verfügung.

Die Parallelität tritt auch in anderer Weise in Erscheinung. In der klassischen Literatur und Philosophie war für jedes Werk ein fester Text angestrebt. Wenn überarbeitet wurde, dann von einer festgelegten Version oder Auflage zur nächsten. Heute hingegen finden Verfasser nichts Schlechtes daran, wenn sich ihre Texte verzweigen, wenn mehrere Versionen parallel existieren. Auf anderen Felder der Geisteswissenschaften gibt es unzählige Analogien. Ob daran eine tiefere Erkenntnis der Vielschichtigkeit der Wahrheit beteiligt ist oder eine reduzierte Fähigkeit, einen klaren Faden zu spinnen, mag dahingestellt bleiben. Typisch ist jedenfalls ein Computersystem, wo man ein Datum einstellen kann, und dann erscheint jene Version der *Philosophischen Untersuchungen* Wittgensteins am Bildschirm, die den zuletzt geschriebenen Varianten entspricht. Mehrere, auch einander widersprechende Fassungen eines Satzes können einem Werk auf diese (dynamische) Weise angehören.

Ist dieses der Parallelismus, den man in der Informatik lernt? Diese Frage weist auf den zweiten Teil des heutigen Titels hin: Auf die Bedeutung der Geisteswissenschaften für die Informatik.

Zuerst noch einmal zurück zur Inventarisierung. Bei den Komponisten hat sich eine einheitliche Inventarisierung durchgesetzt, das Werksverzeichnis mit der Opuszahl, oft auch mit dem Namen des Inventarisierers verknüpft wie Köchelverzeichnis oder Deutschverzeichnis. Symphonien werden speziell durchnummeriert (auch Klavierkonzerte usw.), ebenso bekommen die Sätze Nummern. Ist das eine Auswirkung der Tatsache, daß die musikalische Notation viele Züge einer Programmiersprache hat? Darauf werden wir in der 9. Vorlesung zurückkommen.

Für die Bibel und für den Koran, auch noch für Homer gibt es eine systematische Ordnung. Wie bei Gesetzestexten muß sauber zitiert werden können. Und was beim Gesetz der Paragraph und der Absatz sind, das sind in der Bibel der Kanon der Bücher, Kapitel und Vers, das sind Sure und Vers im Koran. Die Nummern der Suren sind übrigens nach der Länge der Sure zugeteilt – ein offenbar einmaliges Ordnungsprinzip der Literatur.

Bei Shakespeare und Goethe gibt es keine Opusnummer, keinen Standardtext, und beim Zitieren hängt man von der benutzten Ausgabe und Auflage ab. Die Geisteswissenschaften haben viele Ansätze liegengelassen, und das rächt sich jetzt bei der Computerbenützung.

Man könnte nun zahlreiche Felder aufzählen, wo durch die Entwicklung einer den Geisteswissenschaften angepaßten Formalisierung große Fortschritte erzielt werden könnten. Dies würde zu weit führen – wir müssen uns beschränken. Als Beispiel mögen zwei praktische Fälle dienen, wo die Computererfassung im Gang ist und mit der Unzulänglichkeit der Vorbereitung kämpft: Die Krankengeschichte und die Biographie.

Die Krankengeschichte

Die Krankengeschichte ist eine Mischung aus naturwissenschaftlich bestimmten Daten und eher dem geisteswissenschaftlichen Bereich zugehörigen Kommentaren. Für den Fortschritt der Medizin wäre die Computerauswertung ungeheuer hilfreich, aber die informale Anordnung und der ungenormte Inhalt erschweren die Erfassung.

Mit nur wenig Phantasie kann man sich den Staatsbürger der Zukunft mit einer Ausweiskarte ausgestattet vorstellen, eher ein Chip, auf welchem seine medizinische Geschichte aufgezeichnet ist, so daß der Arzt bei einem Notfall von einer Basisinformation ausgehen könnte, die in seinem Beratungs- und Behandlungscomputer weiter ausgewertet wird und ihm Warnungen und Vorschläge anzeigt.

Daß die Effizienz eines derartigen Systems von der formalen Basis der medizinischen Information stark abhängig ist, versteht sich ebenso von selbst wie, daß diese Basis nicht bloß aus Impfdaten im rechten Feld bestehen kann, sondern eine der Medizin angepaßte, international einheitliche Struktur haben muß. Daß schließlich der Schutz gegen Mißbrauch besondere Überlegung braucht, weist auf den nächsten Abschnitt über Schutz und Recht hin.

Biographie

Noch schlimmer ist es mit der Biographie. Will man Lebensläufe, Biographien und Tagebücher eines Schriftstellers oder eines Philosophen in ein Ganzes verarbeiten, so geht dies kaum mehr ohne Computerhilfe ab. Schreibkräfte sind schrecklich teuer geworden, und es geht um die häufige Verwendung, also um ein typisches Computeranwendungsfeld. Wieder wäre eine systematische Formalisierung nützlich, aber es gibt sie nicht. Zitate kann man nicht durch Programme überprüfen.

Manche Dinge bleiben überhaupt dem Menschen vorbehalten. Umso wichtiger wäre der durch den Computer bearbeitbare Teil. Im Tagebuch erwähnte Personen, oft nur durch Vornamen, Spitznamen oder vieldeutige Familiennamen gekennzeichnet, könnte man mit Computerhilfe auf eine Person oder eine kleine Gruppe einschränken, wenn die formalen Voraussetzungen dafür geschaffen wären.

Es ist nur wenig übertrieben, wenn man behauptet, daß die Geisteswissenschaften nur alphabetische Ordnung und Datum als formale Ordnungskriterien kennen. Dabei ist das Alphabet, wie wir schon erwähnten, zum Beispiel im Deutschen nicht einmal vollständig normiert (es gibt Normen, aber verschiedene), Umlaute und scharfes S (ß) sind Mitbuchstaben geringeren Ranges. Das macht in der Informationstechnik verschiedene Schwierigkeiten.

Leider sind zum Beispiel Familiennamen heute ebensowenig ausreichend für die Identifizierung wie die Vornamen zur Zeit der Einführung der Familiennamen. Das Wachstum der Weltbevölkerung und des Reiseverkahrs haben auch hier ihre Folgen, ebenso wie das immer dichter werdende Gewebe der

Beziehungen und Organisationen. Der Geburtstag ist für die Unterscheidung hilfreich, reicht aber nicht aus. Meine österreichische Sozialnummer hat die Zahl 1987 vor dem Geburtsdatum; dieser Code reicht für 365 Millionen Österreicher.

Da wir etwa ein Promille der Gesamtbevölkerung ausmachen, muß noch eine dreistellige Zahl oder sonst ein Ländercode vorangestellt werden. In Zukunft wird man auch noch das Jahrhundert der Lebenszeit vermerken müssen; die Zeichenkette dieser Inventarisierungsnummer überschreitet dann 14 Ziffern und reicht für 10^{15} hypothetische Erdenbürger. Nun, gesehen von einer deutschen Bankkontonummer aus ist das eine harmlose Länge; denn zur 10stelligen Kontonummer tritt noch eine 8stellige Bankleitzahl; dieses System erlaubt für jeden Deutschen 10 Millarden Konten, 1000 für jeden hypothetischen Erdenbürger.

Eine Inventarisierung des Menschen ruft Ängste hervor. Gerade der Gedanke an die Bankkontonummer aber sollte diese Gefühle stark dämpfen: Anders geht es nicht in einer komplizierten Welt wie der unseren, und der Computer ist zumindest ein notwendiges Übel. Nachteile und Mißbrauch müssen – ohne zu viel Gejammer – durch entsprechende Vorschriften und durch überlegte Kontrolle auf das unvermeidliche Maß herabgesetzt werden.

Die Inventarisierung ist ja nur der erste Schritt. Wie in der Physik kommt es nach erfolgreicher Sammlung der Fakten auf die Erfassung der Querbeziehungen an, und diese sind in den Geisteswissenschaften ungleich schwieriger in den Griff zu bekommen als in den Naturwissenschaften. Umso bedauerlicher ist es, daß die Bemühungen um die Erfassung in den Geisteswissenschaften so informell und unsystematisch, so lau betrieben worden sind. Daß das Wesen des Geistes über dem formal Erfaßbaren schwebt, ist nur eine scheinbare Rechtfertigung für diesen Mangel. Denn so wie die Sprache über ihrem Buchstabenkleide schwebt und damit alle Höhen der Dichtung und Philosophie erreicht, so würde die Geisteswissenschaft über ihren Formalismen schweben – hätte sie sie nur weitergepflegt wie in der Antike und im Mittelalter. Diese Formalismen müssen – das kann man nicht oft genug betonen – den Geisteswissenschaften äquivalent sein, und sie dürfen keine platten Anleihen oder Imitationen aus den Naturwissenschaften sein; im Gegenteil: Dort, wo solches passiert ist – und es *ist* passiert – wird man sich über die Rückgängigmachung den Kopf zerbrechen müssen.

Die Geisteswissenschaften haben, wie die Amerikaner sagen, ihre Hausaufgaben nicht gemacht, und sie scheinen nicht einmal zur Kenntnis zu nehmen, daß sie ihnen gestellt sind. *Bei uns ist das eben ganz anders*, ist die Standardantwort, besonders bei jenen, die über die Geschichte ihrer Wissenschaft nur geringe Kenntnisse haben.

Recht und Computer – Computer und Recht

Was immer man tut, es kann mit Rechtsfragen in Beziehung treten. Die Informationstechnik muß gewisse Gesetze beachten und wird durch gewisse Gesetze geschützt. Das Rechtswesen andererseits kommt ohne Informationstechnik nicht aus – Rechtsdokumente gehören immer zu den ältesten Zeugnissen einer Kultur, zusammen mit den religiösen. Daß die Computertechnik besondere Gesetze benötigt, könnte man durch das Argument abzutun versuchen, daß der Computer nichts kann, was nicht vorher ein Mensch getan hat oder tun könnte, so daß alles notwendige Recht schon für den menschlichen Betrieb dagewesen sein muß und der Richter nur auf sinngemäße Anwendung bedacht zu sein braucht. Aber so ist das natürlich nicht, sondern die Elektronik führt zu Situationen, die eben doch ihren Niederschlag in der Gesetzgebung finden müssen. Und sei es nur, weil die Computerbenützung zu Ideen führt, auf die vorher niemand gekommen wäre.

Dazu gehören natürlich auch kriminelle Ideen. Denn Situationen führen in Versuchung; gerade beim Computer ist perfekte Überwachung nicht möglich, und es kann leicht passieren, daß ein kleiner Trick, zuerst nur als momentaner Ausweg angesehen, das Tor zu Ketten von Handlungen öffnet, die schließlich zum ausgekochten Verbrechen werden.

Der Computer als Anwendung vo Erfindungen hat mit Patenten und somit mit dem Patentwesen zu tun, und an dieser Stelle schlägt die Spannung zwischen Hardware und Software in den Unterschied zwischen Patent und Copyright um. Denn beim ersten Hinsehen eignet sich die Schaltungstechnik so wie die Mechanik für das Patent, während das Programm literarischen Charakter hat und daher dem Copyright unterliegen muß. Hält man dieser Zuordnung aber das Axiom entgegen, daß im Computer eine Funktion ebenso gut in Hardware wie in Software gelöst werden kann, dann erweist sich der Unterschied als fraglich. Allein der Begriff des Software Engineering ruft gebieterisch nach dem Software-Patent, und tatsächlich treibt das Copyright die Programmierung in die falsche Richtung.

Ebenso naheliegend erscheint der Gedanke, daß mathematische Logik und juridische Logik doch verwandt sein müssen und daß die Abbildung der juridischen Logik auf programmierte Relationen daher verhältnismäßig leicht fallen müßte. Auch diese Annahme erweist sich bei näherer Betrachtung als voreilig; der Unterschied zwischen Sprachlogik und mathematischer Logik ist erheblich und fundamental. Wer zu leichtfertig vorgeht, kann in beliebig tiefe Löcher geraten.

Wir werden also zuerst das Grundsätzliche durchleuchten und anschließend einige Sonderkapitel behandeln.

Das ist doch logisch! Wie oft hört man das im täglichen Leben, und man weiß, daß es keine mathematisch-formale Aussage ist, obwohl es ihr an Präzision überhaupt nicht fehlen muß. Auf die Ausdruckskraft guter Sprache wird in der letzten Vorlesung zurückzukommen sein. Hier begnügen wir uns mit dem Hinweis, daß die formale Beschreibung zwar Präzision im Detail, aber nicht unbedingt echte Klarheit bringt; nur allzu leicht verliert man die Übersicht sowohl über die scharfen Voraussetzungen wie auch über die zahlreichen Ableitungsschritte, die für die Formalität nötig sind. Die Klarheit der Sprache kommt aus dem Bild – hier bietet sich eine faszinierende Brücke zur Kunst – und aus dem Gleichnis; der algorithmische Prozeß der Mathematik bringt nur für einfache Situationen wirkliche Klarheit, und der heutige, mit Algorithmen vollgestopfte Computer erscheint als ein Dickicht logisch präziser Einzelheiten, durch deren Gewebe kein Teufel mehr durchsieht (der Teufel vielleicht!).

Man kann es schon an den Grundfunktionen der Aussagenlogik erkennen, am Und und am Oder, die in der natürlichen Sprache eine sehr schillernde Logik betreiben. *Dick und faul, lang und dünn* sind gleichzeitige Eigenschaften, also steht das Und für die Konjunktion. Bei *Messer, Gabel, Scher und Licht* hingegen handelt es sich um eine Aufzählung, und das ist eher ein disjunktiver Gebrauch.

Vor allem aber ist die mathematische Logik ebenso wie der Computerschaltkreis ein kombinatorisches Spiel mit Bits, mit den echten Atomen der Logik, während die Bausteine der Sprachlogik Begriffe des täglichen Lebens sein müssen, und diese sind, wie auch Wittgenstein zu seiner Enttäuschung einsehen mußte, eben keine Atome, sondern komplexe und widersprüchliche Entitäten, in die das Recht nur bedingte Ordnung bringen kann; ohne die Einsicht und Urteilskraft des Richters kann überhaupt kein Recht gefunden werden, und mit ihnen bleibt nicht selten viel Zweifelhaftes über, Graubereiche, die dem Algorithmus in dieser Art völlig fremd sind.

Die Anwendung des Computers auf Rechtsfragen kann daher gar nicht bei der Rechtslogik beginnen, sondern muß als Textverarbeitung gesehen werden: Die Speicherung von Gesetzestexten und Protokollen, das Aufsuchen von Stellen, die vielleicht von Bedeutung sind, die Ordnung in Dokumenten, die von der juridischen Tradition der Paragrapheneinteilung sehr begünstigt wird. Nur eine Nebenbemerkung zum Internationalen Recht, die hier paßt: Wenn sich den juridischen Problemen auch noch sprachliche überlagern, wird die Automation entsprechend hoffnungslos, dafür aber der Einsatz der Textverarbeitung noch drängender. Gerade deswegen kann man nur sehr vorsichtig Fortschritte machen.

Datenschutz

Ein besonders heikles Gebiet ist der Datenschutz – der Schutz des einzelnen Staatsbürgers, aber auch von Firmen und Institutionen vor dem Mißbrauch computergespeicherter Daten. Der Unterschied zur Vor-Computer-Zeit liegt in der Leichtigkeit, mit der man Datensammlungen von einem Speicher in den andern bringen und in der gewonnenen Anhäufung Zusammenhänge auswerten kann. So sind zum Beispiel Wählerlisten öffentliche Dokumente, in denen auch das Geburtsdatum verzeichnet ist, völlig gesetzlich. Aber für einen Versicherungsvertreter kann ein Auszug aus der Datenbasis zu einem sehr nützlichen Verkaufsinstrument werden, wozu die Wählerliste sicher nicht gedacht war. Und das ist ein simpler Fall.

Auf der anderen Seite können allzu eng gefaßte Vorschriften ebenso unangenehm und schadenbringend werden wie Löcher in den Vorschriften. Man muß sich vor Übertreibungen hüten, und manche Apostel des Datenschutzes übertreiben ohne Kenntnis oder Überlegung der Folgen überzogenen Datenschutzes.

Über den Umgang mit Information in unseren Jahrzehnten wäre lange zu reden. Besonders die Medien, Zeitungen zum Beispiel oder Rundfunk und Fernsehen, maßen sich Rechte an, die auf die Dauer nicht tolerierbar sein werden. Das Herausnehmen von Textteilen aus Interviews oder Vorträgen kann den Inhalt nicht nur deformieren, sondern sogar ins Gegenteil verwandeln. Auch die Kritik, vom Politischen bis zum Künstlerischen, wird sehr häufig ohne Disziplin und ohne Sachkenntnis formuliert. Journalisten und Kritiker müßten ebenso durch eine sachgemäße akademische Berufsausbildung gehen wie Ingenieure, und sie sollten einem Ehrenkodex unterworfen sein wie die Mediziner. Hier hat die Informationstechnik Betätigungsfelder in die Welt gesetzt, auf deren Spielregeln sie keinen Einfluß hat. Daher kann man den Informationstechnikern auch nicht die Verantwortung für Mißbrauch oder schädliche Wirkungen auferlegen. Wer die Verantwortung trägt und wer die Spielregeln festlegt, müßte viel genauer definiert werden; die Demokratie neigt da zu einem Optimismus der Selbstorganisation, der von der Realität nicht bestätigt wird. Der neue Sinn, den die Information durch die Informationstechnik erhalten hat, müßte von der Gesellschaft, von den Regierungen bald begriffen und in nützliche Maßnahmen umgesetzt werden. Es fehlt da arg an Einsicht und Entschlußkraft.

Patent und Copyright

Weil es eine so wichtige Frage ist, möchte ich auf das Patent und auf das Patentrecht zurückkommen. Das Patent dient nach der Definition dem Schutz der Rechte des Erfinders. Dabei gibt es auch eine Schattenseite: In der heutigen komplizierten Welt Rechte durchzusetzen, kann viel Zeit und vor allem viel Geld kosten – die dem einzelnen bald ausgehen können. Der Schutz einer Firma ist in vielen Fällen unentbehrlich. Firmen verlangen oft ein Patent, ehe sie sich auf Verhandlungen einlassen – um spätere Streitigkeiten zu vermeiden. Man muß, wenn eine Erfindung nicht schon im Rahmen einer Firma gemacht wurde, daher doch zuerst das Patent ein- und erreichen und dann die Deckung und Stärkung einer Firma suchen. Es gibt zahlreiche warnende Beispiele, daß ein selbstgestricktes Patent im Ernstfall arge Schwächen erweisen kann: Man braucht einen Patentanwalt, auch wenn er viel Geld kostet. Und der Ingenieurstudent sollte nicht versäumen, sich Kenntnisse über das Patentwesen und Patentrecht anzueignen.

Mir persönlich scheint für die Entwicklung der Technik ein anderer Aspekt des Patentes noch wirksamer zu sein als die Schutzfunktion, und das ist die Klärungsfunktion. Ein Patent setzt die Reduktion des Neuen auf das wirklich Neue voraus, in Form der Patentansprüche. Ein System der Fachleute im Patentamt prüft diese Ansprüche auf ihre Neuigkeit, und nur, was diese Prüfung besteht, kann in den Text eingehen. Hier gibt es keine Bevorzugung und kein zugedrücktes Auge. Denn der nächste Patentprozeß würde derartiges unerbittlich ans Licht befördern. Das Patentwesen ist ein äußerst wirksames Filter für das Neue, für das Wesentliche.

Beim Copyright ist das völlig anders. Es gibt keine Reduktion auf Ansprüche, jede neue Textvariation kann geschützt werden, jeder neue Gedanke kann in beliebig vielen Formen ausgedrückt und so gesichert werden. Der Reduktion auf das Wesentliche aber arbeitet dieses System entgegen. Es war daher ein elementarer Fehler des Gesetzgebers, Erfindungen auf dem Gebiet der Software den Schutz durch Patente zu verweigern oder zumindest recht fragwürdig bleiben zu lassen. Erklärlich ist das aus historischen Gründen und aus der Schwierigkeit, die Grenze zwischen mathematischer Erkenntnis – die nicht patentfähig ist und auch nicht sein sollte – und technischer Erfindung zu ziehen. Dies bedürfte einer besonderen Anstrengung, die nur unzulänglich in Angriff genommen wurde; man verließ sich auf die Klärung durch die Zeit. Dazu aber entwickelt sich die Informationstechnik viel zu schnell. Für mich ist das eine der Wurzeln der sogenannten Software-Krise, ein Chaos ohne Klärungsmechanismus.

Computer-Kriminalität

Jedes Werkzeug läßt sich unredlich und kriminell verwenden – das ist eine Frage menschlichen Verhaltens und nicht der technischen Verhinderung, die unmöglich ist. Ein mächtiges Werkzeug wie der Computer führt zu abstrakten, über große Entfernungen hinweg verübbaren und schwer entdeckbaren Verbrechen. Mit gutem Recht kann man sagen, daß zu einer einigermaßen erfolgreichen strafbaren Computerhandlung so viel Fachwissen gehört, daß die dazu fähigen Täter sich ihren Wohlstand auf anständige und sichere Weise erwerben können. Aber abgesehen von durchbrechender krimineller Veranlagung ist es oft das

Hineingleiten von einem Zufall oder von einem sehr harmlosen ersten Schritt ins Verbrecherische, eine unbedenklich erscheinende Versuchung, sind es Dinge, die sich optisch verbrämen lassen – *es wird schon gut gehen* – die ins Arge führen. In unserer Zeit wird auch allzu viel verharmlost, und die Gesellschaft baut in einem modischen Schwung zur Freiheit jene Barrieren ab, die im Fall der Versuchung bremsend wirken könnten.

Mit dem Computer kann man kriminelle Handlungen auf verschiedene Weise vollführen. Da ist der Diebstahl, die Beschädigung, die Zerstörung und die widerrechtliche Verwendung der Geräte oder auch der Konstruktionszeichnungen. Das gleiche kann man mit Programmen tun, und man kann Programme für widerrechtliche Zwecke schreiben, etwa zur Verschiebung von Kontenständen. Verbrechen begehende Programme können aber viel weiter gehen, sie sind nicht auf den Geldverkehr beschränkt. Weil der Datenbestand und ganz allgemein die Information zur Ware geworden ist, kann man auch sie in vielfältiger Weise widerrechtlich verwenden. Daten und Programme lassen sich sehr leicht kopieren und modifizieren, so daß die Erkennung der unrechten Handlung mitunter sehr schwierig ist. Unrechter Zugang zu Information ist eine weitere Spielart – der Schutz gegen die Künste der Programmierer ist noch nicht recht entwickelt, und da der Schutz selbst eine Kunst der Programmierung ist, lernt jeder, der in das Gebiet eindringt, Schutzmaßnahmen und Gegenkniffe zugleich.

Was so alles passieren kann, wird durch die folgende Geschichte aus der Lochkartenzeit illustriert. Ein Programmierer arbeitet fleißig und konzentriert, um gewisse Abläufe einer Firma für den Computer bereit zu machen. Endlich laufen die Programme. Aus irgendeinem Grund aber kommt der Programmierer auf einen Abweg; er stiehlt ein wichtiges Kartenpaket, ohne das der Betrieb nicht weiterlaufen kann, und versucht, den Firmenchef zu erpressen. Der Programmierer ist aber kein erfahrener Erpresser und wird samt seinem Kartenpaket erwischt. Der Firmenchef möchte das Paket sofort zurück, weil sein Betrieb stockt, aber der Sheriff versteht das nicht. Er will das Paket als Beweismaterial für die Verhandlung zurückhalten und verweigert die Herausgabe. Also bricht der Firmenchef im Büro des Sheriffs ein, stiehlt seinerseits das Lochkartenpaket, kopiert es auf seiner Anlage und bringt es – in einer Art umgekehrten Einbruch – wieder in das Büro des Sheriffs zurück. Dabei wird aber nun er erwischt. Der Rest bleibe der Phantasie überlassen!

Drei berühmt gewordene Prozesse

Ganz kurz müssen drei Rechtsprozesse erwähnt werden, weil sie vom juridischen Umfeld der Informationstechnik Kunde geben. Es sind dies die Anti-Trust-Prozesse gegen die IBM in den Dreißiger- und in den Fünziger-Jahren, der Prozeß zwischen Sperry-Rand und Honeywell-Bull um das ENIAC-Patent zwischen 1967 und 1973 und die Gruppe der Anti-Trust-Prozesse gegen die IBM zwischen 1969 und 1982.

Die ersten Antitrust-Prozesse gegen die IBM

Das Wachstum der Firma IBM erschien vielen Beobachtern und Konkurrenten nicht nur unheimlich, sondern auch unrecht, nämlich auf ein Monopol hinführend. Nun können aber zur Vorherrschaft auf dem Markt nicht nur ungesetzliche Praktiken führen, sondern auch Tüchtigkeit der einen und Versagen der anderen Firmen; die Grenze ist nicht immer erkennbar. Daß in der Firma IBM von Beginn an – aus den Quellen der Firma Hollerith und der Firma National Cash Register – bewußt eine Technik – im amerikanischen Sinn sogar eine Kultur – des Managements betrieben wurde, haben wir in der Vorlesung über die Geschichte bereits vermerkt. Die Grundlage des Erfolgs der IBM war also ganz sicher Tüchtigkeit. Ob Grenzen des Erlaubten überschritten wurden, ist natürlich eine andere Frage.

Gegen die Bildung von Monopolen gibt es in den USA eine besondere Gesetzgebung, die jedoch zugleich der Tüchtigkeit und dem Erfolg genügend Freiheit läßt. Wenn man die Feinheiten der nachfolgend geschilderten Prozesse verstehen will, muß man die Gesetzgebung genauer studieren – auch das Patentrecht ist in den USA etwas anders als bei uns. Darüber müssen wir hier hinweggehen.

Die erste Anklage gegen die IBM (und zugleich Remington-Rand) wurde von der amerikanischen Regierung bereits im Jahre 1932 erhoben. Es ging darum, die Maschinen nicht nur mieten, sondern auch kaufen zu können, und um die Verpflichtung, die verwendeten Lochkarten bei der Lieferfirma der Maschine zu beziehen. Der Prozeß endete 1936 mit einer Niederlage der IBM: Sie mußte Geräte auch verkaufen und andere Lochkarten zulassen; da aber kaum Konkurrenz existierte, hatte der Prozeß so gut wie keine Wirkung.

Die zweite Anklage erfolgte gegen Ende des Jahres 1952. Wieder ging es um die Vermietung der Maschinen und um das Geschäft mit dem Lochkarten-druck. Diesmal wollte sich Watson nicht beugen, und eigentliche Verstöße konnten ihm nicht nachgewiesen werden. Sein Sohn erkannte, daß die Vorwürfe gar nicht mehr den Kern des Geschäftes trafen – das Ende der Lochkarten war bereits abzusehen – und so unterschrieb er 1956 ein Einigungsdokument, das eine Verurteilung ausdrücklich ausschließt, aber gewisse Verpflichtungen für die Zukunft (teils für begrenzte Zukunft) festhält. Der amerikanische Fachaus-druck für ein solches Dokument ist *Consent Decree*. Mr. Watson sen. ließ sich nicht blicken, stimmte aber telegraphisch seinem Sohn ausdrücklich und herzlich zu.

Der Prozeß Sperry Rand gegen Honeywell-Bull

Zuerst noch ein Wort über die Geschichte der beiden Unternehmen. Als die amerikanische Regierung für die Volkszählung von 1900 von dem früheren Mitarbeiter Herman Holleriths, James Powers, eigene Lochkartenmaschinen entwickeln ließ, wurden seine Patente zur Grundlage einer Konkurrenzfirma Powers, die im Jahre 1927 vom Konzern Remington-Rand aufgekauft wurde. Über die Firma der beiden ENIAC-Entwickler Mauchly und Eckert fiel auch das ENIAC-Patent an Remington, als dieser Konzern das Unternehmen der beiden Computer-Pioniere übernahm.

Die Firma Sperry Gyroscope war ein führender Erzeuger elektronischer Waffen, mit dem sich die Firma Remington-Rand im Jahre 1955 verband. 1971 übernahm Sperry Rand die Computerabteilung der RCA.

1964 erhielten Eckert und Mauchly endlich das 17 Jahre früher eingereichte ENIAC-Patent, und Sperry Rand begann, Patentgebühren zu fordern. IBM hatte 1956 mit einem Patentvertrag alle Schwierigkeiten aus dem Weg geräumt; für die anderen Firmen aber waren Millionen im Spiel. Im Mai 1967 verklagte Sperry die Firma Honeywell Bull. Das hätte sie besser nicht tun sollen. Honeywell Bull klagte zurück.

Die Firma Honeywell übernahm 1955 die Computerabteilung der Röhrenfirma Raytheon und begann mit einem Konkurrenzprodukt zur IBM 1401, das auch 1401-Programme verwenden konnte; Honeywell war ein Pionier der IBM-kompatiblen Geräte. 1970 übernahm sie die Computerabteilung der Firma General Electric. RCA und GE verloren an den Computerabteilungen so viel Geld, daß sie aufgaben.

Fredrik-Rosing Bull (1882 – 1925) war ein norwegischer Lochkartenmaschinen-Erfinder. Nach seinem Tod versuchte Knut Andreas Knutsen das Erbe zu übernehmen. Es war nicht ganz einfach: Einerseits wurde 1930 in Zürich eine Bull A.G. gegründet und andererseits 1931 in Paris die Firma H.W. Egli-Bull, die 1932 den Namen Compagnie des Machines Bull annahm. Aber erst ab 1935 waren die Schwierigkeiten einigermaßen vorbei.

Beim Aufkommen der Computer nach dem zweiten Weltkrieg war Bull eine der großen Herstellerfirmen und entwickelte bekannte Serien der Bull-Gamma-Maschinen. General de Gaulle wollte eine unabhängige französische Computer-Weltfirma schaffen, aber es gelang ihm nicht; Bull mußte sich mit Honeywell verbünden – ein Bund, der bis heute Bestand hat.

Das ENIAC-Patent mit der Nummer 3.120.606 wurde am 26. Juni 1947 eingereicht und am 4. Februar 1964 erteilt, 200 Seiten lang mit 148 Patentansprüchen. Es war kein Meisterwerk der Patentierung. Die Erfinder, Eckert und Mauchly, begannen ohne Patentanwalt, stopften immer wieder neue Gedanken hinein und verwendeten gewisse Verzögerungstaktiken; das Patentamt scheint ein bißchen hilflos gewesen zu sein und nicht vertraut mit gewissen Schaltkreisen der Radartechnik, die im Krieg natürlich ohne Patente entwickelt worden waren und nun für den Computer beansprucht wurden. Es war eine schwierige Materie. Über die Schwierigkeiten mit dem Erfinderschutzrecht, die ja nicht nur in Amerika zu Tage traten – auch Zuse bekam sein Patent mit ähnlicher Verzögerung und ebenso eingeschränkt, und auch er hatte kaum den berechtigten Gewinn aus seiner Erfindung – haben wir schon gesprochen.

1967 las einer der Patentanwälte von Honeywell-Bull über den Erfinder John V. Atanasoff; er besuchte ihn und legte ihm die umstrittenen Patente vor. Atanasoff fand, daß etliche Ansprüche auf seinen Ideen von 1940 beruhten, und erklärte sich bereit, im Prozeß gegen Eckert und Mauchly Zeugnis zu geben. Der Monster-Prozeß mit 135 Gerichtstagen begann am 1. Juni 1971 und endete am 13. März des folgenden Jahres. Über 150 Zeugen sagten aus, 32654 Dokumente wurden vorgelegt, und das Gerichtsprotokoll wurde 20667 Seiten lang. Das Urteil wurde am 19. Oktober 1973 verkündet. Es ist ebenfalls von monströser Länge: Ein Bericht des Richters hat 420 Seiten, und ein Auszug in der Zeitschrift US Patent Quarterly hat über 100 Seiten. Sperry, Mauchly und Eckert haben den Prozeß vollständig verloren – das ENIAC Patent wurde annulliert.

An der juristischen Korrektheit des Urteils kann man keine Zweifel haben. Viele amerikanische Beobachter empfinden es aber als sehr ungerecht, daß durch das Urteil ein Mann als Erfinder des Computers hingestellt wird, der zwar erstaunlich viele Grundideen hatte, aber nach ein paar Jahren des Experiments das Feld völlig verließ und erst beim Prozeß wieder auftauchte (und vielen erst durch ihn bekannt wurde), während die beiden ENIAC-Entwickler, die dem Computer ihr Leben gewidmet haben, als Nachahmer dastehen. Aber Atanasoff hat präzise Unterlagen und ein gutes Gedächtnis, während Eckert und Mauchly ein nicht besonders sorgfältig gemachtes Patent hatten, sich nicht genau erinnern und eine Übernahme von Ideen nicht gut leugnen konnten: Mauchly hatte Atanasoff besucht und seine Ideen kennengelernt, Ideen, die sich in den Patenten wiederfinden, sogar Ideen, die weitergingen als jene, die in der UNIVAC verwirklicht wurden. Mindestens was die Sauberkeit anbelangt, war Mauchly in einer schwachen Position.

Die Tatsache, daß ein Einzelgänger dazu fähig war, so viele Konzepte des Computers (Bit-Trommel mit Signalregeneration, Codierung usw.) in solch kurzer Zeit in ein Modell einzubauen, unterstützt die These, daß es bei den Pioniercomputern nicht so sehr auf umstürzende Erfindungen ankam, sondern auf den starken Willen, vorliegende elektronische Strukturen und Ingenieurtricks zu rechenfähigen Komplexen zusammenzustellen.

Die Kontroverse in den USA geht weiter – für Atanasoff oder für Eckert und Mauchly: Beide Seiten haben beachtenswerte Argumente, besonders jenseits der patentrechtlichen Fragen.

Die Antitrust-Prozeßwelle gegen IBM 1969 bis 1982

In der letzten Woche der Amtszeit der Johnson-Administration, am 17. Januar 1969, erhob die amerikanische Justizverwaltung Anklage gegen die IBM nach dem Anti-Trust-Gesetz. Das sah wie eine überstürzte Aktion aus (verstärkt durch die typisch US-amerikanische Tatsache, daß einer der bisherigen Chefs der Justizverwaltung mit dem 1. Januar zur IBM überwechselte und dort die Verteidigung übernahm), war aber keineswegs überstürzt. Schon seit 1965 hatte man hin- und her überlegt, ob man es tun sollte und mit welchen Anklagen. Außerdem lief diese Klage parallel mit etlichen privaten Klagen nach demselben Gesetz, so daß die Firma IBM jahrelang mit einer ganzen Flut von Prozessen beschäftigt war – eine nicht geringe Belastung auch für eine so große Firma.

Die private Serie löste die Firma Control Data Anfang Dezember 1968 aus, und in den nächsten Jahren folgten – teils ermuntert von der staatlichen Klage – 24 weitere Firmen. Den ersten der kleineren Prozesse – er begann im April 1973 und endete am 14. September 1973 – verlor die IBM. Bei der Berufungsverhandlung aber wurde das Urteil aufgehoben und geradezu umgedreht. Etliche Prozesse endeten durch Vergleich, alle anderen gewann die Firma IBM.

Im Jahre 1974 begann die Europäische Gemeinschaft eine Untersuchung, aber es kam zu keinem Prozeß; über einige Punkte kam es zu einer gütlichen Einigung.

Am längsten zog sich der Prozeß der amerikanischen Regierung hin. Nach sechs Jahren Vorbereitung begann die Verhandlung am 19. Mai 1975 in New York vor dem Richter D. N. Edelstein, der auch beim ersten Anti-Trust-Verfahren der Regierung den Vorsitz geführt hatte. Der Vortrag der Anklage dauerte bis zum April 1978. Die Hauptanklagepunkte waren:

(1) IBM bietet Hardware, Software und zugehörigen Unterstützung nur im Bündel an,
(2) IBM nützt die geballte Softwareunterstützung zur Ausschaltung der Konkurrenz aus,
(3) IBM behindert die Konkurrenz durch vorzeitige Ankündigung neuer Modelle – die dann gar nicht immer kommen – und durch die Einführung ausgewählter Spezialanlagen mit ungewöhnlich niedrigen Profiten und
(4) IBM beherrscht den Markt auf dem Erziehungsgebiet (an den Universitäten) durch übermäßige Rabatte.

Die Regierung wollte, daß die IBM

(1) wegen Monopolisierung des Marktes verurteilt wird,
(2) Hardware und Software getrennt anbietet,
(3) keine speziellen Rabatte gewährt,

(4) keine vorzeitigen Ankündigungen machen darf und
(5) so umorganisiert (zerteilt) wird, daß die illegalen Aktivitäten unmöglich
      gemacht und wieder echte Konkurrenzbedingungen hergestellt werden.

Die Verteidigung der IBM dauerte vom April 1978 bis zum Juni 1981. Sie
leugnete jeden Verstoß gegen Gesetz oder Consent Decree und lehnte die in der
Anklage verwendete Definition des Marktes ab. Überdies sei der Fall durch den
ersten Anti-Trust-Prozeß mit dem Consent Decree abgehandelt und könne
nach dem Gesetz gar nicht ein zweites Mal aufgenommen werden.

In den vielen Jahren lösten sich ganze Reihen von Regierungsjuristen ab,
und im Juni 1981 übernahm ein neuer Vizegeneralstaatsanwalt den Fall; er
erbat sich eine 60tägige Pause für seine Einarbeitung, und schließlich kündigte
er am 9. Januar 1982 an, daß die Anklage völlig fallen gelassen werde. Richter
Edelstein, inzwischen 71 Jahre alt geworden, hatte seine Pensionierung
mehrfach verschoben, um das Verfahren zu Ende zu führen – das war ver-
geblich.

Warum hat die Regierung den Fall dann doch aufgegeben? Vermutlich, sagt
der Anwalt R.P. Bigelow in einem Beitrag in der Zeitschrift Abacus [7], waren es
die folgenden Gründe:

(1) Bis zur endgültigen Entscheidung wären noch weit höhere Kosten entstan-
      den – in keinem Verhältnis zum Nutzen, wenn ein solcher überhaupt
      entstanden wäre.
(2) Man hatte eingesehen, daß groß nicht mit schlecht gleichgesetzt werden
      kann.
(3) Der Fortschritt der Computertechnik hatte viele angekreidete Punkte zu
      Anachronismen gemacht.
      Und die IBM hatte schon ein paar Monate nach Prozeßbeginn die
      „Entbündelung" – den getrennten Vertrieb von Hardware und Software –
      freiwillig ausgeführt.

Dieser Prozeß war der längste und wahrscheinlich der teuerste, der je in
Amerika geführt wurde. Ein paar Zahlen mögen das veranschaulichen. Die
Regierung rief 52 Zeugen auf, legte 7461 Dokumente (exhibits genannt) vor,
und es entstand ein Protokoll der Anklageverlesung von 72038 Seiten. Die IBM
rief 30 Zeugen auf – durch 90 schriftliche Zeugenaussagen ergänzt – und legte
12280 Dokumente vor. Das Protokoll wurde um 32350 Seiten länger. Im
Verlauf des Prozesses verlangte der Richter eine Unzahl von Dokumenten;
wenn IBM vielleicht auch ein wenig aufgerundet haben sollte, zeigt ihr Argument die Dimension dieses Prozesses: Die vom Richter verlangten Dokumente
hätten 62000 Mann-Jahre erfordert und eine Milliarde Dollar gekostet. Der
Richter bestand im Prinzip auf der Vorlegung. Man redet von 66 Millionen
Seiten an vom Gericht gespeicherten Dokumenten, von einem Gewicht der

IBM-Papiere von über 46 Tonnen. Der Prozeß kostete den amerikanischen Steuerzahler 17 Millionen Dollar. Die IBM gab keine Kosten bekannt; ein Buchautor glaubt an 500 Millionen Dollar.

Manche Kommentatoren meinen, der Prozeß habe dennoch Sinn gehabt, weil allein seine Existenz über elf Jahre die nötige Wirkung hervorgebracht hat. Die Computerindustrie ist in den 70er und 80er Jahren in der Tat aufgeblüht. Eher aber hatte diese Blüte andere Ursachen und wäre daher auch ohne den Prozeß entstanden. Die Energie wäre sicher nützlicher verwendbar gewesen – auf beiden Seiten.

Geisteswissenschaften für den Computer

Nun sollte noch ein gleich langer Teil der Vorlesung über Bedeutung, Nutzen und Notwendigkeit der Geisteswissenschaften für die Informationstechnik kommen, über die Folgen des Mangels an humanistischer Bildung in unserer Welt und in unseren Berufen im besonderen. Dieser Teil kann aber aus dem einfachen Grund etwas kürzer sein, daß wesentliche Teile der einschlägigen Überlegungen in den anderen Vorlesungen der Reihe behandelt werden. Insbesondere ist der Sprache, der Ausbildung und der Bildung der Hauptteil der letzten Vorlesung gewidmet.

Es ist wieder vom Begriff der Information auszugehen: Während alle anderen Felder der Technik die meßbaren Größen der Physik und Chemie zum Hauptgegenstand haben und erst in der Anwendung auf humane Aspekte stoßen, ist die Information nur in ihrer syntaktischen Dimension meßbar – die Zahl der Speicherplätze, der Zeichen oder Wörter. Diese Größen aber sind sekundär und können bei gleicher Semantik geradezu beliebige Wertvariationen annehmen. Das Wesentliche der Information ist ihre menschliche Bedeutung – und damit haben wir in der Informationstechnik eine Technik vor uns, die mit den Geisteswissenschaften nicht weniger verknüpft ist als mit den Naturwissenschaften, und das ist gewiß eine neuartige und noch keineswegs verarbeitete Situation.

Schon aus diesem Grund haben die Geisteswissenschaften für die Informationstechnik ein außerordentliches Gewicht, und man kann sehr bezweifeln, daß der typische Informationstechniker ausreichend gewappnet ist, mit diesem Doppelcharakter der Information recht umzugehen. Bedenkt man noch die Tendenz, den formalen Relationen das Hauptgewicht bei den Vorlesungen und Prüfungen zu erteilen, dann ergibt sich der Verdacht eines Notstandes, der noch nicht genügend erkannt ist. Aber diese Fragen sollen der letzten Vorlesung vorbehalten bleiben.

Außer der Semantik weist auch noch die Pragmatik in die gleiche Richtung. Denn die Anwendung der Informationstechnik beschränkt sich nicht auf die technischen Aufgaben. Verarbeitete Information wirkt stets auf das praktische Leben, auf die wesentlich informale Welt des Alltags.

Es ist schon ausgeführt worden: Der Programmierer ist – jedenfalls bei praxisnahen Aufgabenstellungen – in der Situation, die wir aus unserer Schulzeit kennen, als nämlich im Mathematikunterricht mit den eingekleideten Aufgaben begonnen wurde. Man begreift den Sachverhalt, in welchem sich die Aufgabe abspielt, und man beherrscht – dafür hat der Mathematiklehrer schon gesorgt – die formalen Mechanismen, deren Anwendung erwartet wird. Wie aber der Sachverhalt auf die Formalismen abzubilden ist, das erweist sich als ein außerhalb der Formalismen selbst liegendes Problem. Die Computeranwendung ist damit auf breitester Fläche konfrontiert, aber ist der Informationstechniker dafür vorbereitet? Wir erinnern uns an die Forderungen, die vor 2000 Jahren von Vitruv für die Ausbildung des Architekten aufgestellt wurden, und an die Analogie für die Informationstechnik, welche in der Vorlesung über Architektur aufgestellt wurde. Es ist eine arge Diskrepanz zwischen einem solchen Idealbild und der Realität.

Nun ist es richtig, daß in den Lehrjahren des Nachrichtentechnikers oder Informatikers die Bedeutung der humanistischen Ausbildung nicht ausgeprägt ist; er muß ja zuerst einmal die Technik erlernen und in einem vorgegebenen Rahmen eher formale Beiträge leisten. Je größer aber in seinen späteren Jahren sein Einfluß wird, umso merklicher müßten ihm seine Mängel bewußt werden, umso größer wird die Gefahr, sich Blößen zu geben. Hier darf man sich allerdings fragen, ob die Geisteswissenschaften genügend tun, um im Weltbild des Informationstechnikers genügend präsent zu sein, ob sie nicht durch die Nichtbeachtung der Brücken zur Technik einen Teil der Ursachen für die geistigen Mängel unserer Zeit mitverschuldet haben. Ich enthalte mich da des Urteils.

Diese Vorlesung findet ihre Fortsetzung in der 10. Vorlesung, in der es um die Relation der Informationstechnik, und der Technik überhaupt, zum Humanismus gehen wird.

Literatur

[1] Heinz Zemanek: Formal Structures in an Informal World. In: Information Processing 89. Proc. of the 11th IFIP Congress, San Francisco. North-Holland, Amsterdam 1989

[2] Heinz Zemanek: Möglichkeiten und Grenzen/Methoden der automatischen Sprachübersetzung. Sprache im Technischen Zeitalter *1* (1961) 3–15, *2* (1962) 87–110

[3] R. Busa: Index Thomisticus. 52 Bände zu 1200 Seiten, Frommann-Holzboog, Stuttgart ab 1974
R. Busa: Der Index Thomisticus. IBM Nachrichten *25* (1975) No. 222, 317–324
H. Zemanek: Der Index Thomisticus. Elektronische Rechenanlagen *19* (1977) 112–122

W. Ingram: Concordances in the Seventies. Computers and the Humanities *8* (1974) 273–277

[4] F. Kaeding: Häufigkeitswörterbuch der deutschen Sprache. Eigenverlag, Berlin-Steglitz 1897, 1898, 660 S.

[5] H. Meier: Deutsche Sprachstatistik. Olms Paperbacks Band 31, Hildesheim 1967, 422+148 S.

[6] Computers and the Humanities, Zeitschrift in verschiedenen Verlagen seit 1967 (North-Holland – Paradigm Press – Kluwer)

[7] R.P. Bigelow: U.S. versus IBM: An Exercise in Futility? Abacus *1* (1984) No. 2, 42–55

Menschliche und künstliche Intelligenz

Glanz und Kläglichkeit der „Artificial Intelligence" liegen dicht nebeneinander. Schon die Lösung einer Differentialgleichung im Computer ist ein Stück künstlicher Intelligenz. Was aber das Sondergebiet der Künstlichen Intelligenz, abgekürzt KI, zum Ziel hat, ist die Simulation allgemeiner menschlicher Intelligenzleistung, zu der sich der Computer ebenso eignet wie zur Berechnung. In welcher Relation aber steht ein solches Programm zur menschlichen Intelligenz? Es wird untersucht, welche Rolle dabei das Bewußtsein spielt. Denn der Mensch ist mehr als ein Informationsverarbeitungsautomat – was im Eifer der Programmierung nicht nur vergessen, sondern von manchen sogar geleugnet wird.

Ist ein Rechenstein intelligent?

Diese achte Vorlesung hätte sicher einen anderen Titel, gäbe es in der Informationstechnik nicht Ausdrücke wie *Künstliche Intelligenz* und *intelligenter Arbeitsplatz*. Diese Namen richten das allgemeine Interesse auf die Intelligenz und auf die Frage, wie weit Computerprogramme die Intelligenz nachbilden können – ob diese Ausdrücke also gerechtfertigt sind oder zu jenem Prozeß der Abwertung gehören, dem die Wörter aller Sprachen durch die Jahrhunderte unterliegen.

Ohne die Aktualität des Wortes *Intelligenz* hätte die Vorlesung zum Beispiel *Gehirn, Geist und Bewußtsein im Licht der Informationstechnik* heißen können oder *Ist der Computer ein Elektronengehirn – ist er eine Denkmaschine?* Es wird mehr um diese Frage gehen, um die Berechtigung von Begriffen wie „Künstliche Intelligenz", denn dem Sinn der Vorlesungsreihe entsprechend geht es eher um die geistige Einbettung der Künstlichen Intelligenz als um ihre Arbeitsfelder und ihre Methoden, die wir aber selbstverständlich zusammenfassen werden.

Das Wort *Denkmaschine* hat nach meinem Wissen zum ersten Mal der österreich-ungarische Mathematiker Joseph Petzval in seinen *Dioptrischen Untersuchungen* von 1843 [1] verwendet. Er sagte:

.. die reine Mathematik, die überhaupt die Vervollkommnung einer großen und mächtigen *Denkmaschine* zum Zwecke hat, ohne Rücksicht auf den verarbeiteten Stoff.

Dies ist eine sehr angebrachte Verwendung des Wortes *Denkmaschine*, denn hier ist es offenbar der denkende Mensch, der sich in seinem Geist einen Denkmechanismus zurechtschneidert, unter Benützung der Formalismen, die sich seit den Anfängen der Mathematik herausgebildet hatten und die allmählich zu Werkzeugen unerhörter Mächtigkeit geworden waren. Verwirklicht man nun diese Mechanismen, ob mit Rädern und Zähnen oder mit elektronischen Mitteln, als Rechenmaschine, dann ist das Wort Denkmaschine, so könnte man argumentieren, erst recht angebracht. Vom Beginn der Computerentwicklung an wurde es häufig verwendet, hauptsächlich von Journalisten, aber mitunter auch von Fachleuten. So hieß eines der ersten, ein wenig popularisierenden Bücher in Amerika, geschrieben von Edmund C. Berkeley, *Giant Brains or Machines That Think* – also „Riesengehirne oder Maschinen, die denken" [2].

Aber da ist ein wesentlicher Unterschied, der für diese gesamte Vorlesung von Bedeutung ist. In der Mathematik ist das menschliche Denken untrennbar mit der *Denkmaschine* verbunden, während beim Tischrechner und beim Computer ein vom Menschen getrenntes Gerät so bezeichnet und damit der Maschine – ohne tiefere Überlegung – die Fähigkeit des Denkens zugesprochen wird. Bei allen anderen Übertragungen vom Menschen auf das Gerät verhält es sich genau so: Ob es das Gehirn ist oder das Bewußtsein, Intelligenz oder Wissen – die Äquivalenz zwischen dem menschlichen Begriff und der maschinellen Realisierung ist nur in bezug auf äußere Verhaltensweisen und auf die angewandte Funktion gegeben, auf die äußere Erscheinung und nicht auf das innere Wesen. Wer sich – wie ich – einen Computer selbst gebaut hat, Bauteil um Bauteil, läßt sich nicht so leicht täuschen, nicht einmal durch sich selbst. Aber mit dem motivierten Menschen – zum Unterschied vom Computer – kann eben der Eifer durchgehen.

Intelligenz von Geräten ist nur eine Metapher wie so oft in der Technik, etwa im Fall von Gelenk oder Gang. Nur daß bei Gelenk und Gang der Unterschied evident und keine Rückwirkung auf den Inhalt der vortechnischen Begriffe zu befürchten ist, während bei den Begriffen, die mit dem menschlichen Geist verknüpft sind, der Unterschied so verwischt werden kann, daß völlig abstruse Vorstellungen vom menschlichen Geist entstehen – zum Beispiel die Vorstellung, unser Gehirn sei ein Zeichenverarbeitungsautomat, der wie ein Computer arbeitet und bei dem das Bewußtsein nur eine Art Rückkopplungseffekt ist, dem man dem Computer mit ein bißchen zukünftiger Mühe auch einbauen kann.

Zur Weltanschauung wird das stets nur bei einer Minderheit werden, zu einer ausgebauten und gefestigten Überzeugung. Und das wäre auch nicht einmal so bedenklich; dergleichen hat es stets gegeben. Der Tenor dieser Vorlesung richtet sich gegen das harmlos aussehende Mitreden der Mehrheit in diesem Stil. Denn die vielen rhetorischen Bagatellen summieren sich zu einer fettigen Schicht auf, die das klare Denken nicht mehr durchdringt. Wir geraten in eine Welt des Materialismus und des logischen Funktionalismus, nicht als Weltanschauung, sondern aus Gewöhnung und im Grunde gegen die wirkliche Überzeugung. Wir sind nicht ausgerüstet, den angebrachten Widerstand zu leisten, und trudeln in einer Spirale immer tiefer. Dagegen sind die häufigen Spitzen dieser Vorlesung ausgerichtet, an den dafür besonders geeigneten und besonders verlockenden Beispielen zum heutigen Thema. In der Schlußvorlesung soll, was in dieser und der nächsten Vorlesung punktweise gebracht wird, flächenhaft zusammengefaßt werden.

Was den Computer in all seinen ans Intellektuelle grenzenden Fähigkeiten aber vom Menschen unterscheidet, ist das Bewußtsein, von dem jeder Mensch aus eigenem Erleben weiß, daß er es besitzt, während der Computer ganz sicher keines hat. Wer sich der naturwissenschaftlichen Denkweise bereits so sehr ausgeliefert hat, daß er diese Behauptung bezweifelt, braucht einen funktionellen Nachweis. Und dieser kann gegeben werden. Die Fähigkeit des menschlichen Bewußtseins, über die vielen Bauteile des Körpers, insbesondere des Gehirns, und über zahlreiche (keineswegs über alle) laufenden Funktionen die Übersicht zu wahren, die eigene Existenz als Ganzheit zu erleben, hat keine Parallele im Computer; jene Beispiele, wo man mit Programmen in fast vergleichbare Komplikation geriet (zum Beispiel beim *Problem Solver* von Newell, Simon und Shaw [3]), sind am Mangel an Übersicht über das Geschehen gescheitert.

Obwohl dies ein Vorurteil sein mag, halte ich daran fest, weil ich es für richtig ansehe – aus Gründen, die vor und über jeder logischen Begründung liegen. Man wird mir vielleicht auch zu Recht entgegenhalten, daß ich immer wieder in die gleiche Kerbe schlage und ständig gegen einen nun einmal etablierten Wortgebrauch argumentiere. Ich möchte nämlich Mißtrauen gegen diesen Wortgebrauch säen, weil er zu falschen Vorstellungen und Hoffnungen führt.

Diese Vorlesungsreihe behandelt das geistige Umfeld der Informationstechnik. Schon der Titel macht klar, daß es der Mensch ist, der den Vorrang hat, daß es also die um die Geräte wirkende Mannschaft ist, auf die es ankommt. Beim Begriff der Intelligenz können wir aus diesem Grund nicht einfach ein formales Konzept akzeptieren, sondern wir müssen auf den menschlichen Grund dieser Qualität gehen.

Ist ein Rechenstein (gemeint ist das primitivste Rechenhilfsmittel, ein Stein, eine Rechenmünze, die Kugel einer altmodischen Schul-Kugel-Rechenmaschine oder das Scheibchen in einem Abakus) intelligent? Das wird niemand behaupten. Und doch kann man mit Rechensteinen Resultate erzielen, für die ohne Hilfsmittel eine gewisse Intelligenz erforderlich ist. Noch mehr Intelligenz ist erforderlich, um jene abstrakten Prozesse zu ersinnen, die dann von den Rechensteinen weniger fehleranfällig durchgeführt gemacht werden als vom frei arbeitenden menschlichen Geist. Und sehr viel Intelligenz ist notwendig, um überhaupt die Idee zu haben, Steine als Rechenhilfsmittel zu verwenden.

Die gleichen Sätze lassen sich nun für den mechanischen Tischrechner formulieren und für die elektronische Rechenanlage. Zwei Tendenzen der technischen Entwicklung werden dabei sichtbar. Erstens kann man immer komplexere und immer feinere Prozesse beherrschen. Und zweitens geht die

Steuerung immer mehr auf die Maschinerie über. Immer mehr menschliche Intelligenz ist in ihr verpackt, und immer abstrakter wird der Benützungsstil. In der typisch rekursiven Weise der Informationstechnik wird das Programmieren programmierbar. Wenn es in diesem vehement steigenden Ausmaß gelingt, menschliche Aktivität in die Maschine zu verlegen, ist es dann nicht Intelligenz, die der Maschine erteilt wird, in ihr abgelegte, bei der Benützung selbständig wirkende Intelligenz? Warum soll man dann nicht von maschineller Intelligenz reden, von intelligenten Geräten?

Damit ist eine Gedankenlinie gezogen, deren Fortsetzung ins Phantastische geht. Halten wir sie uns klar vor Augen.

Eines Tages wird so viel Intelligenz im Computer verpackt sein, daß man an seinem Verhalten keinen Unterschied mehr zum Menschen feststellen kann. Die diesbezügliche Prüfung ist als Turing-Test bekannt, und wir werden auf sie zurückkommen. Einem gleich intelligenten Gebilde wird man dann – so lautet auch Turings Argument – nicht die Intelligenz absprechen können und bald auch nicht mehr die Persönlichkeit. Es wird sich praktisch eine völlige Gleichberechtigung von Computer und Mensch einstellen. Da man die Fähigkeiten des Computers immer weiter ausbauen kann und da ein intelligenter Computer selbst für seinen Aufstieg sorgen kann, wird der Computer eines Tages weit intelligenter sein als der Mensch, die Führung übernehmen und ohne Menschen auskommen. Im Sinn der Evolutionstheorie wird damit eine höhere Lebensform die menschliche so ablösen, wie die höheren Formen in der bisherigen biologischen Entwicklung den niedrigeren Formen überlegen sind – eine Perspektive, die der Schriftsteller Samuel Butler, 1872, lange vor der Erfindung des Computers, in seinem Buch *Erewhon* [4] entwickelt hat; Erewhon (Nowhere) ist ein fiktives Land, wo aus der Erkenntnis dieser Gefahr heraus alle Maschinen verboten sind. Das Buch ist eine Satire auf die Lehren Darwins, was Butler aber in einem Brief an Darwin abstritt. Wie immer – in einem seiner Zukunftbilder gibt es *junge Lokomotiven*, die vor dem Lokomotiv-Schuppen spielen.

Die Denklinie einer Computer-Evolution zu Persönlichkeit und Bewußtsein ist von der „Science Fiction" weidlich ausgenützt worden. Wir haben sie hier jedoch nur sachlich-logisch entwickelt, nur mit Denkschritten, wie sie in Naturwissenschaft und Technik üblich sind. Diese Entwicklung hat natürlich keinen Beweischarakter, ich will sie ja auch widerlegen. Sie sollte nur zeigen, zu welchen Folgen der leichtfertige Umgang mit Benennung führt.

Intelligenz ist nicht eine isolierte Fähigkeit, sondern sie ist eingebettet in ein Gewebe menschlicher Potenz, in Verstand, Vernunft, Lernfähigkeit, Wissen und vieles andere bis hin zu Geist und Bewußtsein – und Bewußtsein hat der Computer sicherlich nicht; das werden wir noch genau ausführen.

Hat der Computer kein Bewußtsein, so hat er auch keinen Geist. Er ist kein Dschinn und kein Sklave, denn es fehlt ihm die Gabe der Sprache, die wieder auf dem Geist beruht. Nicht einmal, wenn man in Zukunft einmal dem Computer mit Erfolg gut zureden kann, wird das auf seinem Geist und seiner Intelligenz beruhen, sondern nur auf programmierten Mechanismen, die nur in der Ausführung, in der Hardware, nicht aber im wesentlichen – in der Funktion und Natur – von einem Hebelwerk verschieden sind. Man muß Geist haben, um ihn zu ermessen. Und beim Computer kommt erschwerend hinzu, daß er ja die Folge von angewandtem Geist von Generationen ist, daß in der Herstellung von Hard- und Software ein unvorstellbarer Aufwand an geistiger Anstrengung erforderlich war. Es bedarf erheblicher Mühe, um die Leistung des Gerätes auf die menschliche Urleistung zurückzuführen.

Diese Denklinie schreibt, auch wenn sie es in ihren milderen Formen nicht explizit tut, der Maschine nicht nur Denkfähigkeit und Intelligenz, sondern auch Wissen und Seele zu, Geist und Bewußtsein. Unter Maschine wird der Computer verstanden, der mit künstlichen Sinnesorganen und mit Effektoren ausgerüstete Computer. Hingegen kann man in unserem Zeitalter des Fortschritts Ernährung und Verdauung weglassen, denn die Energieversorgung aus der Steckdose funktioniert ja so klaglos.

Die Energieversorgung gehört nicht zum geistigen Umfeld, sondern zum technischen, ist aber ein wichtige Voraussetzung, die wegen der extremen Spezialisierung unserer Zeit in der Informationstechnik etwas zu kurz kommt (so wie in der Röhrenzeit die Ableitung der unvermeidlichen Wärme zu kurz kam in der Ausbildung). Der Ausdruck Elektronengehirn sollte uns jedenfalls stets an die Wichtigkeit von Wachheit und von permanentem Gedächtnis erinnern. Auch das verläßlichste Netz kann einmal zusammenbrechen, die Zufuhr kann aus vielen Ursachen unterbrochen werden. Damit muß der Computer zurechtkommen, wenn er nicht nur intelligent werden, sondern auch intelligent bleiben will. Was bei den heutigen Geräten alles passieren kann, wenn sie durch innere Fehler, durch natürliche Zwischenfälle oder böswillige Einwirkung ausfallen, haben wir in den Zeitungen immer wieder gelesen. Es gäbe Gegenmaßnahmen auf allen Ebenen, auch mit beliebigem Aufwand und damit beliebigen Kosten. Wie beim Organismus ist ein Kompromiß mit Risiko erforderlich; es ist aber noch wenig klar, wie das Optimum gesucht werden muß.

Einige Begriffe

Da wir es bei dieser Vorlesung mit vielen Begriffen im Bereich des Geistes zu tun haben, wird ein beträchtlicher Teil der Definitionen im Vergleich zu den in der Technik gewohnten Festlegungen unscharf und unverbindlich bleiben müssen. Es geht vor allem darum, das Umfeld der für die Informationstechnik wichtigen Prozesse in Erinnerung zu rufen, weniger um eine Systematik als um die Transzendenz, die über den programmierten Prozeß hinausgehende Welt des

Geistes, um deren Teilabbildung wir bemüht sind. Und gerade weil wir viele Erfolge errungen haben, müssen wir der Verkürzung entgegenwirken, die wir den Begriffen antun, wenn wir sie in die Maschine holen.

Ausgangspunkt muß der Titelbegriff sein, die Intelligenz. *Intelligenz* ist die Fähigkeit des Erkennens und der Erkenntnis: Des Herauslesens höherer Zuordnungen in Beziehungen. Früher mußte man nicht hinzufügen: vom menschlichen Geist gesteuert – das verstand sich von selbst. Seit es die *Künstliche Intelligenz* gibt [5], versteht sich das nicht mehr von selbst. Gibt es Erkennen und Erkenntnis ohne Geist? Nun, man kann ja einmal probieren, ob es mit dem Computer geht. Das ist ohne Zweifel ein faszinierendes Forschungsgebiet, und es wäre gelacht, wenn bei der Bemühung intelligenter Programmierer nichts Gescheites herauskäme. Was immer aber herauskommt: Ob der Gebrauch der Wortes *Intelligenz* gerechtfertigt und zweckmäßig ist, muß überlegt werden. Natürlich läßt sich ein einmal eingeführtes Wort – und *Künstliche Intelligenz* ist eingeführt – nicht mehr außer Gebrauch bringen, jedenfalls nicht rasch. Eine Zeitlang muß man auf jeden Fall damit leben. Um den eingeführten Begriff zu benützen und doch vom klassischen Begriff der Intelligenz deutlich zu unterscheiden, wird für die *Künstliche Intelligenz* von nun an die Abkürzung KI verwendet.

KI ist selbstverständlich eine Übersetzung aus dem Anglo-Amerikanischen *Artificial Intelligence*. Und in dieser Sprache hat das Wort *Intelligence* eine weitere Bedeutung als im Deutschen – denn *Intelligence Service* bedeutet, wie ich schon erwähnt habe, natürlich nicht Intelligenz-Dienst, sondern das Sammeln und Auswerten von Information. Erst bei der Vorbereitung dieser Vorlesung habe ich entdeckt, daß das Wort *Intelligenz* auch im Deutschen noch im 19. Jahrhundert diese weitere Bedeutung hatte; man findet sie in dem Ausdruck *Intelligenzblatt*, der keineswegs etwas mit der Intelligentsia der damaligen Zeit zu tun hat, sondern schlicht Annoncen- und Kleinnachrichten-Blatt bedeutet. Heute aber ist diese Bedeutung verschwunden, und daher bringt die Übersetzung eine Verschärfung in Richtung auf menschliche Intelligenz, die jedoch von verschiedenen Vertretern der KI durchaus gewünscht wird – wir werden zeigen, daß eine Denkrichtung im Entstehen ist, die dem Wort *Intelligenz* die Bedeutung des im Computer möglichen Anteils sehr bewußt in den Begriff hineinziehen will.

Sehen wir uns einige der Begriffe an, die um den Begriff der Intelligenz gruppiert sind. Dabei möchte ich nicht und kann ich nicht mit philosophischer Systematik vorgehen. Es soll nur eine Übersicht in der Sprache des Ingenieurs versucht werden.

Unter *Geist* versteht man das höhere, über den Naturgesetzen stehende psychische Leben. Und mit dem Wort psychisch ist in unsere Betrachtung der Begriff der Seele eingetreten, von der man heute nur wenig spricht, umso mehr aber von Psychologie, und das ist typisch für eine Zeit, die sich mit dem Modell lieber abgibt als mit der Sache oder Tatsache selbst – so wie manchen Leuten der Diavortrag einer Reise wichtiger ist als das Erlebnis selbst.

Goethe hat den Geist einmal die Macht genannt, *die früher oder später den Widerstand der dumpfen Welt besiegt.*

Der *Geist* hat auch noch eine weitere Bedeutung, etwa die Gesinnung einer Gemeinschaft, die sie auch zu besonderer Leistung anstachelt. Abgeleitet davon ist die *Begeisterung,* die aber sehr leicht – im Sport zum Beispiel oder in der Politik – weit weg vom Geist führen kann, bis zu Massenhysterie. Geist ist nicht vom *Verstand* zu trennen.

Die *Seele* steht zuerst einmal für die Einheit des Bewußtseins; man hat sie auch als Resultierende der psychologischen Funktionen sehen wollen, aber gerade vom Standpunkt der Informationstechnik aus ist dies eine mehr als dürftige mechanische Erklärung – so leicht es ist, mechanische Kräfte zu einer Resultierenden aufzusummieren, so schwer ist es, Programme zu einer Resultierenden zusammenzusetzen. Die Seele steht auch für das *Ich,* und in uns selbst ist zu erkennen, daß es um ein Bewußtseinsphänomen geht. Unser Ich leistet die Koordination von Beurteilung, grundsätzlichem Wollen und konkretem Tun, ohne daß wir herausfinden können, wie diese Koordination erfolgt. Jedenfalls braucht es dazu Qualitäten wie *Erkenntnis, Geschmack und Charakter.* Es sei dem Leser überlassen zu beurteilen, wie sehr dieser Komplex heute vernachlässigt wird und welche Folgen dies hat. Wer sich dem Begriff der Intelligenz zuwendet, darf dieses Umfeld nicht ignorieren.

Unter *Wissen* versteht man mehr als den Inhalt eines Lexikons, mehr als eine Sammlung von Fakten und von Regeln (die aber dazugehören – das ist eine Begründung für das systematische Auswendiglernen in der Schule, das heute zu Unrecht vernachlässigt wird); wieder kommt es auf die Verknüpfung mit anderen seelischen Komponenten an. Mit Wissen sind Sinnesanschauung und Erfahrung verbunden, die geistige Fähigkeit also, aus der Verknüpfung der Information mehrerer Sinnesorgane und der Erinnerung zur Erkenntnis des Ganzen zu kommen und seine Einbettung in die natürliche und geistige Welt zu verstehen.

Wissen kann niemals ohne Zusammenhänge bleiben, es bewegt sich auf eine Systematik zu. Und dieses Daraufzubewegen ist das wichtige, nicht die bereits erreichte Systematik. Wissen ohne diese dynamische Komponente ist lediglich Lexikon-Inhalt.

Wissen hat mit der Unmöglichkeit des Gegenteils zu tun – wieder ein dynamischer Wesenszug. Wissen beruht auf Gründen, *zu deren Anerkennung jeder mit Verstand und gesunden Sinnen begabte Mensch sich innerlich genötigt fühlt.* Diese Definition aus einem Lexikon aus den Anfängen unseres Jahrhunderts würde man heute vielleicht nicht mehr akzeptieren; aber sie gibt zu bedenken, wie sehr wir uns in eine Objektivierung hineinbewegt haben, die den menschlichen, den individuellen, den subjektiven Aspekt unangemessen verkürzt hat.

Selbstverständlich muß der Weg der Objektivierung gegangen werden, der vom Wissen zur Wissenschaft führt, zum Lehrgebäude, das System und Systemarchitektur besitzt. Die Informationstechnik würde ohne zahlreiche derartige Lehrgebäude nicht existieren. Zugleich aber macht sie deutlich – und sie wird es in Zukunft noch viel deutlicher machen –, daß einseitig naturwissenschaftliches Wissen ungenügend, unzureichend ist.

Kann ein Computer somit Wissen besitzen? Hier ist wieder einmal ein englischer Ausdruck, nämlich *knowledge*, mit einem deutschen Wort wiedergegeben, dessen Bedeutungsfeld nicht ganz gleich ist, und wieder macht sich im Deutschen die Verkürzung, die Reduktion ungleich deutlicher (und ärgerlicher für jene, die es merken) bemerkbar. *Kenntnis* wäre vielleicht passender als *Wissen* für *knowledge*, aber nicht viel.

Man kann natürlich sagen: *Name ist Schall und Rauch* – nicht auf den Namen kommt es an, sondern darauf, was unter dem Namen verstanden wird. Aber gerade darauf will ich hinaus: Ein sorgloser Name kann nur allzu leicht zum falschen Verstehen einladen. Was der Computer kann, hat Grenzen, manchmal sehr scharfe, jedenfalls schmerzende, und wo der Name diese Grenzen verwischt, traut man dem Computer Fähigkeiten zu, die er nicht besitzt. Und die falsche Vorstellung wuchert weiter, in Gebäude hinein, die weit ab von der Informationstechnik liegen, und diese Vorstellung unterminiert das humanistische Bewußtsein.

Eine intelligente Maschine ist eine Maschine, die sich intelligent verhält. *Intelligent* heißt im herkömmlichen Sinn verständig, einsichtig und erfahren; und intelligentes Verhalten wird mit zielstrebigem Verhalten gleichgesetzt, aber zielstrebig eben auf Grund von Verstand, Einsicht und Erfahrung. Auch einen Regelkreis kann man als zielstrebig bezeichnen, und schon Samuel Butler hat in seinem bereits erwähnten Buch *Erewhon* die Kartoffel als Beispiel gegeben, deren Triebe sich zielstrebig auf das Licht hin entwickeln. Das ist zielstrebiges Verhalten, aber von Intelligenz kann doch bei der Kartoffel gewiß keine Rede sein.

Ich habe dies mit Absicht etwas hart formuliert, denn es geht darum, den falschen Kontext zu entlarven, der mit dieser und den in die gleiche Kategorie fallenden Bezeichnungen verbunden ist. Das muß man sorgfältig vom Inhalt der Forschungsarbeit trennen, die unter den Bezeichnungen dieser Art läuft: Es ist selbstverständlich, daß die Entwicklung der Algorithmen und der Systeme, die hier gemeint sind, wertvolle und höchst notwendige Arbeiten sind.

Die Entstehung des Begriffs KI

Machen wir sofort einen Ausflug in die Geschichte des Wortes *Künstliche Intelligenz*. Allgemein wird angenommen, daß der Ausdruck *Künstliche Intelligenz* im Jahre 1956 von John McCarthy im Dartmouth College zum ersten Mal verwendet wurde. Er könnte auf einen Beitrag zurückgehen, den W.R. Ashby in den von C.E. Shannon und John McCarthy 1956 herausgebenen Automata Studies unter dem Titel *Design for an Intelligence Amplifier* [6] geschrieben hatte. Ashby ging vom Intelligenzquotienten aus, einem indessen bereits fragwürdig gewordenen quantitativen Maß, und führt unter Umgehung dessen, was (wie er sagt) *immer die wirkliche Natur der Intelligenz sein mag*, das Problem auf die Problemlösung zurück, und diese sei im wesentlich die Kraft der Auswahl. Dechiffriert man das weiße Rauschen, das in einem Kubikzentimeter Luft stattfindet, so findet man über 100000mal pro Sekunde den Satz $\cos^2 x + \sin^2 x = 1$, aber ebenso oft auch jede andere Folge von 13 Zeichen. Es ist die *Auswahl* des sinnvollen Satzes, meint Ashby, welche die Intelligenz ausmacht. Und weil der Computer fraglos ein Auswahlverstärker ist, ist er auch ein Intelligenzverstärker. Im Grunde ist die gesamte Problematik der Bezeichnung *Künstliche Intelligenz* in diesem ersten Aufsatz verpackt. Zuerst werden allgemeine Prämissen auf das Computerische reduziert, und dann erweist sich der Computer als intelligentes Gerät.

1961 hat Ashby bei der Western Joint Computer Conference (WJCC) einen Vortrag [6] gehalten: Was ist eine intelligente Maschine? Und darin arbeitete er mit jener Vereinfachung und Reduktion, die für Autoren der Kybernetik typisch ist und die dann von vielen KI-Leuten weitergepflegt wurde. Ashby macht sich über die „wirkliche" Intelligenz lustig, die er mit der „wirklichen" Zauberei vergleicht; nur Kinder glauben daran – Erwachsene kennen die Tricks und wissen, daß Illusionen eben Illusionen sind. Es gibt nur eine Intelligenz, ob sie nun in einer Maschine steckt oder in einem Menschen. Wirklich ist das Modell für diese Geisteshaltung, und was über das Modell hinausgeht, ist Illusion.

Eine Sammlung von grundsätzlichen Beiträgen, die den damaligen Stand der KI umreißen, erschien 1963 als Buch [7] mit dem Titel *Computers and Thought* von Edward E. Feigenbaum und Julian Feldman. Darin heißt Teil 1 *Artificial Intelligence* und Teil 2 *Simulation of Cognitive Processes*; die Beiträge und die Bibliographie machten dieses Buch zu einer Standardquelle. Es werden auch eine Reihe von Einwänden gegen die KI widerlegt.

Woher kommt es überhaupt, daß sich der Ausdruck *Künstliche Intelligenz* so schnell und gründlich ausbreiten konnte? Nun, so schnell war das gar nicht – und die Gründlichkeit erklärt sich aus den vielen Vorarbeiten, welche den Boden für die Aufnahme vorbereitet haben.

Als Vorreiter diente die Kybernetik, deren Geschichte wir in der 4. Vorlesung behandelt haben. Aber Norbert Wiener war nicht der einzige, der diese Richtung vorbereitete. Schon vorher, im Jahre 1943, hatten der Neurologe Warren S. McCulloch und der Mathematiker Walter Pitts eine Arbeit [8] über das aussagenlogische Verhalten der Nervenzellen veröffentlicht, eine biologische Schaltalgebra, sozusagen. Mit einem Satz von Axiomen und Theoremen wurde ein logisches System festgelegt, das als Modell der informationstechnischen Vorgänge im Nervensystem gesehen wurde; diese Arbeit ist fast ein Rekord, was den Quotienten zwischen Häufigkeit des Zitiertwerdens und Seltenheit des Benutztwerdens anbelangt. Mindestens das Wort *Idee* im Titel der Arbeit suggerierte, daß ein derartiger logischer Mechanismus auch die Ideenwelt des Menschen befriedigend abbilden und daher erklären könnte. Gerade die bloß implizit auftretende Analogie förderte die Vorstellung, daß die Funktionsweisen von Gehirn und Computer im Grunde die gleichen sind – Anwendungen der logischen Grundfunktionen auf Bitmuster.

Gleichzeitig ergab das Studium der Informationsübertragung in den Nerven sehr befriedigende Modelle – wenn auch die Impuls-Häufigkeits-Modulation in den Nerven ein reines Analogieverfahren ist und daher die Analogie zwischen Gehirn und Computer mit großer Vorsicht zu behandeln ist. Auch gibt es im Gehirn so etwas wie eine Speicheradresse nur in einem flächigen Sinn und lediglich für mit Sinnesorganen verknüpfte Teile. Sorglose Übertragungen können zu völlig falschen Schlüssen führen.

Die von C. E. Shannon aufgebaute Informationstheorie [9] erschien besonders Nicht-Nachrichtentechnikern als Theorie der Information und verstärkte den Eindruck, daß syntaktische Modelle die geistigen Vorgänge der Kommunikation recht befriedigend wiedergeben. Das Scheitern des Versuches von Carnap und Bar-Hillel, die Informationstheorie auf die Semantik zu erweitern [9], wurde nicht besonders beachtet. Dafür war man von der Bemerkung Norbert Wieners fasziniert, daß die telegraphische Übermittlung eines Menschen nur eine technische, aber keine fundamentale Schwierigkeit sei: Man gebe eine genügend gute Beschreibung – etwa der Lage aller Atome oder Moleküle in einem bestimmten menschlichen Körper – am Telegraphenamt ab. Die Übermittlung funktioniert wie bei jedem andern Telegramm, und aus der Information, die der Empfänger erhält, kann er den übertragenen Menschen im Prinzip aufbauen. Nur rein praktische Schwierigkeiten – wie etwa die Länge des Telegramms oder die Placierung der Moleküle – verhindern die praktische Ausführung. Der Biologe Quastler schätzte in [10] die Länge des Telegramms – den Umfang der Beschreibung und damit den Nachrichtengehalt des menschlichen Körpers ab mit 10^{28} bit für die atomare Beschreibung, 10^{25} für die molekulare und 10^5 für die genetische Beschreibung. Das sagt auch etwas über die Dauer des Telegramms aus.

Das System der Regelung, von den Biologen als Reafferenzprinzip im Nervensystem unabhängig entwickelt [11], erklärte viele Phänomene im Nervensystem auf physikalische Weise. Die Kybernetik mit ihren Modellen – der Leser erinnert sich: Die Maus im Labyrinth für die Orientierung, die künstliche Schildkröte für den bedingten Reflex und den Homöostaten für die Homöostase – modellierte umfassendere Körperfunktionen, an denen auch das Gehirn beteiligt ist.

Die Summe all dieser Modellbildungen und ihre Erfolge in den Einzelzügen machte die Modellbildung für den ganzen Menschen samt Geist und Seele zu einer natürlichen Fortführung.

Es sei nun ein kurzer Spaziergang durch die Welt dieser Modelle unternommen, aus dem klar wird, auf welcher Basis die KI relativ leicht aufbauen konnte.

Das Schachspiel, ein fraglos Intelligenz erforderndes Spiel, ist ein sehr typisches Beispiel; es kommt der Modellierung ganz besonders entgegen. Nicht nur hat es ganz scharfe, mathematisch klare Spielregeln, es hat viele binäre Züge wie 2^6 Felder, 2^5 Figuren insgesamt und 2 Parteien – schwarz und weiß. Es ist dem Computer geradezu auf den Leib geschrieben.

Zuse hatte um 1945 die Programmierung des Schachspiels als Beispiel für seinen Plankalkül herangezogen und recht weit ausgeführt. Norbert Wiener sprach in seinen Büchern gerne vom Schachcomputer, und Shannon, der Wieners Gedanken mehr als einmal aufgriff und substantiierte, hat in einem Beitrag [12] aus dem Jahr 1950 abgeschätzt, daß es etwa 1600^{60} oder 10^{192} verschiedene Partien gibt, und um alle Kombinationen abzusuchen, würde ein Computer rund 10^{180} Jahre brauchen. Man muß aber nicht alle Kombinationen durchsuchen, wenn man nicht auf Perfektion, sondern auf ein Programm aus ist, das sich mit einem Großmeister messen kann. Etwa genügt es, wenn man einen Zweig nur solange entlangrechnet, bis eine 50:50-Chance besteht.

Turing beschäftigte sich intensiv mit diesem Problem, und sein aus Österreich stammender Mitarbeiter G. Prinz schrieb 1951 ein Programm zur Lösung von Endspielen. Das erste größere Programm entstand 1956 in Los Alamos im Kreis um Ulam. Dann folgte bei IBM 1958 ein Programm von Bernstein, de Roberts und anderen. In der UdSSR begann 1956 Kurochkin vom Moskauer Akademie-Rechenzentrum, und 1961 schrieb Shura-Bura ein Programm.

Die Vorgehensweise dieser Programme beruht auf einer Bewertung der durchsuchten Stellungen. Mit Werten versehen werden die Figuren (die der Spieler noch besitzt), ihre Beweglichkeit (weil die Analyse von Meisterpartien ergeben hatte, daß der Sieger sich fast immer deutlich mehr Beweglichkeit gesichert hatte) und die Sicherheit (Gefahr des Geschlagenwerdens, insbesondere natürlich die Gefahr des Matts).

Die erste Partie zwischen Rechenmaschinenprogrammen der USA und der UdSSR fand 1966 statt. In der ACM kam man auf die Idee, nationale Computer-Schachturniere zu organisieren, und bei dem IFIP-Kongreß in Stockholm im Jahre 1974 wurde der erste internationale Computer-Schach-Wettbewerb ausgetragen. Die goldene Sieger-Medaille, gestiftet vom Verleger Maxwell (Pergamon Press), ging von ihm über mich und wieder über ihn in die Hände der UdSSR, für das Programm KAISSA. Es gibt schon eine reiche

Literatur; genannt sei das Buch von David Levy [13], der, zusammen mit Ben Mittman und Monty Newburn den Stockholmer Wettbewerb organisiert hatte. Übrigens wurde die Endpartie zwischen USA und UdSSR unterbrochen, damit man die Abdankungsrede von Präsident Nixon hören konnte – sie wurde über die Lautsprecher des Stockholmer Hotels übertragen.

Zum Namen David Levy gehört unbedingt die Geschichte seiner Wette. Etwa zur Zeit des IFIP-Kongresses 68 fand in Edinburgh auch eine KI-Tagung statt, und an einem Abend spielte Levy in Anwesenheit des Edinburgher KI-Pioniers D. Michie eine Partie Schach mit John McCarthy. Sie kamen natürlich auf Schachprogramme zu sprechen, und nach einer Diskussion bot Levy den beiden eine Wette an, daß ihn innerhalb der nächsten zehn Jahre kein Computerprogramm schlagen würde. McCarthy und Michie setzten zusammen 500 Pfund dagegen; 1969 schloß sich Seymour Papert mit 250 Pfund an und 1971 der Bell-Mitarbeiter E.W. Kozdrowicki (der das Programm COKO geschrieben hatte) ebenfalls mit 250 Pfund. 1975 verdoppelte Michie seinen Einsatz, sodaß es um 1250 Pfund ging (1975 waren das 2500 $).

Im entscheidenden Jahr 1978 schlug Levy das russische Programm KAISSA. Und in einem Turnier, welches über das ARPA-Netz auch nach Stanford übertragen wurde, siegte er über das damals beste USA-Programm CHESS 4.7. Levy hatte seine Wette glänzend gewonnen.

Computerschach-Programme beruhen – neben der umfangreichen, aber nicht übermäßig schwierigen, völligen Formalisierung aller Schachregeln – weitgehend auf den Bewertungsberechnungen. Hingegen rechnet weder ein Anfänger noch ein Großmeister: Der Ablauf einer Partie erscheint als sehr typischer Denkvorgang, weitgehend von unbewußten und informalen Erwägungen geleitet, von blitzartigen Erkenntnissen und von unerwarteten Aktionen dominiert.

Mit dem Eindringen der Textverarbeitung breitete sich das Interesse von den codierbaren Spielen auf Sprachexperimente aus. Der später sehr berühmt gewordene englische Programmierwissenschaftler Christopher Strachey schrieb 1952 ein Programm [14] für die Herstellung von Liebesbriefen, damals drei pro Minute – ein Beispiel, das ich von Beginn an gern vorbrachte. Strachey benützte ein einfaches Schema: Außer Über- und Unterschrift setzte er bloß zwei Satztypen an

(1) My (Eigenschaftswort) (Hauptwort) (Umstandswort) (Zeitwort) your (Eigenschaftwort) (Hauptwort)

(2) You are my (Eigenschaftswort) (Hauptwort)

Mit einem geeigneten Vorrat an Wörtern der vier Kategorien, aus dem das Programm mit einem Zufallsprogramm auswählt, kann die Produktion beginnen. Ein Beispiel ist:

Darling Sweetheart,
You are my avid fellow feeling. My affection curiously clings to your passionate wish. My liking yearns to your heart. You are my wistful sympathy: my tender liking.

> Yours beautifully
> MUC
> (Manchester University Computer)

Zu beachten ist die Einfachheit der gefühlsgetragenen Syntax, was für typisch gelten kann (z. B. auch in der Musik). Die Semantik wird der Vorstellungskraft des Lesers überlassen: Wähle nur zu, Programm, der Effekt kommt schon zustande! Er ist der Beitrag des Empfängers.

Noch aufregender wird dieser Effekt bei der Simulation des Psychiaters durch das Programm ELIZA – nach der Hauptfigur des Musicals *My Fair Lady* – von Joseph Weizenbaum (MIT), 1965 veröffentlicht [15]. Mit diesem Programm kann der an der Tastatur sitzende „Patient" eine Unterhaltung führen; der Computer antwortet durch Ausdrucken oder (heute) auf dem Bildschirm.

Das Programm besteht aus zwei Teilen, aus einem Analysator für den eingegebenen Text und aus einem Skript für die Antwort, einer Reihe von Regeln, wie man etwa einen Schauspieler anweist, über ein bestimmtes Thema zu improvisieren. Das Skript ist auf das Thema eingestellt; es könnte *Kochen* sein oder *Bankverbindung*. Für das erste Experiment präparierte Weizenbaum ein Skript, so daß das Programm die Rolle eines Psychotherapeuten im Stil von C.R. Rogers spielen konnte. *„Ein solcher Therapeut ist verhältnismäßig leicht zu imitieren* (Weizenbaum nennt es auch *parodieren), denn er bringt den Patienten dadurch zum Sprechen, daß er diesem seine Äußerungen wie ein Echo zurückgibt."*

Das Programm wurde *auch* unter dem Namen DOCTOR bekannt und *in bestimmten Kreisen sogar zu einem nationalen Spielzeug.*

Die Folgen dieses Programms – und wohl auch andere Effekte – irritierten Weizenbaum so sehr, daß er schließlich ein ganzes Buch schrieb, mit dem bezeichnenden deutschen Titel *Die Macht des Computers und die Ohnmacht der Vernunft.* Denn die Folgen waren, so berichtet der Verfasser in diesem Buch [15] (Zitat aus der Übersetzung):

1. *Eine Anzahl praktizierender Psychiater glaubte im Ernst, das Programm ELIZA könne zu einer fast völlig automatischen Form der Psychotherapie ausgebaut werden.*
2. *Ich stellte fest, daß Personen, die sich mit dem Programm unterhielten, eine emotionale Beziehung zum Computer herstellten und ihm eindeutig menschliche Eigenschaften zuschrieben.*
3. *Es verbreitete sich die Ansicht, es handle sich hier um die allgemeine Lösung des Problems, wie weit ein Computer natürliche Sprache verstehen könne. Ich hatte*

im Gegenteil bei der Veröffentlichung von ELIZA versucht zu zeigen, daß eine allgemeine Lösung dieses Problems unmöglich ist, d. h. daß Sprache nur innerhalb eines Kontextes verstanden wird, daß selbst dieser nur in begrenztem Umfang denselben Personen zur Verfügung steht und daß infolgedessen auch Personen keine Verkörperung einer derartigen allgemeinen Lösung darstellen. Aber diese Schlußfolgerungen wurden in den wenigsten Fällen beachtet. Jedenfalls war ELIZA nur ein kleiner und sehr einfacher Schritt.

Diese Reaktionen auf ELIZA haben mir deutlicher als alles andere bis dahin Erlebte gezeigt, welch enorm übertriebene Eigenschaften selbst ein gebildetes Publikum einer Technologie zuschreiben kann oder sogar will, von der es nichts versteht.

Die Erfahrungen und Beurteilungen Weizenbaums sind für diese Vorlesung bedeutungsvoll. Denn wenn ich auch nicht alle Schlußfolgerungen Weizenbaums nachvollziehen kann, so hat er doch in einem sehr wichtigen Punkt völlig recht: Die Macht der technisch-naturwissenschaftlichen Denkweise hat die Vernunft bis zur Ohnmacht gelähmt. Es wird nicht nach dem geurteilt, was Maschinerie (über das ganze Spektrum: Mechanisch, elektronisch, algebraisch) kann, sondern nach dem, was man meint, daß sie könne.

Das Abenteuer Weizenbaums mit seinem Dialog-Programm ELIZA hat die Macht der geglückten einfachen Lösungen ebenso dokumentiert wie die maßlose Überschätzung des Erreichten. Das nimmt nicht immer derartig dramatisch Formen an, aber es setzt sich in Kleinportionen fest, gegen die man sich noch schwerer wehren kann.

Mit ein bißchen Übertreibung kann man das alles als Eigenschaft und Auswirkung des Modells überhaupt bezeichnen. Wie klar immer die solide Wissenschaft ihre Problemstellungen und die Grenzen ihrer Lösungen sieht und auch darstellt, die allgemeine Beurteilung kann weit daneben liegen. Und manche Forscher gehen in der Begeisterung über ihr eigenes Werk viel zu weit im Erwecken von Hoffnungen und falschen Vorstellungen.

Kehren wir auf das formale Gelände zurück, und befassen wir uns noch mit zwei wichtigen Forschungsrichtungen, mit der automatischen Beweisführung in der Geometrie (oder in anderen Axiomensystemen) und mit dem Universellen Problemlöser.

Schon auf dem ersten internationalen Kongreß ICIP in Paris 1959 berichteten H. Gelernter und N. Rochester über ein Programm [16], das im Rahmen einer formalisierten Geometrie Beweise führen, d. h. Sätze aus den Axiomen der Geometrie ableiten konnte, wobei es auch, meist erfolgreicher, den Beweis in umgekehrter Richtung suchen konnte, nämlich von der angesetzten Behauptung ausgehend den logischen Weg zu den Axiomen konstruierte. Ein solcher Beweis hat den Vorteil, daß er logisch exakt sein muß und keine intuitiven Sprünge enthalten kann. Neue Sätze kamen dabei weniger heraus – obwohl in ein oder zwei, nicht sehr spektakulären Fällen bisher unbekannte Relationen bewiesen wurden. Es waren weniger die neuen Ergebnisse als die Methodik, die ein wachsendes Arbeitsgebiet eröffnete.

Die Methodik ist die Wegsuche im Baum, mit dem Ziel eine Aufgabe zu lösen. Konzentriert und allgemein versuchte dies die Gruppe A. Newell, J.C. Shaw und H.A. Simon [3] mit ihrem Universellen Problemlöser (*General Problem Solver*), der von protokollierten Versuchen von Studenten ausging, Aufgaben der Aussagenlogik zu lösen. Was die Studenten schrittweise getan hatten, wurde in Programme umformuliert, die den Computer instand setzen sollten, zuerst Probleme der formalen Logik und später alle formalisierten Aufgaben der Lösung zuzuführen. In gewisser Weise war es eine Tractatus-Mentalität, die hier den Nachbau der materiellen und geistigen Welt aus Bits versuchte.

Unter den Händen seiner Entwickler wuchs und wuchs das Programm; eine eigene Programmiersprache wurde geschaffen. Aber es zeigte sich etwas, auf das wir zurückkommen werden: Die leitende Kraft des Bewußtseins läßt sich – jedenfalls vorderhand – nicht simulieren, das Programm verstrickte sich in seinen zahlreichen Unteraufgaben und verlor das Ziel aus den Augen. Eine letzte Hoffnung war die Idee eines reisenden Verbindungsmanns, eines Programms, das die ausführenden Unterprogramme und das Leitprogramm an der Spitze verbinden und durch Nachrichtenaustausch auf klarer Linie halten sollte. Auch dieser Gedanke führt nicht zum Erfolg. Der *General Problem Solver* scheiterte, und die hochgespannten Erwartungen wurden nicht erfüllt. Optimismus ist für Erfolge unbedingt notwendig, aber im Bereich von Kybernetik und KI haben viele Enthusiasten zuviel des Guten getan, und die Summe der von ihnen aufgehäuften Hoffnungen ist für eine Verzerrung des Bildes von der Informationstechnik verantwortlich, die nicht unbedenklich ist; sie könnte sich eines Tages gegen den Computer wenden.

Ein philosophisches Fundament der KI

KI kann man ohne viel philosophischen Tiefgang betreiben oder mit jener heute allgemein verbreiteten Einstellung, welche die naturwissenschaftlichen Erkenntnisse für gesichert, ihr Umfeld aber für unsicher und unverbindlich hält und ihm nur subjektive Bedeutung zuschreibt.

Der KI liegt aber ihre philosophische Untermauerung nahe, vielleicht als Rechtfertigung für ihren doch als kühn oder anspruchsvoll empfundenen Namen. Als Beispiel für einen einschlägigen Versuch sei eine Art Buchbesprechung eingefügt, die Besprechung des Werkes eines Fachphilosophen von der Universität Pittsburgh, John Haugeland, mit dem englischen Originaltitel [17] *Artificial Intelligence – The Very Idea*, der in der deutschen Übersetzung lautet: *Künstliche Intelligenz – Programmierte Vernunft?*

Es wäre die Aufgabe des Fachphilosophen, die KI und ihre Methodik in den verschiedenen Koordinatensystemen der Philosophie zu placieren, das Wesen, den Nutzen, die Nachteile und die Gefahren ihrer Reduktionen klar zu machen und all die Herrlichkeiten, welche die KI beschert oder bescheren soll, auf Realität und Irrealität, auf Sinn und Unsinn zu zerpflücken. Man kann aber auch anders vorgehen, und Haugeland hat das getan: Er reduziert die Philosophie auf den Bereich, der zur KI paßt; er macht die Philosophie zur Rechenkunst, und dann läuft sie klaglos auf dem Computer. Natürlich haben das frühere Philosophen auch schon geträumt – Haugeland zitiert Hobbes, und ein Europäer würde Leibniz zitieren.

Haugeland liefert eine Untermauerung der Überansprüche von geradezu erfrischender Deutlichkeit. Er ist in seinen Stärken und Schwächen ein Modellfall. Obwohl der Verfasser, wenn die Philosophie der KI wieder ein glänzendes Kapitel abgeschlossen hat, einen Spritzer Skepsis draufgibt, soll man sich sein Urteil selber bilden.

Das gewählte Verfahren, um die Philosophie auf eine KI-adäquate Denkweise zu reduzieren, wird schon im ersten Kapitel des Buches deutlich. Da kommen als einzige altgriechische Philosophen Platon und Aristoteles auf der ersten Seite vor, als Schriftlieferanten für das durch die Renaissance abservierte Mittelalter. Was Autoren wie Karl Popper oder Erwin Schrödinger zu sagen hatten und aus ihr gewannen, ist für diese Philosophie und Spielart der KI irrelevant.

Die Denklinie der KI ist in diesem Buch durch die Namen

Kopernikus (1473–1543)
Galilei (1564–1642)
Hobbes (1588–1679)
Descartes (1596–1650)
Hume (1711–1776)

Babbage (1791–1871)
Turing (1912–1954)
von Neumann (1903–1950)
McCarthy (geb. 1924)
Newell/Shaw/Simon

ausgelegt.

Hobbes wird zum Großvater der KI ernannt. Das verdankt er seinem Ausspruch:

Unter rationaler Erkenntnis... verstehe ich Berechnung.

Das klingt so ordentlich.

Es wäre in der Tat als Motto der KI angezeigt, aber man sollte gleich darunter auch noch Goethe zitieren – die Stellen im Faust, wo sich Mephisto über die Trockenheit der typischen Gelehrten-Mentalität lustig macht.

Tatsächlich gibt es einen sehr verwandten Ausspruch von Leibniz [18], der die gleiche große Hoffnung in die „Denkmaschine ausdrückt", allerdings ohne in Extremismus zu verfallen: *Daher werden, wenn sich eine Kontroverse ergibt, zwei Philosophen nicht mehr Disput haben als zwei Computeristen. Es wird genü-*

gen, daß sie nach Schreibwerkzeug und nach dem Abakus greifen und zueinander – in einem freundlichen Ton, wenn es ihnen gefällig ist – sagen: Laßt es uns ausrechnen!

Das ist quasi Hobbes auf Dialogform erweitert. Was Leibniz hier als Denkhilfe, als Mittel der Klarheit zur Unterstützung rationaler Überlegungen sieht, das treibt Haugeland im Gleichklang mit einer Denkrichtung der KI ins Extrem der voll intelligenten Maschine und läßt ihn die folgenden Sätze schreiben:

Vielleicht sollte die KI Synthetische Intelligenz genannt werden. Unter künstlichen Diamanten versteht man ja Imitationen, während synthetische Diamanten wirkliche Diamanten sind, lediglich anders hergestellt.

Manche Exponenten der KI streben eben nach *wirklicher* Intelligenz und nicht nur nach einer Simulation.

Arbeitsgebiete der KI

Es wäre gar nicht so falsch, die Arbeitsgebiete der KI durch die Namen der prominenten Betreiber der KI abzustecken; in der Literatur ist auch oft die Rede von der Tradition, und es werden dann etwa die Namen Turing, Ashby, McCarthy, die Gruppe Newell, Shaw und Simon, Minsky und Papert genannt, als Gegner Taube und Dreyfus. Der Übergang von der Kybernetik zur KI ist dabei flächig. Man soll diese Unterscheidungen überhaupt nur dort ernst nehmen, wo es darauf ankommt, denn ein Motiv der Bennennung ist stets das Auftreiben von Mitteln für die Forschung, und Namen wie Kybernetik oder KI sind dabei recht nützlich. Weizen und Spreu wird die Geschichte trennen.

Anläßlich des 15. Geburtstages der Zeitschrift *Artificial Intelligence* im Jahre 1985 veranstaltete die Schriftleitung eine Umfrage; prominenten Protagonisten und Beobachtern der KI wurden 10 Fragen über Inhalt, Fortschritt, Ergebnisse und Nutzen der KI vorgelegt. Wie zu erwarten, ergab sich ein sehr buntes Bild. Übereinstimmung ergab sich vor allem in der Meinung, daß die KI kein geschlossenes Sachgebiet ist, sondern eher eine Sammlung von Forschungsbemühungen. Zählen wir dazu eine Reihe von Feldern auf, die dazugehören könnten:

Schachspiel – andere Spiele
Natürliche Sprachen, Sprachübersetzung
Zeichenerkennung, Spracherkennung
Beweisprogramme, Universelle Problemlösung
Heuristische Methoden, insbesondere heuristische
    Suchmethoden (wo bei man entweder von der Problemstellung ausgehen
    kann oder von der Lösung einen Weg zurück konstruiert)

Symbolische Rechnung
Robotik
Lernen – Lernprogramme
Anwendung der KI in ...

Expertensysteme bilden nicht nur ein Sonderfeld, dem wir einen eigenen Abschnitt widmen werden, sondern sie erscheinen manchmal als das eigentliche Gebiet der KI. Aber es gibt viele Definitionen, und daher seien einige aufgezählt:

KI ist die Computersimulation des menschlichen Lernens und der menschlichen Denkprozesse, und zwar so, daß, wenn ein Computer-System auf eine Situation stößt, es in einer Weise vorgeht, die jener des menschlichen Wesens ähnlich ist.

KI bezeichnet die Fähigkeit einer Maschine, Fakten und Daten zu sammeln und diese zueinander in Beziehung zu setzen, und zwar so, daß Schlüsse gezogen oder Entscheidungen getroffen werden können, auf Grund deren gehandelt werden kann.

Das Expertensystem – Das „wissenbasierte System"

Was weiß ein Experte? Er hat sich einen Schatz von Fakten und einen Werkzeugkasten von Gesetzen und Relationen eines Wissensgebietes erworben. Legt man ihm die Prämissen und ein Problem eines bestimmten Falles auf seinem Fachgebiet vor, so wird er die Prämissen mit seinen Fakten vergleichen, und aus seinem Werkzeugkasten jene Relationen herausholen und jene Gesetze anwenden, die eine Lösung des Problems versprechen, und ein darauf beruhendes Gutachten verfassen. An vielen Stellen wird die Formulierung „wenn... dann..." vorkommen; viele weitere Stellen könnte man völlig sachgemäß in diese Formulierung kleiden.

Damit ist das Modell für ein Computer-Experten-System vor unsere Augen getreten (ich habe natürlich bereits in diese Richtung formuliert). Es ist das ein Modell, das durch die Speichergrößen und Verarbeitungsgeschwindigkeiten unseres Jahrzehnts auch Aussicht auf Realisierung bekommen hat. 3000 „wenn... dann..."-Regeln sind kein außerordentlicher Fall. Eingebaut werden müssen in ein derartiges System Daten und Parameter, Naturgesetze und juridische Gesetze sowie andere amtliche Vorschriften (denn die Lösung soll ja den geltenden Vorschriften entsprechen). Die einzelnen Teilbetrachtungsweisen müssen in die rechte Verknüpfung gebracht werden. Und dann muß durch diese vielen Systemteile ein Lösungsweg gefunden werden.

Es kann sich nur um einen schmalen und speziellen Teil des Expertenwissens handeln, der von der Computerunterstützung erfaßt werden kann. Begriffe wie

Kompetenz, Tüchtigkeit und fachliche Meisterschaft werden in absehbarer Zukunft nicht auf die Programmpakete und Datenbasen der Expertensysteme anwendbar sein.

Vorteile und Schwierigkeiten der Expertensysteme

Die Vorteile eines Expertensystems sind offenbar: Daten und Relationen kann man mit großer Sorgfalt sammeln und mit ebenso großem Geschick programmieren – und was dabei berücksichtigt wird, kommt schnell, gründlich und fehlerfrei, ohne Vergeßlichkeit oder falsche Einschätzung zum Zug; nichts wird übersehen oder vergessen – gemessen am Programm natürlich. Gemessen an der Wirklichkeit kommen eben nur die programmierten Varianten zur Wirkung – auf Grund der überlegten Zusammenhänge. Diese müssen im Einzelfall nicht immer zutreffen. Aus diesem Grund tut ein wirklicher Experte nicht immer das, was die Regeln sagen würden, sondern etwas anderes. Er kann mitunter auch einen Geistesblitz haben – was dem Expertensystem sicher nicht passiert, aber der Expertensystem-Experte würde trocken sagen: Soll er nur seinen Geistesblitz haben, dieser läßt sich ja ins System einprogrammieren.

Wie bei der Computer-unterstützten Diagnose, die man ebenfalls als Expertensystem ansehen kann, erscheint der menschliche Experte durch eine flexible Abstreichliste unterstützt, und auf Feldern, die durch eine geschlossene Theorie abgedeckt sind, kommt das zu den Eingabedaten passende richtige Resultat aufs genaueste ins Protokoll.

Wenn es stimmt, daß die von 1934 bis 1937 erbaute Wiener Reichsbrücke (die Wiener Hauptbrücke über die Donau) 1976 nicht an Bauschäden, sondern an einer Schwingungsform zugrundeging, die 1934 nicht bekannt oder mindestens nicht berechenbar war, dann hätten wir einen Fall vor uns, wo ein Expertensystem auf eine Lücke im Katalog der Schwingungsmöglichkeiten hingewiesen hätte – vielleicht – vielleicht auch nicht. Denn auch ein Expertensystem kann nicht über den jeweiligen Stand des Wissens hinaus. Und damit sind wir bei den Grenzen und Nachteilen dieses Konzepts.

Die Schwierigkeiten

Was sich in den seltensten Fällen algorithmisieren läßt, ist das Finden des Lösungsweges. Man kann in den Programmen *einen* Lösungsweg festlegen oder, von gewissen Kriterien abhängig, *mehrere*, aber in den meisten Fällen wird das nur eine Auswahl dessen sein, was sich der menschliche Experte einfallen lassen könnte. Ob der Experte will oder nicht: Wenn er ein System benützt, wird er in den Vorstellungen seiner Lösungswege eingeschränkt werden und eine gewisse Patina bevorzugen, programmierte Standardlösungen

– schon allein deshalb, weil die Fülle der Computer-bewegten, angebotenen und ausgedruckten Information auch für ihn verwirrend groß ist und er mit den Regelfällen leichter durchkommt.

Das ist nicht grunsätzlich neu. Werkzeuge haben von Beginn an Lösungswege beeinflußt und Routinen begünstigt. Das hat die Menschheit vor einer Überfülle der Verschiedenartigkeit bewahrt und einen technischen Stil hervogerufen; eine gewisse Ästhetik erwächst nämlich aus Routinen. Expertensysteme werden nicht anders wirken.

Erschwerend ist die Dynamik der Verhältnisse; es hat sich als viel leichter erwiesen, ein Expertensystem zu entwerfen und zu programmieren, als es später an veränderte Voraussetzungen, neue Einsichten und an die Entwicklung des Benutzers anzupassen. Die Übersicht über die Folgen einer späteren Änderung ist bei komplizierteren Expertensystemen nicht leicht zu bewahren.

Einige bekannte Expertensysteme der Frühzeit

Heute würde man den Universellen Problemlöser (General Problem Solver) der Gruppe Newell, Shaw und Simon als Expertensystem klassifizieren, aber 1957 gab es dieses Konzept ja noch nicht.

Den wirklichen Anfang machte 1965 DENDRAL, ein Expertensystem für die Analyse in der organischen Chemie. Es wurde an der Universität von Stanford entwickelt und beruhte auf einem Algorithmus gleichen Namens, den der Nobelpeisträger Joshua Lederberg schon entwickelt hatte. Beim Ausbau zu einem Expertensystem wirkten Edward Feigenbaum und Bruce Buchman mit. Es werden Meßergebnisse der Massenspektrographie mit den Regeln ausgewertet, um die Struktur unbekannter Moleküle zu ergründen. Dazu wurden die Kenntnisse zahlreicher Fachleute gesammelt und in das Programm aufgenommen; für diesen Vorgang schuf Feigenbaum den Ausdruck *knowledge engineering*, der im Deutschen dann die Bezeichnung *Wissensingenieur* und auch den Begriff der *wissensbasierten Systeme* [19] auslöste.

Das nächste System ist MACSYMA, ein interaktives Expertensystem des MIT für die Formelmanipulation aus dem Jahr 1968. Das System hatte zur Folge, daß neue Algorithmen für die symbolische Mathematik entdeckt wurden.

Den Beginn der medizinischen Expertensysteme machte 1975, ebenfalls an der Universität von Stanford, MYCIN, das einen Spezialisten für Meningitis und für ähnliche Infektionskrankheiten unterstützen sollte. Ein zweites, etwa zur gleichen Zeit und am gleichen Ort entwickeltes System heißt HEARSAY und dient der Spracherkennung. Weniger bekannt geworden ist mir über ein Expertensystem für die Erschließung von Ölfeldern, das mit der Auswertung aller Art von Bodenmessungen beginnt. Es scheint recht befriedigend zu arbeiten. Ähnlich dürfte das System PROSPECTOR für Gold vom Stanford Research Institute (1978–79) konzipiert sein. Die Firma General Electric hatte ein Expertensystem für die Fehlerdiagnose und Reparatur von diesel elektrischen Lokomotiven entwickelt, das ausgerechnet wegen der Wartungsprobleme des Programms aufgegeben werden mußte.

Wirklich erfolgreich ist das Expertensystem XCON, das im Jahre 1978 bei der Firma DEC in Entwicklung kam und 1980 in Gebrauch gesetzt wurde. Es dient der Konfiguration (d. h. der Systemplanung) der Computerfamilie VAX, die aus vielen kombinierbaren Systemteilen besteht. Bei jedem Auftrag mußte die Konfiguration zuerst von Expertenteams mit Hilfe der Handbücher den Erfordernissen entsprechend bestimmt werden. Das Expertensystem übernahm dann diese Aufgabe und hat an 80000 Aufträge ohne gravierende Fehler konfiguriert. Im November 1983 enthielt es 3300 Regeln und 5500 Komponentenbeschreibungen.

Wollte man eine boshafte Bemerkung machen, könnte man sagen, daß die aufgezählten Expertensysteme bis vor kurzem alles waren, was erreicht wurde. Aber man soll niemals die Vorbereitungsarbeiten gering schätzen, da sie sehr oft erst nach geraumer Zeit zur Wirkung kommen. Jedenfalls gibt es indessen in Amerika eine richtige Expertensystem-Industrie, die von der Ergiebigkeit des Marktes und von ihrer künftigen Leistungsfähigkeit überzeugt ist.

Damit sollten die Expertensysteme so weit erläutert sein, daß man sich von den Möglichkeiten und Grenzen dieser Systeme eine Vorstellung machen kann. Im Grunde genommen stellen sie die normale Fortführung der Computerbenützung für gewisse wissenschaftliche und industrielle Anwendungen dar. Es wäre dazu so wenig nötig, von natürlicher, künstlicher oder synthetischer Intelligenz zu reden wie bei der Lösung einer Differentialgleichung, was ja wohl auch nicht gerade ein unintelligentes Geschäft ist.

Die Anwendung hochtrabender anthropomorpher Sprache hat wie früher bei der Kybernetik oder bei den sogenannten *Selbstorganisierenden Systemen* psychologische Gründe. Man freut sich als Forscher, an derartig hochstehenden Aufgaben zu arbeiten, und man kann mit diesem Vokabular leichter Mittel dafür bekommen. So weit ist das alles gar nicht so arg.

Arg wird es erst, wenn die Begeisterung in die Überzeugung überschlägt, daß aus der Gleichartigkeit der Ergebnisse die Gleichartigkeit des Produktionsprinzips folgt, daß die KI wirkliche Intelligenz ist – eben nur synthetisch –, daß fortschrittliche Datenstationen tatsächlich intelligent sind und daß Expertensysteme als Ersatz für den Fachmann geeignet sind. Das rechtfertigt die Warnungen dieser Vorlesung.

Noch ärger aber ist es, daß die vielen – an sich harmlosen – anthropomorphen Formulierungen eine Atmosphäre hervorrufen, die zur Fehleinschätzung verleitet, nicht nur den naiven Laien, sondern auch meine hochgeschätzten Kollegen Experten der KI. Ich möchte dies durch ein Beispiel illustrieren. Als

Schriftleitungsmitglied der leider eingestellten Zeitschrift ABACUS bekam ich einen Beitrag über medizinische Expertensysteme zur Beurteilung. Auf den ersten 20 Seiten wurde beständig der Eindruck kolportiert, daß das System perfekt und der Arzt imperfekt sei. Auf Seite 21 hieß es dann in der Schlußbemerkung, daß das Expertensystem niemals den menschlichen Arzt ersetzen könne. Der Eindruck der Superiorität des Systems über den irrtumsgefährdeten Arzt wird auf den 20 Seiten hervorgerufen und wirkt im Unterbewußtsein stärker als der Abschluß-Widerruf (*disclaimer* würde besser mit Entanspruch als mit Widerruf übersetzt, aber leider können wir im Deutschen solche Wörter nicht so glatt bilden wie im Englischen). Ein derartiges Einhämmern in unser Unterbewußtsein ist heute sehr verbreitet und auf dem Gebiet der KI besonders wirksam.

Gerade am Arzt und an unserem medizinischen Versorgungssystem – heute noch sehr manuell, aber rasch auf dem Weg zum Computer – ist der Kontrast zwischen der Maschinisierung der Medizin und dem menschlichen Stil besonders deutlich und schmerzlich zu erkennen. Die Maschinisierung hat unzählige kaum beschreibbare Folgen. Bei einem guten Arzt, der keineswegs *benützerfreundlich* zu sein braucht, zeigt sich der fundamentale Unterschied zu den Fähigkeiten, die wir unseren Geräten erteilt haben, dank dem menschlichen Denken und dank der menschlichen Intelligenz. Der menschliche Irrtum verdient mehr Sympathie als der maschinisierte Irrtum, der ja dann nicht Einzelfall, sondern gnadenlose Systemeigenschaft ist.

Die Unterschätzung von Geist und Intelligenz, menschlicher Denkkraft auf der Ebene über der Zeichenmanipulation und das Wegschweigen der Rätselhaftigkeit des menschlichen Bewußtseins haben geistige, sachliche und auch finanzielle Folgen. Ich möchte das nun noch auf einer Linie sichtbar machen, die vom Turing-Versuch über ein Informatikmodell des Bewußtseins zur Erkenntnis der Erklärungs-Unwirksamkeit des Modells führt oder doch führen sollte.

Der Turing-Test

Wir haben es schon am Beginn vermerkt: *„Kann ein Computer denken?“* war schon in den Anfangszeiten eine oft gestellte Frage; sie kommt in vielen Publikationen vor und oft sogar als Titel.

A.M. Turing, der sich mit seiner Gedankenmaschine für die Unentscheidbarkeit einen Namen gemacht hatte und ein Pionier der Entschlüsselungsmaschine Colossus gewesen ist, schrieb den nachhaltigsten Beitrag [20] zu dieser Frage, und in einigen Nachdrucken erschien dieser sogar mit der Überschrift *Können Maschinen denken?* Der Originaltitel lautete *Computing Machinery and Intelligence* – was wie eine Vorwegnahme der KI klingt und auch so verstanden wurde; tatsächlich aber kommt das Wort *Intelligence* im Beitrag (außer im Titel) nicht vor. Turing beginnt mit der Forderung, daß zuerst die Bedeutung der Begriffe *Maschine* und *Denken* festgelegt werden muß, weist diese Forderung gleich anschließend aber zurück, weil nur die Statistik einer Meinungsumfrage eine Antwort geben könnte – und dies sei absurd. Und ohne weitere Argumentation wendet er sich in der 13. Zeile des Beitrags dem Imitationsspiel zu – eine sonderbar unsystematische Vorgehensweise für einen Logiker, der überdies erkennen mußte, daß dies auf eine implizite Definition des Begriffes Denken hinausläuft. Die entsprechende Definition ist dem Spiel entsprechend von behavioristischer Natur, weder logisch präzise noch geistreich. Man muß sich eigentlich wundern, daß der Beitrag weitgehend akzeptiert statt vehement kritisiert wurde.

Dieses Imitationsspiel ist von einem Grundmuster psychologischer Vorgehensweisen übernommen, etwa von der Art: Der Fragende C ist in einem andern Raum als die Befragten A und B und verkehrt mit ihnen über einen Fernschreiber. C soll durch seine Fragen herausfinden, welche der Befragten A und B männlich und welche weiblich sind.

Bei Turings Spiel soll C herausfinden, ob A (und ebenso B) ein Mensch oder ein Computer ist. Bild 8.1 zeigt das Schema dieses Versuches; die Versuchsperson C sitzt vor einer Bildschirmstation und kann Fragen oder Aufgaben stellen. Im Raum daneben sind ein Computer und ein Mensch, und C weiß nicht, ob er mit einem Computer verbunden ist oder mit einem Menschen.

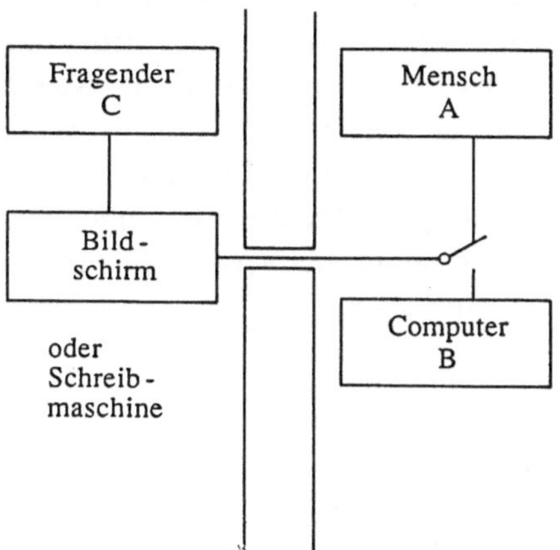

Wer ist an der Leitung?
Behauptung: Wenn die Versuchsperson
vor dem Bildschirm nicht heraus-
bekommt, ob Mensch oder Computer,
dann kann der Computer denken

Bild 8.1. Der Turing-Test

Und wenn der Mensch C nicht herausfinden kann, ob er mit einem Computer verbunden ist oder mit einem Menschen, dann – so sagt Turing – kann man nicht bestreiten, daß der Computer Denkvermögen besitzt. So einfach wäre das.

Der nächste Abschnitt des Beitrags von Turing betrifft die Universalität des Computers (in jenem mathematisch-logischen Sinn, den seine Gedankenmaschine repräsentiert).

Und dann folgt ein langer Abschnitt, der eine Reihe von Einwänden gegen diese Art der Beweisführung widerlegt – außer natürlich den Einwand, daß das ganze Verfahren von vornherein auf den Computer abgepaßt ist und daher nur eine zustimmende Antwort ergeben kann. Das letzte Kapitel ist der lernenden Maschine gewidmet – Turing hat natürlich erkannt, daß Intelligenz ohne Lernfähgikeit eine sonderbare Intelligenz wäre. Aber damals setzte man ja noch große Hoffnungen auf die lernende Maschine (vielleicht kommt wieder ein solcher Zeitabschnitt – es ist lange genug her, um aus der gelesenen Literatur verschwunden und daher Neuland zu sein).

Ist Denken wirklich identisch mit dem Geben schlagfertiger oder logisch ableitbarer Antworten? Hätte Turing das ELIZA-Programm gekannt, wäre er mit dem Fragespiel weit vorsichtiger umgegangen. Welche Beweiskraft hat die menschliche Unfähigkeit, den Unterschied zu erkennen? Wird der Wal zum Fisch, wenn 99% der Weltbevölkerung den Unterschied nicht merken?

Kann eine Maschine denken? Die Antwort ist eigentlich einfach und bedarf des Turingschen Aufwandes nicht. Bezieht man die Ablaufvorgänge, die mit dem Rechnen und mit der logischen Zeichenverarbeitung verbunden sind, in den Begriff des Denkens ein, dann kann die Maschine denken. Diese Ablaufvorgänge an sich bleiben aber in einem Bereich, der nur wenig gemeinsam hat mit dem, was man vor der Erfindung des Computers als Denken ansah – und diese Auffassung des Denkens hat eine Tradition von über 2500 Jahren, in welcher wir noch immer tief verwurzelt sind. Der Turingversuch ist jedenfalls nicht geeignet, eine überzeugende Antwort zu geben.

Der Computer hat kein Bewußtsein

Nur von mir selbst weiß ich mit Sicherheit, daß ich Bewußtsein habe; Tiere und auch alle andern Menschen könnten Automaten sein, die ihre Funktion ohne Bewußtsein durch Programmablauf erfüllen.

Der Computer hat kein Bewußtsein. Warum sollte eine Ansammlung von Lichtschaltern Bewußtsein entwickeln, nur weil sie klein und zahlreich, weil sie vom Menschen klug organisiert und programmiert sind?

Ich kann denken. Ich habe Bewußtsein. Das weiß ich. Besser als vieles andere.

Haben Sie Bewußtsein, verehrte(r) Leser(in)? Ich muß vorsichtig sein mit der Antwort. Auf welcher Basis wird sie gegeben? Soll es die naturwissenschaftliche Basis sein, dann erhalte ich keine Antwort. Es tut mir leid, aber Ihr Bewußtsein ist nicht nachweisbar. Gewiß, Sie funktionieren, Sie reagieren, aber das tut auch ein Computer. Akzeptieren Sie den Turing-Versuch und gewinnen Sie, dann können Sie – nach Turing – denken. Für Bewußtsein ist das noch kein Beweis.

Leichter wäre es zu sagen, daß Sie kein Bewußtsein haben, wenn Sie bewußtlos sind oder schlafen, wenn Sie nicht oder nur beschränkt funktionieren. Der Benommene ist bei Bewußtsein, aber sein Fenster ist trüb.

Natürlich haben Sie ein Bewußtsein. Aber diese Antwort kommt zu 49% aus dem Analogieschluß von mir auf andere und zu 51% aus meinem christlichen Glauben; ich glaube, daß Sie eine Seele haben. Nicht jede Antwort auf die Frage nach dem Bewußtsein wird diese Mischung haben.

Im Studienjahr 1987/88 organisierte ich zusammen mit Herrn Professor Dr.med. Franz Seitelberger, einem der Wiener Fachleute für Gehirnforschung, eine Vortragsreihe der Wiener Katholischen Akademie zum Thema *Das Gehirn-Bewußtsein-Problem aus interdisziplinärer Sicht.* Professor Seitelberger konzentrierte sich auf die Frage: Unter welchen Umständen funktioniert das Bewußtsein? Der Philosoph Professor Dr. E. Oeser zeigte in seinem Referat, in welche Koordinatensysteme der Philosophie die Frage eingeordnet werden kann; er demonstrierte eher, auf wieviele Arten man die Frage stellen kann, als wie man sie beantwortet. Das ist aber freilich auch etwas. In der Katholischen Akademie hat sich kein Theologe in diese Vortragsreihe gedrängt. Vor 300 Jahren wäre das anders gewesen.

Ich war an dieser Reihe interessiert, weil ich mehr über das Bewußtsein erfahren wollte. Mein Beitrag war darauf ausgerichtet, und diese Vorlesung übernimmt die Richtung dieses Beitrags [21].

Ich habe von dieser Reihe sehr viel gelernt. Insgesamt aber bleibt das Bewußtsein ein Fremdkörper in den Naturwissenschaften, und die Geisteswissenschaften haben nicht viele Antworten bereit, die bei der Behandlung der KI hilfreich wären. Ich habe also einen eigenen Weg eingeschlagen, indem ich die Frage anging: Wie könnte ein Modell für das Bewußtsein aussehen? Denn ein Modell läßt sich programmieren. Mit anderen Worten: Ich packte die Frage mit den Mitteln der Informatik an.

Ein Modell für das Bewußtsein?

Der Versuch, ein Modell des Bewußtseins zu programmieren, ist denkbar, wenn auch enorme Arbeit damit verbunden wäre. Denn auf dem Computer lassen sich die verschiedensten Funktionen programmieren. Die meisten heutigen Computer haben allerdings kein Netzwerk für begleitende und simultane

Überwachung, sondern sind nur für den sequentiellen Ablauf von Programmstücken organisiert. Das Modell würde ganz sicher eine neuartige Netzstruktur brauchen.

Ich wiederhole also die Frage von Herrn Seitelberger: Wie funktioniert Bewußtsein? Aber ich antworte nicht in seinem Sinn, nämlich: Was weiß die Physiologie darüber? Sondern in meinem Sinn: Ist das Bewußtsein am Computer organisierbar, ist es machbar? Das bedeutet, daß, wie vor jeder Computeranwendung, ein programmierbares Modell des betrachteten Prozesses entworfen werden muß, und dann sind seine Grenzen abzuschätzen (Bild 8.2).

Das Bewußtsein scheint mir ein Fenster zu sein, durch welches mein Ich die Welt betrachtet, die Welt um mich und die Welt in mir. Es ist ein multidimensionales Fenster, durch das ich sehen, hören, fühlen, riechen und schmecken kann; weitere Signale kommen hinzu, etwa von meinem Gleichgewichtsorgan oder eine Hungermeldung. Ich merke, daß mein System die Information der verschiedenen Sinnesorgane verknüpft und Ganzheiten bildet: Durch Sehen, Hören, Fühlen und Riechen vermag ich einen Hund als Einheit zu erkennen und

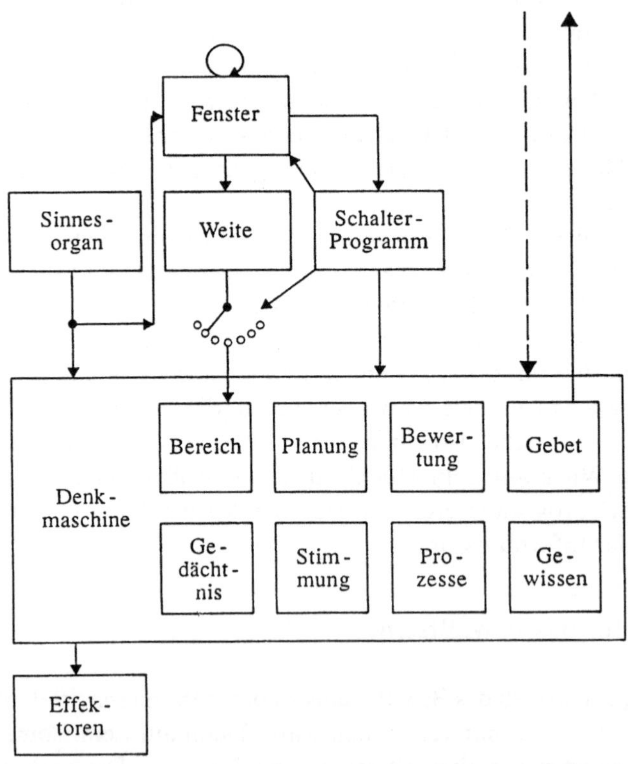

Bild 8.2. Ein Modell für das Bewußtsein? Falsch, aber nützlich – denn könnte es durch ein Modell ersetzt werden, wäre das Bewußtsein nutzlos

mit einem Namen zu versehen, mit einem wirklichen Namen wie Nero oder mit einer Hilfslösung wie „Der Hund, der gerade hier ist".

Das alles ist Informationsverarbeitung, und ich kann mir vorstellen, daß das auch ein Computer kann, auch wenn wir es heute noch recht unzulänglich schaffen.

Indem ich mich auf den Hund konzentriere, habe ich mein Bewußtsein zugleich auch programmiert: Ich habe es auf „Hund" geschaltet, ich hätte es auch auf „Sonne" oder „Mond" schalten können.

Bewußtsein ist ein schaltbares Fenster; es wendet sich einer Folge von Brennpunkt-Themen zu. Auch das ist programmierbar, wenngleich eine Riesenarbeit. Denn die Hauptlinien sind:

1) Informationsaufnahme: Erkenntnis von Gegenständen und Ereignissen
2) Informationsverarbeitung im engeren Sinn: Verknüpfung des Aufgenommenen; Nachdenken
3) Informationsanwendung: Die Auslösung der resultierenden Reaktionen, Handlungen oder Arbeiten.

Ich benütze dabei Automatismen, die seit der Kindheit eingerichtet worden sind, Regelung, Steuerung und Prozesse; ich benütze Informationsspeicher – die Datenbanken meines Gedächtnisses. Es ist mir klar, wieviel Programmierarbeit das alles ist, denn alle unsere Ansätze auf diesen Gebieten sind noch recht schwach gegen die Leistung meines Gehirns. Aber ich kann mir vorstellen, wie dies alles im forgeschrittenen Zustand aussehen könnte.

Übrigens bestimmt das Bewußtsein keineswegs immer die Schaltfolgen aus sich heraus; auffällige Information, etwa Alarmsignale, lenken das Bewußtsein auf sich, aber mein Ich kann sie auch zurückweisen, den inneren Plänen folgen statt dem äußeren Anstoß. Andererseits hab ich eine Neugiersuhr eingebaut, die in kurzen oder langen Etappen anregt, den Gegenstand oder die Optik der Betrachtung zu wechseln. Lasse ich es zu, so geschieht das automatisch.

Es ist etwas los im Bewußtsein, zumindest zeitweise. Auch all dies kann ich mir programmiert vorstellen.

Alle möglichen Kräfte und Strukturen versuchen, mitzumischen und das Programm in ihre Leitwege zu treiben. Routine und Vertrautheit, Sicherheit und Beherrschung werden mir Wege anpreisen; Wünsche und Vorstellungen, Motive und Prinzipien werden mir Ziele nahelegen oder einreden. Im Lauf des Lebens kann ich sie ausbilden oder zurückbilden. Meine Erziehung, meine Erfolge waren von großem Einfluß darauf – ich kann mich aber auch dagegen wenden.

Dieser Teil ist noch erheblich schwieriger zu programmieren als die früheren Teile, aber auch hier ist die Programmierung für mich vorstellbar. Mein Ich erscheint in diesem Modell als ein Superprogramm, das mit vielen Unterprogrammen spielt oder kommandiert, experimentiert oder starr bleibt. Bei der

Herstellung dieses Superprogramms würde ich vieles festlegen, was mir nachher nicht paßt, und ich hätte daher viel Änderungsarbeit. Es entstünde selbstverständlich etwas anderes – ein anderer Charakter –, als was der Reifungsprozeß bis zur Elementar- oder Hochschule hervorbringt, und ich muß an den dürftigen Erfolg der Lernprogramme denken. Ein bißchen Science-Fiction – die Vorwegnahme noch zu machender Erfindungen – ist für diese Grundsatzüberlegung jedoch vertretbar. Meine Phantasie reicht, um mir ein funktionierendes System dieser Art vorzustellen, und dieses Programm würde immer besser all das betreiben, was beim Menschen das Bewußtsein betreibt. Allerdings wäre zu fragen, ob das Bewußtsein wirklich so sehr die Natur eines Programms hat, daß derartig optimistische Phantastereien vorgebracht werden dürfen. Das mag offen bleiben. Wäre ich aber Turing, würde ich unter diesen Voraussetzungen sagen: Wenn der außenstehende Beobachter nicht unterscheiden kann, ob das Programm am Werk ist oder menschliches Bewußtsein, dann kann man dem System das Bewußtsein nicht mehr absprechen.

Es gibt kein Modell des Bewußtseins

Ich bin aber nicht Turing, ich akzeptiere diesen Schluß nicht, denn ich bin überhaupt der Meinung, daß die eben vorgetragene Gedankenkette nicht zum Ziel führt, sondern die Machbarkeit als absurd beweist.

Je besser nämlich das programmierte Modell des Bewußtseins wird, umso weniger ist Bewußtsein erforderlich, umso mehr wäre zu schließen, daß das Gehirn programmiert ist und kein Bewußtsein braucht. Auch die höchste Ebene, die Ebene der schwerwiegendsten Entscheidungen, braucht kein Bewußtsein, sondern nur ein Prioritätenmanagement. Und hier kommt der menschliche Wert der Kanalkapazität der bewußten Vorgänge von 25 bit/s in unsere Erinnerung: Warum dieser Wert? Könnte der Computer sein Top-Programm mit voller Geschwindigkeit laufen lassen oder müßte auch er auf höchster Ebene „gelassen" bleiben, lieber langsam und gründlich operieren als hastig und oberflächlich? Aber wie kommt da überhaupt die Geschwindigkeit ins Spiel? Beim Computer sieht man keinen Grund für nützliche Langsamkeit.

Das Modell führt – im Gegensatz zu dem, was für gute Modelle gilt – nicht zu besserem Verständnis, es führt davon weg (Bild 8.2). Und es bleibt ein Mysterium: Wie vermag mein Bewußtsein das Gehirn zu betreiben?

Es erheben sich äußerst anregende Fragen. Aber in der Hauptfrage führt alles nicht weiter: Man programmiert sich vom Ziel fort. Was immer auf diesem Weg zustandekommt, es ergibt einen Mechanismus, der Bewußtsein so wenig braucht wie ein Lichtschalter und daher über das Bewußtsein auch ebensowenig aussagt.

Ich lasse mich nicht irremachen. Ich halte mich an meine innere Erfahrung, die in Wechselwirkung mit meinem religiösen Glauben meine innere Überzeugung von Bewußtsein und Nicht-Selbsttäuschung stärkt. Ich bin kein Automat, auch wenn ich in vielen Wechselbeziehungen bin mit Automatismen in mir selbst: Der automatische Anteil an meinem Wachstum, an meinen Lebensprozessen und an meinen Denkprozessen ist sehr hoch – aber über die Maschine, die mein Körper für mich ist, herrscht ein Ich nichtautomatischer Natur. Ich werde nicht von einem Superprogramm gesteuert, das mir bloß vorgaukelt, ich hätte einen freien Willen. Innerhalb der Grenzen, die ich leidlich gut verstehe und häufig abschätze, habe ich einen freien Willen. Ich spüre ihn. Wäre die Welt ein Tummelplatz der Automaten, wäre sie gleich amüsant, aber bar jedes Sinnes. Ob sie dann schlecht oder perfekt funktioniert, wäre belanglos. Erst mit meinem christlichen Glauben erhebt sich meine Existenz auf spirituelle Ebene, wird sie in eine Geschichte eingebettet, die mehr ist als ein fragwürdiger Datenhaufen. Und es erfaßt mich ein gewisses Erstaunen, daß eine Auffassung dieser Art nach 2000 Jahren Christentum und christlicher Kultur nicht Allgemeingut ist. Hat hier, vom Christentum zu wenig beachtet, nicht eine Verrottung stattgefunden? Es ergeben sich Bündel von Fragen – und nicht nur von einem christlichen Standpunkt aus.

Erst mit meinem freien Willen, mit der Kette echter persönlicher Entscheidungen bekommt meine Existenz Sinn. Mein Wille muß daher dort, wo das Bewußtsein geschieht, eingreifen können und einen Ablauf anders lenken, als die Automatik, auf welcher Ebene immer, es getan hätte.

Ein Rätsel: Wie betreibt das Bewußtsein das Gehirn?

Bewußtsein, so muß der Ingenieur in mir schließen, greift in die Modellwelt ein, die wir erkannt und aufgestellt haben; es trägt Ursachen bei, die nicht aus dem physikalischen Ursachen-Universum kommen. Drücken wir es energetisch aus, obwohl das vielleicht nicht die einzige Möglichkeit ist: Mein Geist bewegt Energie. Er ist zumindest ein Maxwellscher Dämon: Er vermag Effekte hervorzubringen, die keine physikalischen Ursachen haben. Die Programmiervorstellung macht klarer als die physikalische Vorstellung, wie wenig und doch wie viel hier geschehen muß: Es genügt, daß eine andere Befehlskette in das Register läuft statt der automatisch ausgelösten. Es geht um fast energiefreie Weichenstellungen, in Bauelementen, so klein wie in hochintegrierten Elektronikchips. Und an der Weiche stellt sich die Entscheidungsfrage: Physikalisch verursacht oder nicht?

Denn wenn das Bewußtsein so funktionierte wie das Software-Modell, wäre alles, was ich entscheide, die Folge einer Bit-Lage: Nicht anders eine Folge physikalischer Ursachen wie ein Erdbeben, das – wie wir klar einsehen – nicht von einem Dämon, nicht von einer bösen Lokalgottheit angezettelt ist, sondern eine Ablaufkonsequenz.

Funktioniert das Bewußtsein aber nach dem Willen meines Geistes, dann muß dieser Geist Nervenimpulse beeinflussen können, nicht als Folge einer Bitlage, sondern weil ich will.

Das ist anscheinend ein Widerspruch zu unserer naturwissenschaftlichen Erfahrung und Überzeugung. Es wäre zu schließen, daß im Gehirn Effekte auftreten, die nicht auf physikalischen Ursachen beruhen. Darf man diesen Schluß ziehen? Ich lasse das offen: Meine Vorlesung ist für diese Frage ja kein Abschluß, sondern eher ein Anfang. Denn ich glaube überhaupt, daß ein Wiederbeginn, eine Erneuerung notwendig ist. Solche Überlegungen sollen in der Abschlußvorlesung zusammengefaßt werden.

An dieser Stelle möchte ich jedoch noch ein Wort über den subjektiven Anteil in dieser Vorlesung einfügen. Ich habe heute die Verknüpfung von Intelligenz und Bewußtsein in den Vordergrund gestellt. Über Bewußtsein kann man nicht ausschließlich objektiv reden. Nur der Betriebsaspekt hat naturwissenschaftlichen Charakter, und dies begründet die Vorgangsweise Professor Seitelbergers, sich auf die Frage zu konzentrieren: Unter welchen Umständen kann Bewußtsein funktionieren? Das Bewußtsein selbst ist subjektiv und daher für die Naturwissenschaft nicht greifbar. Intelligenz ist aber kaum ohne enge Verknüpfung mit dem Bewußtsein vorstellbar – die reine Zeichenmanipulation, die den extremen Auffassungen der KI zugrundeliegt, ist durch experimentelle Befunde insofern nicht gestützt, als über die Zeichen, mit denen das Gehirn arbeiten würde, überhaupt nichts bekannt ist. *Es muß einfach so sein* ist kein starkes Argument, es ist inakzeptabel.

Wenn durch diese Vorlesung etwas klarer geworden ist, wo die Grenze zwischen solider Naturwissenschaft und sorglosem Hantieren mit geistigen Begriffen liegt, eine Grenze, die man im Umgang mit der KI nur allzu leicht übersieht, dann hat sich ihre Absicht erfüllt.

Bevor ich aber zum Schlußwort dieser Vorlesung komme, möchte ich noch einmal klarstellen, daß meine Polemik gegen die KI nicht gegen die Forschung gerichtet ist, die auf den zugehörigen Gebieten betrieben wird. Kybernetik und KI haben mich immer schon fasziniert, und ich habe meine Beiträge dazu geleistet.

Ein Kollege hat mir einmal entgegengehalten, daß es sogar eine Veröffentlichung von mir mit dem Titel *Über künstliche Intelligenz* gibt, erschienen im Jahre 1964 in der Zeitschrift *Der Nervenarzt* [22]. Was der Kollege nicht dazusagte, war das Faktum, daß ich schon damals die gleichen Einwände vorbrachte wie heute (übrigens kommt an dieser Stelle auch ein Hinweis auf die *Psychologie des Programm-Entwurfs* vor) und daß der dritte Teil des Vortrags eine Abschätzung der Grenzen und Gefahren brachte. Ich möchte daraus die folgenden Sätze zitieren: *Die naturwissenschaftliche Betrachtung des Gemeinsa-*

men von Natur und Technik darf die aufgezählten Wesensunterschiede nicht negieren, sondern muß sich auf das Vereinbare beschränken. Diese Beschränkung führt auf das Modell und die Modellvorstellung. Das Modell hat den Zweck, der menschlichen Anschauung zu helfen und die Ordnung (Anordnung) klar hervortreten zu lassen. Das Modell ist streng objektiv und im Prinzip stets formalisierbar, auch wenn in vielen Fällen noch außerordentlich viel Arbeit zu leisten sein wird, ehe die Beschreibung die geschlossene Form des Modells hat.

Der menschliche Geist bewältigt sehr viel. Er vermag mit der Doppelbedeutung von Wörtern fertig zu werden. Die Sprache wehrt sich kaum dagegen. Für sie ist auch die Doppelbedeutung des Wortes Intelligenz akzeptabel: Menschliche Klugheit und Einsicht einerseits und informationstechnische Fixigkeit andererseits. Im Vergleich zu einer Schreibmaschine ist eben die Kombination Tastatur – Computer eine intelligente Maschinerie. Man redete ja auch schon von intelligenten Drehzahlreglern und von intelligenten Gebäuden. Die Leute, die das tun, wissen schon, daß sie eine Metapher verwenden.

Gerade weil aber so viel Verwandtschaft zwischen der Maschine Gehirn und dem Elektronengehirn besteht, ist die Gefahr der Vermengung bei derartigen Doppelbedeutungen groß und kritisch. Das kritiklose Hinnehmen technischer Klischees macht sich in unserer Technik-überfüllten Welt viel ärger bemerkbar als vor 300 Jahren. Denn wir übertragen, ob wir wollen oder nicht, diese Klischees auf unsere Vorstellungen von den nichttechnischen Dingen. Und kommen damit zu einer ganz falschen Auffassung von der Welt.

Schlußwort

Nach 300 Jahren der Entwicklung der Naturwissenschaften wissen wir ungeheuer viel mehr über die objektive Welt, vom Menschen bis hinauf in die Tiefe des Weltraums, räumlich und zeitlich, und hinunter bis in die Tiefen der Bauteile des Atoms, ein Schwingungsspektrum von 15 Zehnerpotenzen überstreichend.

Vom menschlichen Gehirn wissen wir wenig, gemessen an seiner räumlichen Größe oder an der Bedeutung seiner Funktion. Immerhin aber kennen wir seine Raumeinteilung, und wir haben das Wesentliche der neuronalen Schaltfunktionen erfaßt; wir haben viele elementare Züge der Informationsverarbeitung im Gehirn erforscht, aber nur wenige höhere Organisationsprinzipien der Informationsflüsse.

Vom Bewußtsein wissen wir naturwissenschaftlich nichts. Denn es liegt außerhalb der Welt der Experimente und der Messungen, der Naturgesetze und der Gleichungen, obwohl wir den Zugang zu dieser Welt nicht ohne Bewußtsein finden können. Alle Versuche, die gegenseitige Abhängigkeit zu erklären – d. h. unsere inneren Erlebnisse mit unserem Wissen von der Natur in funktionelle

Ursache-Wirkungs-Beziehungen zu bringen – darf man als unbefriedigend bezeichnen. Auch die Informatik liefert nichts. Zwar verstehen wir die physikalischen Aspekte der Körperfunktionen, die Kraft unserer Hände, den Energieverbrauch für die Erhaltung der Körpertemperatur, für Bewegung und Nervensignale; wir ahnen die Programmierung eines Teils unserer Erkennungs-, Denk- und Handlungsabläufe, ohne die Speichermechanismen der höheren Funktionen durchschaut zu haben. Wir können uns Simulationsprogramme für viele Funktionen vorstellen, einige haben wir auch realisiert, bis hinauf zu den Leistungen der KI. In all diesen Schemata aber hat Bewußtsein keinen Platz, keine Spuren und keinen Sinn. Was geschieht, ist mechanisch bedingt, und wo man Zufallsgeneratoren braucht, um Indeterminiertes zu simulieren, kann man höchst determinierte Programme verwenden. Alles läuft nach den Gesetzen der Logik und der Physik.

Es gibt kein künstliches Bewußtsein, und keinerlei Hoffnungslinie weist in eine solche Richtung. Bewußtsein gehört nicht zum Machbaren. Wer etwas anderes behauptet, besitzt keinen Beweis für seine Behauptung; wer etwas anderes vermutet, hat keine andere Basis für seine Vermutung, als was er in seinem Inneren erlebt, und von dort führt kein Weg zu einer Realisierung.

Da aber das Bewußtsein keineswegs ein von der physikalischen Welt unabhängiges Universum ist, sondern sich ausschließlich auf physikalischer Basis, in einem „funktionierenden" Körper abspielt, kann man nicht gut annehmen, daß das eine nicht auf das andere einwirkt. Die gegenseitige Einwirkung entzieht sich aber dem schlüssigen Experiment, und die Computerstrukturen lassen sich nicht vom Willen beeinflussen, außer über die physische Realität des menschlichen Nervensystems.

In dieser Sicht ist ein physikalisch eingerichteter Monismus kein Ausweg. Denn das Bewußtsein paßt nicht zur Einheitlichkeit des physikalischen Universums: Die Welt der Zeigerablesungen kann keinen Geist, keine Seele und kein Bewußtsein ergeben. Aber auch ein Dualismus beflügelt mich nicht besonders, denn es bedarf einer Brücke zwischen den beiden Ufern, die zu keinem der beiden Ufer paßt. Es wird dazu kommen müssen, beide Ufer neu zu interpretieren.

An dieser Stelle ist es passend, sich daran zu erinnern, daß wir zwar aus den Experimenten Naturgesetze abzuleiten vermögen, daß hingegen der Werkzeugkasten dieser Gesetze keineswegs die Morphologie und Funktionalität der Natur abzuleiten vermag. Was ist, entspricht zwar den Gesetzen, aber Gravitation und elektrische Felder führen nicht auf erkennbarem Weg zu dem Universum, das sich als Sternenhimmel beobachten läßt, und schon gar nicht zu den Pflanzen und Tieren.

Die Geschlossenheit des Universums ist eine Geschlossenheit der Ursachen und Wirkungen, zu der keine Planung gehört, nur ein Fluß von Ereignissen, schematisch oder zufällig gestaltet. Und das Universum wäre ziellos. Das widerspricht aber auch wieder dem, was leicht zu beobachten ist, wenn man nur die naturwissenschaftliche Brille abzulegen bereit ist.

Anders gesagt: Die ersten Frühlingsblumen sind gewiß kein Wunder, das voraussetzungslos im März ausbricht. Sie sind aber ein Wunder der Gestaltung, das auch bei aller Kenntnis der Voraussetzungen und der Gesetze nur auf einen Schöpfergott zurückführbar ist – sogar umso mehr, je mehr wir erkennen, wie die Voraussetzungen arbeiten. Denn was dabei herauskommt, verschlägt den Atem oder sollte es wenigstens tun – nicht dem naiven Betrachter, der die Welt als Geschenk Gottes nimmt, ob er an ihn glaubt oder nicht, sondern gerade dem wissenschaftlich Interessierten, dem sich die mit freiem Auge nicht erkennbaren Einzelheiten eröffnen. Denn diese Einzelheiten machen die Frühlingsblume nicht erklärlich, sondern lassen das Ganze nur noch unerklärlicher erscheinen: Da brodeln ein paar physikalische Abläufe vor sich hin, und es kommt eine Rose heraus, jedes Jahr wieder zur gleichen Jahreszeit. Ja wie kommen denn diese Abläufe überhaupt auf die Idee, eine Rose hervorzubringen? Das ist heute so sehr ein Wunder wie vor 100, 1000 und 10000 Jahren. Und eine Naturwissenschaft, die von der Erkenntnis dieses Wunders ablenkt, dient damit weder der Wahrheit noch dem Menschen.

All dies ist aber noch gar nichts gegen das Wunder, daß unser Körper, die Maschine, die als Existenzgrundlage für den Menschen dient, Bewußtsein und Geist besitzt – Kategorien, die aus der Logik der Maschine heraus nicht zu erwarten sind, die es nicht geben dürfte, wären allein Physik und Informatik für unsere Existenz zuständig.

Eine Periode der Weltgeschichte, die all ihre Aufmerksamkeit den perfekten Mechanismen der naturwissenschaftlichen Ursache-Wirkung-Ketten zuwendet und den Geist vernachlässigt und gering schätzt, setzt sich allmählich außerstande, die geistige, die humanistische Dimension der Welt adäquat zu erkennen und zu kultivieren, zu gestalten und in die Tat umzusetzen. Damit wird aber auch das Verhältnis zu Gott demontiert – für den Einzelnen wie für die Gemeinschaft. Die tristen Verhältnisse im Glaubens- und Kirchenbereich sind eine höchst natürliche Folge der allgemeinen Vernachlässigung des Geistes. Die globale Wirkung ist deutlich zu erkennen: Die Welt wird trotz aller technischen Bequemlichkeit und Wunderleistung ständig unwirtlicher und unbefriedigender.

Das Bewußtsein könnte ein Schlüssel sein, mit dem sich ein Tor zu einem Weg zurück zur Harmonie öffnen läßt. Der Mensch muß sich nur wieder das Bewußtsein bewußt machen als Domäne der Vergeistigung, als Domäne der maßvollen und sinngetragenen Beherrschung der physikalischen Information und ihrer Anwendung, als die eigentliche Domäne des menschlichen Geistes, für den die physikalische Erkenntnis sowie ihre technische Anwendung nur ein Dienstleistungsbetrieb ist und nicht letzte Weisheit.

Die Spannung, die Gegenstand dieser Vorlesung ist, also das Verhältnis zwischen körperlicher Maschinerie, Hardware und Software zusammengenommen, und dem Bewußtsein, dem beherrschenden Geist, läßt sich offenbar nicht auflösen in die Erklärung, die uns so viele andere Objekte der Welt verständlich macht, nicht auflösen in Folgen aus Ursachen naturwissenschaftlicher Art. Die Spannung zwischen dem Computer *Gehirn* und seinem Benutzer *Bewußtsein* ist nicht einmal mit dem Terminus *Wunder* erschöpft; sie weist in die Höhen des Himmels, die nicht in Kilometern und nicht in Lichtjahren gemessen werden können. Nur ein sehr kindischer Naturwissenschaftler kann hier noch mit einem Messungsargument operieren.

Wenn Christi Himmelfahrt in die gleiche Richtung weist wie die Raumfahrt, dann ist das keine geometrische Ortsangabe für den Himmel, sondern lediglich die unseren Sinnesorganen am besten entsprechende symbolische Richtung. Und Symbole weisen stets zugleich auch ins menschliche Innere.

Das Bewußtsein in unserem Gehirn ist ein rotes Telephon zu unserem Gott, über das er freilich nur göttliche Antworten gibt und nicht menschliche. Hochmut führt zu Unbenutzbarkeit. Demut kommt mit sehr kleiner Kanalkapazität aus. Das gilt für die Sprechrichtung hinauf; herunterzu gibt es keine Beschränkungen. Nur darf man nicht auf das Instrumentenbord der Wissenschaft starren, wenn man sich von Gott etwas sagen lassen will.

Verstehen Sie bitte meine Argumentation nicht falsch. Ich bin nicht pessimistisch in bezug auf den wissenschaftlichen Inhalt der KI und der Expertensysteme, wenn ich auch dem Optimismus der Exponenten mit jenem Mißtrauen begegne, das ich mir bei der Beobachtung der Kybernetik gebildet habe. Meine Argumentation geht gegen die falschen Vorstellungen und Erwartungen, die von einer sorglosen Sprache ausgelöst werden.

Der menschliche Geist bewältigt sehr viel. Er vermag mit der Mehrdeutigkeit von Wörtern sehr wohl fertig zu werden, die in fast allen natürlichen Sprachen vorkommt. Er wird aber immer stärker überfordert. Kritiklose Hinnahme technischer Klischees wirkt sich in unserer immer schwerer verständlichen, von technischen Halbwahrheiten und sprachlichen Ungenauigkeiten erfüllten Welt immer katastrophaler aus.

Literatur

[1] J. Petzval: Bericht über die Ergebnisse einiger dioptrischer Untersuchungen. (S. 39–40) Verlag C.A. Hartleben (Buda-) Pesth 1843, 43 S.

[2] E. C. Berkeley: Giant Brains or Machines That Think. J. Wiley, New York NY 1949

[3] A. Newell, J.C. Shaw, H.A. Simon: Report on a General Problem Solving Machine. In: Information Processing. Proc. ICIP, Unesco Paris 1959, 256–254, reprinted in [7]

[4] S. Butler: Erewhon. deutsche Übersetzung von F. Güttinger, Manesse Verlag, Zürich 1961, 399 S.

[5] W. von Hahn: Künstliche Intelligenz. SEL Stiftungs-Reihe *2* (1985), 86 S.

[6] W.R. Ashby: Design for an Intelligence Amplifier. In: Automata Studies (C.E. Shannon, J. McCarthy, Eds) Annals of Mathematical Studies Vol. 34, Princeton University Press, Princeton NJ 1956, 215–234
W.R. Ashby: What is an Intelligent Machine? Proceedings Western Joint Computer Conference May 9–11 1961, 275–280

[7] E.A. Feigenbaum, J. Feldman (Eds): Computers and Thought. McGraw Hill, New York 1963, 535 S.

[8] W. S. McCulloch, W. Pitts: A Logical Calculus of the Ideas Immanent in Nervous Activity. Bull. Math. Biophys. *5* (1943) 115–133, reprinted in: W.S. McCulloch. Embodiments of Mind. MIT Press, Cambridge MA 1967, 19–39

[9] C.E. Shannon: A Mathematical Theory of Communication. Bell Systems Techn. J. *28* (1948) 379–428, 623–656
C.E. Shannon, W. Weaver: A Mathematical Theory of Communication. Univ. of Illinois Press, Urbana IL 1949
R. Carnap, Y. Bar-Hillel: Semantic Information. Symposium on Information Theory, London 1953, 503–512

[10] S.M. Dancoff, H. Quastler: The Information Content and Error Rate of Living Things. In: Information Theory in Biology. Univ. of Illinois Press, Urbana IL 1953, 263–273
J. von Neumann: The Computer and the Brain. Yale Univ. Press, New Haven CT 1958, XIV+82 S., deutsch: (H. Gumin, Übers) Die Rechenmaschine und das Gehirn. R. Oldenbourg, München 1960, 80 S.

[11] E.v. Holst, H. Mittelstaedt: Das Reafferenzprinzip. Naturwissenschaften *37* (1950) 464–476

[12] C.E. Shannon: Programming a Computer for Playing Chess. Phil. Mag. *41* (1950) 256–275

[13] D. Levy, M. Newborn: All About Chess and Computers. Springer-Verlag, New York 1952, 146 S.

[14] Chr. Strachey: Logical or Non-Mathematical Programming. ACM Conference Proc., Toronto, Ont., Sep. 1952

[15] J. Weizenbaum: ELIZA, A Computer Programm for the Study of Natural Communication Between Man and Computer. Comm. ACM *9* (1965) 36–45
J. Weizenbaum: Die Macht der Computer und die Ohnmacht der Vernunft. Suhrkamp, Frankfurt 1977, 369 S.

[16] H.L. Gelernter: Realization of a Geometry Theorem Proving Machine. In: Information Processing. Proc. ICIP Conference Paris, Unesco Paris 1959, 273–282

[17] J. Haugeland: Artificial Intelligence: The Very Idea. MIT Press, Cambridge MA 1985, 200 S. Deutsch: Künstliche Intelligenz – Programmierte Vernunft? McGraw Hill, Hamburg 1987, 242 S.

[18] G.W. v. Leibnitz: De scientia universali seu calculo philosophico. Opera Vol. *1* (1840) 82–85, oder: Gerhardt's Philosophische Schriften *7* (1890) 198–203

[19] B.P. Butz: Expert Systems. Abacus *5*, No. 1 (1987) 30–44
W. Brauer, W. Wahlster (Hrsg.): Wissensbasierte Systeme. 2. Internationaler GI-Kongreß, Informatik-Fachberichte *155*, Springer Berlin 1987, 432 S.

[20] A.M. Turing: Computing Machinery and Intelligence. Mind *59* (1950) 433–460

[21] H. Zemanek: Computer, Gehirn, Bewußtsein. Arzt und Christ *34* (1988) No. 3, 121–137, voller Umfang in: H. Zemanek, Ausgewählte Beiträge zur Geschichte und Philosophie der Informationsverarbeitung. OCG Schriftenreihe Band 43, R. Oldenbourg, Wien 1988, 157–245
E. Oeser, F. Seitelberger: Gehirn, Bewußtsein und Erkenntnis. Reihe: Dimensionen der Modernen Biologie, Band 2, Wissenschaftliche Buchgesellschaft, Darmstadt 1988, 205 S.

[22] H. Zemanek: Über künstliche Intelligenz. Der Nervenarzt *35* (1964) 5–11

Kunst aus dem Computer

Naturwissenschaftliche Kunst?

Jedes Werkzeug ist zur Hervorbringung von Kunst geeignet, wenn es nur ein richtiger Künstler in die Hand nimmt. Also auch der Computer. Musik wird seit Jahrhunderten auch von Automaten aufgeführt. Griechen und Araber bauten Automaten und sogar Automatentheater. Aber erst die Elektronik hat die automatisch abgespielte Musik ins Überwiegen gebracht, und mit dem Computer sind beachtliche Graphiken hergestellt worden. Der Computer kann komponieren und graphische Muster mit Feinheit über sechs Zehnerpotenzen herstellen. Diese Muster sind Produkte einer mathematischen Idee, welche von ihrem Promotor Fraktale genannt werden. Und doch merkt man der Computerkunst gewisse Beschränkungen an.

Die Computerkunst paßt zur Geisteslage unseres Jahrhunderts; es ist eine Kunst nach den Grundsätzen der Naturwissenschaft denkbar, und manche Künstler streben sie – eher unbewußt – an, zuerst ohne und dann mit Computerhilfe.

Kunst aus dem Computer? Warum nicht?

Unter den Händen eines wirklichen Künstlers kann alles zur Kunst werden – unter den Händen des Amateurs kann auch Beachtenswertes entstehen, zumindest eine Vorstellung, wie ein ähnliches wirkliches Kunstwerk aussehen könnte. Beim Computer kommt natürlich die Automatennatur dazu, und die weitere Frage lautet: automatisch hergestellte Kunst? Aber auch diese Idee ist nicht neu. Automatische Kunst, Kunst an und Kunst aus Automaten gibt es seit vielen Jahrhunderten. Wir wollen kurz in diese Geschichte blicken.

Der Inhalt dieser Vorlesung kann aber natürlich nicht eine umfassende oder gar erschöpfende Darstellung der automatischen Kunst und der aus dem Computer kommenden Kunst sein – dazu ist auch dieses Feld bereits viel zu umfangreich –, sondern es geht wie immer um die Ursprünge und um das geistige Umfeld. Und der wichtigste Gesichtspunkt – für alle Arten der Computerverwendung von größter Bedeutung – ist das Verhältnis zwischen der menschlichen Vorbereitungsarbeit und der dadurch möglichen anschließenden Selbsttätigkeit der Maschine. Denn immer, wenn man fragt: *„Was kann denn die Maschine?"*, muß man einen Schritt zurück machen und auch fragen: *„Wie bringt man die Maschine dazu, daß sie das kann?"*

Der Anfang ist nicht immer die Planung – das ist nur eine Modellvorstellung. Wenn die Ingenieure hören, daß der Computerdrucker rhythmische Geräusche mit periodischen Komponenten macht, dann kommt einer schon auf die Idee, ein Programm zu schreiben, bei dem diese Geräusche wie ein bestimmtes Volkslied klingen. Wenn auf dem Bildschirm Gerade und Kreise gezeichnet werden können, ist die Analogie zu einer künstlerischen Graphik nicht weit entfernt.

Zuerst spielt also das Kind im Manne. Hier bin ich wieder einmal in Gefahr, von sehr geschätzten Damen aufmerksam gemacht zu werden, daß ich die Gleichberechtigung ignoriert habe, indem ich nur das Kind im Manne erwähne. Das Kind in der Frau scheint aber wirklich andere Zielrichtungen zu haben, als an der Maschine zu spielen, und ich wage zu sagen, das ist gut so. Die Zahl der Komponistinnen ist überdies vernachlässigbar.

Beginnen wir mit einer kurzen Betrachtung der automatischen Kunst seit der Antike. Heron (erstes Jahrhundert nach Christus) hat nicht nur das erste Handbuch der Automation geschrieben, sondern auch das erste Handbuch für das Automatentheater. Und er hat nicht vergessen, ein Kapitel über die Psychologie der automatischen Kunst einzufügen, eine Anweisung, wie man Geldgeber behandelt, um sie willig zu halten.

Im Mittelalter gibt es eher Träume und Gerüchte, aber mit dem Aufstieg der Goldschmiede- und Mechanikerkunst in und nach der Renaissance wird nicht nur Kunst auf Automaten angewendet – einfache Funktion mit hochwertigem und phantasievollem Schmuck ausgestattet –, sondern es beginnt auch die automatische Ausführung von Kunst, Musik, Tanz und kleinen Szenen – wir kennen sie von den Kunstuhren und von den frühbarocken Tischaufsätzen, die Automaten sind, manche von ihnen beweglich, über den Tisch rollend, meist für Hochzeitstafeln bestimmt. Auch künstliche Tiere, Krebse und Bären, die nur für sich selbst stehen, nur die Bewegung dieser Tiere darstellen, sind in den Sammlungen zu sehen.

Das 18. Jahrhundert bringt den Höhepunkt dieser Kunst. Wir beschreiben als ausgewählte Beispiele [1] die Werke von zwei Meistern, die Automaten von Vaucanson und die Automaten der Familie Knaus. Vaucanson stammt aus Grenoble und hat um 1738 in Paris zwei Musikautomaten gebaut, Flötenspieler in der Form damals sehr bekannter Kunstwerke; ganz berühmt aber wurde er durch seine mechanische Ente.

Die Familie Knaus, Ludwig Knaus und seine Söhne Ludwig und Friedrich, stammt aus Württemberg und stand zuerst in den Diensten des Landgrafen von Hessen. Landgraf Ludwig VIII. von Hessen schenkte dem Kaiser Franz Stephan von Lothringen und der Kaiserin Maria Theresia zu ihrem zehnten Jahrestag der Thronbesteigung am 20. Oktober 1750 eine von der Familie Knaus hergestellte Uhr, die nach Auslösung eine automatische Huldigungszeremonie abspielt. Man sieht das Kaiserpaar. Ihm huldigen drei allegorischen Figuren, die deutsche, die ungarische und die böhmische Nation repräsentierend.

Später traten beide Söhne in österreichische Dienste, Ludwig wurde Ingenieuroffizier und Friedrich Hofmechaniker. 1760 stellte Friedrich die erste programmierte Schreibmaschine der Welt her. Wenn dieser Barock-PC auch nur eine Speicherkapazität von 2500 bit hatte und diese mit einem 1-aus-n Code noch dazu schlecht ausnützte, so war er doch eine bemerkenswerte Erfindung.

Der für mich schönste Automat der Welt kam aus dem Nachlaß der Familie Knaus in den Besitz der Habsburger, und er steht, samt der Vorstellungsuhr, bis heute in den Maria-Theresianischen Räumen der Wiener Hofburg, die seit der Zweiten Österreichischen Republik Amtsräume des Bundespräsidenten sind. Es ist die Ritterspieluhr, von Vater Knaus im ersten Drittel des 18. Jahrhunderts gebaut. Uhr und Theatervorstellung sind voneinander unabhängig; das Turnier kann jederzeit gestartet werden; natürlich muß das Werk aufgezogen sein. Zuerst stellen sich alle Mitwirkenden vor. Dann folgen drei Sträuße: Beim ersten wird der rechte Ritter vom Pferd gestoßen, beim zweiten wird dem linken Ritter der Helm vom Kopf gestoßen und beim dritten dem rechten Ritter die Lanze gebrochen. Dann kommt noch das Mohrenstechen: Ein Knappe trägt einen Türkenkopf herein und stellt ihn auf ein Postament. Der Reiter zielt, trifft und hebt den Kopf mit seiner Lanze in die Höhe – alles während des Vorbeiritts. Und weil das so schön ist, wird dieses Kunststück wiederholt. Dann schloß sich anfangs das Tor; aber auf Wunsch der Zuschauer änderte Knaus das Programm, und man kann nun die Rückordnungsvorgänge sehen, ehe sich die Bühne schließt.

Beide Automatenuhren in der Wiener Hofburg haben auch Spielwerke, aber nur als Nebenfunktion. Wir wenden uns nun den Musikautomaten zu. (In der schriftlichen Form können nicht wie beim Vortrag Musikbeispiele vorgeführt werden, es können nur Entwicklungen geschildert werden – die Beilage eines Tonbandes wäre denn doch zu aufwendig.)

Wir haben ja schon erwähnt, daß die musikalische Notation eine echte Programmiersprache ist, mit welcher der Komponist sowohl den Dirigenten als auch das Orchester oder den Solisten ansteuert. Zwischen dieser Notation und der Programmierung von Musikautomaten mit Stiften, Löchern oder anderem besteht eine einfache Beziehung, wenn auch die technischen Schwierigkeiten manchmal groß sind. Aber in diesem Sinn waren alle Musikautomatenbauer Programmierer.

Gegen Ende des 18. Jahrhunderts ist die von Stiftwalzen gesteuerte Flötenorgel weit entwickelt, und die meisten klassischen Komponisten haben für sie Stücke komponiert: Bach, Gluck, Haydn, Mozart und Beethoven. Heute noch existieren Flötenuhren, deren Einrichtung mit Stücken von Haydn persönlich überwacht hat.

Von Beethoven stammt die erste stereophonische Komposition für zwei Automaten, nämlich für von J.N. Mälzel gebaute Orchestrions. Es ist *Wellingtons Sieg*, die Schlachtensymphonie Op. 91 aus dem Jahre 1813, welche allerdings niemals von Automaten gespielt wurde. Mälzel bekam typische Software-Probleme: Er konnte seine Maschinen nicht so rasch programmieren, wie Napoleon Geschichte machte.

Hier könnte die Geschichte von Walzer-Kompositions-Schemen mittels Würfel erwähnt werden (von Kirnberger und Mozart) und vom Komponium, dem ersten wirklichen Komponier-(oder besser Improvisations-) Automaten der Welt, mit einem mechanischen Zufallsgenerator, den der Amsterdamer Erfinder, der aus Lippstadt stammende Nikolaus Diederich Winkel, angeblich vorher für den automatischen Entwurf von Stoffmustern verwendet hatte. Mälzel besuchte Winkel und dieser bat ihn, ihm bei der Auswertung einer Erfindung behilflich zu sein, beim Metronom, wie wir es kennen. Mälzel erklärte sich sofort bereit, handelte aber ganz anders, als Winkel es erwartet hatte. Mälzel nahm in Paris und London Patente und setzte das Metronom in der Musikwelt durch, ohne den Namen Winkel auch nur zu nennen – ein wenig schöner Akt. Aber Patente waren damals noch eher Privilegien als Erfinderschutzmechanismen; und nur Mälzel war fähig, das aus der Erfindung zu machen, was wir als Metronom kennen. Winkel hätte das nie geschafft. Komponium und Metronom mit allen Einzelheiten wären ein eigenes Kapitel (auch der in der 4. Vorlesung erwähnte künstliche Schachtürke gehört in diesen Zusammenhang, denn Mälzel hat ihn 1806 gekauft) – wir können das hübsche Thema hier nicht ausspinnen.

Im Laufe des 19. Jahrhunderts wurden immer bessere und immer mächtigere Musikautomaten geschaffen. Der Höhepunkt dieser Kunst war das Reproduktionspiano von Welte-Mignon aus dem Jahr 1905 auf pneumatischer Basis, mit breiten Lochstreifen(-bändern). Auf ihnen sind berühmte Pianisten und Komponisten aufgenommen worden, so daß man vor einigen Jahren auf Flügeln dieser Art solche Bänder abspielen und mit moderner „Hi-fi"-Technik aufnehmen konnte. Wer will, kann also den Tanz der Sieben Schleier so hören, wie Richard Strauß ihn auf dem Klavier gespielt hat [13].

Diese ganze Musikautomaten-Kultur verblich innerhalb weniger Jahre, nachdem Edison 1905 den Phonographen erfunden hatte. Damit brach das Zeitalter der Musikkonserve an, und die Linie führt über die Schallplatte und das Tonbandgerät zur digitalen Speichertechnik. Der Stereo-Effekt, den Beethoven und Mälzel noch mit zwei Automaten oder zwei Orchestern hervorbringen mußten, wurde zur Normalausrüstung selbst billiger Geräte. Vor allem aber überwucherte die Konservenmusik die Originalmusik, und in jedem Hinterhof, auf jeder Baustelle, in jedem Aufzug, ja auf der Toilette klingt die Musik, die der Gerätbesitzer oder der zuständige Manager für die beliebteste hält, frequenzbandbeschnitten, aber unerbittlich in die Ohren des wehrlosen unfreiwilligen Mithörers.

Die Elektronik übernahm aber nicht nur die Speicherung und Wiedergabe der Musik, sondern auch die Tonherstellung. Elektronische Musikinstrumente wurden gebaut, entweder um klassische Instrumente zu simulieren – am bekanntesten ist die elektronische Orgel – oder um neuartige Klänge hervorzurufen, vom Trautonium bis zur *Musique Concrète*. Eine Übersicht über diese Entwicklung gibt das Buch *Musica ex machina* von Kurt Priberg [2].

Ein Strom spezieller Art ist die *Synthesizer*-Musik. Die Vorgeschichte ist bemerkenswert: Als der Präsident des amerikanischen Konzerns RCA, General David Sarnoff, auf seinen 70. Geburtstag zuging, luden ihn seine Wissenschaftler und Entwickler ein, drei Wünsche zu äußern, die sie zu erfüllen versuchen könnten. Sarnoff wünschte sich

(1) einen Farbfernseher,
(2) einen motorlosen Kühlschrank und
(3) einen Synthesizer,

eine Maschine, auf der man Noten programmiert (ablocht), so daß der Klang der simulierten Musiinstrumente aus dem Lautsprecher kommt.

Alle drei Wünsche wurden von den RCA-Leuten erfüllt; die ersten beiden können wir hier überspringen, aber der Synthesizer gehört zum Thema. Es wurde ein Papierstreifen von etwa 30 cm Breite mit 40 Lochreihen verwendet, um die Komposition abzulochen, und das Gerät setzte die Information in Klänge um. Es gibt eine Schallplatte davon [3]; die Musik klingt halt recht automatenhaft. Dieser Synthesizer wurde bloß ein Achtungserfolg.

Wahrscheinlich wäre nichts weiter geschehen, hätten nicht die Herren Moog und Carlos die Idee gehabt, einen Schritt zurück zu machen und vom Lochen zur Tastatur zurückzukehren, so daß wohl der Klang, nicht aber Melodienzug und Rhythmus automatisch gemacht wurden. Mit der weltbekannt gewordenen Platte *Switched-on Bach* [3] begann der Siegeszug des Moog-Synthesizers, der viele Nachfolger hatte. Eine Flut von Platten ist seitdem herausgekommen; ich habe sogar ungarische Lehár-Aufnahmen mit Synthesizer-Beteiligung.

Den Computer zum Komponieren zu verwenden, war eine ganz andere Linie. Den Anfang machte wieder einmal C.E. Shannon, der 1953 eine Reihe von Cowboy-Songs zusammenstellte, aus denen ein Computerprogramm dann andere erzeugte. In Finnland hat man das mit Tangos wiederholt; dieses Programm erzeugt aus 60 eingespeicherten finnischen Tangomelodien zwei Tangos pro Minute.

Im Jahre 1957 programmierten Lejaren Hiller, eigentlich ein Chemiker, und Leonard M. Isaacson, ein Mathematiker, die ILLIAC zur Komposition einer weltbekannt gewordenen Suite, der ILLIAC-Suite [4], deren erster Satz einfachste Klassik simuliert, während der vierte bis zur Zwölftonmusik kommt. Zwischen 1967 und 1969 schufen Hiller und der bekannte Komponist John Cage die Platte HPSCHD [5] – das ist im typischen Programmiererstil die Abkürzung für Harpsichord (Spinett) – mit 51 Bändern elektronischer Musik und sieben Spinett-Soli, dem Mozartschen Würfelspiel nachgebildet, und wild gemischt. An dieser Platte kann man am Komponierprozeß – von den

Komponisten empfohlen – auch noch beim Abspielen selbst mittun, indem man an der Lautstärke und am Stereo-Balance-Knopf dreht.

Für meine Fernsehserie über den Computer, die 1970/71 über das deutsche und österreichische Fernsehen lief, habe ich als Kennmelodie eine Walzermelodie des holländischen Komponisten Henk Badings verwendet, zwar nicht mit dem Computer, aber mit einem Philips-Elektronik-Analogie-Instrument komponiert, die im Unterschied zu den meisten elektronischen Kompositionen recht lustig ist. Sie stammt aus dem Ballett *Evolutions*, das 1959 in der Wiener Staatsoper aufgeführt wurde.

Für eine akademische Feier der Wiener Technischen Universität stellte der Komponist Hellmut Gottwald ein elektronisches Musikstück *Mailüfterl* her, das sprachliche Elemente einschließt, zum Beispiel die Namen von Stürmen und dann das sanfte Mailüfterl.

Ich selbst habe keine elektronische Musik hergestellt, aber während der Entwicklung des *Mailüfterls*, um 1955, hatte ich einen Studenten namens Franz Wagner unterstützt, der mit Relais und Röhren eine Mischung aus Periodizität und Zufall herstellte und daraus Tonfolgen ableitete – eine Analogform der automatischen Komposition. Ein Diplomand, Rudolf Leitner [11], baute ein Gerät, das Wagners Prinzip den Regeln des vierstimmigen Chorsatzes unterwarf; es kamen recht hübsche Melodienzüge heraus, die es fast mit dem Gefangenen-Chor aus dem Nabucco aufnehmen konnten. Leider ist davon nichts erhalten. Dafür aber hatten diese Arbeiten eine sehr ehrende Folge ganz anderer Art: Ich wurde zum ordentlichen Mitglied der Berliner Akademie der Künste gewählt. Und das kam so.

Im Jahre 1968 veranstaltete Professor Fritz Winckel von der TU Berlin in der Berliner Akademie der Künste eine Tagung über experimentelle Musik. Er lud mich ein, einen Vortrag zu halten. Ich hatte aber nichts Musikalisches zu bieten und lehnte zunächst ab. Nach dem dritten Anruf dachte ich ernsthaft nach und hielt dann doch einen Vortrag [6], in dem ich zeigte, was für ein gewaltiger Unterschied besteht zwischen dem Abspeichern irgendwelcher Klänge auf einem Band und der Aufführung einer klassischen Symphonie. Dazu zeichnete ich eine riesige Tafel voll mit den Nachrichtenflüssen, die während einer Aufführung samt Fernsehübertragung vor sich gehen (Bild 9.1). Das gefiel den Mitgliedern der Abteilung Musik, vor allem den Komponisten Boris Blacher und Gottfried von Einem, so sehr, daß ich in die Abteilung gewählt wurde. Ich fühle mich sehr wohl in der Abteilung Musik und habe in der Folgezeit noch viel dazu beigetragen.

In der Vorlesung wurden Beispiele von Automatenmusik vorgeführt, wir nennen kurz einige der Titel: Stücke, die von Haydn, Mozart und Beethoven für Flötenuhren geschrieben wurden, eine der Variationen des Komponiums, Beethovens Kanon „Ta, ta, ta, lieber Herr Mälzel, großer Metronom" aus dem Jahr 1817 und die gleiche Melodie als 3. Satz seiner VIII. Symphonie, den Tanz

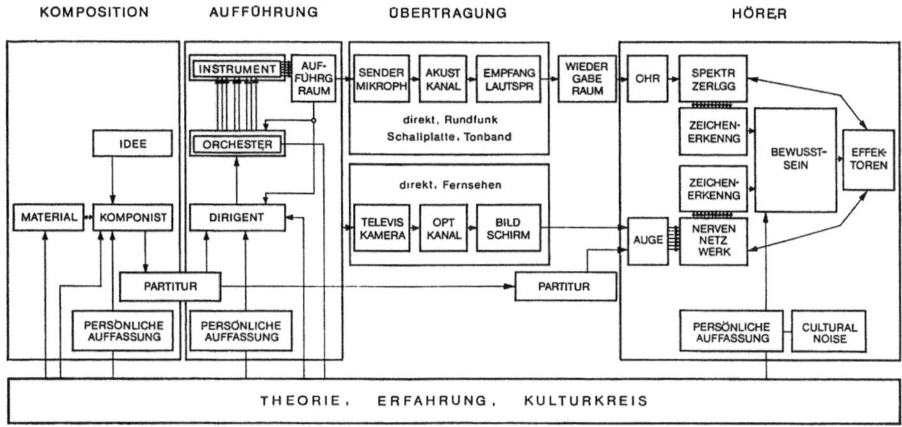

Bild 9.1. Flußdiagramm einer Musikübertragung (aus [6])

der Sieben Schleier aus der Salome, von Richard Strauß selbst gespielt, und die
elektronische Komposition Mailüfterl von H. Gottwald.

Graphik

Für die graphische Computerkunst gibt es kaum historische Vorläufer, aber
wenn Dürer entlang einer mathematischen Funktion Kreise zeichnet, erzeugt er
im Grunde Computerkunst (Bild 9.2). Die Verwandtschaft zu einer Graphik,
bei der statt mit Kreisen mit paralleler Vervielfachung gearbeitet wird (Bild 9.3)
ist offensichtlich. Die amerikanische Zeitschrift *Computers and Automation* hat
zwischen 1966 und 1977 ihre Augusthefte der Computergraphik gewidmet, und
es wäre leicht, hunderte von Beispielen aus der Frühzeit wiederzugeben. Wir
beschränken uns auf zwei klassische Graphiken von Lloyd Sumner (Bild 9.4)
und von Lillian Schwartz/Ken Knowlton (Bild 9.5). Ebenso klassisch sind die
Stilimitationen von A. Michael Noll (Piet Mondriaan) und Frieder Nake (Paul
Klee), Bilder 9.6 und 9.7 [8]. Abgeschlossen wird die Beispielreihe durch zwei
frühe Werke des Erlangers Georg Nees, Bilder 9.8 und 9.9 [7].

Heute hat schon jeder zahlreiche Computergraphiken gesehen, nicht nur
statische, sondern auch dynamische, nämlich Filmgraphiken im Fernsehen, wo
sie besonders für Reklamesendungen gerne eingesetzt werden. Man beherrscht
heute den Umgang mit Licht auf krummen (geometrischen) Flächen, mit
Schatten und Reflexionen, und Verschiebungen sind dann ja nur Koordinaten-
transformationen. In amerikanischen und auch schon in europäischen Museen
kann man Gegenstände wie etwa eine Teekanne nach Größe und Lage, nach
Farbe und Lage der Lichtquelle an PCs variieren, für Kinder ebenso sehr ein

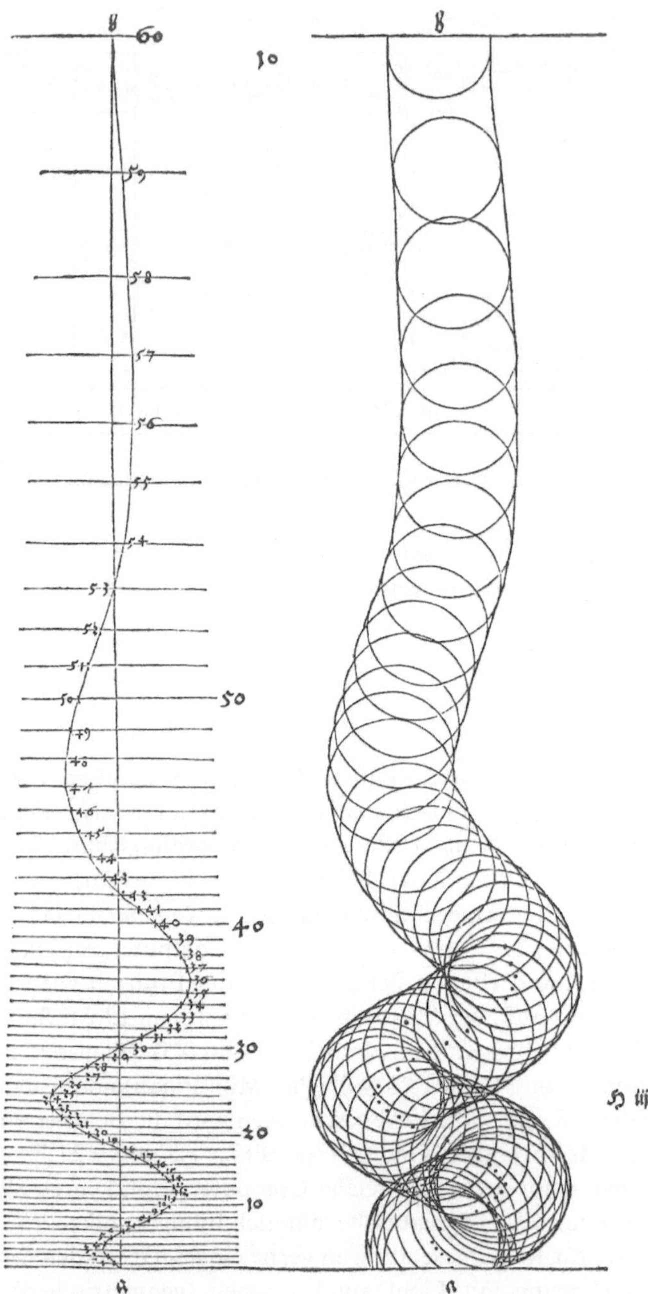

Bild 9.2. Computer-Graphik von A. Dürer (aus [14]). Auch der Mensch kann ein Computer sein: einen Algorithmus getreulich ausführen

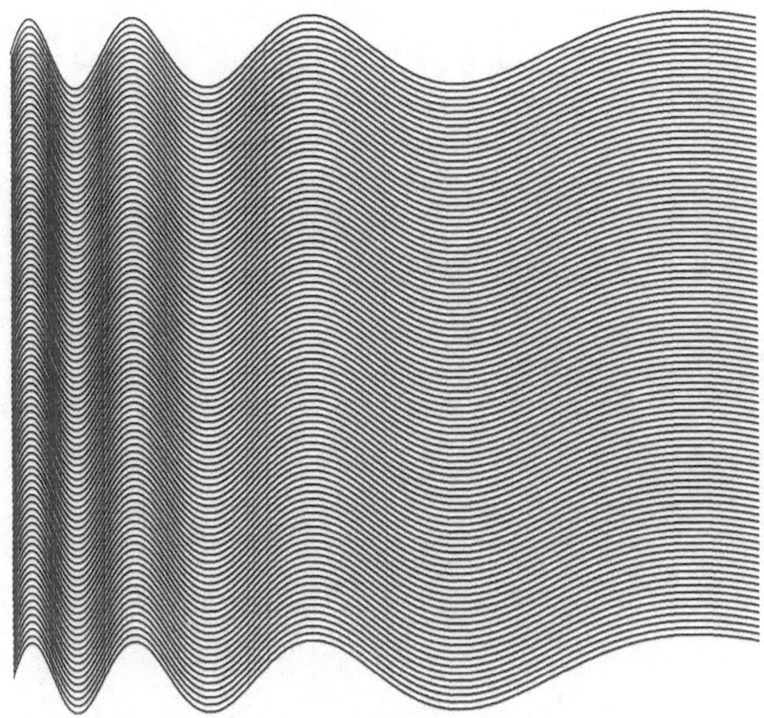

Bild 9.3. Modernes Analogon zu Bild 9.2: Waveform von A. Michael Noll, 1965
(aus Franke [13])

Bild 9.4. Computergraphik „In Wilderness" (In der Wildnis)
von Lloyd Sumner (aus [14])

Bild 9.5. Computergraphik „Tapestry I" (Wandteppich I) von Lillian Schwartz und Ken Knowlton. Erster Preis des 8. Computerkunst-Wettbewerbes der Zeitschrift „Computers and Automation" 1970 (aus [14])

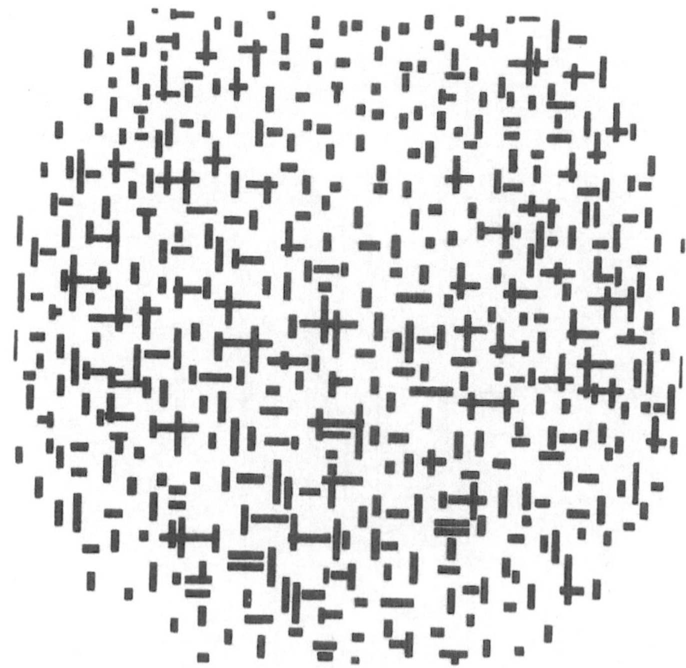

a) Original: Piet Mondriaan, Komposition mit Linien. Öl, 1917, 108 × 108 cm

b) Imitation: A. Michael Noll, Computer composition with lines, 1964

Bild 9.6a, b. Nachahmung eines Stils (aus [8])

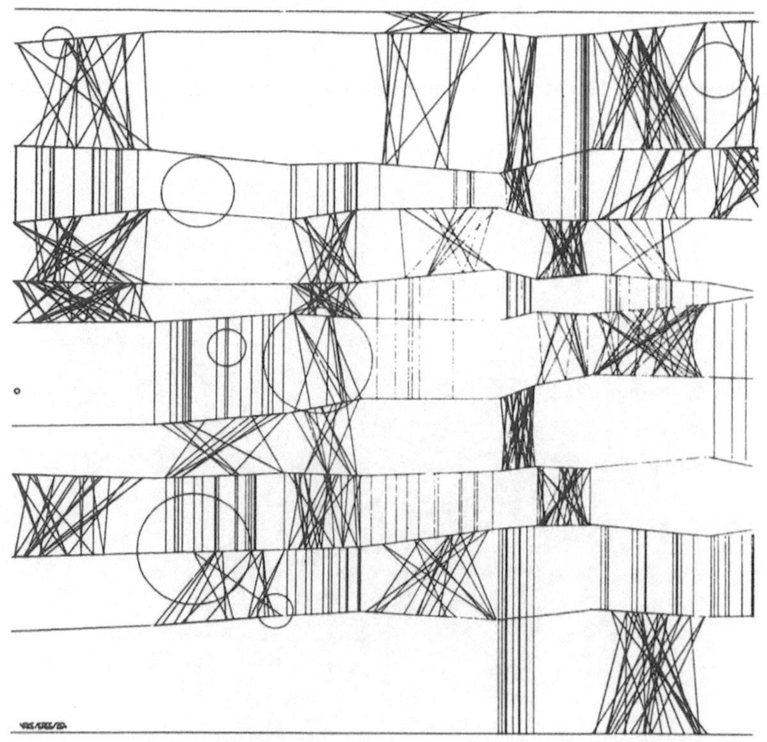

b) Imitation: F. Nake, „Klee", 13/9/1965 Nr. 2. 40 × 40 cm

b) Imitation: F. Nake, „Klee", 13/9/1965 Nr. 2. 40 × 40 cm

Bild 9.7a, b. Nachahmung eines Stils (aus [8])

Bild 9.8. „Korridor" von Georg Nees (aus [14])

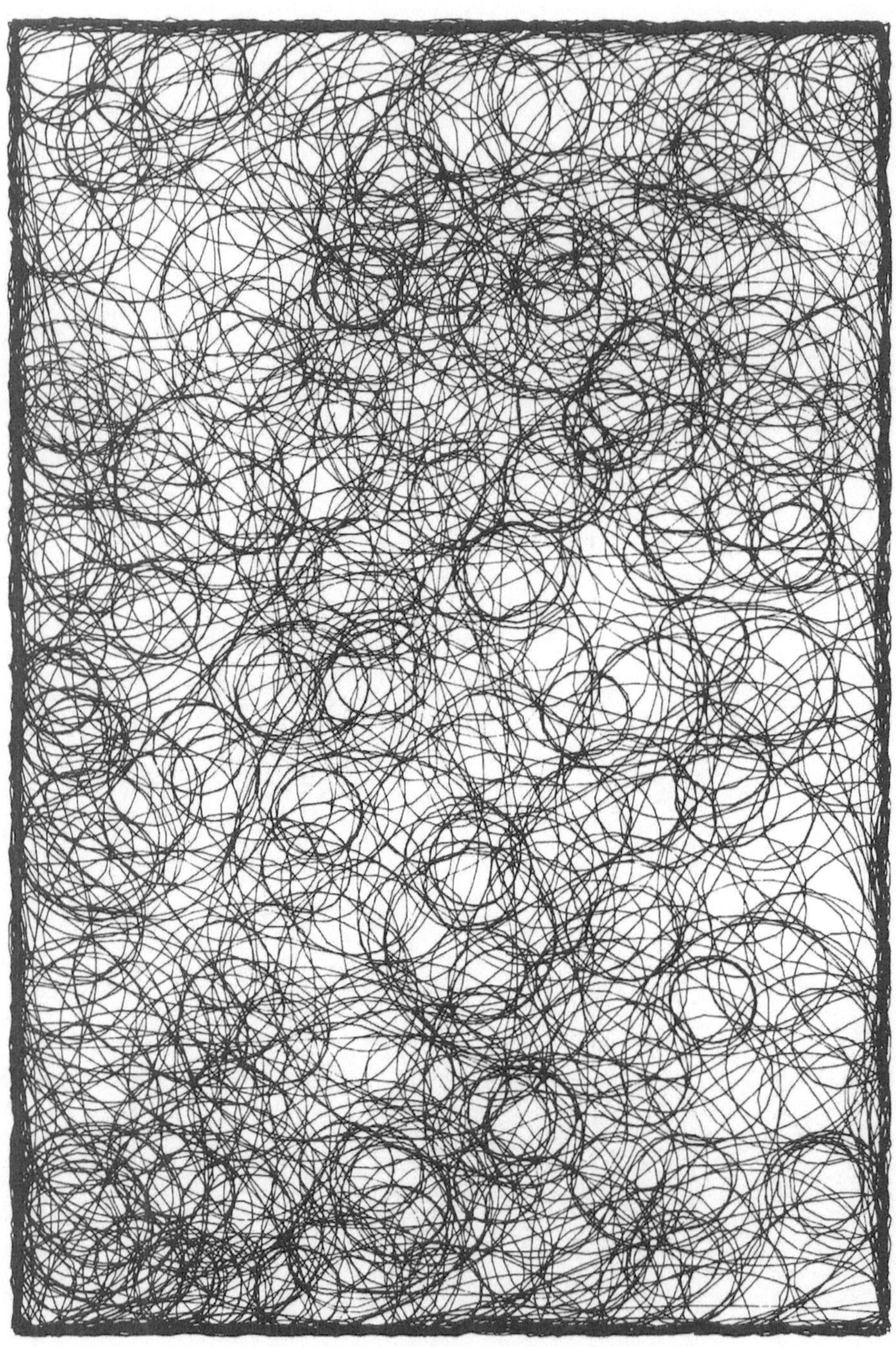

Bild 9.9. „Kreise" von Georg Nees (aus Franke [13])

Vergnügen wie eine Lektion in räumlicher Abbildung und im Umgang mit dem Computer.

Vielleicht ist noch gar nicht sichtbar, was der Computer für die Kunst tatsächlich bringen wird. Etwas Besonderes könnte sich aus der zusammenfassenden Kraft ergeben, die die Informationstechnik auf allen Gebieten auszuüben vermag. Wenn die Technik eines Tages erlauben wird, aus einem übergeordneten Programm Bild, Bewegung und Ton gemeinsam, unter zusammengehörigen Kriterien hervorzubringen, könnten mit der Technik Gesamtkunstwerke geschaffen werden, die in der Vergangenheit undenkbar waren.

Das Hauptprinzip ist aber wahrscheinlich, daß es in der Technik leicht anders kommen kann, als man denkt. Wo der Durchbruch in der Computerkunst kommen wird und durch wen, das ist nicht vorauszusagen. Vorläufig kann man sicher behaupten, daß der Dürer oder der Beethoven der Computerkunst noch nicht geboren ist. Das für die Kunst so unendlich wichtige menschliche Element wird von den Effekten der Technik zugedeckt, es kann nur indirekt angreifen, es wird vielleicht schon durch die Ausbildung am Gerät in eine einheitliche Richtung gelenkt, so daß trotz der Flexibilität, die der Computer offeriert, das französische Sprichwort angewendet werden kann: *Je mehr es sich ändert, umso gleicher bleibt es.* Nur wenige Kompositionen der achtziger Jahre haben kein – recht ähnliches – Äquivalent in meiner Sammlung elektronischer und computerkomponierter Musik aus den ersten zehn Jahren.

Trotzdem hat es den Künstlern immer Spaß gemacht, neue Möglichkeiten zu erproben, und warum sollten sie es nicht mit dem Computer versuchen? Ich weiß von etlichen, welche Freude ihnen das Experiment mit der Elektronik gemacht hat – und schließlich ist dabei ja auch etwas herausgekommen, auch wenn es mehr hätte sein können. Andere Künstler finden den Computer nicht attraktiv. Auch das ist verständlich.

Die elektronischen Lösungen, analog oder mit dem Computer realisiert, liegen in der Luft: Auch ohne Elektronik und ohne Computer bewegen sich zumindest gewisse Richtungen der Kunst auf das zu, was dann mit Elektronik und Computer besonders gut getan werden kann. M. C. Escher ist ein Beispiel dafür – wir kommen im Laufe dieser Vorlesung darauf zurück –, Zwölftonmusik und serielle Musik sind andere.

Es zeigen sich aber bald einige Wahrheiten; ich benütze hier Gedanken von John Whitney, einem kalifornischen Computer-Künstler, der zum Beispiel den Film *Permutations* auf einem Computer IBM 1130 geschaffen hat:

(1) Ideen nützen sich sehr rasch ab,
(2) Die Dürftigkeit so mancher elektronischen Schöpfung (trotz ungeheurer Mühe) schaut rascher aus dem Werk heraus, als seinem Schöpfer genehm sein kann,

(3) trotz ständiger Verbilligung ist der Computer immer noch viel zu teuer,

(4) der Computer ist rasch, für den Künstler aber zu langsam,

(5) der Computer wird immer leichter bedienbar für den Künstler aber ist er immer noch unhandlich: (5a) wie ein Pinsel, der 0,1 mm genau ist, aber 500 kg schwer, und (5b) wie eine Orgel, die man 14 Tage nach dem Tastenanschlag hört.

Gewiß, das wird besser – für den heutigen Künstler aber nicht rasch genug. Es ist wohl das Recht des Künstlers, ein schwieriger Computerkunde zu sein, und sogar ein begründetes Recht.

Wir haben darauf verzichtet, eine Fülle von Beispielen auszubreiten (die sich jeder Leser unschwer verschaffen kann). Wir wenden uns lieber einigen grundsätzlichen Gedanken zu. Wir wollen die Vorgehensweise des überwiegenden Teils der Computerkünstler (und spielenden Ingenieure) als naturwissenschaftlich aufgefaßte Kunst beschreiben und schließlich eine Musterkategorie präsentieren, die mathematischen Charakter hat, ja als mathematisches Feld vielleicht sogar bedeutender werden wird denn als Kunstentwicklung: die fraktale Graphik.

Naturwissenschaftliche Kunst?

Wer sich mit der Natur auseinandersetzt, muß sie zuerst einmal beschreiben. Das ist ein sehr wichtiger Teil der Wissenschaft, es fehlt ihm jedoch die scharfe Methodik. Die alten Griechen haben dies erkannt und eine Vielfalt von Ansätzen erdacht, die ihnen freilich viel wichtiger waren als die Ausarbeitung im einzelnen. Die augenscheinlichen Fakten aus dem täglichen Leben – die solcher Art der Philosophie ausreichend waren – führten nicht in die Tiefe der Zusammenhänge. Erst mit jener Wende, die meist mit Galilei personifiziert wird (was eine grobe Vereinfachung ist), mit der Wende zu messender, rechnender und experimentierender Naturwissenschaft wird die Methode erreicht, die das Denken von heute bestimmt.

In bestimmter Hinsicht vereinfacht, kann diese Methode auf folgende Weise beschrieben werden. Ein Phänomen, irgendeine ausgewählte Naturerscheinung wird auf ihre Elemente hin untersucht, und das ideale Element ist jenes, das sich nicht mehr weiter teilen läßt: das Atom. Es sind also die Atome der Erscheinung zu finden, ihre Quanten, ihre Bits. Sie können tatsächlich unteilbar sein, sie können weiterhin nur durch einen Wechsel des Instrumentariums teilbar sein, oder sie können schlicht als unteilbar angesehen werden.

Die Fülle dieser Atome wird in Klassen eingeteilt oder durchnumeriert. Das gibt eine klare Ordnung. Einfache stabile Atomverbände heißen Moleküle. Das Analogon für die Kunst sind in der Graphik Punkt und Strich, Kreis und Rechteck, in der Malerei der Farbpunkt, in der Musik der Ton.

Zwischen den Atomen bestehen gewisse Beziehungen, Gesetzmäßigkeiten. Diese Naturgesetze müssen gefunden werden, und dazu helfen eben Messung, Berechnung und Experiment. Ob diese Gesetze nur entdeckt werden oder ob sie teilweise eine Folge des angewendeten Verfahrens sind, das ist eine interessante Streitfrage, nicht immer voll entscheidbar. Mit anderen Worten: Die Naturgesetze bestehen einerseits offenbar unabhängig vom Arbeitsbeginn der Naturwissenschaft, andererseits ist der schöpferische Anteil an den Entdeckungen vielleicht viel höher, als man meint. Wenn man einmal die Atome kennt und die Naturgesetze beherrscht, dann kann man sie für die Herstellung neuer Gebilde anwenden: Das ist die Aufgabe der Technik, bei der ein (heute eher unterschätztes) Maß an Erfahrung und an Produktionsmethodik dazukommt.

Daß der Computer für all diese Schritte sehr erfolgreich benützt werden kann, steht fast von vornherein fest. Überdies kann man ihn zum Simulieren verwenden, zur Herstellung und zum Durchspielen von Modellen aller Art, aus denen sich weitere Einsichten ergeben können. Dies öffnet eine weiteres Verständnis dafür, daß der Computer immer stärker zum zentralen Instrument der Naturwissenschaft und auch der Technik wird.

Hat man sich diese Methodik klar gemacht, dann ist es leicht, das Analogon für die Kunst zu entwickeln. Und damit kommt man zu einer naturwissenschaftlichen Kunst, zu einer Kunst, die der Denkweise unseres Jahrhunderts angepaßt ist, die ihr folgt und die daher naturwissenschaftliche Züge hat. Ebenso selbstverständlich paßt diese Kunst zum Computer, läßt sich mit seiner Hilfe gut herstellen und nimmt dadurch zusätzlich noch Züge von ihm an.

Man wählt also ein Feld der Kunst aus und sucht dort die Atome, die Töne (Grundschwingungen) der Musik, die Farbpunkte eines Gemäldes, die Grundbewegungen des Tanzes und so fort. Hat man sie inventarisiert (natürlich am Computer), dann sucht man nach den Gesetzen, die in den existierenden Kunstwerken zu finden sind, oder man schafft sich eigene.

Wenn man Atome und Gesetzmäßigkeiten beherrscht, dann kann man zur entsprechenden Produktionstechnik übergehen. Tut man dies mit Computerhilfe, dann steht der computerhergestellten Kunst nichts mehr im Wege. Nun gut: Ein paar Zwischenschritte sind schon noch erforderlich.

In der Physik gibt es ja nicht nur Atome, sondern auch Moleküle, und in der Biologie kommen die Riesenmoleküle hinzu, die Bausteine der Organismen. Arbeitet man in der Kunst allein mit Atomen, wird man das den Ergebnissen ansehen. Es wird sich bald ergeben, daß man sich Moleküle und Riesenmoleküle anlegt und erst mit diesen an die Produktion schreitet.

Das läßt sich an der Sprache gut erkennbar machen. Dort ist das Atom der Laut oder der Buchstabe. Die Moleküle sind die Wörter, und die Riesenmoleküle sind die Sätze. Das ist ein nützliches Analogon, und es wird in dieser Art Kunstphilosophie auch gerne verwendet. Gewisse Linienmuster bezeichnet man dann zum Beispiel als die Wörter des Verfahrens. In der Musik sind die

Zwölftonserien ein sehr typisches Beispiel: Sie werden wie Moleküle verstanden, mit denen man die Komposition aufbaut, mit Methoden der Informationsverarbeitung (Spiegelung verschiedener Art zum Beispiel). Es paßt gut zum Thema, daß das erste große Programm am Mailüfterl für den Zwölftonkomponisten Hanns Jelinek eine bestimmte Sorte von Reihen ausrechnete, die Allintervallreihen [12]; es lief 60 Stunden und fand zweimal 1928 solche Reihen.

Auch ein technisches Gebilde entsteht nicht allein aus der Ansammlung von Atomen oder Molekülen. Es braucht die Idee der Konstruktion, und dahinter versteckt sich mehr Geist, als der technische Unterricht zu merken gibt. Das ist nicht nur die Erfahrung (was man zum Beispiel alles nicht tun darf, damit es gut geht), sondern vor allem die Vorstellungskraft, die Phantasie. Wo kommt bei der computerunterstützten Herstellung von technischen Objekten und Kunstwerken die Phantasie in das Bild? Sie steckt im Entwurf, im Entwurf des Herstellungsverfahrens ebenso wie im Entwurf des Objektes selbst. Kann man die Phantasie programmieren? Nicht wirklich, aber es gibt ein wirksames Ersatzmittel, zumindest für einen Teil des Einsatzes, und das ist der Zufall.

Für den Computer ist die Zufallszahl tatsächlich nur eine Frage des geeigneten Programms. Man könnte ja vom wirklichen Zufall ausgehen, vom Tanz der Gasmoleküle zum Beispiel, den ein Meßinstrumentarium in Folgen von völlig zufälligen Zahlen umsetzen könnte – wobei man freilich nur bedingt sicher ist, den völligen Zufall zu erreichen. Es hat sich aber gezeigt, daß man mit völlig determinierten Methoden, mit relativ einfacher Mathematik Zahlenreihen hervorbringen kann, die sehr hohen Anforderungen an die Zufälligkeit entsprechen. Sie haben den Vorteil, reproduzierbar zu sein (geht man von den gleichen Anfangswerten aus, dann kommen immer dieselben Zahlen) und doch eine ungeheure Variabilität zu ergeben. Um davon eine Vorstellung zu geben: Man wähle eine einigermaßen unregelmäßige Zahl von zehn Dezimalen und multipliziere sie mit sich selbst; das ergibt 20 Dezimalen – man nehme die mittleren 10 und fahre beliebig lang fort (wirkliche Programme haben noch ein paar primitive, aber raffinierte Zusatzeinrichtungen, damit der ständige Wechsel nicht unterbrochen wird). Der Zufall ist damit in der Hand des Programmierers und kann für Produkte der Kunst als Ersatz für die Phantasie eingesetzt werden.

Damit hat man einen Weg für die Automatisierung der Kunst. Man suche die Grundelemente des betreffenden Kunstfeldes zusammen; auch Moleküle – das heißt Makrostrukturen aus Atomen – sind recht nützlich. Und man sammle die Relationen, die man in Vorbildern findet oder die man wünscht (auf dieser höheren Ebene wirkt die Phantasie so lange, bis man auch auf ihr mit der Automation beginnt – der Mathematiker redet hier von Rekursivität). Auf dieser Grundlage ist nun die automatische Herstellung von Kunstwerken möglich. Man muß nur Regelmäßigkeit in der rechten und originellen Weise mit dem Zufall – aus dem Zufallsgenerator beziehbar – verknüpfen. Ein Programm vermag dann eine beliebige große Anzahl von Kunstwerken hervorzubringen, die alle voneinander unterschieden sind, weil ja der Zufallsgenerator immer andere Werte und damit immer andere Lösungen liefert.

Es wird nicht behauptet, daß die moderne Kunst so arbeitet. Wer aber ihre Produkte kritisch betrachtet, wird die vorgestellte Theorie nicht völlig verwerfen können. Insbesondere bei elektronischen Kunstprodukten und bei Computerkunstwerken könnte sie sich als sehr realitätsnah erweisen. Der Grund ist einfach: Die Komplikation des Werkzeugs Computer macht es dem Künstler nicht einfach, den individuellen Aspekt stark durchzubringen.

Fraktale Objekte

Als Abschluß dieses Kapitels wird ein besonderer Fall computererzeugter Graphik vorgestellt, einer Graphik, die eigentlich eine mathematische Methodik repräsentiert und viel mehr zur Höheren Mathematik und Geometrie gehört als zur Kunst. Da ihre Produkte aber große künstlerische Eindruckskraft haben, werden sie oft der Computerkunst zugerechnet – und ganz falsch ist das auch nicht. Man nennt diese Gebilde fraktale Objekte. Das englische Wort *Fractal* ist mit dem Wort Bruch verwandt: Es geht um eine Entwicklung in Brüche, und in der Fläche ausgearbeitet und dargestellt, entstehen Bilder, deren Verwandtschaft mit vielen Motiven des niederländischen Graphikers M.C. Escher [9] offensichtlich ist (Bilder 9.10, 9.11). Die Idee hat in beiden Fällen mathematischen Charakter, der Computer erteilt den fraktalen Objekten aber dadurch besondere Wirkung, daß relativ einfache Programme unvorstellbar viele Einzelheiten hervorbringen, nicht in der üblichen technischen Ordnung, sondern in organismusähnlicher Vielfalt in bestimmtem Gleichgewicht. Die zugehörige Mathematik soll in der folgenden Darstellung völlig beiseite gelassen werden. Wir beginnen in diesem Sinn mit zwei Fragen, die die dahinterliegende Mathematik zwar ahnen lassen, aber den mathematischen Kern vermeiden.

Wie lang ist die Küste von England? Praktisch wird man diese Frage so beantworten müssen, daß man die Länge der Küstenlinie auf einer Landkarte der Insel England abmißt und mit dem entsprechenden Maßstabsverhältnis multipliziert.

Eine zweite Überlegung zeigt jedoch, daß das Ergebnis vom Maßstab abhängt. Denn je kleiner das Bild von England ist, umso mehr Einzelheiten müssen fortgefallen sein, und um so weniger Küstenlänge kommt heraus, wenn man die Verkleinerung zurückrechnet. Je stärker die Vergrößerung, um so mehr Einzelheiten: Das ist ein Prinzip fraktaler Objekte. Geht man von der genauesten Karte auf die Wirklichkeit über, so ergibt sich nicht nur eine erhebliche Erhöhung des Detailreichtums (und damit eine erhöhte Küsten-

Bild 9.10. M.C. Escher: Kleiner und Kleiner I, 1956 (aus Werksausgabe [9])

länge), sondern es werden Veränderungen sichtbar: Ebbe und Flut, bewegte Steine und andere Objekte schaffen Varianten, welche die Küstenlänge zu einer schwankenden Größe machen, zu einer bloß eingrenzbaren Variablen.

Noch klarer wird das Grundsätzliche dieses Gedankens, wenn man nach dem Umfang eines Baumes fragt. (Mancher Leser erinnert sich sicher an das bekannte Beispiel der beiden Kinder, die bei der Erklärung der Begriffe analog und digital den Umfang des Baumes messen.) In der klassischen Geometrie, die auch Zirkel-und-Lineal-Geometrie genannt werden könnte (nach den beiden theoretisch zugelassenen Werkzeugen), ist der Umfang

$$U = 2r\pi$$

Aber bei genauer Betrachtung ist der Baum nicht kreisförmig, er ist auch nicht glatt: Die Rinde hat größere und kleinere Gebirge und Täler, und je mehr das

Bild 9.11. M.C. Escher: Kreislimit IV, 1960 (aus Werksausgabe [9])

Mikroskop für die Beobachtung vergrößert, um so mehr davon wird sichtbar, um so größer wird der Umfang.

Mathematiker können den Detailreichtum systematisieren und ins Unendliche treiben. Man kann sich eine Kreislinie vorstellen, die sich unter der Lupe als Mäander erweist. Ein Mikroskop noch höherer Auflösung könnte die Linie, die den Mäander bildet, selbst wieder als Mäander erkennen lassen. Und dem Mathematiker macht es nur technische Mühe, dieses Verfahren in unendlich vielen Schritten weitergehen zu lassen. Wie lang ist dann die Kreislinie dieser unendlich vielen Mäanderungen? Nur höhere Mathematik kann diese Frage beantworten.

Auf den erwähnten mathematischen Wegen kommt man zu einem Begriff der gebrochenen Dimensionen, von dem deutsch-jüdischen Mathematiker namens Felix Hausdorff bereits 1919 konzipiert. Überhaupt sind die Gedan-

Bild 9.12. Fraktale Graphik (aus Peitgen, Saupe [10])

kengänge der fraktalen Objekte von vielen Mathematikern vorbereitet worden. Darunter sind sehr berühmte Namen wie Poincaré, Perrin, Klein und Feller. Aber erst die Verknüpfung der Gedanken mit den Fertigkeiten des Computers und seiner Druckgeräte machte daraus mehr als einen der vielen abstrakten Gedanken, die in den mathematischen Veröffentlichungen zu Tausenden vorkommen. Und diese Verknüpfung schuf Benoit Mandelbrot, ein aus Frankreich stammender IBM-Mathematiker, der später zum IBM-Fellow

Bild 9.13. Fraktale Graphik (aus Peitgen, Richter [10])

ernannt wurde und heute durch seine fraktalen Objekte ein weltberühmter
Mann ist.

1975 publizierte er ein französisches Buch bei Flammarion in Paris, zwei
Jahre später – mit merklich verbessertem, aber den Möglichkeiten des
Gedankens immer noch unzulänglich gerecht werdendem Bildmaterial – ein
englisches Buch bei Freeman & Co in San Francisco (Fractals: Form, Chance
and Dimension). 1982 erschien dann das Hauptwerk (The Fractal Geometry of
Nature), beim gleichen Verlag. Der Gedanke der fraktalen Objekte wurde an
vielen Universitäten und für zahlreiche Fachgebiete aufgenommen. So arbeiten
an der Universität Bremen mehrere Mathematiker und Physiker daran, und sie
brachten im Springer-Verlag zwei sehr repräsentative Bücher über fraktale
Objekte heraus [10] (Bilder 9.12–9.15).

Bild 9.14. Fraktale Graphik (aus Peitgen, Saupe [10])

Das Verfahren eignet sich selbstverständlich auch zur Herstellung von Filmen, nur war Mandelbrots Gruppe bis 1972 dafür nur äußerst unzulänglich ausgerüstet, und erst seit 1975 kam eine passable Produktion in Gang. Bei einem Symposium anläßlich der 600-Jahr-Feier der Universität zu Köln im Jahre 1988 hat Mandelbrot einen Film vorgeführt, der den Detailreichtum mit einer Spannweite von einer Million zu 1 vorführt, ein wirklicher Tiefenblick in

Bild 9.15. Fraktale Graphik (aus Peitgen, Saupe [10])

die Wunderwelt der Mathematik. Die hergestellten Muster können sehr abstrakt sein, es gibt aber auch Wolken, Blätter, Bäume und Landschaften, die nicht weniger mathematischen Charakter haben, aber sehr konkret aussehen, wenn auch manchmal fremdartig (z. B. Mondlandschaften).

Die Hauptbedeutung der fraktalen Objekte liegt aber in der Geometrie. War es viele hundert Jahre lang rational sauber und methodisch gerechtfertigt, die

Konstruktionsprinzipien der Geometrie auf die Verwendung von Zirkel und Lineal zu beschränken und andere Hilfsmittel auszuschließen, auch wenn sie sehr geistreich sind, so hat der Computer auch darin eine Veränderung verursacht. Seine Programme gestatten, mit wenigen Schritten ungeheuren Detailreichtum hervorzubringen, und der Begriff und die Methodik der fraktalen Objekte bilden die Basis für eine philosophische Entwicklung der Geometrie, die erst künftige Jahrhunderte voll erfassen werden.

Dieser Gedanke schließt – geradezu symbolhaft – den Bogen und führt von den Anwendungsfeldern der Informationstechnik zurück zur Mathematik. Der Leser wie der Benutzer der Informationstechnik braucht diese Mathematik nicht zu lernen und nicht zu beherrschen; das kann er einschlägigen Fachleuten überlassen (wenn er sie erlernt, dann freilich umso besser!). Aber er sollte sich der doppelten Tendenz bewußt bleiben, die auch an der Computerkunst sichtbar wird: Der Computer kann viel mehr als nur rechnen, er dringt mit seinen handlichen Diensten in alle Felder menschlicher Tätigkeit und macht sich dort nützlich. Indem er dies tut, drängt er aber die Denkweise, und das heißt die Mentalität, ins Mathematisch-Formale. Das ist nicht für alle Felder gut; manche müßten sich vehement wehren – nicht gegen den Computer, der ihnen allen auf vielfältige Weise dienen kann und dienen wird, sondern gegen die Mathematisierung und Formalisierung der Mentalität. Dafür ist eine gedankliche, erzieherische Basis erforderlich. Die letzte Vorlesung soll sie abstecken.

Literatur

[1] H. Zemanek: Mechanische Automaten des 18. Jh. – Vaucanson. Elektron. Rechenanlagen *6 (1964) 5–6*
H. Zemanek: Mechanische Automaten des 18. Jh. – F. von Knaus. Elektron. Rechenanlagen *6* (1964) 57–58

[2] F.K. Priberg: Musica ex machina – Über das Verhältnis von Musik und Technik. Ullstein, Berlin 1960, 300 S.

[3] RCA Platte: The Sounds and Music of the RCA Electronic Synthesizer. RCA Victor LM-1922, 1955
Platte: Switched-on Bach. Columbia Stereo MS 7194, 1968

[4] L. Hiller, L.M. Isaacson: Experimental Music. McGraw Hill, New York 1959, 197 S.
Platte: Computer Music. Heliodor HS 25053

[5] Platte: J. Cage, L. Hiller: HPSCHD. Nonesuch H-71224, 1965

[6] H. Zemanek: Aspekte der Informationsverarbeitung und der Computeranwendung in der Musik. In: Experimentelle Musik (F. Winckel, Hrsg.) Tagungsbericht, Verlag Mann, Berlin 1970, 59–72

[7] G. Nees: Generative Computergraphik. Siemens Berlin München 1969

[8] F. Nake: Ästhetik als Informationsverarbeitung. Springer-Verlag, Wien New York 1974, 360 S.

[9] Werksausgabe: Die Welten des M.C. Escher. Heinz Moos Verlag, München 1971
C.H. Macgillavry: Symmetry Aspects of M.C. Escher's Periodic Drawings. A. Oosthoek's Uitg., Utrecht 1965, 84 S.

[10] B.B. Mandelbrot: Fractals: Form, Chance, and Dimension. W.H. Freeman & Co, San Francisco 1977
B.B. Mandelbrot: The Fractal Geometry of Nature. W.H. Freeman & Co, New York 1982
H.-O. Peitgen, P.H. Richter: The Beauty of Fractals. Springer-Verlag, Berlin 1986, 199 S.
H.-O. Peitgen, D. Saupe (Eds.): The Science of Fractal Images. Springer-Verlag, New York 1988, 312 S.

[11] R. Leitner: Logische Programme für automatische Musik. Staatsprüfungsarbeit an der TH Wien, 1957.

[12] H. Jelinek: Die krebsgleichen Allintervallserien. Archiv für Musikwissenschaft *18* (1961) 115–125

[13] H. Zemanek: Informationsverarbeitung mit einem Blick auf die Musik. In: Tiefenstrukturen der Musik. Festschrift zum 75. Geburtstag von Fritz Winckel, Fachbereich 1 der TU Berlin 1953, 195–216
Plattenkassette: Welte-Mignon 1905. Telefunken SLA 25 057/-T/1-5 Stereo
G.D. Birkhoff: A Mathematical Approach to Aesthetics. In: Collected Mathematical Papers, New York 1950. In: The World of Mathematics (J.R. Newman, Ed) Simon & Schuster, New York 1956, Vol. 4, 2185–2195
H.W. Franke: Computergraphik – Computerkunst. Bruckmann-Verlag, München 1971, 134 S. 2. Aufl. Springer, Berlin 1985, 186 S.
H. von Foerster, J.W. Beauchamp (Eds.): Music by Computers. J. Wiley, New York 1969, 139 S.

[14] P. Goldscheider, H. Zemanek: Computer – Werkzeug der Information. Springer-Verlag, Berlin 1971

10. Vorlesung

Technik und Humanismus

Die letzte Vorlesung schließt die *philosophische Klammer* mit Gedanken zur Wiedervermenschlichung der Technik, die vom Computer – natürlich nur mit unserer Absicht und
Entschlossenheit – nicht nur gefördert werden könnte, sondern die vom Computer
gefordert wird, nicht in Manifesten, sondern aus der transgalileischen Natur der
Informationstechnik heraus, nicht bloß aus idealistischer Überlegung, sondern sogar aus
finanzieller Rücksicht. Das stellt eine echte Hoffnung der Informationstechnik dar, die
kein Informationsschlaraffenland bringen kann, ja nicht einmal das Informationsbedürf-
nis vollständig zu stillen vermag. Denn je mehr Information der Mensch bekommt, umso
mehr braucht er zusätzlich. Der Mensch ist zur Unterinformiertheit verurteilt. Betrachtet
und benützt er aber die Technik auf menschliche Weise, dann kann sie weder zum
Selbstzweck werden noch den Menschen überwältigen. Für die Wiedervermenschlichung
der Technik kann der Computer zu einer großen Hilfe werden, nicht von selbst, aber wenn
er richtig begriffen und eingesetzt wird.

Einführung

Wir sind am Ende unserer Vorlesungsreihe angelangt, und diese letzte
Vorlesung soll die Quintessenz unserer Überlegungen über das geistige Umfeld
der Informationstechnik bilden, die nur eine Philosophie sein kann – nicht
Fachphilosophie natürlich, die den Fachphilosophen überlassen bleiben muß,
sondern ein Quentchen allgemeiner Weisheit und eine Zusammenfassung. Ich
könnte auch von einer schließenden Klammer sprechen, einem Gegenstück zur
Eröffnungsvorlesung, die auf die folgenden Inhalte nur hinweisen konnte,
während die schließende Klammer die gebrachten Inhalte voraussetzen kann.
Daß diese Quintessenz das Verhältnis von Mensch und Technik betrifft, die
Beziehung zwischen Technik und Humanismus, ist am Ende dieser Reihe wohl
selbstverständlich.

Es ist angebracht, an dieser Stelle kurz auf die Urquellen der Informationstechnik zurückzugehen, und ich möchte dazu den Anfang eines Beitrags
variieren und zitieren, den ich im Jahre 1983 zum 100. Geburtstag des
Österreichischen Verbandes für Elektrotechnik geschrieben habe [1].

Die Elektrotechnik war von Beginn an gleichermaßen Energietechnik
und Informationstechnik, denn die Elektrizität hat seit der Erschaffung der
Welt diese Doppelnatur. Am ersten Tag seines Schöpfungswerkes sprach
Gott nach der Genesis {1,3} *Es werde Licht,* und damit begannen Wärme

und Information. In natürlicher Form bestanden beide, lange bevor der erste Ingenieur seine Ideen verwirklichte. Der Respekt vor der Natur und die Sorgfalt bei der Einbettung technischer Produkte in die Natur gehören daher zu den Grundpflichten des Ingenieurs, und er braucht dazu keine grünen Exaltiertheiten. Andererseits muß sich der Ingenieur darin heute verstärkt auf die Finger schauen und seinen Auftraggebern auch. Das Bewußtsein, daß Technik Menschenwerk ist, daß Unzulänglichkeit und Zerfall zu ihren Grundeigenschaften gehören, darf durch keinen Erfolg der Technik getrübt werden. Und schon gar nicht in einer Umwelt von heute, wo sich zufällig hingestellte Technik so häuft, daß die Natur keine Luft mehr bekommt.

Wenig später, im 11. Kapitel der Genesis, macht die Bibel dies auch unmißverständlich klar: beim Turmbau von Babel, dem ersten und nicht gerade erfolgreichen Großunternehmen der Technik, auf das wir in der 7. Vorlesung bereits eingegangen sind.

JANUS, der Gott der Informationstechnik

Das alte Rom hat die Verwirrung in den Götterhimmel projiziert, und die Kompetenzen der heidnischen Götter sind so unübersichtlich wie jene der modernen Ministerien. Nun haben wir zwar kein Ministerium für Elektro- oder Informationstechnik, aber die Römer hatten eine zuständige Gottheit, eine der wenigen, die eigenständig waren und nicht von den Griechen übernommen. Man muß sich wundern, daß er von den Kollegen nicht schon längst entdeckt und ausgeschlachtet worden ist. Es ist der Gott *JANUS*, einer der vornehmsten und ranghöchsten Götter Roms, das männliche Gegenstück zur Göttin *DIANA, DEA JANA.*

Janus ist für die Zeit zuständig; auf manchen Bildern trägt er in der einen Hand 300 und in der anderen 65 Calculi: ein Gott des Abakus, des Kalenders und des Computers. Er hat mit dem nach ihm benannten Monat Januar schließlich sogar dem Frühlingsanfang den Jahresbeginn entrissen, und seitdem machen die Monate September bis Dezember falsche Zahlenangaben – was kleine Programmierfehler anbelangt, war Janus also auch der Gott der Software. Er ist der Hüter der Zeugung des menschlichen Lebens, und er ist Herr des Anfangs und des Endes, der Satzzeichen und Klammern, des Auf- und Zuschließens der Tore, Durchgänge und Gatter, über denen man sein Bild anzubringen liebte. Damit ist er der Gott der Impulstechnik und der Laplace-Transformation, der Gott der digitalen elektronischen Schaltkreistechnik und der Flußdiagramme. Als Gott des Lichtes ist er natürlich auch der Patron der Maxwellschen Lichttheorie und der Glasfasercomputer. Man sollte die Femtosekunde nach ihm benennen.

Janus blickt mit seinen beiden Gesichtern in Vergangenheit und Zukunft – für die kurze Gegenwart zahlte sich ein drittes Gesicht offenbar nicht aus – und repräsentiert damit das Bit des Computers, nicht nur das formale, analytische Bit, das ihn zum Gott der Aussagenlogik und der Schaltalgebra macht, sondern auch das schöpferische, geradezu kreative Bit des Sowohl-als-auch, das ihn zum Gott jenes Informalen macht, in welchem jede Formalität eingebettet ist.

Die beunruhigende Ungewißheit der Zukunft, für die Janus mit dem einen seiner Gesichter zuständig ist, läßt sich weder mit dem Abakus noch mit der formalen Berechnung beheben. Die statistische Vorhersagetheorie von Norbert Wiener und Andrei N. Kolmogoroff vermag Trends und Trägheit zu erfassen, nicht aber Wendungen und Aufbrüche; auf wirkliche Anwendungen scheinen wir trotz aller Berühmtheit dieser Theorie noch warten zu müssen. Die Ungewißheit läßt sich am besten durch informale Betrachtung der Vergangenheit und des geistigen Umfeldes reduzieren, wie es das doppelgesichtige Porträt des Janus auch nahelegt.

Es werde Licht und *Gott Janus* waren also nicht nur für den 100. Geburtstag des ÖVE geeignet, sondern bieten sich auch für diese 10. Vorlesung als Anfangssymbole an, denn der Humanismus, der heute in Relation zur Informationstechnik gezeigt werden soll, hat seine Urquellen im Altertum, im griechisch-römischen Denken und im Christentum. Renaissance und technisch-naturwissenschaftliches Zeitalter wurzeln im gleichen Boden, und es paßt auch sehr gut, eine kurze Rekapitulation der vergangenen Vorlesungen von diesen Quellen ausgehen zu lassen.

Unser ultramodernes Wunderprodukt der Technik, der Computer, stammt nicht weniger aus diesen Quellen, und ehe wir die Reihe in kompakter Revue passieren lassen, sei noch einmal das Wesen der elektronischen Informationsmaschine vor unser geistiges Auge gestellt.

Wir haben den Computer als syntaktischen Automaten kennengelernt, der

Bits in Bits
Zeichenfolgen in Zeichenfolgen

verwandelt, und er tut das im Gefüge von Modellen mit mechanischem, mit starrem Ablauf. Mechanisch bedeutet hier regelfolgend. Starr hingegen hat zwei Bedeutungen – nämlich einerseits formfest und andererseits programmfest. Die Flexibilität des Computers ist durch solche Programmfestigkeit charakterisiert, und daher ist *starrer Ablauf* kein Widerspruch, sondern eine Wahrheit auf höherer Ebene.

Und wir haben begriffen, daß es genau dies ist, was wir wollen und erwarten: die verläßliche Programmabfolge, die überraschungsfreie Funktion.

Der Computer erfüllt unsere Erwartungen: Die Hardware ist tatsächlich extrem verläßlich, und die Software ist extrem logisch. Freilich können reale Programme mit menschlichen Fehlern behaftet sein, und hier kommt das erste

Signal, daß der Computer nicht allein die Perfektion von Logik und Mathematik bringt, also Intelligenzverstärker ist, sondern daß auch die Imperfektion des menschlichen Verhaltens und Gestaltens mitspielt und verstärkt wird. Mechanik und Lebendigkeit, Formalität und Informalität, Modell und Realität sind im Computer über den Menschen abenteuerlich miteinander verkoppelt.

Die Informationstechnik ist daher nicht eine Technik wie andere – sie ist die geistnächste, ungeheuer empfindlich für intellektuelle Nuancen, durch die Information verknüpft mit der Reaktion des ganzen Menschen, mit der Transzendenz.

Und daher ist der Computer geeignet, die Technik zu vermenschlichen, freilich nicht so automatisch, wie er unsere Programme ausführt, sondern nur, wenn wir ihn auf den Weg der Vermenschlichung der Technik führen. Das soll diese Vorlesung näher ausführen.

Wir haben die Vorlesungsreihe mit der Philosophie Ludwig Wittgensteins eingeleitet, die im Tractatus logico-philosophicus dokumentiert ist – eine Orgie der Hoffnung, möchte man fast sagen, die Welt durch Logik und Notation in den Griff zu bekommen, eine Hoffnung, die durch den Computer großen Auftrieb erhalten hat und die auch von manchen Formalinformatikern extrem kultiviert wird.

Der Computer ist wunderbar für die Syntax und für mathematisch-syntaktische Probleme. Die Syntax ist ungeheuer mächtig – nicht nur für sich selbst, vielmehr lassen sich äußerst unerwartete Dinge durch syntaktische Modelle erfassen und damit am Computer durchspielen und beherrschen. Daher kann man von Modellierbarkeit der Welt sprechen, von den einfachsten Gesetzen bis zu den kompliziertesten Modellstrukturen, bis zum Weltmodell, wie es J. Forrester oder der Club of Rome vorgestellt haben.

Das ist die hervorragende Seite der Informationstechnik: dieser Modellierbarkeit zu dienen und sie für den Zweck einzusetzen, für den jede Technik erdacht ist, zur Erweiterung unserer Möglichkeiten, zur Abnahme von Plage und Routine, zur Einrichtung einer beherrschbaren, sicheren und bequemen Welt. Aber die gute Absicht läßt sich niemals allein ausführen – es kommen immer negative Folgen mit ins Spiel.

Seit der Aufklärung kann man eine historische Tendenz feststellen, aus Regeln ein Modell zu machen und dieses wichtiger zu nehmen als die Realität. Nun beruhen Ordnung und Macht stets auf Modellvorstellungen und auf der Modellierbarkeit der Welt. Religion, Staat und Gesellschaft benützen Modelle, Diese Modelle waren früher aber – mehr oder weniger – vom Geist getragen und nicht von objektiven Relationen. Jedoch neigten auch sie zur Versinterung. Jesus Christus hat den Führern des jüdischen Volkes immer wieder vor Augen gehalten, daß sie Regeln und Modelle höher stellen als den Geist, dem sie dienen. Der Vorwurf gilt heute immer noch, außerhalb und innerhalb der Naturwissenschaften setzen Schriftgelehrte und Pharisäer Modelle über den

Geist und stellen die Seele, die sie auch dem Tier zugestehen, als Nebenerscheinung eines biologischen Automaten hin.

Deswegen ist die Welt so unwirtlich geworden, nicht wegen der Technik selbst. Die Informationstechnik hätte von Natur aus dem Geist dienende und die Menschen verbindende Funktionen. Aber wenn man den Geist als Maschine ansieht und wenn man das syntaktische Modell zum Kern der Probleme macht, dann wird auch die Informationstechnik zum Werkzeug der Entseelung, zum Verstärker der Unwirtlichkeit.

Wir werden gleich auf Wittgenstein zurückkommen, auf die Bedeutung seiner Einsicht, daß die Methodik des Tractatus zwar ein solides, in sich geschlossenes nützliches Gedankenbauwerk ist, daß sie aber entgegen der ursprünglichen Erwartung sich nicht selbst trägt, sondern unvermeidlich von ihrem geistigen Umfeld abhängig ist. Er hat damit etwas deutlich gemacht, das für die Wiedereinrichtung einer wohnlichen Welt (der Ausdruck *heile Welt* drückt eigentlich eine Sehnsucht danach aus) von großer Wichtigkeit ist.

Modell und Wirklichkeit

Die technische Einrichtung und ihr geistiges Umfeld haben immer etwas von der Relation zwischen Modell und Wirklichkeit an sich, manchmal treffend und scharf, manchmal nur beiläufig und unscharf, und es ist eine ganze Schar von Begriffspaaren, die hierzu gehören. Meist haben wir mit der Projektion, mit der Abbildung des rechten Begriffs auf den linken zu tun.

Formal	Informal
Syntax	Semantik
Abbildung	Realität
Modell	Wirklichkeit
Computer	Geistiges Umfeld
Programmiersprache, Algebra	Natürliche Sprache
Konstruktionszeichnung	Gemälde
Partitur	Symphonie
Labanotation	Ballettaufführung
KI	Intelligenz
Logischer Prozeß	Denken
Gehirn	Geist, Seele
Naturwissenschaft	Geisteswissenschaft
Wittgenstein I	Wittgenstein II
Machtwerkzeug	Macht

Bild 10.1. Modell und Wirklichkeit

Diese Übersicht zeigt die Nützlichkeit der Modelle auf und macht den Computer als Modell für den Entwurf und zum Durchspielen der Modelle deutlich, zeigt aber auch, daß man die Wirklichkeit dahinter nicht aus dem Blick verlieren oder als fragwürdige Antiquität hinstellen darf. Der Geist bildet das Umfeld jedes Modells, und die Seele bestimmt den Stil der Modellanwendung. Erst hinterher kann man dann fragen, was Geist und Seele eigentlich sind – im Grunde ist die Anwort unbedeutend, denn die beiden sind da, ehe etwas geschieht. Wir sind geneigt, das „Darüberhinaus" zu bagatellisieren (etwa mit dem Slogan *Religion ist Privatsache*). Aber immer wieder erweist sich das Darüberhinaus als eingebaut und als entscheidender Mitwirkender.

Die Quintessenz der Vorlesungsreihe

Ich hoffe, eine brauchbare Übersicht über die Informationstechnik, über ihr Umfeld und über die Wichtigkeit der geistigen Querbeziehungen zwischen Technik und Umfeld gegeben zu haben.

In der Vorgeschichte habe ich gezeigt, wie der Triumph von Naturwissenschaft und Technik, der vom Computer gesteigert und gekrönt wird, von der Formalisierung der mathematischen Notation ausgelöst wurde.

Der Computer fördert diese Formalisierung, unterwirft ihr immer mehr Prozesse, Arbeitsgebiete und Denkfelder. Es ist eine Orgie der Formalisierung, mit ungeheuren Nebenfolgen – auch auf Gebieten, wo das Formale gar nicht als Werkzeug verwendet wird, und auf Gebieten, die fernab vom Computer liegen. Man folgt formalen Reflexen, ohne aber die Voraussetzungen der Formalisierung zu erfüllen, nämlich zuvor Klarheit und Sauberkeit in Begriffen und Relationen zu schaffen.

Es ist nicht erforderlich, an diesem Zentralpunkt der Zusammenfassung den Triumph von Naturwissenschaft, Technik und Computer in einer Apotheose darzustellen. Denn das besorgen diese drei Erscheinungen ganz von selbst – und alle Zeitgenossen sind gebührend beeindruckt, auch jene, die es nicht zugeben. Die Informationstechnik ist eine großartige Sache, und ich bin stolz, die Entwicklung rechtzeitig geahnt zu haben – zum richtigen Zeitpunkt geboren worden zu sein, ist nicht Verdienst, sondern Gnade – und zu ihr ein wenig beigetragen zu haben.

Das Lob ist verkündet. Wir wenden uns den Gefahren und Schattenseiten zu.

Es kann dabei nicht um ein Breitwand-Schlachtengemälde gehen. Es wäre detailreich und lautstark, aber weniger wirksam als die Auswahl zweier Themen, an denen der rote Faden deutlich wird. Dazu sollen mir *Sprache* und *Schule* dienen. An beiden möchte ich in einigen wenigen Sätzen ausführen, was für viele andere Felder genau so gilt: daß wir nämlich die Disziplin nur für das

Formale für nötig halten und sie dort von uns selbst und unseren Kindern, Nachfolgern und Schülern verlangen, während im Informalen unter dem Kennwort *Freiheit* der Disziplinlosigkeit breitester Raum gelassen wird. Dafür ist der Computer sicher weder Alleinursache noch Haupttriebkraft, aber in seinem freien Lauf fördert er es geradezu unmäßig. Man muß nachdenken und etwas tun, wenn man die negativen Folgen der Informationstechnik unter Kontrolle halten, sie reduzieren will.

Wenn man den Ideen der Freiheit und Selbstbestimmung ohne Einschränkung Priorität in Erziehung und Ausbildung zuteilt, dann wird kein Fundament mehr gelegt für die geballte Disziplin der messerscharfen Logik und der zwingenden Ableitungsketten, für die ein-Bit-empfindlichen Speicherungen und Übertragungsströme der Informationstechnik. Wagt jemand zu sagen, daß das *keine* katastrophalen Folgen haben wird?

Sprache

Es muß in dieser Reihe klar geworden sein, welche Macht uns die formalen Sprachen geben, die vielen Notationen, mit denen die Informationstechnik ihre Ziele anpeilt und erreicht. Ebenso klar muß aber auch geworden sein, daß die natürliche Sprache den Vorrang hat und die höhere Bedeutung. Denn ein Formalismus trägt sich nicht selbst, sondern braucht die natürliche Sprache für die Erklärung, als Stütze und als Umfeld, und je mächtiger die formalen Systeme werden, um so größer ist die Anforderung an die benützten natürlichen Sprachen, an ihre Treffsicherheit und Ausdruckskraft.

Die natürliche Sprache ist aber unter dem Druck der Formalismen in die Defensive geraten. Die Sprache muß immer mehr neuartige, vom täglichen Leben immer weiter entfernte Sachlagen ausdrücken. Das ergibt eine Flut neuer Hauptwörter, die immer weniger dazu kommt, sich in hierarchische Ordnung abzusetzen. Die Menge ist aber nicht einmal das ärgste; es kommen weitere Effekte dazu.

Erstens kommt es zu langen Zusammensetzungen, die durch Abkürzungen mundgerecht, aber nicht einsichtgerecht gemacht werden. Viele Drei-Buchstaben-Abkürzungen sind bereits auf engeren Feldern mehrfach besetzt. Auch die Sprache wird immer mehr zu einem Gegenstand für Spezialisten, ihre umfassende Kraft sinkt.

Zweitens werden die Zeitwörter immer mehr zurückgedrängt; Konstruktionen wie *erstellen* und *beinhalten* breiten sich aus. Der steigenden Komplikation des Dargestellten steht dadurch eine Verarmung der Sprache gegenüber – ein Widerspruch, der die elegante Sprachbeherrschung immer schwieriger, letztlich unerreichbar macht. Von der Informationstechnik her gesehen bedeutet dies, daß wir ein immer mächtiger werdendes Werkzeug – den Computer, die

Technik, die Industrie, die technisch organisierte Gesellschaft – sprachlich immer weniger beherrschen.

Drittens und schlimmstens: Das Profil der allgemeinen Hauptwörter wird aufgelöst, hauptsächlich durch sorglosen, ungenauen und falschen Gebrauch, den kaum mehr jemand verhindert, korrigiert oder anprangert. Wenn man mehr Zeit hätte, könnte man selbst etwas unternehmen, überhaupt mit Computerhilfe. Zum Beispiel könnte man von wichtigeren Schriftstücken, die man verfaßt, das Vokabular ausdrucken, nicht einfach alphabetisch geordnet, sondern hierarchisch-semantisch, oder gar als Konkordanz mit Ergänzung durch ein automatisches Lexikon. Dann müßte man sich fragen, wie man seine Wörter gemeint hat, ob noch der rechte Sinn mit ihnen verbunden ist. Aber wer täte das schon, selbst wenn ein Knopfdruck zur Auslösung des entsprechenden Programms genügen würde.

Wir haben in dieser Vorlesung über die Sprache die Herrschaft der informalen Sprache über die formale herausgearbeitet, die Abhängigkeit formaler Strukturen und Modelle von mehreren Ebenen der Erklärung in natürlicher Sprache. Der Unterricht in lebenden Sprachen gerät in äußerst bedenkliche Fehlbeurteilungen.

Schule

Es verkümmert natürlich auch die Lehrerausbildung für den geisteswissenschaftlichen Bereich und damit für die Pflege von Geist und Kultur. Eine allgemeine Verkümmerung ist die Folge, und niemand von den Verantwortlichen scheint zu merken, wie weit sie bereits fortgeschritten ist und welchen Schaden sie stiftet – nicht nur für die Geistesbildung, sondern tief in das tägliche Leben und weit hinein natürlich auch in die Informationstechnik.

Ich sage meinen Studenten immer wieder, daß ein Informationstechniker ohne Englisch ein Invalider ist. Er bleibt ein provinzieller Informatiker, und nichts ist provinzieller als ein provinzieller Informatiker. Denn sein Computer ist, morgen, wenn nicht schon heute, an die ganze Welt angeschlossen.

So wie aber Englisch die Arbeitssprache der Informatik ist, so sind Latein und Griechisch die Arbeitssprachen der Sprachlehrer. Wer sie nicht so beherrscht wie der typische Gymnasiallehrer des 19. Jahrhunderts, der kann seinen Schülern keine ausreichende Ausdruckskraft im Deutschen beibringen. Wo sind die berühmten sprachmächtigen Schauspieler, Politiker und Prediger, von denen es in den fünfziger Jahren immerhin noch einige gab? Sie sind ganz selten geworden.

Die Verkümmerung reicht aber tief hinunter in die Prosateile von Diplomarbeiten und Dissertationen, von Programmbeschreibungen und Handbüchern.

Die Informationstechnik hat die Kommunikation erleichtert und verbilligt. Was nützt dies aber, wenn auf den Kanälen so miserabel gestammelt wird, daß man schlecht oder falsch versteht?

In einer Programmiersprache muß man auf jeden Strichpunkt achten, weil sonst der Compiler auf Irrwege gerät. Die fehlerfreie Formalität der Notation muß zur höchsten Tugend gemacht werden, weil nur so die technischen und mathematischen Ziele erreicht werden.

Um die Beistrichsetzung in den Prosasätzen hingegen kümmert sich kein akademischer Lehrer; es ist ja auch keineswegs sicher, daß er selbst die Regeln ordentlich beherrscht (ein Wunder, wenn er sich dann auf die Seite der Rechtschreibsimplifizierer, auf die Seite der unmäßigen *gemäßigten Kleinschreiber* schlägt?).

Die Wiedervermenschlichung von Naturwissenschaft und Technik

Machen wir uns zuvor klar, daß der Begriff der Menschlichkeit eine realistische und eine idealistische Spielart hat.

Realistisch gesehen ist die Technik Menschenwerk und hat daher menschlichen Charakter. Dieser ist eine Mischung aus Großartigkeit und Kleinlichkeit, aus Perfektion und Schwäche, aus Hilfe und Feindschaft, aus Gut und Böse. Die Liste könnte noch eine gute Weile verlängert werden. Und die Technik spiegelt und verstärkt all diese Kontraste.

Wenn wir aber von Unmenschlichkeit reden, dann setzen wir die Schattenseiten des Menschen in Kontrast zu seinen guten Eigenschaften, die dann die idealistische Variante der Menschlichkeit ausmachen. Meist ist *sie* gemeint, wenn die Menschlichkeit angerufen und die Unmenschlichkeit angeprangert wird. Die Realität ist stets Mischung von beiden.

Die Technik hat einen Zug zur Unmenschlichkeit, schon weil sie mit Sachzwängen arbeiten muß, die auf menschliche Bedürfnisse nicht oder nur einseitig Rücksicht nehmen. Das ist nicht anders als in uns selbst oder in der Gesellschaft. Von selbst werden die Verhältnisse nicht besser, sondern schlechter, sie verrotten. Schon um sie gleich zu halten, muß man eine Menge tun. Um sie zu verbessern, ist eine große Anstrengung erforderlich, mitunter eine hoffnungslos große.

Nun ist die Menschheit gegenwärtig voll damit beschäftigt, technische Verbesserungen zu installieren, die Welt immer vortrefflicher technisch zu verbauen. Ein großer Teil des Unterschiedes zwischen entwickelten Ländern und Entwicklungsländern besteht aus dem Ausbau der technischen Verbesserungen. Der Computer ist für die technische Installation eine wirksame Hilfe, ein mächtiges Werkzeug. Und es ist ein außerordentliches Glück, daß er so unglaublich billig ist und immer noch billiger werden wird. Die Technisierung hat jedoch Auswirkungen, die jenseits der Planungsinhalte liegen. Dort gibt es negative Wirkungen (wie wir allmählich, aber sehr langsam einsehen), dort liegen jene häßlichen Züge, die man als Unmenschlichkeit der Technik und des technischen Zeitalters bezeichnet.

Wie steht der Computer zu dieser Seite der modernen Entwicklung? Ist er eine ebenso wirksame Hilfe, ein ebenso wirksames Werkzeug zur Wiederherstellung positiv menschlicher Zustände, wo unmenschliche Auswirkungen der Technik eingetreten sind?

Die Antwort erscheint vorbereitet: Er ist dann dazu geeignet, wenn wir ihn entsprechend einsetzen. Von selbst ist er indifferent.

Dazu sind einige Verfeinerungen möglich. Denn die Indifferenz der Werkzeuge, der technischen Lösungen ist nicht ein kalte, abstrakte Eigenschaft. Bei näherer Betrachtung erweist sie sich vielmehr als Mischung abträglicher und zuträglicher Eigenschaften.

Es kann kein Zweifel bestehen, daß der Computer die Mechanisierung der Welt, von ihren technischen Einrichtungen bis zu den menschlichen Denkweisen, ins Extrem treibt. So wie jeder Hilfsmotor die Kraftarbeit mechanisiert, so mechanisiert jeder Minicomputer die Denkarbeit. Und die Regel triumphiert über die Ausnahme. Obwohl der Mensch in seinen körperlichen und geistigen Funktionen auf Unmengen von Mechanismen starrer oder programmierter Art beruht, ist er als Ganzes die personifizierte Ausnahme und lebt daher an vielen Punkten ständig im Gegensatz zur Welt der Regeln. Er durchbricht sie in guter und böser Absicht, und er ist keineswegs fähig als souveräner Herr über sich selbst, als intelligente Kontrollinstanz seiner selbst zu fungieren, sondern er ist eben das, was in der christlichen Sprache als sündiger Mensch bezeichnet wird. Technisch spricht man lieber von Unvollkommenheit, aber da fehlt der Bezug auf den guten Willen. Wie immer, der Mensch ist zu singulären Taten befähigt und bleibt doch ins Netz des Gegebenen verstrickt.

Gegen eine mit Computern ausgerüstete Welt anzukämpfen, ist ganz gewiß schwerer, als gegen eine computerfreie Welt anzurennen. Am oberen Ende würde man einen Geist brauchen, der es mit den im Computer gespeicherten akkumulierten Geistesresultaten aufnehmen kann, und am unteren Ende wird man mit Computerhilfe arbeiten müssen.

So kurz nach der Erfindung des Computers ist es noch zu früh, um zu einem ausgeglichenen Urteil und zu ausgewogenen Maßnahmen zu kommen. Wir stehen überhaupt erst am Beginn derartiger Überlegungen. Aber etliche Metabetrachtungen lassen sich anstellen.

Die Nähe zu Gehirn und Geist macht die Informationstechnik zu einer Brücke zwischen Natur- und Geisteswissenschaften und gibt ihr selbst geisteswissenschaftliche Züge, mehr noch: Geisteswissenschaftliche Natur; sie ist mehr als Technik, so wie sie mehr als Mathematik ist, auch wenn Technik und Mathematik ihr Anfang waren und ihr Bild gestalteten.

Die manchmal knisternde Spannung zwischen Syntax und Semantik, zwischen den Zeichen, die von den Computerbits getragen werden, und der Bedeutung, die von den Zeichen getragen wird, erlaubt es uns nicht, auf technischen Errungenschaften lorbeeergekrönt auszuruhen. Die Frage nach der geistigen und und humanistischen Ebene wird sich immer wieder stellen, und ein Feld wie KI wird dazu viel beitragen (auch *gegen* den Willen derer, die an die Überlegenheit der Computerintelligenz glauben).

Von Wittgenstein I zu Wittgenstein II

Betrachten wir noch einmal den Kern der Wende, die Wittgenstein genommen hat. Halten wir uns dabei vor Augen, mit wie viel Überzeugung er den Tractatus verfochten hat. Es muß schon ein gewichtiger Grund gewesen sein, der ihn die in diesem Werk niedergelegte Auffassung aufzugeben veranlaßt hat. Man kann die Wichtigkeit der Thesen Wittgensteins leugnen. Es ist die Wandlung in Wittgensteins Denken, die ihn so bedeutend macht für das Feld und für das Umfeld der Informationstechnik.

Wir gehen von der Systematik aus, die dem Tractatus zugrundeliegt, und wir stellen sie durch eine Tabelle dar (Bild 10.2), die Atome, Gesetze, Prinzipien

Feld	*Atom*	*Gesetz*	*Prinzip*	*Bruch*
Logik	Bit	Kombinatorik	Tautologie	Gödel
Mathematik	Zahl	Grundrechen- arten		Unent- scheidbarkeit
Physik	Quant	Gravitation Elektrizität		Heisenberg Unschärfe
Chemie	Atom	Bindung zu Molekülen		
Biologie			Leben	
Psychologie	Elementar- Erlebnis	Assoziation	Gehirn- Computer	
Graphik	Punkt Strich Kreis	Logik Zufall	Massen- Produktion	Eintönigkeit oder Chaos
Musik	Ton	Proportion Serie	Harmonie Rhythmus	Eintönigkeit oder Lärm
Philosophie	Protokoll- Satz	Logik	Tractatus	Wittgen- stein II

Bild 10.2. Die naturwissenschaftliche Systematik

zusammenfaßt, von denen Wittgenstein auf die Philosophie generalisierte. Und wir fügen auch noch die (naturwissenschaftlich gesehene) Kunst ein.

Hinter dieser Systematik lag die Erwartung, daß es nur genügend langer und sorgfältiger Anstrengung bedarf, um alle Felder, um die Welt in perfekte formale gedankliche Ordnung zu bringen. Rechts in der Tabelle aber stehen die Überraschungen, welche diese Erwartung außer Kraft setzten.

In wenigen Worten ausgedrückt, sind es sowohl die Atome wie auch die Gesetzmäßigkeiten, welche die Hoffnungen nicht erfüllten. Wir können grundsätzlich nicht beliebig fein beobachten; daher ist unser Bild von der Welt unvollständig und wird es immer bleiben, da läßt die Unschärferelation Heisenbergs keinen Zweifel. Die Atome der Chemie haben ihre Unteilbarkeit nicht bestätigt, sondern ihre Bestandteile bilden eine Welt, die nur mit indirekten, höchst schwierigen Mitteln erschlossen werden kann, und *erschlossen* ist hier nicht allein vom Schlüssel abzuleiten, sondern auch von den Schlüssen, welche die Fachleute ziehen müssen, stets bereit, sie neuen Ideen und Ergebnissen anzupassen, sie wieder zu ändern, wenn sie sich als zu gewagt erwiesen haben.

Das Atom im Sinn von *unteilbar* ist eine Fiktion. Und das Quant ist erst recht ein Gebilde, mit dem man im Sinn der ursprünglichen Hoffnungen keine Freude haben kann. Nur das Bit ist ein echtes Atom – da hat die Informatik außerordentliches Glück, aber es ist nur ein Modell für sich selbst und für andere Modelle, zum Beispiel für Buchstaben und Laute, nicht aber für ihre physische Konsistenz. Immerhin haben wir eine sichere logische Ordnung mit den Bits der Aussagenlogik.

Die Gesetze, welche die Beziehungen zwischen den Atomen und Molekülen in der chemisch-physikalischen Welt beschreiben, sind teils von trivial-tautologischer Art. Wenn sich eine Kraft von einem Punkt aus über den Raum verteilt, dann ist der Divisor $4\pi r^2$ eine Folge der Geometrie und daher sicher, aber von wenig Informationswert. Andere Gesetze bleiben im Kern rätselhaft; die Beziehung zwischen Gravitation und Elektrizität widersetzt sich der einfachen Erklärung.

Es wäre in der Tat zu erwarten gewesen, daß sich die Logik, auf diesen echten Atomen nach völlig sauberen Methoden aufgebaut, als völlig widerspruchsfrei und ideal ordentlich erweisen würde. Zur gleichen Zeit aber, zu der David Hilbert diese Erwartung als Arbeitsprogramm präzise verkündete, arbeitete in Wien Kurt Gödel an seinem Aufsatz über die Unentscheidbarkeit von Axiomensystemen von der Art der Principia Mathematica. Ein für alle Mal war auch diese Erwartung vernichtet. Ich glaube, daß die tiefere Bedeutung dieser Erkenntnisse nur sehr langsam in das Bewußtsein der Fachleute eindringt und noch viel langsamer in jenes der Öffentlichkeit. Die vernichteten Erwartungen leben dort in verschiedenen Verkleidungen weiter und fördern falsche Vorstellungen von der Welt.

Wie in einer Nußschale auf kleinstem Raum wird dieses Ende der Hoffnungen auf perfekte Formalisierung durch die naturwissenschaftliche Methodik von einer Wende im Denken des Philosophen Ludwig Wittgenstein reflektiert, die etwa im Jahre 1933 stattfand. Man muß sich die Anekdote in Erinnerung rufen, mit der in der 1. Vorlesung diese Erkenntnis bildhaft gemacht wurde: Die Geschichte von Sraffas italienischer Geste.

Mit der Fertigstellung des Manuskripts des Tractatus meinte Wittgenstein, die Philosophie endgültig abgeschlossen zu haben, und das Wort *tractatus* ist auch seinem Sinn der Gerichtsverhandlung gemeint, als Aburteilung der Metaphysik. Wittgenstein wird Volksschullehrer und wirkt als solcher von 1920 bis 1926 in Niederösterreich. Nach einigen Monaten als Gärtnergehilfe übernimmt er im Herbst 1926 den Bau eines Hauses für seine Schwester, der ihn bis 1928 ausfüllt.

1929 geht. er nach Cambridge, erwirbt mit dem Tractatus den Doktortitel und wird als Fellow ins Trinity College aufgenommen, wo er – mehr in Diskussionen als in Vorlesungen – die Gedanken des Tractatus erläutert und fortentwickelt.

Alle vorgeschlagenen Atomsätze, die die Basis des Tractatus bilden müßten, erwiesen und erweisen sich als von der gleichen Zerlegbarkeit. In der natürlichen Sprache gibt es keine Atome, ebensowenig wie in der Natur. Außer dem Bit gibt es kein Atom.

Nicht nur die Voraussetzung des Elementarsatzes war falsch. So elegant und so lehrreich die Konstruktionsmethode des Tractatus auch sein mag, die Wirklichkeit kann durch sie nicht ausgeschöpft werden. Wittgenstein wandte sich einer zweiten, umfassenderen Philosophie zu – man bezeichnet sie gerne mit Wittgenstein II –, deren Prinzip lautet, daß die Bedeutung eines Wortes von dem *Sprachspiel* abhängt, in dem es verwendet wird. Und damit sind der Primat des Informalen und die Unerläßlichkeit des Geistes etabliert.

Ich glaube, daß die Lehrer- und die Architektentätigkeit Wittgensteins einen tiefen Zusammenhang mit der Wende seiner Philosophie haben. In Wien war in den Jahren seines Lehrerstudiums von einem sozialistischen Schulmann namens Otto Glöckel eine Schulreform unternommen worden, die in striktem Gegensatz zur Denkwelt des Tractatus stand. Ludwig Wittgenstein und Karl Popper nahmen tiefen Anteil an der Reformbewegung, die im Dunstkreis von Karl Bühler (bei dem Karl Popper übrigens dissertiert hat) einer Ganzheitsphilosophie entsprach. Diese Diskrepanz zum Tractatus muß Wittgenstein im Innern stark irritiert haben – Äußerungen von ihm dazu sind mir nicht bekannt.

Was bedeutet Wittgenstein II für die Informationstechnik? Wir haben in der ersten Vorlesung dargelegt, daß im Innern des Computers der Tractatus perfekt realisiert ist. Es gibt nur Elementarsätze, nämlich logische Bits, und logische Verknüpfungen dieser Bits. Die Effektivität der dynamischen Bitverknüpfung ist die Stärke der Informationstechnik, und wenn es heute schon einen Philosophen unseres Fachgebietes gibt, dann kann es nur Wittgenstein sein.

Seine Wende aber hat nur eine Deutung: Die Bedeutung eines Programms hängt von dem Informationsverarbeitungsspiel ab, das mit ihm getrieben wird. Nicht der Formalismus in sich vermag die Bedeutung zu tragen, sondern das Umfeld, die vielen Facetten des Anwendungsfeldes und der Institution, in der diese Informationsverarbeitung betrieben wird, bestimmen die Bedeutung des Geschehens.

Die Spannung zwischen der im Computer waltenden Modellwelt im Stil des Tractatus und der Wirklichkeit um den Computer gehört mit zur Informationstechnik. Voraussetzungen und Spezifikationen, Programmabläufe und Verwendung der Ergebnisse, Intelligenzleistungen und Denkfehler ergeben ein Gewebe, in dem die algorithmische Kunst nur einen Teilaspekt abdeckt. Man muß sie möglichst gut beherrschen, aber sie ist nur der Formalteil in einer informalen Welt, und ihre Beziehung zu dem Gewebe ist ebenso wichtig, ebenso entscheidend wie die Korrektheit der Programme. Informationstechnik ist nicht auf den Computer und die fehlerfreie Abwicklung der formalen Prozesse beschränkt. Das Umfeld der Informationstechnik ist ein Teil von ihr.

Die Informationstechnik bringt auch kein Schlaraffenland, nicht einmal ein informatorisches, in dem uns die gare Information, wie sie unserem Appetit entspricht, in Auge und Ohr fliegt. Nicht nur bedeutet sie weit mehr Mühe mit Information, weil ja der Informationspegel ständig steigt, sondern die Informationstechnik verlangt uns auch stetige Überlegenheit über ihre Systeme ab. Das aber heißt, daß die Ausbildung des Informationstechnikers niemals gut genug sein kann – genau in dem Sinn, in dem wir in der Vorlesung über die Architektur die zunächst überspitzt klingenden Forderungen Vitruvs an die Ausbildung des Architekten gehört haben.

Der Mensch

Es besteht ein seltsamer Widerspruch zwischen dem Ganzen, als das der Mensch sich selbst erlebt, und der bruchstückkhaften Information, die er über sich selbst, sein Umfeld und seine Existenz besitzt – am Anfang wie am Ende seines Lebens [2]. Bei aller Unzulänglichkeit seiner körperlichen und informationellen Konstitution aber ist er doch selbstgenügend. Er kann sich über seine Unterinformiertheit Gedanken machen, er muß aber nicht, und selbst die Tatsache seiner Unterinformiertheit kann er ignorieren. Mit seiner Überlebenskraft hat der Mensch die Jahrtausende überstanden, nicht einmal schlecht, trotz aller Fehlschläge und Untaten, die geschehen sind.

Wir leben alle aus einer Verwirkung von Wissen und Glauben heraus, Wissen vieler Art und Glauben vieler Spielarten, von der fahrlässigen Annahme bis zur Einordnung in jahrhundertelang gepflegte Glaubensgebäude, angereichert mit Erfahrung, Leiden und Überwindung. In diese Verwirkung drang die naturwissenschaftliche Mentalität ein und lieferte solides Wissen und technische Macht – ohne die Unterinformiertheit des Menschen zu beheben. Denn jeder naturwissenschaftlichen Erkenntnis folgte die Einsicht in Darüberhinausgehendes auf dem Fuße. Wir haben gezeigt, wie die Hoffnung zuschanden wurde, auf diesem Wege zu einem systematischen Totalverständnis zu kommen, zu einer Gesamtaufklärung, der sich die Unterinformiertheit des Einzelnen anvertrauen kann und die ihm Sicherheit gäbe. Am Ende dieses 20. Jahrhunderts erscheinen die Erkenntnisse der Naturwissenschaft und die Errungenschaften der Technik zweifelhafter als je, gefährdend und verunsichernd.

Die kognitiven Wissenschaften und die Informationstechnik sind gegenwärtig dabei, sich in die Verwirkung von Wissen und Glauben hineinzuarbeiten, und wieder kündigen sich Sicherheit und technische Macht an, Computer, die klüger sind als ihre Erbauer, Wissensbasen, die mehr umspannen als alle beitragenden Experten zusammengenommen, eine künstliche Intelligenz, die den Menschen an Einzelheiten und an Systematik übertrifft. Schon beginnt sie aber, vom Mißtrauen in Naturwissenschaft und Technik mitgezogen zu werden, und es ist nicht undenkbar, daß der Computer sich in einiger Zukunft der gleichen Ablehnung gegenübersieht wie heute die Atomenergie. Nun kann man vielleicht ohne Atomenergie leben, ohne Computer wird man in dieser kompliziert gewordenen Welt nicht leben können. Wir müssen alles tun, den Computer vor radikalem Mißtrauen zu schützen.

Zwischen dem revolutionierend erfolgreichen Wissen und dem wesensgemäß in der Tradition verankerten Glauben hat sich ein Graben aufgetan – nicht neu in der Geschichte der Menschheit, aber weit tiefer und folgenschwerer als je zuvor.

Die Ursachen für den Graben liegen nicht am Unterschied in der Methodik, die ja auf verschiedenen Wegen mit verschiedenen Mitteln zum gleich Ziel führen könnte (und, wie ich glaube, in ferner Zukunft auch führen wird). Das scheint besonders dann dem Menschen Hilfe und Trost zu sein, wenn man bedenkt, daß die moderne Naturwissenschaft in der Gemeinsamkeit begonnen hatte, in einer Zeit, wo beide Richtungen vom selben Personenkreis getragen wurden, vorwiegend von den Priestern und Ordensleuten.

Das Übergewicht des Faktischen hat das Gleichgewicht gestört, und allmählich werden jene menschlichen Qualitäten, die dem Glauben fördernd sind, geschwächt und zurückgebildet. Die ungeheure Ausweitung des Realwissens hat eine offensichtliche Schattenseite: Es ist unmöglich, es als Einzelperson zu besitzen, und es wird immer schwieriger, sich darin über die unmittelbare Erfahrungswelt hinaus zu orientieren.

Wenn dies nur zur Folge hätte, daß man sich nur Teilwissen im Sinn von Wissen über Teilgebiete aneignen kann, wäre das eine mühselige Situation, aber immer noch viel besser als die tatsächliche Situation, daß nämlich das angeeignete Wissen über Teilgebiete außerdem noch verbreitet Halbwissen ist, nicht nur bei den Medienleuten. Tragender Grund und sumpfige Löcher sind zufällig verteilt, auch bei allen durchschnittlich gebildeten Leuten.

Einen fundamentalen Widerspruch zwischen religösem Glauben und fundiertem Wissen sehen nicht so sehr die Spitzenwissenschaftler, sondern er wird von der mittleren Schicht für bestehend gehalten, mit der Tendenz, sich nach unten auszubreiten. Die Kirchenaustritte muß man aus dieser Perspektive betrachten. Die Begründungen sind meist sehr oberflächlich. Man kann es sich leisten, sich allein an das zu halten, was von der populären Physik und von der Technik des Alltags getragen wird. Und der Computer birgt die Gefahr, daß sich die breite Masse, die in der Demokratie den Ton angibt, nur mehr an das halten wird, was am Bildschirm aufrufbar ist.

Schlußwort

Sir Arthur Eddington, der britische Physiker, der in den dreißiger Jahren die Epistemologie betrachtete – sozusagen den Nachrichtenwert oder die Informationsmethodik der Naturwissenschaft, eine Denkrichtung, die in der Physik nicht sehr intensiv weitergeführt worden ist –, hat die Vorgehensweise der Physik einmal durch das folgende Bild charakterisiert. Ein Mensch, vielleicht allein auf einer Insel wie Robinson, findet eine für ihn rätselhafte Fußspur. Er beginnt, sie zu untersuchen, zuerst mit seinen Sinnesorganen und allmählich mit dem Instrumentarium der Physik, und am Ende findet er heraus, daß es seine eigene Fußspur ist [3].

Die entsprechende Geschichte für die Informationstechnik würde nicht von einer Fußspur ausgehen, sondern eher vom Belauschen einer rätselhaften Kommunkation, in einem jener Träume vielleicht, in denen wir uns selbst als andere Person erscheinen.

Die Betrachtung der Nachrichten- und Computertechnik bringt uns die Erkenntnis, daß wir die Spuren unseres eigenen Geistes betrachten, daß am Anfang und am Ende jedes Kanals und jeder Zeichenverarbeitung der Mensch steht. Er ist das Maß aller Dinge, weil er es ist, der beobachtet, bearbeitet, handelt und benützt.

Im Eifer der technischen Arbeit verliert der Fachmann diese schlichte Tatsache sehr leicht aus den Augen. Und der Nicht-Fachmann ist ja immer damit beschäftigt, herauszufinden, wovon der Fachmann redet, so daß er keinen Einwurf zur rechten Zeit schafft.

Wenn diese Vorlesungsreihe dazu beigetragen hat, den Menschen nicht bloß theoretisch, sondern praktisch, nicht bloß rhetorisch, sondern verpflichtend als Ziel- und Mittelpunkt der Informationstechnik und als Hauptkriterium seines

Umfeldes ins Bewußtsein zu bringen, dann hat sie nicht nur der Wahrheit gedient, sondern auch der technischen Praxis. Ihren Lösungen und ihrer Ökonomie konnte sie nur Wegweiser setzen. Auf die Ziele hingehen muß der Mensch selbst, in welcher Funktion immer er mit der Informationstechnik zu tun hat.

Literatur

[1] H. Zemanek: Wird der Computer die Technik vermenschlichen? Ein Beitrag zum 100. Geburtstag des Österreichischen Verbands für Elektrotechnik. Elektrotechnik und Maschinenbau *100* (1983) 11, 448–458

[2] H. Zemanek: Der unterinformierte Mensch. In: Kardinal König zum 80. Geburtstag (A. Fenzl, Hrsg.) Herold Verlag, Wien 1985, 198–206

Nachwort

Das SEL-Stiftungskolleg hat mich durch die Herren Kollegen Prof. Dr. W. Kaiser und Prof. Dr. G. Kohn, eingeladen, im Studienjahr 1988/1989 an der Universität Stuttgart eine Vortragsreihe über das geistige Umfeld der Informationstechnik zu halten. Diese Einladung habe ich mit großer Freude, aber wider besseres Wissen angenommen.

Mit Freude: denn es ist ein Thema, das mir am Herzen liegt. Ich habe immer wieder zu zeigen versucht, daß die mechanischen, elektronischen und abstrakten Mechanismen, mit denen der Computer ebenso vollgepackt ist wie unsere ganze Welt, unsinnig und bedenklich sind, wenn man sie nicht zusammen mit dem Umfeld sieht, aus dem sie kommen und auf das sie sich beziehen, und daß Information ein transgalileisches Phänomen ist, das man mit Messung, Experiment und exakter Theorie nicht ausschöpfen kann. Vielmehr muß Information stets in lebendiger Verbindung mit dem Geist bleiben. Das darf als Inhalt dieser Reihe angesehen werden, zumindest aber ist es ihr Motto. Wo diese Verbindung vergessen oder ignoriert wird, verkalken die Speicher, und sie werden Informationsruinen bilden, noch viel schlimmer als die Ruinenfelder, die uns eine überholte oder unwirtschaftlich gewordene Eisentechnik hinterlassen hat. Ich habe daher etwas schärfer als üblich gegen jene Strömungen polemisiert, die den Geist hinunterspielen und die Intelligenz als algorithmische – und das heißt: abstrakt-mechanistische – Programmierungsaufgabe hinstellen.

Wider besseres Wissen habe ich diese schöne Aufgabe aus zwei Gründen übernommen. Erstens, weil meine Ausführungen unvollständigen und vielleicht sogar unausgereiften Charakter haben müssen. Vollständigkeit und Abgeschlossenheit sind hier nicht vor dem Jüngsten Gericht zu erwarten. Auch bin ich kein Fachphilosoph. Einem solchen würden aber ein paar nicht unbedeutende Einsichten in das Computerwesen fehlen. Als Kompromiß sollte ich akzeptabel sein.

Und zweitens hätte ich lieber vor meinem Schriftstellcomputer sitzenbleiben und jene Bücher fertigstellen sollen, die schon vor dieser Vorlesungsreihe geplant, versprochen und begonnen waren. Jede weitere Verzögerung nimmt Aktualität und verlangt weitere Umarbeitung. Schließlich werde ich auch nicht jünger. Der Trost ist, daß die Reihe eine weitere Umarbeitung des Stoffes erbracht hat.

Aber Stuttgart ist eine ganz besondere Stadt für mich. Ich habe ja in Württemberg zwei Exile zugebracht, eines im Krieg bei der Hochfrequenzforschung und eines als IBM-Fellow. Ich sage Exil, weil ich ein unheilbarer Wiener bin; das läßt sich außerdem ohnehin nicht verbergen. Ich habe aber hier Land und Leute kennen und lieben gelernt. Und so ist diese Reihe auch etwas wie ein Dank an jenen deutschen Raum, wo ortsverkapselte Feinmechanik und gedankliche Weltweite nebeneinander wohnen und ungewöhnliche Bündnisse eingehen. Ich verdanke diesem Land sehr viel.

Mit der Firma SEL fühle ich mich seit den frühesten Tagen meiner informationstechnischen Arbeit verbunden. Sehr früh schon besuchte ich Zuffenhausen, kam über die Fachausschüsse der NTG mit SEL-Mitarbeitern zusammen, und meine Computerentwicklung wurde von der SEL in bemerkenswertem Umfang unterstützt. Um so mehr habe ich mich über die Wiederaufnahme des Kontakts durch den jetzigen Vorstandsvorsitzenden, Herrn Professor Dr. G. Zeidler, gefreut. Mit der Universität Stuttgart war die Verbindung mindestens ebenso eng, habe ich doch bei Professor Feldtkeller 1944 meine Diplomarbeit gemacht, mit Professor Bader und Professor Lotze viele Fachdiskussionen gehabt, und Professor Steinbuchs Lerntagungen waren wichtige Ereignisse in meiner metatechnischen Entwicklung.

Meine zweieinhalb Jahre in Böblingen als IBM-Fellow schließlich bedeuteten einen schwäbischen Wohnsitz und viele Kontakte mit meinen Freunden jenes deutschen Bundeslandes, das auch das ehemalige Vorderösterreich umschließt. Ich bin hier in besonderer Weise zu Hause.

Wie hätte ich diese Einladung nicht annehmen können?

Zu diesem Buch

Die Herausgabe in Buchform war von vornherein geplant; die Umsetzung in Buchform verlangte nicht bloß eine Reihe kleiner Veränderungen, sondern an etlichen Stellen, wo ich die Vorlesung auf Grund von Stichwortlisten gehalten hatte, auch die Ausarbeitung in ordentlichen Text.

In der zehnten Vorlesung wurde ein Rückblick auf den Inhalt gegeben. Dieser Teil ist in der Buchform herausgezogen, hierher verlegt und als Retrospektive überarbeitet worden. Seit der ersten Vorlesung sind bis zur Drucklegung mehr als zwei Jahre vergangen. Im Rückblick erscheinen Gliederung und Inhalt unverändert angebracht. Eine Komponente des geistigen Umfeldes allerdings hat für mich einen erheblichen Gewichtszuwachs erhalten, und das ist die Bildung: Erziehung und Schule, Berufsausbildung und Weiterbildung, Bildung weit über Fachkenntnisse hinaus.

Die Information der Information lautet, daß der Mensch der Mittelpunkt ist, weil erst durch ihn das Signal zur Information wird. In gleicher Weise wird erst durch den Menschen das Fachwissen zur Berufserfahrung.

1. Vorlesung: Grundlagen

Einen rein technischen Gegenstand kann und soll man sauber definieren. Schon in den fünfziger Jahren habe ich aber stets dagegen argumentiert, die „Nachricht" definieren zu wollen (etwa für DIN-Normungsvorschläge). Sie ist weder ein technischer noch ein mathematischer Gegenstand. Jeder Mensch weiß, was eine Nachricht ist, und es fällt ihm dazu mehr ein, als der beste Definitionsversuch erfassen kann. Mit der Informationstheorie (die keine Theorie der Information ist, sondern eine Theorie der Kanaleigenschaften) wurde das noch deutlicher. Die Informationstechnik überträgt, speichert und verarbeitet einen Gegenstand, der mit dem menschlichen Geist in Beziehung steht und daher ein unauslotbares Universum bildet. Information dürfte nicht definiert werden – aber man möchte doch wissen, was sie ist. Also gebe ich zehn Definitionen, dann ist·die Einengung vermieden, weil damit zu beliebig vielen weiteren Definitionen eingeladen wird und die Unauslotbarkeit gewahrt bleibt.

Diese Weite wird durch das philosophische Umfeld unterstrichen und durch eine Klammer, gebildet von der 1. und von der 10. Vorlesung, bewußt und betretbar gemacht. Die Lebensarbeit eines einzigen Philosophen kann als Wegweiser und als Grundlage dienen, nämlich die beiden Philosophien von Ludwig Wittgenstein: er hat die Klammer vorausgedacht.

Mit dem *Tractatus Logico-Philosophicus* (Wittgenstein I) wird die mathematische Weite der Bitverknüpfung ausgespannt, das Verfahren der Naturwissenschaft, klare Grund-Sätze zu beliebig hohen Gebäuden aufzutürmen, in ihrem Prinzip gezeigt. Der Computer und der Computerbenützer gehen genau nach diesem Schema vor.

Die folgenden acht Vorlesungen spüren diesem Prinzip und seinen Anwendungen nach und weisen zugleich ständig auf die Gedanken der zehnten Vorlesung hin, welche die andere Klammer bildet, indem sie die Einengung durch das logisch-naturwissenschaftliche Prinzip aufbricht.

Mit den *Philosophischen Untersuchungen* hat Wittgenstein (Wittgenstein II) die Unumgänglichkeit der Betrachtung des Umfeldes dargetan: des Sprachspieles, des Computerumfelds, dem die Informationstechnik dient.

2. Vorlesung: Geschichte

Es wurde gezeigt, daß der Computer nicht vom Himmel fiel, wie gewisse Darstellungsstile suggerieren könnten, sondern auf vielen Wegen vorbereitet war. Gegen Ende des Zweiten Weltkriegs liefen sie fast plötzlich zusammen – der Krieg mit seinem Bedarf an Rechnungen hat da nachgeholfen, aber mit dem Computer, so weit er ihm schon dienen konnte, hat er eher Glück gehabt, als seinen Ruf als Vater aller Dinge wahrhaft zu bestätigen. Die Halbleitertechnik war der nächste Schritt, ein Glücksfall gerade im rechten Moment, eine Erfindung, die den Computer aus einem exotischen Monster in einen täglichen, billigen Gebrauchsgegenstand verwandelt hat. Was an Unverläßlichkeit stört, stammt aus der menschlichen Seite des Gebrauchs und zeigt in aller Entschiedenheit auf den Menschen und sein Verhalten, auf die Psychologie und auf das Umfeld der Benützung.

3. Vorlesung: Muchammad ibn Musa al Chorezmi

Die 3. Vorlesung war einem Sonderthema gewidmet, dem Werk jenes Mannes, der nicht nur dem Algorithmus seinen Namen gegeben und damit ein unzerstörbares abstraktes und verdientes Denkmal erhalten hat, sondern der diese Ehrung auch voll verdient, denn von ihm hat Europa die Mathematik der Griechen und des Zweistromlandes geerbt, aus seinen Büchern gelangte sie zu uns.

Seine östliche Weisheit, Zusammenhänge durch Betrachtung, durch das indische *Siehe (Look)* zu vermitteln und zu verstehen, ist die rechte Mahnung für das Computerzeitalter, wo die Prozesse sich in Nanosekunden und Nanometern abspielen und der direkten Beobachtbarkeit entziehen. Thabit ibn Qurra, ein Schüler eines Schülers von ihm, hat mit seinem Betrachtungsbeweis für den Pythagoräischen Lehrsatz einen Weg gewiesen, den auch der Philosoph Schopenhauer von der Mathematik verlangt: Überzeugung durch transparente Darlegung zu vermitteln und nicht durch argumentatives In-die-Ecke-Treiben, wie wir es in so vielen Vorlesungen der Theoretischen Informatik beobachten können oder erleiden müssen.

4. Vorlesung: Sprache

Als syntaktischer Zeichenersetzungsautomat ist der Computer eine Sprachmaschine. Und während sich die meisten Informatiker der Illusion hingeben, daß die logischen Prozesse das Um und Auf der Informationstechnik seien, breiten sich im Computer die informalen Texte so rasch aus, als wäre der Computer ein Nachrichtenübertragungsgerät und nicht ein Rechner. Er ist eben beides, und der informale Aspekt ist der wichtigere und der schwierigere – man darf sich vom Wuchern der formalen Intellektualität nicht täuschen lassen: Das Gebrauchsgerät Computer verarbeitet immer mehr natürliche Sprache und braucht hochwertige natürliche Sprache für die Erklärung der benutzten Funktionen und für die Erläuterung der Ergebnisse, die sich keineswegs – wie die Formalisten mitunter meinen – auf der Basis ihrer Tautologie von selbst verstehen.

Jedes Dokument aus dem Computer ist sprachbedürftig und die meisten sind darin unterernährt.

Das Tripel der *Semiotik* – Syntax, Semantik und Pragmatik – steht für die Zeichenverarbeitung, für die Bedeutung dessen, was in der Maschine und mit ihren Resultaten passiert, und für die Einbettung des Computergebrauchs in das tägliche Leben. Wir sollten beim Computer weniger an den Tischrechner denken und mehr an das Buch, neben das er sich stellt als dynamische Ergänzung und Ausweitung, mit den gleichen umwälzenden Folgen auf Geisteswelt und Kultur.

Dem Sprachunterricht werden daher auch in der Schlußvorlesung noch gewichtige Worte gewidmet.

Sprache bedeutet außerdem nicht nur Monolog, sondern auch Dialog, der auch mit einem Computer stattfinden kann. Ein Dialog hat viele Analogien zum Schiffskurs: Es wird ein Ziel angesteuert, und sehr oft ist nicht die kürzeste Linie auch die mögliche, die interessanteste, die wirtschaftlichste und die schönste. Für den Dialog ist der Computer allerdings noch unterausgerüstet – hier kann ich mir ganz beeindruckende Zukunftsentwicklungen vorstellen.

5. Vorlesung: Von der Einzellösung zur Systemlösung

Die technische Einzellösung in der natürlichen Umwelt, wie sie noch für das 19. Jahrhundert charakteristisch ist, hatte es leicht. Selbst ihre Umweltverschmutzung wurde als Triumph angesehen, wie die rauchenden Schlote der Firmenannoncen vor siebzig Jahren zeigen.

Nur eine kurze Nebenbemerkung dazu. Es braucht nicht allzu viel Phantasie, um die Informationsanalogie zu den rauchenden Schloten auszumalen: das Abblasen nutzloser und schädlicher Information über einer sie gierig aufsaugenden Landschaft. Und man stelle sich die Empfindungen des Betrachters heute in siebzig Jahren vor! Der Fortschritt glitzert je nach Beleuchtung und verspricht auch trübe Seiten.

In einer Welt, in der eine technische Lösung neben tausend andere tritt, sich mit ihnen aufschaukelt, im Wettbewerb befindet, sie behindert und ihnen widerspricht, wird die Einpassung zum Hauptproblem, und der technische Abfall wird zum Albtraum. Die Natur ist auch kompliziert, aber die Kuh kann man melken, ohne ihre Systemfunktionen zu kennen. Den Computer kann man freilich auch betätigen, ohne allzuviel über seine Systemfunktionen zu wissen, aber man kann dabei in tiefe Löcher fallen und moderne Formen des Aberglaubens entwickeln, gegen welche die antiken und mittelalterlichen Formen des Aberglaubens erzieherische Märchen waren.

6. Vorlesung: Architektonische Leitideen

Die Komplikation informationstechnischer Systeme würde eine Entwurfskunst verlangen, die noch nicht geschaffen ist und daher auch noch nicht praktiziert wird. Die Werkzeuge der Software-Herstellung sind immer noch in einem erbärmlichen Zustand.

Die Ausbildung einer generalisierten Architektur für Hardware, Software und Anwendung wäre ein Gebot der Stunde. Aber ein so junges Gebiet kann dem Beispiel der Baukunst, sich in Architektur und Bauwesen zu spalten, nicht leicht folgen, und überhaupt nicht, ehe die Systemarchitektur nicht zu einer profilierten Disziplin geworden ist. In unserer 6. Vorlesung haben wir immerhin eine Reihe von Gedanken dazu vorgeführt und die Konsistenz des Entwurfs als seine Haupttugend herausgestellt. Die Entwurfsmethodik ist in Spezifikation, Architektur, Implementation, Realisation und Systemkritik gegliedert worden. Und wir haben vier Phasen unterschieden: natürliche Phase, kombinatorische, systematische und wiedervermenschlichende. Letztere ist einer der Hinweise auf den Humanismus – auf das 10. Thema.

7. Vorlesung: Geisteswissenschaften

Der Buchdruck und die Nachrichtentechnik dienten von Beginn an der ganzen Fülle menschlicher Informationsbedürfnisse. Die Computertechnik, anfangs auf die Rechentechnik ausgerichtet, diente, außer der Mathematik selbst, primär der Naturwissenschaft, der Technik und der Buchführung. Erst die Benützung von Buchstaben und Satzzeichen – für die Telegraphie eine Selbstverständlichkeit, für den Tischrechner wegen Unbenützbarkeit niemals eingeführt – zunächst für Eintragungsnamen und für die Eingabe algebraischer Formeln benötigt – erschloß den Computer für die Textverarbeitung, mit den Programmiersprachen als Zwischenstufe.

Wo jahrhundertelang das formale Vorgehen gepflegt wurde und daher die erforderlichen Algorithmen vorliegen und von den Fachleuten beherrscht werden, war der Übergang auf den Computerbetrieb relativ problemlos und rasch, wenn auch nicht ohne schmerzhafte Überraschungen. Logik, Mathematik, Buchhaltung, physikalische und technische Berechnung waren daher Idealfelder für die Informationstechnik. Die Textverarbeitung, wenn der Mensch formuliert und mit dem Computer die Texte nur arrangiert, kopiert und löscht, läuft ebenfalls relativ klaglos ab. Sobald die Verarbeitung aber in die Semantik der Texte vorstößt – das erste Beispiel war die automatische Übersetzung natürlicher Sprachen –, zeigt sich, daß die dafür existierenden Algorithmen recht begrenzte Tragfähigkeit und Sicherheit haben. Es gibt keine universellen und völlig sicheren Lösungen.

8. Vorlesung: Menschliche und künstliche Intelligenz

Keine andere Technik, so haben wir mehrfach bemerkt, liegt so nahe am menschlichen Geist wie die Informationstechnik. Der Computer ist Hardware und Software gewordener menschlicher Geist, aber er besitzt selbst weder Geist noch Intelligenz. Seine anscheinenden Intelligenzleistungen beruhen auf den vom menschlichen Geist bereiteten Denkschablonen, denen der Computer blind, aber mit höchster Geschwindigkeit folgt.

Nun kann man natürlich den Begriff der Intelligenz so definieren, daß er die Fähigkeiten und die Verhaltensweisen von Programmen mit einschließt. Denn schon die Addition ist schließlich eine Intelligenzleistung. Aber niemand würde jemanden anstellen, der nichts kann als addieren und dem man ständig befehlen müßte, was und wie er zu addieren hat.

Diese Vorlesungsreihe hat gezeigt, wieviele Vorarbeiten geleistet worden sind und wie Kybernetik und Problemlösung die Wege vorbereitet haben, damit ein Begriff wie die KI sich so rasch ausbreiten und Allgemeingut werden konnte. Für manch ein Unterproblem bedarf es auf diesen Gebieten – wie etwa auch bei der Computergraphik – monatelanger Anstrengungen ganzer Institute, um Erfolge zu erzielen, welche, wenn sie einmal erreicht sind, gar nicht besonders beeindrucken.

Es braucht nicht betont zu werden, daß die Simulation von Leistungen der menschlichen Intelligenz ein wichtiges, ja ein zentrales Forschungsgebiet ist. Systeme zur Unterstützung von Experten werden in unserer immer komplizierter werdenden und immer stärker verknoteten Welt bald unumgänglich sein. Die Schwierigkeit der Entwicklung scheint gegenwärtig weniger in der Sammlung von Daten, Relationen und Regeln zu liegen als in der Wartung wachsender Systeme. Wir werden in die KI noch viel Intelligenz hineinstecken müssen.

Das Negative an der KI ist die Rückwirkung auf unser Bild von uns selbst. Wir gleiten, vorwiegend ohne es zu bemerken, in die Meinung, daß wir selbst auch nicht mehr haben als KI, daß wir Automaten sind, aber eben so komplizierte, daß wir uns selbst nicht zu durchschauen vermögen. Wenn man nur mehr an Automaten glaubt, kann man leicht tatsächlich zu einer Art KI - betriebenem Automaten werden – oder fast. Es ist eine der Absichten dieser Vorlesungsreihe, diese Gefahr sichtbar zu machen.

Daher ist in der 8. Vorlesung das Bewußtsein in den Brennpunkt gerückt worden. Wir haben zu zeigen versucht, daß der Versuch der Simulation zwar analytische Vorstellungen gibt, daß aber jede programmierte Lösung die Unnötigkeit des Bewußtseins dafür einschließt. Denn ein Programmsystem, das die Aufgaben des Bewußtseins übernimmt, macht das Bewußtsein funktionslos; es wird zur Luxusdraufgabe. Ich bin überzeugt, daß das nicht so ist. Es ist lediglich unsere heutige Schwäche in den Geisteswissenschaften, wenn uns der programmierte, automatenartige Mensch akzeptabel erscheint.

9. Vorlesung: Kunst aus dem Computer

Ein Gerät, das Punkte, Gerade und Kreise zeichnen und löschen kann und das Geräusche hervorbringt, muß den menschlichen Trieb nach künstlerischer Betätigung anreizen. Zuerst ist es das Kind im Ingenieur, das mit den Möglichkeiten spielen will und die Geräusche in Melodien, die Geometrie in Zeichnungen organisiert, nützliche Funktionen in unnütze, aber vergnügliche verwandelt. Bald darauf folgen den Spielereien ernste Bemühungen; wirkliche Künstler versuchen ihre Macht über den Computer, und es kommt zu den ersten Ausstellungen und Vorführungen von Computerkunst.

Führte die Elektronik zu elektronischer Musik, so führte der Computer zu programmierter Instrumentensimulation und zu programmierter Komposition. Und wieder finden sich historische Vorläufer. Auch wird ein Drang sichtbar, die Klänge und Strukturen, die der Elektronik und dem Computer liegen, vorher schon mit klassischen Musikinstrumenten hervorzubringen, und dabei sind nicht spielende Ingenieure am Werk, sondern Vollblutmusiker. Nach einer Periode der Experimente mit Elektronik und Computer kehren diese Musiker allerdings meist wieder zu ihrer klassischen Arbeitsweise zurück.

In Graphik und Malerei ist es nicht anders; die Bereitschaft für Computerkunst bestand lange, ehe der Computer so weit war. Die Computermöglichkeiten reizen eine Weile, dann aber machen sich die Begrenzungen unfreundlich bemerkbar, der weitere Fortschritt erweist sich als mühsam und man kehrt ins alte Terrain zurück.

An der Kunst wird die allgemeine Tendenz der Menschheit sichtbar, sich der naturwissenschaftlichen Denkweise zu unterwerfen, oder die Menschheit wird vom Druck der Technik in diese Denkweise hineingedrängt. Es sind mehrere Beschreibungsarten denkbar. Die Folge ist eine naturwissenschaftliche Spielart der Kunst, die in der 9. Vorlesung beschrieben worden ist – gewiß ein Extremmodell, aber die Neigung in diese Richtung ist merklich.

Die Universalität der Computerprogramme macht übrigens die Triebkraft der Technik in Richtung auf die Demokratisierung sichtbar. Ein Computerkünstler schafft nicht elitäre Einzelstücke, sondern es liegt an der programmierenden Vorgangsweise, daß die Ergebnisse Massencharakter haben, 4 Tangos, 5 Graphiken und 6 Liebesbriefe pro Minute.

Die systematische Variation der Ausgangsdaten und der Einsatz von Zufallszahlen geben den Computer-Kunst-Produkten Familiencharakter. Ein programmierter Herstellungsvorgang führt zu Mengen verwandter Ergebnisse, von denen doch nicht zwei gleich sind.

Die Verallgemeinerung dieses Gedankens macht sehr nachdenklich. Ist es nicht allgemein so, daß uns die Technik in eine egalisierende Demokratie, in entindividualisierte Zustände treibt? Und haben wir jene Gegenkräfte, die für ein vernünftiges Gleichgewicht zwischen den technischen Triebkräften und den wahren menschlichen Bedürfnissen sorgen könnten, gut und bewußt genug am Leben erhalten?

Mit der Beantwortung dieser Frage befaßte sich die letzte Vorlesung. Zum Abschluß aber sei noch überlegt, wie vollständig die Informationstechnik und ihre Anwendungsfelder überstrichen wurden.

Was hat in der Reihe gefehlt?

Auch eine Reihe von Vorlesungen kann ein so vielfältiges und dynamisches Thema wie *Das geistige Umfeld der Informationstechnik* nicht erschöpfend überstreichen. Vollständigkeit konnte weder angestrebt werden, noch wäre sie sinnvoll gewesen. Ich habe Felder bewußt ausgeschlossen, und ich habe sicher einige vergessen, die in wenigen Jahren gewichtig erscheinen werden. Die Reihe hätte ohne Mangel an Stoff erweitert werden können, vielleicht nicht von mir, aber mit weiteren Vortragenden.

Als Beispiele umgangener Themen möchte ich die Fragen und Rückwirkungen der Informationstechnik auf die Wirtschaft und auf die Arbeitswelt anführen. Über beide könnten Vorlesungsreihen vom Umfang dieser Reihe veranstaltet werden, und sie sind der SEL-Stiftung auch ans Herz zu legen. Ich möchte mich hier auf wenige Anmerkungen beschränken.

Zugleich mit dem Aufkommen des Computers und in der Erwartung seiner Hilfe in ökonomischen Fragen entstand in den fünfziger Jahren die Hoffnung, die Wirtschaftswissenschaften – zum Beispiel durch systematische Parameterisierung – zu einer soliden Naturwissenschaft zu entwickeln, mit Physik und Chemie an praktischer Anwendbarkeit und Verläßlichkeit gleichzuziehen. Instrumente wie die *Theorie der Spiele und des wirtschaftlichen Verhaltens* von John von Neumann und Oskar Morgenstern [2] fachten solche Hoffnungen an, obwohl gerade Oskar Morgenstern klare Warnungen publizierte.

Was herauskam, war geradezu das Gegenteil. Ökonomische Trends, noch weit mehr aber natürlich spontane Ereignisse blieben auch mit Computerhilfe reichlich unvorhersagbar. Dafür aber zeigte sich beim Computer-Systementwurf ein Hinübergleiten in die Unsicherheit ökonomischer Voraussagen. Denn zwischen dem Planungsbeginn und der Auslieferung eines wirtschaftsorientierten Computersystems liegen zehn Jahre und mehr. Die angenommenen, d. h. die vorausgesagten Wirtschaftsverhältnisse schlagen sich in der Systemgestaltung nieder und erteilen damit dem System jene Unsicherheiten, deren Behebung durch den Computer man erwartet hatte.

Was die Auswirkungen auf die Arbeitswelt anbelangt, auf die menschengerechte Gestaltung computerisierter Arbeitplätze zum Beispiel oder auf den Arbeitsmarkt anbelangt, liegt das Weglassen aus dieser Reihe sicher nicht daran, daß ich diese Probleme etwa geringschätze. Im Gegenteil, ich habe in der

IFIP jahrelang – und zeitweise recht allein – für die Aufstellung eines internationalen Komitees gekämpft, in dem sich Arbeitnehmer, Arbeitgeber, Soziologen und Informationstechniker zur Diskussion zusammenfinden sollten [3]. 1974 gelang es mir dann, die erste internationale Tagung *Human Choice and Computers* in Wien zu organisieren. Das Technische Komitee 9 der IFIP über die Beziehungen zwischen Computer und Gesellschaft, das in der Folge dieser Tagung dann doch entstand, wird im Oktober 1991 die vierte Tagung dieser Art abhalten. Die Geschichte dieser Bemühungen machte mir deutlich, daß viele theoretisch und technisch ausgezeichnete Kollegen eine aktive Abneigung gegen dieses Thema an den Tag legen.

Die Informationstechnik ist kein Jobkiller. Nicht einmal die Automation reduziert die Zahl der Arbeitsplätze. Bisher hat noch jede Art der Technik die Zahl der Arbeitsplätze ausgeweitet, aber in andere Arbeitsgebiete verlegt, etwa weg von der Landwirtschaft.

Zu fragen ist stets, wie die sozialen Einrichtungen und Strukturen mit den Veränderungen fertig werden, und die Antwort lautet: schlecht – ob man an den Adel denkt oder an die Gewerkschaften.

Was die Informationstechnik anrichtet, ist nicht bloß Veränderung, sondern rasche Veränderung, allzu rasche. Es fehlt also an Zeit für die natürliche Umwandlung des Könnens und der Berufe, die sich noch vor 50 Jahren von Generation zu Generation vollzog. Damit ist der Gesellschaft wie den Fachleuten eine Aufgabe ungeheuren Ausmaßes gestellt, in der ersten, zweiten *und* dritten Welt, deren Bewältigung mehr als eine Generation beschäftigen wird.

Es sei abschließend noch einmal betont: Ein umfassendes Feld wie die Informationstechnik entzieht sich der geschlossenen Darstellung. Es werden immer Lücken bleiben und zu kurz gekommene Themen. Aber eine Vorstellung vom geistigen Umfeld der Informationstechnik sollten die zehn Vorlesungen dennoch gegeben haben.

Zu meiner Person

Diese Person (so nennen die Chinesen in ihrer unübertrefflichen Höflichkeit sich selbst) muß Ihnen vorgestellt werden, damit Sie wissen, mit wem Sie es zu tun haben, welches Weltbild meinen Ausführungen zugrunde liegt und wie ich den Gewerbeschein für dieses Unternehmen erworben habe [1].

Ich bin am 1. Januar 1920 in Wien geboren, und der Wiener Schriftsteller Hans Weigel meint, daß an diesem Tag das 20. Jahrhundert begonnen hat. Tatsächlich waren die Jahre von 1901 bis 1919 noch österreichische Monarchie und 19. Jahrhundert, wenn man nicht an abstrakten Zahlen klebt. Jedenfalls hat das Jahr 1920 für mich sehr ordentlich begonnen, so daß ich mein Alter leicht auf den Tag genau angeben kann.

Beruflich bin ich ein Ingenieur, und darauf lege ich großen Wert. Ich habe an der Wiener Technischen Hochschule, die sich heute natürlich Technische Universität nennt, Nachrichtentechnik studiert und der Reihe nach etliche Grade erworben, den Dipl.-Ing. zu Weihnachten 1944, das Doktorat 1951 und die Habilitation 1959. Als Anerkennung – vielleicht für meine ununterbrochene Vorlesungstätigkeit seit 1947 – hat man mir 1964 den Titel eines außerordentlichen und 1984 den Titel eines ordentlichen Professors verliehen, was nicht unbedingt etwas sagt, denn es heißt ja, daß ein außerordentlicher Professor nichts Ordentliches und ein ordentlicher Professor nichts Außerordentliches weiß. Von 1947 bis 1961 war ich Hochschulassistent, von 1961 bis 1975 Direktor des IBM Laboratoriums Wien, von 1975 bis 1985 IBM Fellow, und seitdem bin ich frei schaffender Pensionist.

Im Krieg war ich Telephon-Obergefreiter und als solcher zeitweilig Lehrer an der Armee-Nachrichtenschule Saloniki – was alle möglichen Erfahrungen einbrachte. Vom 1943 bis 1945 war ich Forscher im arg verspäteten Radar-Programm der deutschen Luftwaffe, und dort machte ich – vielleicht als erster im deutschen Sprachraum (es war in Albeck bei Ulm) – eine elektronische Mikrosekunde. Solche Radar-Tätigkeit war für frühe Computerleute charakteristisch; ich habe sie mit Howard Aiken, Herman Goldstine, Antonin Swoboda, Tom Watson, Maurice Wilkes und vielen anderen gemeinsam.

Auf die Radar-Technik folgte 1946/1947 ein kurzer Versuch, eine Firma zu gründen. Wir jungen Ingenieure sahen nicht ein, warum Kaufleute und Juristen das Geld verdienen und die Techniker karg entlohnen. Nach einem Jahr war mir die Gerechtigkeit dieses Zustands klar geworden – der technische Anteil an einem Produkt ist recht bescheiden –, und ich kehrte kurz entschlossen an die Technische Universität zurück.

Zwar hatte die Radartechnik den Computer nahegelegt – ein bißchen Information kratzte man sich damals schon zusammen, auch wenn der Zugang schwierig war. Heute kann ich nicht mehr feststellen, wieviel und woher ich noch vor Kriegsende vom Computer wußte. Es war gar nicht so wenig.

Auch hatte ich mir schon sehr früh überlegt, daß ich mit Sinuslinien nicht berühmt werden würde; folgerichtig wandte ich mich dem Gegenteil, dem Rechteckimpuls zu. Zugleich aber war mir klar, wie schwierig der Bau eines Computers unter den Nachkriegszuständen sein würde. Ein Besuch bei Louis Couffignal in Paris bestärkte mich in meiner äußersten Vorsicht. Ich erkannte, daß etwas Divergentes an seiner Unternehmung war, und tatsächlich wurde seine Maschine [3] nie fertig. Ich wandte mich der digitalen Übertragungstechnik zu, der Pulscode-, der Delta-Modulation und den Zeitteil-Verfahren, hauptsächlich in der Form von betreuten Diplomarbeiten. Nur so nebenher begann ich in Eigenregie einen Relaisrechner [4] zu bauen. Ich nannte ihn URR1, mit U für universell, denn diese Eigenschaft hielt ich für entscheidend. Die URR1 hat niemals ein nennenswertes Programm ausgeführt, aber ich lernte

Abstrakte Architektur meines Lebenslaufs

	Jahr	Position	Hauptthema	Nebenthema	Ausland
I	1920	Kindheit			Laibach
II	1926	Schule	Volks-schule		
	1929		Unter-realschule		
III	1933	Studium	Ober-realschule	St. Georgs-Pfadfinder	
	1937		T. H. Wien		
IV	1940	Kriegszeit	Nachrich-tentruppe		Balkan
	1943		Radar-Forschung		Ulm (Exil 1)
V	1947	Hochschul-assistent	Digitale Nachrichten-Technik	Pfadfinder Österreichs	Paris
VI	1954		Vocoder und Mailüfterl		
VII	1961	Direktor des IBM-Labora-toriums	Formale Definition	IFIP TC 2	
VIII	1968			IFIP Exec. Body	
IX	1975	IBM Fellow	Abstrakte Architektur	IFIP Publication Committee	Böblingen (Exil 2)
X	1982				
	1985	Pension	Geschichte der Informatik	IFIP History Commission	Gastprof. München
XI	1989				Vorl.-Reihe Stuttgart

sehr viel. Immerhin konnte sie binär multiplizieren, dividieren und Quadratwurzel ziehen – mit einem Relaisaddierwerk und einem Drehschalter für die Stellenwertverschiebung. Schnell war sie natürlich nicht, und ihre 15 Speicherzellen für 18-stellige Binärzahlen fänden nur im Guinness-Buch der *negativen* Rekorde Platz. Aber die URR1 war selbstgemacht, und als der Transistor greifbar wurde, war mir klar, wie vorzugehen war. Im Jahre 1954, noch unter der Viermächte-Besatzung Wiens, gab ich die ersten Diplomarbeiten aus, und von 1955 bis 1958 wurde das *Mailüfterl* [5] gebaut, einer der ersten konsequent durchtransistorisierten Rechner im kontinentalen Europa.

Dann wandten wir uns der Programmierung zu – der Software, würde man mit heutiger Sprache sagen –, denn wir überließen die Heldentaten in der Numerik lieber den Mathematikern, die das besser können mußten, und arbeiteten an logischen und kombinatorischen, kybernetischen und organisatorischen Problemen. Mit dem Übergang zu einem IBM-Laboratorium – für meine Gruppe speziell gegründet, von Stuttgart aus – wurde dieser Weg konsequent fortgesetzt. Er führte schließlich zur formalen Definition von PL/I, zur Wiener Definitionssprache (VDL) und zur Wiener Entwurfsmethode (VDM) [6]. Warum sich diese hoffnungsvolle Linie nicht fortgesetzt hat, ist eine andere Geschichte, die in einem der Vorträge sogar ihren Platz fand, weil sie Allgemeinbedeutung hat.

Definitionsmethoden sagen, wie man eine Sprache oder ein System definiert, sie sagen aber nicht, was man definiert, wie man Qualität des Definierten erreicht. Diese Frage führte zu einem weiteren Thema meiner Bemühungen, zur Frage der verallgemeinerten Architektur [7], zu den Prinzipien des Systementwurfs. Diesem Thema ist eine ganze Vorlesung dieser Reihe gewidmet. Ein Anwendungsbeispiel abstrakter Architektur ist auch die – in Siebenjahresperioden aufgebaute – formale Darstellung meines Lebenslaufs (s. Tabelle S. 290).

Schließlich habe ich mich der Geschichte der Informatik [8] zugewandt, die naturgemäß auf eine Geschichte der Automaten, der Mathematik und etlicher anderer Wurzelfelder des Computers aufbauen muß. Auch diesem Thema ist ein Vortrag gewidmet, denn erstens gehört die Geschichte zum Umfeld, und zweitens trägt jedes technische Objekt, folglich auch der Computer, etwas von seiner Geschichte mit sich herum.

Abschließend darf ich also sagen, daß die Vorlesungsreihe und damit die Kapitel-Einteilung dieses Buches aus meiner Entwicklung ebenso natürlich folgt wie aus der Themenstellung.

Literatur

[1] G. Chroust (Hrsg.): Heinz Zemanek – ein Computerpionier. Schriftenreihe der OCG, Band 27, R. Oldenbourg, Wien 1985; 117 S.
H. Zemanek: Ausgewählte Beiträge zur Geschichte und Philosophie der Informationsverarbeitung. Schriftenreihe der OCG, Band 43, R. Oldenbourg, Wien 1987; 291 S.
F. Kreuzer im Gespräch mit Heinz Zemanek. Deuticke Verlag, Wien 1985; 39–87

[2] H. Zemanek: Zwischen Wort und Formel. In: Schriftenreihe der OCG Band 43 [1]; 55–72

[3] L. Couffignal: Traits caractéristiques de la calculatrice de la machine à calculer universelle de l'Institut Blaise Pascal. In: Proceedings of a Second Symposium on Large-Scale Digital Calculating Machinery, Harvard Computation Laboratory 1949. Harvard University Press, Cambridge MA 1951, 374–386

[4] H.Zemanek: URR1 – Die Universal-Relais-Rechenmaschine des Instituts für Niederfrequenztechnik. EuM 72 (1955) 6–12

[5] H. Zemanek: „Mailüfterl", ein dezimaler Volltransistor-Rechenautomat. EuM 75 (1958) 453–463
N.S. Blachman: European Electronic Data Processing. Comm. ACM 2 (1959) No. 9, 14–18
H. Zemanek: „Mailüfterl" – Eine Retrospektive. Elektronische Rechenanlagen 25 (1983) 91–99

[6] P. Lucas, K. Walk: On the Formal Definition of PL/I. Annual Review in Automatic Programming 6 (1969) Part 3, 105–182
H. Zemanek: Abstrakte Objekte. Elektronische Rechenanlagen 10 (1968) 208–216
P. Wegner: The Vienna Definition Language. ACM Computing Surveys 4 (1972) No. 1, 5–63

[7] H. Zemanek: Abstract Architecture – General Concepts for System Design. In: Abstract Software Specification. Copenhagen Winterschool Proceedings (D. Bjørner, Ed.) Lecture Notes in Computer Science, Vol. 86, Springer-Verlag, Heidelberg 1980, 1–81

[8] H. Zemanek: Die Entwicklung der logischen Basis der Computerwissenschaften. Heft zur 9. Technikgeschichtlichen Tagung der Stiftung Eisenbibliothek Ferrum 58 (1987) 34–46

Namenverzeichnis

Autorenverzeichnis

(Kapitel, Literaturangabe)

Wichtige Begriffe

Abkürzungen

ALTAIR	37, 44	
ACM	41	Association for Computing Machinery
AFIPS	48	American Federation of Information Processing Societies (1961-1990)
ALGOL	40f.	Algorithmic Language
ASCC	37	Automatic Sequence Controlled Calculator (Harvard Mark I)
BESM	171	
BNF	83	Backus-Normal-Form
COBOL	40f.	Common Business Oriented Language
CTSS	42	Compatible Time-Sharing System
DEC	42f.	Digital Equipment Corporation
DK	102	Dezimalklassifikation
ENIAC	36, 192	Electrical Numerical Integrator and Calculator
FORTRAN	40f.	Formula Translator
GAMM	41	Gesellschaft für Angewandte Mathematik und Mechanik
GE	192	General Electric
IBM	37	International Business Machines Corporation
IFIP	46	International Federation for Information Processing
INTEL	43	
MAC	42	Multiple Access Computer (MIT)
MARK III	40	Modell 3 der Harvard Universität
MEZ	20	Mitteleuropäische Zeit
MIT	42, 170	Massachusetts Institute of Technology
MITS	44	
NCC	46	National Computer Conference
NCR	38	National Cash Register Corporation
NTG	125	Nachrichtechnische Gesellschaft heute: Informationstechnische Ges. (ITG)
ÖVE	264	Österreichischer Verband für Elektrotechnik
PC	41	Personal Computer (Heimcomputer)
PCM	88	Puls-Code-Modulation
PDP-8	42f.	Programmed Data Prozessor, Modell 8
PTT	88	Post-Telegraph-Telephon
RAM	43	Random Access Memory
RCA	192	Radio Corporation of America
ROM	43	Read-Only-Memory
SAGE	42	
SSEC	37	IBM Selective Sequence Electronic Calculator, 1947
SWAC	170	Standards Western Automatic Computer
TU	88	Technische Universität

Abbildungsverzeichnis

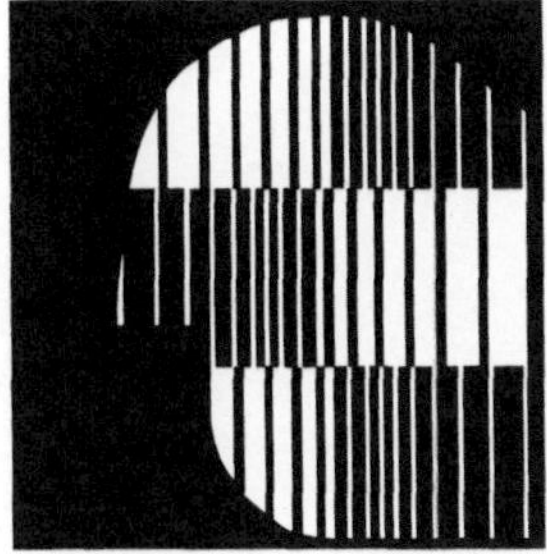

H. Lübbe

Der Lebenssinn der Industriegesellschaft

Über die moralische Verfassung der wissenschaftlich-technischen Zivilisation

1990. X, 224 S. Brosch. DM 32,- ISBN 3-540-52695-1

R. Kuhlen

Hypertext

Ein nicht-lineares Medium zwischen Buch und Wissensbank

1991. XV, 362 S. Brosch. DM 48,- ISBN 3-540-53566-7

H. Zemanek

Das geistige Umfeld der Informationstechnik

1992. IX, 292 S. Brosch. DM 39,- ISBN 3-540-54359-7

K. Kornwachs

Information und Kommunikation

Zur menschengerechten Technikgestaltung

1992. IX, 171 S. Brosch.
In Vorber. ISBN 3-540-55667-2

Springer-Verlag und Umwelt

Als internationaler wissenschaftlicher Verlag sind wir uns unserer besonderen Verpflichtung der Umwelt gegenüber bewußt und beziehen umweltorientierte Grundsätze in Unternehmensentscheidungen mit ein.

Von unseren Geschäftspartnern (Druckereien, Papierfabriken, Verpackungsherstellern usw.) verlangen wir, daß sie sowohl beim Herstellungsprozeß selbst als auch beim Einsatz der zur Verwendung kommenden Materialien ökologische Gesichtspunkte berücksichtigen.

Das für dieses Buch verwendete Papier ist aus chlorfrei bzw. chlorarm hergestelltem Zellstoff gefertigt und im ph-Wert neutral.